住房和城乡建设领域专业人员岗位培训考核系列用书

材料员专业管理实务

（第二版）

江苏省建设教育协会　组织编写

中国建筑工业出版社

图书在版编目(CIP)数据

材料员专业管理实务/江苏省建设教育协会组织编写.
2版.—北京:中国建筑工业出版社，2016.7
住房和城乡建设领域专业人员岗位培训考核系列用书
ISBN 978-7-112-19633-3

Ⅰ.①材… Ⅱ.①江… Ⅲ.①建筑材料-岗位培训-
教材 Ⅳ.①TU5

中国版本图书馆CIP数据核字(2016)第182917号

本书作为《住房和城乡建设领域专业人员岗位培训考核系列用书》中的一本，依据《建筑与市政工程施工现场专业人员职业标准》JGJ/T 250—2011、《建筑与市政工程施工现场专业人员考核评价大纲》及全国住房和城乡建设领域专业人员岗位统一考核评价题库编写。全书共14章，内容包括：材料管理相关的法规和标准，市场调查分析的内容与方法，招投标和合同管理基本知识，建筑材料验收、存储、供应基本知识，建筑材料核算的内容和方法，参与编制材料、设备配置管理计划，分析建筑材料市场信息并进行材料、设备的采购，对进场材料、设备进行符合性判断，组织保管、发放施工材料和设备，对危险物品进行安全管理，参与对施工余料、废弃物进行处置或再利用，建立材料、设备的统计台账，进行材料、设备的成本核算，编制、收集、整理施工材料和设备的资料等内容。本书既可作为材料员岗位培训考核的指导用书，又可作为施工现场相关专业人员的实用工具书，也可供职业院校师生和相关专业人员参考使用。

责任编辑：王华月　刘　江　岳建光　范业庶
责任校对：李欣慰　姜小莲

住房和城乡建设领域专业人员岗位培训考核系列用书
材料员专业管理实务（第二版）
江苏省建设教育协会　组织编写
*
中国建筑工业出版社出版、发行(北京海淀三里河路9号)
各地新华书店、建筑书店经销
北京红光制版公司制版
北京中科印刷有限公司印刷
*
开本：787×1092毫米　1/16　印张：23¾　字数：578千字
2016年9月第二版　2018年2月第八次印刷
定价：**65.00**元

ISBN 978-7-112-19633-3
(28784)

住房和城乡建设领域专业人员岗位培训考核系列用书

编审委员会

出版说明

为加强住房和城乡建设领域人才队伍建设，住房和城乡建设部组织编制并颁布实施了《建筑与市政工程施工现场专业人员职业标准》JGJ/T 250—2011（以下简称《职业标准》），随后组织编写了《建筑与市政工程施工现场专业人员考核评价大纲》（以下简称《考核评价大纲》），要求各地参照执行。为贯彻落实《职业标准》和《考核评价大纲》，受江苏省住房和城乡建设厅委托，江苏省建设教育协会组织了具有较高理论水平和丰富实践经验的专家和学者，编写了《住房和城乡建设领域专业人员岗位培训考核系列用书》（以下简称《考核系列用书》），并于2014年9月出版。《考核系列用书》以《职业标准》为指导，紧密结合一线专业人员岗位工作实际，出版后多次重印，受到业内专家和广大工程管理人员的好评，同时也收到了广大读者反馈的意见和建议。

根据住房和城乡建设部要求，2016年起将逐步启用全国住房和城乡建设领域专业人员岗位统一考核评价题库，为保证《考核系列用书》更加贴近部颁《职业标准》和《考核评价大纲》的要求，受江苏省住房和城乡建设厅委托，江苏省建设教育协会组织业内专家和培训老师，在第一版的基础上对《考核系列用书》进行了全面修订，编写了这套《住房和城乡建设领域专业人员岗位培训考核系列用书（第二版）》（以下简称《考核系列用书（第二版）》）。

《考核系列用书（第二版）》全面覆盖了施工员、质量员、资料员、机械员、材料员、劳务员、安全员、标准员等《职业标准》和《考核评价大纲》涉及的岗位（其中，施工员、质量员分为土建施工、装饰装修、设备安装和市政工程四个子专业）。每个岗位结合其职业特点以及培训考核的要求，包括《专业基础知识》、《专业管理实务》和《考试大纲·习题集》三个分册。

《考核系列用书（第二版）》汲取了第一版的优点，并综合考虑第一版使用中发现的问题及反馈的意见、建议，使其更适合培训教学和考生备考的需要。《考核系列用书（第二版）》系统性、针对性较强，通俗易懂，图文并茂，深入浅出，配以考试大纲和习题集，力求做到易学、易懂、易记、易操作。既是相关岗位培训考核的指导用书，又是一线专业岗位人员的实用工具书；既可供建设单位、施工单位及相关高职高专、中职中专学校教学培训使用，又可供相关专业人员自学参考使用。

《考核系列用书（第二版）》在编写过程中，虽然经多次推敲修改，但由于时间仓促，加之编著水平有限，如有疏漏之处，恳请广大读者批评指正（相关意见和建议请发送至JYXH05@163.com），以便我们认真加以修改，不断完善。

本书编写委员会

主　　编：王毅芳　惠文荣

副 主 编：陈兰英　王　昆

编写人员：朱　超　朱　敏　张　磊　顾　明

张永强　洪　林

第二版前言

根据住房和城乡建设部的要求，2016 年起将逐步启用全国住房和城乡建设领域专业人员岗位统一考核评价题库，为更好贯彻落实《建筑与市政工程施工现场专业人员职业标准》JGJ/T 250—2011，保证培训教材更加贴近部颁《建筑与市政工程施工现场专业人员考核评价大纲》的要求，受江苏省住房和城乡建设厅委托，江苏省建设教育协会组织业内专家和培训老师，在《住房和城乡建设领域专业人员岗位培训考核系列用书》第一版的基础上进行了全面修订，编写了这套《住房和城乡建设领域专业人员岗位培训考核系列用书（第二版）》（以下简称《考核系列用书（第二版）》），本书为其中的一本。

材料员培训考核用书包括《材料员专业基础知识》（第二版）、《材料员专业管理实务》（第二版）、《材料员考试大纲·习题集》（第二版）三本，反映了国家现行规范、规程、标准，并以材料应用为主线，不仅涵盖了材料员应掌握的通用知识、基础知识、岗位知识和专业技能，还涉及新技术、新设备、新工艺、新材料等方面的知识。

本书为《材料员专业管理实务》（第二版）分册，全书共 14 章，内容包括：材料管理相关的法规和标准，市场调查分析的内容与方法，招投标和合同管理基本知识，建筑材料验收、存储、供应基本知识，建筑材料核算的内容和方法，参与编制材料、设备配置管理计划，分析建筑材料市场信息并进行材料、设备的采购，对进场材料、设备进行符合性判断，组织保管、发放施工材料和设备，对危险物品进行安全管理，参与对施工余料、废弃物进行处置或再利用，建立材料、设备的统计台账，进行材料、设备的成本核算，编制、收集、整理施工材料和设备的资料等。

本书既可作为材料员岗位培训考核的指导用书，又可作为施工现场相关专业人员的实用工具书，也可供职业院校师生和相关专业人员参考使用。

第一版前言

为贯彻落实住房城乡建设领域专业人员新颁职业标准，受江苏省住房和城乡建设厅委托，江苏省建设教育协会组织编写了《住房和城乡建设领域专业人员岗位培训考核系列用书》，本书为其中的一本。

材料员培训考核用书包括《材料员专业基础知识》、《材料员专业管理实务》、《材料员考试大纲·习题集》三本，反映了国家现行规范、规程、标准，并以材料应用为主线，不仅涵盖了材料员应掌握的通用知识、基础知识和岗位知识，还涉及新工艺、新材料等方面的知识。

本书为《材料员专业管理实务》分册。全书内容共10章，包括：材料员岗位标准和管理规定；物资管理；材料市场调查；材料计划管理；材料采购管理；材料供应及运输管理；材料检测与统计分析；材料储备与仓库管理；周转材料与工具管理；材料经济结算与成本核算。

本书既可作为材料员岗位培训考核的指导用书，又可作为施工现场相关专业人员的实用手册，也可供职业院校师生和相关专业技术人员参考使用。

目　录

第1章　材料管理相关的法规和标准

1.1　材料管理的相关法规

法律法规对材料管理的有关规定：

1.《建筑法》

（1）第二十五条。按照合同约定，建筑材料、建筑构配件和设备由工程承包单位采购的，发包单位不得指定承包单位购入用于工程的建筑材料、建筑构配件和设备或者指定生产厂、供应商。

（2）第三十四条。工程监理单位应当在其资质等级许可的监理范围内，承担工程监理业务。

工程监理单位应当根据建设单位的委托，客观、公正地执行监理任务。

工程监理单位与被监理工程的承包单位以及建筑材料、建筑构配件和设备供应单位不得有隶属关系或者其他利害关系。

工程监理单位不得转让工程监理业务。

（3）第五十七条。建筑设计单位对设计文件选用的建筑材料、建筑构配件和设备，不得指定生产厂、供应商。

（4）第五十九条。建筑施工企业必须按照工程设计要求、施工技术标准和合同的约定，对建筑材料、建筑构配件和设备进行检验，不合格的不得使用。

2.《安全生产法》

第二十六条。生产经营单位采用新工艺、新技术、新材料或者使用新设备，必须了解、掌握其安全技术特性，采取有效的安全防护措施，并对从业人员进行专门的安全生产教育和培训。

3. 建筑工程质量管理条例

（1）第八条。建设单位应当依法对工程建设项目的勘察、设计、施工、监理以及与工程建设有关的重要设备、材料等的采购进行招标。

（2）第二十九条。施工单位必须按照工程设计要求、施工技术标准和合同约定，对建筑材料、建筑构配件、设备和商品混凝土进行检验，检验应当有书面记录和专人签字；未经检验或者检验不合格的，不得使用。

（3）第三十一条。施工人员对涉及结构安全的试块、试件以及有关材料，应当在建设单位或者工程监理单位监督下现场取样，并送具有相应资质等级的质量检测单位进行检测。

（4）第三十七条。工程监理单位应当选派具备相应资格的总监理工程师和监理工程师进驻施工现场。

未经监理工程师签字，建筑材料、建筑构配件和设备不得在工程上使用或者安装，施工单位不得进行下一道工序的施工。未经总监理工程师签字，建设单位不拨付工程款，不进行竣工验收。

1.2 法律法规对材料质量要求的有关规定

1.《建筑法》

（1）第五十六条。建筑工程的勘察、设计单位必须对其勘察、设计的质量负责。勘察、设计文件应当符合有关法律、行政法规的规定和建筑工程质量、安全标准、建筑工程勘察、设计技术规范以及合同的约定。设计文件选用的建筑材料、建筑构配件和设备，应当注明其规格、型号、性能等技术指标，其质量要求必须符合国家规定的标准。

（2）第五十九条。建筑施工企业必须按照工程设计要求、施工技术标准和合同的约定，对建筑材料、建筑构配件和设备进行检验，不合格的不得使用。

2. 建筑工程质量管理条例

（1）第十四条。按照合同约定，由建设单位采购建筑材料、建筑构配件和设备的，建设单位应当保证建筑材料、建筑构配件和设备符合设计文件和合同要求。建设单位不得明示或者暗示施工单位使用不合格的建筑材料、建筑构配件和设备。

（2）第二十二条。设计单位在设计文件中选用的建筑材料、建筑构配件和设备，应当注明规格、型号、性能等技术指标，其质量要求必须符合国家规定的标准。除有特殊要求的建筑材料、专用设备、工艺生产线等外，设计单位不得指定生产厂、供应商。

（3）第五十六条。违反本条例规定，建设单位有下列行为之一的，责令改正，处20万元以上50万元以下的罚款：

1）迫使承包方以低于成本的价格竞标的；

2）任意压缩合理工期的；

3）明示或者暗示设计单位或者施工单位违反工程建设强制性标准，降低工程质量的；

4）施工图设计文件未经审查或者审查不合格，擅自施工的；

5）建设项目必须实行工程监理而未实行工程监理的；

6）未按照国家规定办理工程质量监督手续的；

7）明示或者暗示施工单位使用不合格的建筑材料、建筑构配件和设备的；

8）未按照国家规定将竣工验收报告、有关认可文件或者准许使用文件报送备案的。

（4）第六十四条。违反本条例规定，施工单位在施工中偷工减料的，使用不合格的建筑材料、建筑构配件和设备的，或者有不按照工程设计图纸或者施工技术标准施工的其他行为的，责令改正，处工程合同价款百分之二以上百分之四以下的罚款；造成建设工程质量不符合规定的质量标准的，负责返工、修理，并赔偿因此造成的损失；情节严重的，责令停业整顿，降低资质等级或者吊销资质证书。

（5）第六十五条。违反本条例规定，施工单位未对建筑材料、建筑构配件、设备和商品混凝土进行检验，或者未对涉及结构安全的试块、试件以及有关材料取样检测的，责令改正，处10万元以上20万元以下的罚款；情节严重的，责令停业整顿，降低资质等级或者吊销资质证书；造成损失的，依法承担赔偿责任。

3. 实施工程建设强制性标准监督规定

（1）第五条。工程建设中拟采用的新技术、新工艺、新材料，不符合现行强制性标准规定的，应当由拟采用单位提请建设单位组织专题技术论证，报批准标准的建设行政主管部门或者国务院有关主管部门审定。

工程建设中采用国际标准或者国外标准，现行强制性标准未作规定的，建设单位应当向国务院建设行政主管部门或者国务院有关行政主管部门备案。

（2）第十条。强制性标准监督检查的内容包括：

1）工程技术人员是否熟悉、掌握强制性标准；

2）工程项目的规划、勘察、设计、施工、验收等是否符合强制性标准的规定；

3）工程项目采用的材料、设备是否符合强制性标准的规定；

4）工程项目的安全、质量是否符合强制性标准的规定；

5）工程中采用的导则、指南、手册、计算机软件的内容是否符合强制性标准的规定。

（3）第十六条。建设单位有下列行为之一的，责令改正，并处以20万元以上50万元以下的罚款：

1）明示或者暗示施工单位使用不合格的建筑材料、建筑构配件和设备的；

2）明示或者暗示设计单位或者施工单位违反工程建设强制性标准，降低工程质量的。

（4）第十七条。勘察、设计单位违反工程建设强制性标准进行勘察、设计的，责令改正，并处以10万元以上30万元以下的罚款。

有前款行为，造成工程质量事故的，责令停业整顿，降低资质等级；情节严重的，吊销资质证书；造成损失的，依法承担赔偿责任。

（5）第十九条。工程监理单位违反强制性标准规定，将不合格的建设工程以及建筑材料、建筑构配件和设备按照合格签字的，责令改正，处50万元以100万元以下的罚款，降低资质等级或者吊销资质证书；有违法所得的，予以没收；造成损失的，承担连带赔偿责任。

1.3 建筑材料相关技术标准

技术标准是指重复性的技术事项在一定范围内的统一规定。它是以科学、技术和实践的综合成果为基础，经有关方面协商一致，由主管部门批准发布，作为共同遵守的准则和依据。技术标准包括基础技术标准、产品标准、工艺标准、检测试验方法标准，及安全、卫生、环保标准等。

建筑材料有关的标准主要是产品标准和工程建设标准两类。建材产品质量标准是建材生产、检验和评定质量的技术依据。建材产品质量特性一般以定量表示，例如强度、硬度、化学成分等；工程建设标准指对基本建设中各类工程的勘察、规划、设计、施工、安装、验收等需要协调统一的事项所制定的标准。工程建设设计、施工（包括安装）及验收等通用的综合标准和重要的通用的质量标准以及工程建设通用的有关安全、卫生和环境保护的标准中也有与建筑材料选用的相关内容。

建筑材料验收和复验主要依据的是国家标准和行业标准两类。国家标准是由各行业主管部门和国家质量监督检验防疫总局联合发布，作为国家级的标准，各有关行业必须执行。国家标准强制标准冠以“GB”；推荐标准冠以“GB/T”。国家标准代号由标准名称、标准发布机构的组织代码、标准号和标准颁布时间四部分组成。如《混凝土强度检验评定标准》（GB/T 50107—2010）为国家推荐性标准（“T”为“推荐”），标准号为50107，颁布时间为2010年。行业标准由国务院有关行政主管部门制定，并报国务院标准化行政主管部门备案。行业标准由行业标准归口部门统一管理。行业标准的归口部门及其所管理的行业标准范围，由国务院有关行政主管部门提出申请报告，国务院标准化行政主管部门审查确定，并公布该行业的行业标准代号。其分为建筑材料（JC）、建筑工程（JGJ）等，其标准代号组成与国家标准相同。除此两类，国内各地方和企业还有地方标准和企业标准。

随着世界经济的日益融合，我国已成为世界经济的一部分，交流益加密切，采用和参考国际通用标准和先进标准是加快我国建筑材料工业迈向世界的重要措施。

常用的国际标准有以下几类：

（1）美国材料与试验协会标准（ASTM）等，属于国际团体和公司标准。

（2）联邦德国工业标准（DIN），欧洲标准（EN）等，属于区域性国际标准。

（3）国际标准化组织（ISO）等，属于国际性标准化组织的标准。

第2章　市场调查分析的内容与方法

2.1　市场的相关概念

1. 市场

市场是商品交换顺利进行的条件，是商品流通领域一切商品交换活动的总和。市场体系是由各类专业市场，如商品服务市场、金融市场、劳务市场、技术市场、信息市场、建筑市场、建筑材料市场等组成的完整体系。同时，在市场体系中的各专业市场均有其特殊功能，它们互相依存、相互制约，共同作用于社会经济。

随着社会交往的网络虚拟化，市场不一定是真实的场所和地点，当今许多买卖都是通过计算机网络来实现的。

市场是以商品交换为基本内容的经济联系方式。在商品经济条件下，交换产生和存在的前提是社会分工和商品生产。由于社会分工，不同的生产者分别从事不同产品的生产，并未满足自身及他人的需要而交换各自的产品，从而使一般劳动产品转化为商品，使产品生产也转化为商品生产。正是在这一条件下，用来交换商品以满足不同生产者需要的市场应运而生。因此，市场是商品经济条件下社会分工和商品交换的产物。市场与商品经济有着不可分割的内在联系。

2. 建筑市场

建筑市场是建设工程市场的简称，是进行建筑商品和相关要素交换的市场。建筑市场是固定资产投资转化为建筑产品的交易场所。建筑市场由有形建筑市场和无形市场两部分构成。

所谓建筑活动，按《中华人民共和国建筑法》的规定，是指：是指各类房屋建筑及其附属设施的建造和与其配套的线路、管道、设备的安装活动。

所谓交易关系，包括供求关系、竞争关系、协作关系、经济关系、监督关系、法律关系等。

3. 建筑产品的特点

由于建筑产品地点的固定性、类型的多样性和体形庞大等三大主要特点，决定了建筑产品生产的特点与一般工业产品生产的特点相比较具有自身的特殊性。其具体特点如下：

（1）建筑产品生产的流动性；

（2）建筑产品生产的单件性；

（3）建筑产品生产的地区性；

（4）建筑产品生产的露天作业多；

（5）建筑产品生产组织协作的综合复杂性；

（6）建筑产品生产的高空作业多。

4. 建筑市场的特点

(1) 建筑产品交易一般分专业进行业主与咨询单位之间的交易；业主与设计单位之间的交易；业主与施工单位之间的交易等。

(2) 建筑产品的价格是在招投标竞争中形成的。

(3) 建筑市场受国家政策和经济形势影响大。

(4) 建筑产品交易的长期性。

(5) 完工后不可逆转性。

(6) 生产和交易的统一性。

5. 建筑市场的构成

建筑市场已形成以业主方、承包方和为双方服务的咨询服务者和建设工程交易中心组成的市场主体；由建筑产品和建筑生产过程为对象组成的市场客体；由招标投资为主要交易形式的市场竞争机制；由资质管理为主要内容的市场监督管理体系；以及我国特有的有形建筑市场等。

(1) 建筑市场的主体

1) 业主

业主是指既有进行某种工程的需求，又具有工程建设相应资金和各种准建手续，是在建筑市场中发包建设任务，并最终得到建筑产品达到其投资目的的法人、其他组织和个人。在我国工程建设中常将业主称为建设单位或甲方、发包人。

2) 承包商

承包商是指有一定生产能力、技术装备、流动资金，具有承包工程建设任务的营业资格，在建筑市场中能够按照业主的要求，提供不同形态的建筑产品，并获得工程价款的建筑业企业。按照他们的承包方式不同分为施工总承包企业、专业承包企业、劳务分包企业。在我国工程建设中承包商又称为乙方。

3) 中介服务组织

中介机构是指具有一定注册资金和相应的专业服务能力，持有从事相关业务执照，能对工程建设提供估算测量、管理咨询、建设监理等智力型服务或代理，并取得服务费用的咨询服务机构和其他为工程建设服务的专业中介组织。在市场经济运行中，中介组织作为政府、市场、企业之间联系的纽带，具有政府行政管理不可替代的作用。而发达的市场中介组织又是市场体系成熟和市场经济发达的重要表现。

(2) 建筑市场的客体

建筑市场的客体即建筑产品，是建筑市场交易的对象，它既包括有形建筑产品也包括无形建筑产品。建筑产品本身及其生产过程都有别于其他工业产品。在不同的生产交易阶段，建筑产品可以表现为不同的形态，它可以是咨询公司提供的咨询报告、咨询意见或其他服务，也可以是勘察设计单位提供的设计方案、施工图纸、勘察报告，还可以是承包商生产的各类建筑物、构筑物，或是生产厂家提供的混凝土构件等。

(3) 建设工程交易中心

建设工程交易中心是经政府主管部门批准，为建设工程交易提供服务的有形建筑市场。

交易中心是由工程招投标管理部门或政府建设行政主管部门授权的其他机构建立的、

自收自支的非营利性事业法人，它根据政府建设行政主管部门委托实施对市场主体的服务、监督和管理。

（4）建筑市场的资质管理

我国的建筑法律规定，对从事建筑工程的勘察设计单位、施工单位和工程咨询监理单位实行资质管理。资质管理主要是对从事建设工程的单位和专业技术人员进行从业资格审查。

2.2 市场的调查分析

1. 市场调查分析的概念

这里所说的市场调查指的是采购市场调查，也就是企业运用科学的方法，有系统、有目的地收集市场信息，记录、整理、分析市场情况，了解市场的现状及其发展趋势，为市场预测提供客观的、正确的资料，为决策部门制定更加有效的策略提供基础性的数据和资料。

材料市场调查的对象一般为用户、零售商和批发商。因为供应商太多，一般应对信誉度高、执行合同能力强的供应商进行重点调查。如果调查中缺乏针对性，一则效果不会很明显，二则精力和时间都不允许。市场调研工作的基本过程包括：明确调查目标、设计调查方案、制定调查工作计划、组织实地调查、调查资料的整理和分析、撰写调查报告。

2. 市场调查的意义

科学的决策建立在可靠的市场调查和准确的市场预测基础上，广泛全面的市场调查，是材料供应的基础工作，市场调查是对现在市场和潜在市场各个方面情况的研究和评价，目的在于收集市场信息，了解市场动态，把握市场现状和发展趋势，估计目前的市场及预测未来的市场，为决策通过科学依据。市场调查的意义可以总结为：

（1）市场调查是企业进行采购决策的基础。

（2）市场调查是调整采购计划执行情况的重要的依据。

（3）市场调查是改善企业经营管理的重要工具。

（4）市场调查更是增强企业的竞争力和应变能力的重要手段。

3. 市场调查的内容

市场调查的内容很广，主要可以概括为：市场环境的调查、市场需求调查、市场供给调查、市场营销因素调查、市场竞争情况调查等。

（1）市场环境的调查

市场环境调查主要包括经济环境、政治环境、社会文化环境、科学环境和自然地理环境等。具体的调查内容可以是市场的购买力水平，经济结构，国家的方针，政策和法律法规，风俗习惯，科学发展动态，气候等各种影响市场供销能力的因素。

（2）市场需求调查

市场需求调查包括产品市场需求的数量、价格、质量、区域分布等的历史情况、现状和发展趋势。市场需求的调查包括三个方面：有效需求、潜在需求以及需求的增长速度。有效需求是指现阶段对某一产品的需求，潜在需求是指现在无法实现，但随着时间或空间的改变，在今后一段时间内能够实现的需求。需求的增长速度是影响产品市场需求的重要因素，是由现在的市场需求推测未来市场需求的关键因素。

（3）市场供应调查

市场供应调查主要调查市场的供应能力，了解市场供应与市场需求之间的差距。应调查要调查供应现状、供应潜力以及正在或将要建设的相同产品的生产能力，具体为某一产品市场可以提供的产品数量、质量、功能、型号、品牌等，生产供应企业的情况等。

（4）市场营销因素调查

市场营销因素调查主要包括产品、价格、渠道和促销的调查。产品的调查主要有了解市场上新产品开发的情况、设计的情况、消费者使用的情况、消费者的评价、产品生命周期阶段、产品的组合情况等。产品的价格调查主要有了解消费者对价格的接受情况，对价格策略的反应等。渠道调查主要包括了解渠道的结构、中间商的情况、消费者对中间商的满意情况等。促销活动调查主要包括各种促销活动的效果，如广告实施的效果、人员推销的效果、营业推广的效果和对外宣传的市场反应等。

（5）市场竞争情况调查

市场竞争情况调查主要包括对竞争企业的调查和分析，了解同类企业的产品、价格等方面的情况，他们采取了什么竞争手段和策略，做到知己知彼，通过调查帮助企业确定企业的竞争策略。

4. 市场调查的方法

市场调查的方法大致分为文案调查、实地调查、问卷调查、实验调查等几类。选择调查方法要考虑收集信息的能力，调查研究的成本、时间要求、样本控制和人员效应的控制程度。

（1）文案调查法

文案调查法是对已经存在的各种资料档案，以查阅和归纳的方式进行的市场调查。又称为二手资料法或文献调查。

文案资料来源很多，主要有国际组织和政府机构资料；行业资料、公开出版物、相关企业和行业网站，有关企业的内部资料。

（2）实地调查法

实地调查法是调查人员通过跟踪、记录被调查事物和人物行为痕迹来取得第一手资料的调查方法。这种方法是调查人员直接到市场或某些场所（商品展销会、商品博览会等）通过耳闻目睹和触摸的感受方式借助于某些摄录设备和仪器，跟踪、记录被调查人员的活动、行为和事物的特点，获取所需信息资料。

（3）问卷调查法

是通过设计调查问卷，让被调查者填写调查表的方式获得所需信息的调查方法。问卷调查法可以通过面谈、电话咨询、网上填表或邮寄问卷等方式进行，这是市场调查常用的方法，其核心工作是问卷设计、实施和调查。在调查中将调查的资料设计成问卷后，让接受调查对象将自己的意见或答案，填入问卷中。在一般进行的实地调查中，以问答卷采用最广；同时问卷调查法在目前网络市场调查中运用的较为普遍。

5. 实验调查法

实验调查法是指调查人员在调查过程中，通过改变某些影响调查对象的因素，来观察调查对象消费行为变化，从而获得消费行为和某些因素之间的内在因果关系的调查方法。

上述方法中，相比而言，文案调查是所有调查方法中最简单、最一般和常用的方法，同时也是其他调查方法的基础。实地调查能够控制调查对象，应用灵活，调查信息充分，但是调查周期长，费用高，调查对象人员受到调查的心理暗示影响，存在不够客观的可能性。问卷调查适应范围广，操作简单易行，费用相对较低，因此得到了大量的应用。试验调查是最复杂、费用较高、应用范围有限的方法，但调查结果可信度较高。

2.3 市场调查计划

1. 市场调查的一般流程

市场调查是以科学的方法收集、研究、分析有关市场活动的资料，以便帮助企业领导和管理部门解决有关市场管理或决策问题的研究，其一般分为调查准备阶段、调查实施阶段、分析总结阶段、报告撰写阶段。

(1) 计划阶段（调查准备阶段）

准备阶段是调查工作的开始，准备是否充分，对调查工作的开展和调查质量影响很大。准备阶段要研究确定调查的目的要求、调查的范围和规模、调查力量的组织等问题，并在此基础上制定一个切实可行的调查工作计划。

(2) 调查实施阶段

实施调查计划、落实调查方案是市场调查最重要的环节，这个阶段的主要任务是组织调查人员深入实际，系统地收集各种资料和数据。

(3) 收集文案资料。文案资料是市场调查的基础资料，也是市场调查工作的基础，可以向各级统计机构、经济管理部门、金融债券机构等收集市场信息，也可以从各种文献、报刊中取得。

(4) 收集一手资料。在市场调查中，指收集文案资料是不够的，还应收集原始资料，也称为第一手资料。收集的方法很多，如实地调查、问卷调查以及实验调查等。

2. 分析总结阶段

分析总结阶段是得出市场调查结果的阶段，通过对调查资料的整理加工，使之系统化、条理化，以揭示市场调查需求和各种因素的内在联系，反映市场的客观规律。

(1) 整理分析。市场获得的资料多数是分散的、零星的，某些资料是不准确的。需要对资料进行分析比较，剔除错误的信息，进行各种统计分析，并制成统计图表。

(2) 综合分析。资料的综合分析是市场调查的核心，通过综合分析，全面掌握资料反映的情况和问题，探索事物之间的内在联系，从而审慎地得出符合实际的结论。

3. 撰写调查报告阶段

调查报告是市场调查成果的最终体现，按照得出的要求和格式，编写调查报告，以便企业运用调查成果。

4. 市场调查计划应包括以下一些内容

进行市场调查，首先要明确市场调查的目标。按照不同需要，市场调查的目标也不同。企业实施经营战略时，必须调查宏观市场环境的发展变化趋势，尤其要调查所处行业未来的发展状况；企业制度市场营销策略时，要调查市场需求状况、市场竞争状况、消费者购买行为和营销要素情况。

调查内容是收集资料的依据，是为实现调查目标服务的，可根据市场调查的目的确定具体的调查内容，设计好调查表。设计调查表要注意：

（1）调查表的设计要与调查主题密切相关，重点突出，避免可有可无的问题；

（2）调查表中的问题要容易让被调查者接受，避免出现被调查者不愿回答或令被调查者难堪的问题；

（3）调查表中的问题次序要条理清楚，顺理成章，符合逻辑顺序，一般可遵循容易回答的问题放在前面，较难回答的问题放在中间，敏感性问题放在最后；封闭式问题在前，开放式问题在后；

（4）调查表的内容要简明、尽量使用简单、直接、无偏见的词汇，保证被调查者能在较短的时间内完成调查表。

5. 决定收集资料的方法

采用观察法、访问法还是实验法，使用抽样调查、典型调查还是个案调查，是入户访问还是开调查会等。如采用抽样调查，那么调查总体是如何界定的，采用什么方法进行抽样，样本又是多大等，都要有个科学的、明确的说明。

6. 制定调查进度计划

确定整个调查的周期是多长时间，分几个阶段进行，每个阶段都做什么工作以及阶段目标是什么等。调查的进行过程可以安排一个时间表，确定各阶段的工作内容及所需时间。市场调查包括以下几个阶段：

（1）调查工作的准备阶段，包括调查表的设计、抽取样本、访问员的招聘及培训等；

（2）实地调查阶段；

（3）问卷的统计处理、分析阶段；

（4）撰写调查报告阶段。

7. 制定经费预算

经费广义上包括调查经费和物质手段的计划与安排。调查经费主要包括：调研人员的差旅费、资料费（包括书籍、统计资料、文献的费用以及复印费等）、调查表格的印刷费、调查人员和协作人员的劳务费、文具费、资料处理费用（包括计算机使用费等）。

统计调查由于需要收集大量的数据，因而所需经费较多，而实地研究则相对节约经费。物质手段主要指调查工具、设备以及资料加工整理的手段，如录音机、照相机、计算器、计算机等等。在手工汇总资料的时候，还需要汇总卡片、汇总表格等。

8. 调查组织与人员配备

建立市场调查项目的组织领导机构，可由企业的市场部或企划部来负责调查项目的组织领导工作，针对调查项目成立市场调查小组，负责项目的具体组织实施工作。

根据调查项目中完成全部问卷实地访问的时间来确定核定需要调查人员的人数，并对调查人员须进行必要的培训，培训内容包括调查的基本方法和技巧、调查产品的基本情况、实地调查的工作计划、调查的要求及要注意的事项等。

9. 资料的收集和整理方法

实地调查结束后，即进入调查资料的整理和分析阶段，收集好已填写的调查表后，由调查人员对调查表进行逐份检查，剔除不合格的调查表，然后将合格调查表统一编号，以便于调查数据的统计。调查数据的统计可利用 Excel 电子表格软件完成；将调查数据输入计算机后，经 Excel 软件运行后，即可获得已列成表格的大量的统计数据，利用上述统计结果，就可以按照调查目的的要求，针对调查内容进行全面的分析工作。

10. 撰写调查报告

撰写调查报告是市场调查的最后一项工作内容，市场调查工作的成果将体现在最后的调查报告中，调查报告将提交给决策者，作为企业制定市场营销策略的依据。市场调查报告要按规范的格式撰写，一个完整的市场调查报告格式由题目、目录、概要、正文、结论和建议、附件等组成。

市场调查工作必须有计划、有步骤地进行，以防止调查的盲目性。为达成这个市场调查目的而制定一个切实可行的方案称为市场调查计划。

2.4 市场调查的实施和管理

1. 实地调查的实施和管理

市场调查的各项准备工作完成后，开始进行问卷的实地调查工作，组织实地调查要做好两方面工作。

（1）做好实地调查的组织领导工作

实地调查是一项较为复杂繁琐的工作。要按照事先划定的调查区域确定每个区域调查样本的数量，访问员的人数，每位访问员应访问样本的数量及访问路线，每个调查区域配备一名督导人员；明确调查人员及访问人员的工作任务和工作职责，做到工作任务落实到位，工作目标、责任明确。

（2）做好实地调查的协调、控制工作

调查组织人员要及时掌握实地调查的工作进度完成情况，协调好各个访问员间的工作进度；要及时了解访问员在访问中遇到的问题，帮助解决，对于调查中遇到的共性问题，提出统一的解决办法。要做到每天访问调查结束后，访问员首先对填写的问卷进行自查，然后由督导员对问卷进行检查，找出存在的问题，以便在后面的调查中及时改进。

2. 资料整理

所谓资料整理，是指运用科学的方法，将调查所得的原始资料按调查目的进行审核、汇总与初步加工，使之系统化和条理化，并以集中、简明的方式反映调查对象总体情况的过程。通过市场调查实施阶段所获得的原始资料，还只是粗糙的、表面的和零碎的东西，需要经过整理加工，才能进而进行分析研究并得出科学的结论。因此，调查资料的整理工作是调查过程中的一个必不可少的环节。资料整理的过程是一个去粗取精，去伪存真，由此及彼，由表及里的过程。在这个过程中我们可以运用以下几种常用方法对搜集来的资料进行分析整理。

（1）分类：

找到一个角度，依据一个分类标准将所得资料统计分类。对资料加以校核，消除其中错误或含糊不清之处，使资料准确。原则是要确保资料清楚易懂；要确保资料的完整、一致和连贯；要确保资料的准确。

（2）列表：

将调查得来的资料列成表，以便于一目了然地了解资料相互之间的联系及意义。常用的列表方法有单栏表和多栏表两种。

（3）资料的分析：

在资料整理的基础上，还要用一些统计方法对资料进行检验和分析。分析资料时应注意以下各点：有目的有意识地使用各种市场信息配合调查目的。对搜集到的资料深入了解，从中体会资料隐含意义，进而推测各种演变。发挥独立思考能力，不为材料所误导。综合不同的材料，抽象具体的材料，有效分析所有的材料后，贯通所有的材料，为撰写市场调查报告做好资料准备。

（4）资料的汇总：

资料的汇总，是指根据调查研究的目的，将资料中的各种分散的数据汇总起来，以集中的形式反映调查单位的总体状况以及调查总体内的内部数量结构的一项工作。资料汇总是资料整理工作中不可缺少的重要环节，是分析资料前的一项基础性的工作。

（5）根据调查研究的目的不同资料汇总的方式与方法也有所区别，可以分为总体汇总和分组汇总两大类：

1）总体汇总是为了了解总体情况和总体发展趋势的，分组汇总则是为了了解总体内部的结构和差异的。资料的总体汇总可以在对资料未进行分组的情况下进行，而资料的分组汇总则必须在对资料进行分类与分组后才能进行。

2）检查错误：

检查错误资料整理的程序比较简单，又是统计的基础，有很多软件包可以用，最常用的 SPSS 软件包（社会科学统计软件包），用起来很方便。

2.5 调查分析与调查报告

1. 定性分析

定性分析就是确定数据资料的性质，是通过对构成事物“质”的有关因素进行理论分析和科学阐述的一种分析方法。定性分析常用来确定市场的发展态势与市场发展的性质，主要用于市场探究性分析。定性调查是市场调查和分析的前提与基础，没有正确的定性分析，就不能对市场做出科学而合理的描述，也不能建立其正确的理论假设，定量调查也就因此失去了理论指导。而没有理论指导的定量分析，也不可能得出科学和具有指导意义的调查结论。

定性分析的一般操作步骤为：

（1）审读资料数据

首先对于要分析的资料数据进行认真的审查和阅读。审读时，要对访问或观察记录所反映的调查对象的收集情况做好实施鉴别，将数据资料按问题分类，选取有意义的事例，为下一步定性分析做好准备。

（2）知识准备

分析人员在分析前要做好定性分析的知识准备，查找有关分析知识、理论及推导逻辑过程，实际上这种知识准备主要是有关理论的进一步学习。在市场调查实践中，整个工作过程都可能会涉及一些理论知识准备，定性分析的知识准备主要是作进一步分析工作的准备。

（3）制订分析方案

是指整体性考虑分析什么材料，用什么理论，从什么角度对调查资料数据进行解释。当然，资料的审查与理论知识的准备过程也就是设计方案的过程，但完整的分析方案的形成一般是在前面两个步骤之后进行。

（4）分析资料

从这一阶段开始对市场调查资料研究和解释。当资料证明了前面设定的假设时，要从理论上找出两者一致的意义，并加以说明，这也是定性分析的关键。在对资料进行分析研究的基础上，研究的结果证明了研究的假设时，应该从理论上探讨和解释为什么研究假设被证明，并根据研究资料和理论提出新的问题和研究假设。这样一步一步，才能更深层次地揭示市场的问题，更好地达到要调查的目标。

2. 定性分析的方法

（1）对比分析

对比分析的具体操作：将被比较的实物和现象进行比较，找出其异同点，从而分清事物和现象的特征及其相互联系。

在市场调查中，就是把两个或两类问题的调查资料对比，确定它们之间的相同点和不同点。市场调查的对象不是孤立存在的，而是和其他事物存在或多或少地联系，并且相互影响，而对比分析有助于找出调查事物的本质属性和非本质属性。

在运用比较分析法时要注意，可以在同类对象间进行，也可以在异类对象间进行，要分析可比性，对比可以是多层次的。

（2）推理分析

推理分析的操作由一般性的前提推导出个别性的结论。

市场调查中的推理分析，就是把调查资料的整体分解为各个因素、各个方面，形成分类资料进行研究，分别把握其本质和特征，然后将这些通过分类研究得到的认识联系起来，形成对调查资料整体和综合性认识的逻辑方法。使用时需要注意，推理的前提是正确的，推理的过程要合理，而且要有创造性思维。

（3）归纳分析

归纳的操作是由具体、个别或特殊性的事例推导出一般性规律及特征。

在市场调查所收集的资料中，应用归纳法可以概括出一些理论观点。归纳分析法是市场调查中应用最广泛的一种方法，具体操作可以分为完全归纳、简单枚举和科学归纳。

1）完全归纳

根据调查问题中的每一个对象的某种特征属性，概括出该类问题的全部对象整体所拥有的本质属性。应用完全归纳法要求分析者准确掌握某类问题全部对象的具体数量，而且还要调查每个对象，了解它们是否具有所调查的特征。但在实际应用中，调查者往往很难满足这些条件，因此，使完全归纳法的使用范围受到一定限制。

2）简单枚举

根据目前调查所掌握的某类问题一些对象所具有的特征，而且没有个别不同的情况，来归纳出该问题整体所具有的这种特征。这种方法是建立在应用人员经验的基础上的，操作简单易行。但简单枚举法的归纳可能会出现偶然性，要提高结论的可靠性，则分析考察的对象就应该尽量多一些。

3）科学归纳

根据某类问题中的部分对象与某种特征之间的必然联系，归纳出该类问题所有对象都拥有某种特征。这种方法用起来复杂，但很科学。

3. 定量描述分析

分析数据的集中趋势：

数据的集中趋势分析在于解释被调查者回答的集中度，通常用最大频数或最大频率对应的类别选项来衡量。数据的集中趋势是指大部分变量值趋向于某一点，将这点作为数据分布的中心，数据分布的中心可以作为整个数据的代表值，也是准确描述总体数量特征的重要内容。

集中趋向数据的特征是总体各单位的数据分布既有差异性，又有集中性。它反映了社会经济状况的特征，即总体的社会解决数量特征存在着差异，但客观上还存在着一个具体实际经济意义的、能够反映总体各单位数量一般水平的数值。描述统计分析就是用来找出这个数值。描述数据分布中心的统计量，常用的由平均数、众数、中位数。

1）平均数

平均数是数列中全部数据的一般水平。是数据数量规律性的一个基本特征值，反映了一些数据必然性的特点。平均数包括算术平均数、调和平均数和几何平均数，在这里只说明其中最简单的算术平均数。简单算术平均数的计算方法为：

$$\bar{x}=\frac{x_1+x_2+\cdots+x_n}{n}=\frac{\sum x}{n} \tag{2-1}$$

利用平均数，可以将处在不同空间的现象和不同时间的现象进行比较，反映现象一般水平的变化趋势或规律，分析现象间的相互关系等。

2）众数

众数是数据中出现次数最多的变量值，也是测定数据集中趋势的一种方法，它克服了平均数指标数据中极端值影响的缺陷。在市场调查得到的统计数据中，众数能够反映最大数数据的代表值，可以使我们在实际工作中抓住事物的主要问题，有针对性地解决问题。要注意的是，由于众数只依赖于变量出现的次数，所以对于一组数据，可能会出现两个或两个以上的众数，也可能没有众数。同时众数虽然可以用于各种类型的变量，但是由于对定序和定距的变量，用众数描述数据的分布中心会损失很多有用的信息，所以一般只用众数描述定类变量的分布中心。

在调查实践中，有时没有必要计算算术平均数，只需要掌握最普遍、最常见的标志值就能说明社会经济现象的某一水平，这时就可以采用众数。

3）中位数

中位数是将数据按某一顺序（从大到小或从小到大）排列后，处在最中间位置的数值。

计算中位数很简单，对于 N 个数据，若 N 为奇数则排序之后的（$N+1$）/2 位置的数据就是中位数，若 N 为偶数，则排序之后的第 $N/2$ 与（$N/2$）+1 个数据的平均值就是中位数。在中位数的应用中，因为先进行了排序，所以对于定序变量的分布中心，中位数是一个很好的统计量。但是，在这里中位数不适用于定类变量，因为定类变量无法排序。

另外，中位数是将定序数据分成了两等分，将其划分为相等的四部分，就可以得到三个分位点，这三个分位点由大到小依次称为第一四分位点、第二四分位点和第三四分位点。在将来的应用中，可能会根据不同的需要对数据进行更多的划分，但具体原理和过程都是不变的。

平均数、众数和中位数都是反映总体一般平均水平的平均指标，彼此之间存在着一定的关系，但其含义不同，确定方法各异，适应范围也不一样。在实际应用中，应注意对这几个指标的特征进行细致地把握，根据不同调查数据类型，采用不同的指标进行分析，以期能够把被调查总体数据的集中趋势最准确地描述出来。

4. 分析数据的离散程度

如果需要用一个数值来概括变量的特征，那么集中趋势的统计就是最合适的。所谓集中趋势就是一组数据向一个代表值集中的情况。

但仅有集中趋势的统计还不能完全准确地描述各个变量，这是因为它没有考虑到变量的离散趋势，所谓离散趋势就是指一组数据间的离散程度。其最常用的统计量就是标准差，它是一组数据中各数值与算术平均值相减之差的平方和的算术平均数的平方根。

在描述性条件中，集中趋势的统计量包括众数、中位数和平均数，离散趋势则包括异众比、全距、四分位数、方差和标准差。前者体现了数据的相似性、同质性，后者体现了数据的差异性、异质性。

数据的离散程度分析就是指数据在集中分布趋势状态下，同时存在的偏离数值分布中心的趋势。离散程度分析是用来反映数据之间的差异程度的。

数据的离散程度通常由全距（也称极差）、平均差、方差和标准差等来反映。

（1）确定全距

全距是所有数据中最大值和最小值之间的差，即：

$$全距 = 最大值 - 最小值 \tag{2-2}$$

因为全距是数据中两个极端值的差值，不能反映中间数据变化的影响，只受最大值和最小值的影响，所以它是一个粗略的测量离散程度的指标。在实际调查中主要用于离散程度比较稳定的调查数据，同时，全距可以一般性地检验平均值的代表性大小，全距越大，平均值的代表性就越小；反之亦然。

（2）确定平均差

平均差就是平均离差，是总体各单位标志值与其算术平均数离差绝对值的算术平均数。它也可以反映平均数代表性的大小，由于平均差的计算涉及了总体中所有的数据，因而能够更加综合地反映总体数据的离散程度。其计算公式为：

$$平均差 = \frac{\Sigma|\overline{x_i - \bar{x}}|}{n} \tag{2-3}$$

式中 $(x_i - \bar{x})$ 代表离差，即每一个标志值与平均指标之间的差数，n 为离散的项数。

从公式可以看出，平均差受数据的离散程度和总体平均指标两个因素的共同影响。所以，当需要对比两个变量的离散程度时，如果它们的平均指标水平不同，就不能简单地直接用两个平均差来对比。另外，平均差具有和平均指标相同的计量单位，所以，对于计量单位不同的总体平均差也不能直接比较。

（3）确定方差和标准差

标准差反映的是每一个个案的分值与平均的分值之间的差距，简单来说，就是平均差异有多大。标准差越大说明差异越大，方差和标准差之间是平方的关系，这两个指标都是反映总体中所有单位标志值对平均数的离差关系，是测定数据离散程度最重要的指标，其数值的大小与平均数代表性的大小是反方向变化的。

样本的方差计算方法为：

$$s^2 = \frac{1}{n-1}\sum_{i=1}^{n}(x_i - \bar{x})^2 \tag{2-4}$$

方差越小，数据的离散程度越小。

样本的标准方差是方差的平方根，计算方法为：

$$s = \sqrt{\frac{1}{n-1}\sum_{i=1}^{n}(x_i - \bar{x})^2} \tag{2-5}$$

5. 综合指数分析

综合数据分析是指根据一定时期的资料和数据，从静态上对总体各数据进行分析的方法。它主要说明观测总体的规模、水平、速度、效益、比例关系等综合数量特征，通过总体数量的汇总、运算和分析，排除个别偶然因素的影响，认识观测现象的本质及其发展规律。它包括总量指标、平均指标、相对指标、强度指标等。

（1）定总量指标

总量指标反映的是观察现象在具体时间和空间内的总体规模和水平。总量指标是认识现象的起点，也是计算相对指标和平均指标的基础，因此，它也称作基础指标。

（2）确定平均指标

平均指标又称统计平均数，它反映现象总体中各单位某一数量标志在一定时间、地点、条件下所达到的一般水平，是统计中最常用的指标之一。它体现了同质总体内个单位某一数量标志的一般水平。其主要作用有：

利用平均指标可以将不同总体的某一变量值进行比较。如要比较甲乙两个城市的住房条件差别情况，就不能用两个城市的部分或住宅总面积进行比较，只能用人均居住面积这个平均标准，才能进行有针对性的比较。

利用平均指标可以研究总体中某一标志值的一般水平在时间上的变动，从而说明现象发展的规律性。

利用平均指标可以分析现象之间的相互依存关系。

（3）确定相对指标

相对指标是两个有联系的指标的数值之间对比的比值，也就是用抽象化了的数值来表示两个指标数值之间的相互关系差异程度。相对指标是统计分析的重要方法，是费用调查信息之间数量关系的重要手段。市场调查分析中常用的相对指标，主要有结构相对指标、比较相对指标、比例相对指标和强度相对指标等。

结构相对指标是总体中各构成部分与总体数值对比所得到的比率。它从静态现象总体内部的结构，揭示了事物的本质特征，它的动态变化还能反映事物结构变化的趋势和规律。其计算方法为：

$$\text{结构相对指标} = \text{各组(或部分)总量} / \text{总体总量} \tag{2-6}$$

比较相对指标是不同总体同类现象指标数值的比率。它反映了同类现象在不同空间中数量对比的关系，通常应用于某一现象在不同地区、不同单位之间的差异程度比较。其计算公式为：

$$比较相对指标 = 甲单位某指标值 / 乙单位同类指标值 \tag{2-7}$$

比例相对指标是总体中不同部分数量对比的相对指标，用来分析总体范围内各个局部、各个分组之间的比例关系和协调平衡状况。其计算公式为：

$$比例相对指标 = 总体中某一部分数值 / 总体中另一部分数值 \tag{2-8}$$

强度相对指标是两个性质不同但与一定联系的总量指标之间的对比，用来表示某一现象在另一现象中发展的强度、密度和普遍程度。它和其他相对指标不同就在于它不是同类现象指标的对比。其计算公式为：

$$强度相对指标 = 某种现象总量指标 / 另一个有联系而性质不同的现象总量指标 \tag{2-9}$$

6. 调查报告

调查报告是调查活动的结果，是对调查活动工作的介绍和总结。调查活动的成败以及调查结果的实际意义都表现在调查报告上。所以，调查报告的撰写十分重要。一份好的调查报告，能对企业的市场活动提供有效的导向作用，同时对各部门管理者了解情况、分析问题、制定决策和编制计划以及控制、协调、监督等各方面都起到积极的作用。

市场调查报告有较为规范的格式，其目的是为了便于阅读和理解。一般说来，我国现有的市场调查报告包括标题、前言、主体、结尾四个部分。

（1）标题

标题即报告的题目。有直接在标题中写明调查的单位、内容和调查范围的，如：《××市场的调查》；有的标题直接揭示调查结论。还有的标题除正题之外，再加副题。

（2）前言

前言部分用简明扼要的文字写出调查报告撰写的依据，报告的研究目的或是主旨，调查的范围、时间、地点及所采用的调查方法、方式。

（3）主体

主体部分是报告的正文。它主要包括三部分内容。

1）情况部分这是对调查结果的描述与解释说明。可以用文字、图表、数字加以说明。对情况的介绍要详尽而准确，为结论和对策提供依据。该部分是报告中篇幅最长和最重要的部分。

2）结论或预测部分。该部分通过对资料的分析研究，得出针对调查目的的结论，或者预测市场未来的发展、变化趋势。该部分为了条理清楚，往往分为若干条叙述，或列出小标题。

3）建议和决策部分。经过调查资料的分析研究之后，发现了市场的问题，预测了市场未来的变化趋势后，应该为准备采取的市场对策提出建议或看法。这就是建议和决策部分的主要内容。

第3章　招投标和合同管理基本知识

3.1　建设项目招标与投标

建设工程项目招标投标是指建设工程发包人单方面阐述自己的招标条件和具体要求，向多数特定或不特定的勘查单位、设计单位及施工单位等承包人发出邀约邀请，被邀请人向发包人发出邀约，由发包人从中择优选出交易对象并实现承诺的行为。根据我国《招标投标法》第三条规定，在我国境内进行"大型基础设施、公用事业等关系社会公共利益、公众安全的项目"、"全部或者部分使用国有资金投资或者国家融资的项目"和"使用国际组织或者外国政府贷款、援助资金的项目"的勘察、设计、施工、监理以及与工程建设有关的重要设备、材料等的采购，必须进行招标。在市场竞争中，为了保证产品质量、缩短建设工期降低工程造价、提高投资效益，对建设工程中使用的金额巨大的大型机电设备和大宗材料等均采用招标的方式进行采购。

3.1.1　建设材料、设备招标的分类

1. 建设工程招标的分类

（1）建设项目总承包招标，又称为"交钥匙"承包方式，包括可行性研究报告、勘察设计、设备材料询价与采购、工程施工、生产设备、投料试车，直到竣工投产、交付使用全面实行招标和全面投标报价，选择工程总承包企业。

（2）勘察设计招标，对拟建工程的勘察设计任务实行招标，选择勘察设计单位。

（3）工程施工招标，指招标人就拟建工程发布招标公告或发出投标邀请，依法定方式吸引施工企业参加竞争，招标人从中选择条件优越者完成工程建设任务的法律行为。施工招标是建设项目招标中最有代表性的一种。

（4）建设监理招标，委托监理任务的招标，选择监理单位。

（5）材料设备招标，就拟购买的材料设备招标，选择建设工程材料设备供应商。

2. 材料、设备必须招标的范围

工程建设项目中与工程建设有关的重要设备、材料等的采购，达到单项合同估算价在100万元人民币以上必须进行招标，材料、设备招标的范围大体包含以下三种情况：

（1）以政府投资为主的公益性、政策性项目需采购的设备、材料，应委托有资格的招标机构进行招标；

（2）国家规定必须招标的进口机电产品等货物，应委托国家指定的有资格的招标机构进行招标；

（3）竞争性项目等采购的设备、材料招标，其招标范围另行规定属于下列情况之一者，可不进行招标：

1）采购的设备、材料只能从唯一制造商处获得的；

2）采购的设备、材料需方可自产的；

3）采购活动涉及国家安全和秘密的；

4）法律、法规另有规定的。

3. 招标单位应具备的条件

目前建设工程中的材料、设备采购，有的是建设单位负责，有的是施工单位负责，还有的是委托中介机构（或称代理机构）负责。招标投标活动应当遵循公开、公平、公正和诚实信用的原则，招标单位一般应具备如下条件：

（1）具有法人资格，招标活动是法人之间的经济活动，招标单位必须具有合法身份；

（2）具有与承担招标业务和物资供应工作相适应的技术经济管理人员；

（3）有编制招标文件、标底文件和组织开标、评标、决标的能力；

（4）有对所承担的招标设备、材料进行协调服务的人员和设施。

4. 投标单位应具备的条件

凡实行独立核算、自负盈亏、持有营业执照的国内生产制造厂家、设备公司（集团）及设备成套（承包）公司，具备投标的基本条件，均可参加投标或联合投标，但与招标单位或材料设备需方有直接经济关系（财务隶属关系或股份关系）的单位及项目设计单位不能参加投标。采用联合投标，必须明确一个总牵头单位承担全部责任，联合各方的责任和义务应以协议形式加以确定，并在投标文件中予以说明。

3.1.2 政府采购的分类

1. 政府采购的类型

政府采购，也称公共采购，是指各级国家机关和实行预算管理的政党组织、社会团体、事业单位，使用财政性资金，以公开招标为主要形式，从国内外市场上购买商品、工程和服务的行为。政府采购分集中采购和分散采购两种。

集中采购，是指采购人将列入集中采购目录的项目委托集中采购机构代理采购或者进行部门集中采购的行为；分散采购，是指采购人将采购限额标准以上的未列入集中采购目录的项目自行采购或者委托采购代理机构代理采购的行为。

2. 政府采购的特征

（1）政策性

政府采购以实现公共政策为主要出发点，从计划的制订到合同的履行，都要体现政府的政策，实现政府某一阶段的工作目标，为国家经济、社会利益和公众利益服务。

（2）公平性

政府采购强调的是公平、公开，平等待遇。

（3）守法性

政府采购的行为不能超出其职权范围，不能超出政府和法律的规定。

（4）社会责任性

政府要承担社会责任或公共责任，它不但要满足某一时刻的社会需要，同时还要考虑环境问题、就业问题等其他对社会的影响。

3. 我国政府采购的原则

政府采购制度源于欧洲，形成于18世纪末，并以1980年建立的政府采购国际规则《政府采购协议》为标志，全面走向国际化。政府采购原则是贯穿在政府采购计划中为实现政府采购目标而设立的一般性原则。我国政府采购的原则是不盈利、不经营，其意义在于实施宏观调控，优化配置资源。

（1）公开性原则

政府采购的公开性原则是指有关采购的法律、政府、程序和采购活动都要公开，增加政府采购的透明度，坚决反对搞“暗箱操作”。

（2）公平性原则

政府采购应以市场方式进行，所有参加竞争的投标商机会均等，并受到同等待遇。允许所有有兴趣参加投标的供应商、承包商、服务提供者参加竞争，资格预审和报标评价对所有的投标人都使用同一标准；采购机构向所有投标人提供的信息都应一致；不应对国内或国外投标商进行歧视等。

（3）效率性原则

效率性原则要求政府在采购的过程中，能大幅度地节约开支，强化预算约束，有效提高资金使用效率。政府采购部门通过公平竞争、货比三家，好中选优，使有限的财政资金可以购买到更多的物美价廉的商品，得到高效、优质的服务，实现货币价值的最大化，实现市场机制与财政改革的最佳结合。

（4）适度集权的原则

国际上通行的做法是由财政部门归口管理政府采购，而我国政府采购目前需要由许多部门协调配合进行。因此，在政府采购管理体制的集中、统一过程中，要注意发挥部门、地方的积极性，在对主要商品和劳务进行集中采购的前提下，小型采购可由各部门在财政监督下来完成。

3.1.3 建设材料、设备招标的程序和方式

1. 招标程序

（1）办理招标委托、编制招标文件

1）建立招标组织

招标组织应具备一定的条件，必须经过招投标管理机构审查批准后才可开展工作。招标组织的主要工作包括：各项招标条件的落实；招标文件的编制及向有关部门报批；组织或编制标底并报有关单位审批；发布招标公告或邀请书，审查投标企业资质；向投标单位发放招标文件和有关技术资料；组织投标单位对有关问题进行解释；确定评标办法；发出中标或落标通知书；组织中标单位签订合同等。

2）提出招标申请并进行招标登记

由招标单位向招投标管理机构提出申请，申请的主要内容有：招标建设项目具备的条件，准备采用的招标方式，对投标单位的资质要求或准备选择的投标企业。经过招投标管理机构审查批准后，进行招标登记，领取有关招投标用表。

3）编制招标文件

招标文件可以由招标单位自己编制，也可委托其他机构代办。招标文件是投标单位编

制投标书的主要依据。主要内容有：招标项目概况与综合说明、建筑材料、设备项目清单和单价表、投标须知、合同主要条款及其他有关内容。

（2）编制实施计划筹建项目评标委员会

1）评标委员会人员构成

依法必须进行招标的项目，其评标委员会由招标人的代表和有关技术、经济等方面的专家组成，成员人数为五人以上单数，其中技术、经济等方面的专家不得少于成员总数的三分之二。

2）评标委员会人员的确定

由招标人从国务院有关部门或者省、自治区、直辖市人民政府有关部门提供的专家名册或者招标代理机构的专家库内的相关专业的专家名单中确定，一般招标项目可以采取随机抽取方式，特殊招标项目可以由招标人直接确定。

（3）发布招标公告或寄发投标邀请函

1）发布招标公告时间

招标人应当确定投标人编制投标文件所需要的合理时间，依法必须进行招标的项目，自招标文件开始发出之日起至投标人提交投标文件截止之日止，最短不得少于20日。

2）公告发布方式

依法必须进行招标的项目的招标公告，应当通过国家指定的报刊、信息网络或者其他媒介发布。

3）公告内容

招标公告应当载明招标人的名称和地址、招标项目的性质、数量、实施地点和时间、履约保证金的数额、缴纳和退还方式以及获取招标文件的办法等事项。

（4）资格预审、发售招标文件

1）投标单位资格预审

评审组织由建设单位、委托编制标底单位和建设监理单位组成，政府主管部门参加，在收到投标单位的资格预审申请后即开始评审工作。一般先检查申请书的内容是否完整，在此基础上拟订评审方法。

资格评审的主要内容包括：法人地位、信誉、财务状况、技术资格、业绩经验等。

2）发售招标文件

招标单位向经过资格审查合格的投标单位分发招标文件、拟定项目材料需求计划和有关技术资料。

（5）投标

投标人应当具备承担招标项目的能力；国家有关规定对投标人资格条件或者招标文件对投标人资格条件有规定的，投标人应当具备规定的资格条件。

两个以上法人或者其他组织可以组成一个联合体，以一个投标人的身份共同投标；联合体各方均应当具备承担招标项目的相应能力，国家有关规定或者招标文件对投标人资格条件有规定的，联合体各方均应当具备规定的相应资格条件。由同一专业的单位组成的联合体，按照资质等级较低的单位确定资质等级，联合体各方向中标人承担连带责任。

投标人按统一格式密封送达或邮寄到投标地点，中标人对邮寄投标方式有特别要求的，从其规定。投标人应当在招标文件要求提交投标文件的截止时间前，将投标文件送达投标地点。

（6）开标、评标、定标

开标时间应当在招标文件确定的提交投标文件截止时间的同一时间公开进行，开标地点应当为招标文件中预先确定的地点。

评标由招标人依法组建的评标委员会负责。中标人的投标应当符合下列条件之一：①能够最大限度地满足招标文件中规定的各项综合评价标准；②能够满足招标文件的实质性要求，并且经评审的投标价格最低；但是投标价格低于成本的除外。若不符合前述条件或投标人少于三个的，招标人应当依法重新招标。

（7）发中标或落标通知书

1）中标人确定后，招标人应当向中标人发出中标通知书，并同时将中标结果通知所有未中标的投标人。

2）在招标投标过程中有下列情形之一的，中标结果无效：

① 中标通知发出后，招标人改变中标结果的；

② 招标代理机构违反保密义务或者招标人、投标人串通损害国家利益、社会公共利益或他人合法权益的；

③ 招标人有泄露应当保密情况行为的；

④ 投标人互相串通投标或者与招标人串通投标的；

⑤ 弄虚作假，骗取中标的；

⑥ 违法进行实质性内容谈判的；

⑦ 中标候选人以外确定中标人的，依法必须招标的项目在所有投标被评标委员会否决后自行确定中标人的。

（8）组织签订合同、备案

招标人和中标人应当自中标通知书发出之日起三十日内，按照招标文件和中标人的投标文件订立书面合同。依法必须进行招标的项目，招标人应当自确定中标人之日起 15 日内，向有关行政监督部门提交招标投标情况的书面报告。

【案例 1】建筑材料的招标

1）招标提出

① 公司分管领导在图纸确定后组织召开材料工作会议，确定材料定位，总包单位确定后，工程部根据工程进度计划拟定项目材料需求计划，并按季度对项目材料需求计划进行调整确认。

② 由总经办组织材料部、工程部等拟定各类合同招标计划后，由材料部提前 45 天列入月度计划开始准备。

③ 各相关部门根据项目材料需求计划时间提前 35 天提供招标资料给材料部：总经办提供图纸；工程项目稽核部提供经复核的材料规格、型号、数量或工程量、专业技术要求、需用时间等；稽核部提供报价要求、结算方式，如需工程量清单的由稽核部提供。

2）招标文件合同讨论

① 由材料部提前 30 天拟定招标文件初稿、合同主要条款内容，转发各相关部门 5 天内完成部门内讨论；由总经办组织第 2 次讨论，收集、统一各部门意见，由材料部汇总

修改。

② 合同原则上要求使用国家标准格式文件，工程项目部重点审核合同权利义务、分析执行的可能性；稽核部重点审核报价须知、合同价（报价）组成、付款、结算方式等经济类内容。

③ 条件允许的前提下，材料部可提前30天找2～3家单位了解、咨询行业常规操作情况，借鉴他人经验，优化建议。

④ 文件中需注明：招标人对投标人在投标过程中产生的费用由投标人自理，招标人不予补偿。

3）报名单位资格审查

① 材料部负责接受报名单位报名，搜集相关资料，并在必要情况下主动搜寻符合要求的单位，增强待审查单位名单。

② 材料部提前5天将汇总的报名单位名单及相关资料提交各相关部门和公司主管领导进行资格审查。

③ 提交审查的资料包括：企业营业执照、资质证书、资信证明和其他相关证明文件、近年的类似工程业绩表等。

④ 审查通过的报名单位为邀请参与投标企业，根据招标时间安排发放招标邀请函。

4）招标文件合同审核

① 由材料部经办人提前25天将统一好的意见的文件以“内部联系单”形式上报审批（需附联系单、合同、报价人名单等资料）；流程为：材料部→工程部→稽核部→总经办→房产总经理。

② 最终审核完毕的招标文件由材料部申请盖章，通知各单位领取招标文件及资料，财务收取保证金。

③ 对于未能统一的意见，各部门可在联系单会签栏中再次提出，报上级统一决策。

5）开标、询标

① 投标文件回复收齐后，由材料部组织工程、稽核共同开标，作好汇总纪录，同时需作好保密工作。

② 各相关部门根据对投标文件的分析情况，拟订询标问题，由材料部在询标前进行汇总，并组织询标工作。材料招标询标由材料部负责展开，分包工程招标由工程部负责展开。

③ 对于需要对公司或项目进行考察的，由材料部安排考察，材料考察以材料部为主并拟订考察报告，分包工程项目考察，以工程部为主并拟订考察报告。

④ 考察过程中，投标单位应提供被考察项目承包合同复印件以备审查。招标单位认为有必要的，可要求投标单位提供由被考察工程项目甲方出具的书面证明。

6）合同签订

① 由材料部根据公司“招标制度”要求，将最终评标结论以“评标报告”形式再次按流程3上报审批，同时需附合同最终版本。

② 对于合同签订过程中出现的任何变更，必须报总经理同意。

③ 经办部门复核内容要求表述准确完整。

④ 行政部盖章前需复核合同申请单、合同原件、形式份数审核单、法定代表人签字

等原件资料，盖章后进行编号，将原件留存行政部、工程部、财务部，同时将复印件抄送材料部、稽核部。

7）合同履行

① 由总经办组织工程部、材料部、稽核部进行合同交底，强调注意事项、要求，并进行工作分解。

② 对于设计、勘察、施工、监理合同，由工程部全面组织履行；要求每半月由专人进行核对执行情况；材料设备合同由材料部组织履行；对上述合同稽核部和总经办每月进行抽查。

③ 各部门经办人应建立每次付款台账，以便核对。

④ 对于合同履行过程中的偏差，由执行部门反馈至总经办，必要时进行书面函告整改。

⑤ 合同一经签订，原则上不予任何改动，必须完整执行，如有特殊情况，执行部门必须提前7天申报至项目经理同意。

【案例2】设备招标

1）设备招标

设备招标是招标单位对设备事先公布招标条件和要求，众多厂商投标参与竞争，招标单位按照规定的程序选择中标厂商的行为。设备、材料招标应先做技术方案的比较，选择低成本、高效率的最佳方案。

2）招标范围的确定

根据相关部门的“设备招标投标管理规定”，金额在10万元以上的单台设备（或者机组）或者单项工程中符合下列条件之一的，并总金额在50万元以上的设备的采购，均应招标。包括构成系统的设备，非标准的工艺设备；生产线成套专用设备；单台设备（或机组）金额不足10万元，但同类设备较多的；为小区（或建筑群）配套的变电站、集中供热站、调压站等的设备。

3）设备招标书的主要内容

招标书的主要内容一般应包括下列内容：

① 邀请函是说明招标单位的名称，招标工程项目中设备的名称及地点，标书发布的时间。被邀请单位在收到此信后则应以答复，说明是否愿意投标。

② 投标人须知应该详细说明对投标人在准备和提出设备价单方面的要求，如提出的日期、时间、地点、到货日期等。

③ 投标书及附件，是对双方均有约束力的合同的一个组成部分。

④ 合同协议书，是确认双方在合同实施期间所享有的权利，承担的责任和义务的共同协定。

⑤ 投标保证金或保证书。招标文件要求投标人提交投标保证金的，投标保证金不得超过采购项目预算金额的2%。投标保证金应当以支票、汇票、本票或者金融机构、担保机构出具的保函等非现金形式提交。投标人未按照招标文件要求提交投标保证金的，投标无效。采购人或者采购代理机构应当自中标通知书发出之日起5个工作日内退还未中标供应商的投标保证金，自政府采购合同签订之日起5个工作日内退还中标供应商的投标保证金。

⑥ 合同条件，主要明确付款方式、质量要求、到货时间等。

⑦ 规定规范，如资质证明，生产许可证证明，质量保证体系的证明等。

⑧ 图纸及设备资料附件。

⑨ 设备规格、型号、数量清单。

4）投标厂商的选择原则

① 具有年审通过的营业执照、生产许可证等。

② 公司简介及以往业绩。

③ 售后服务的优劣及企业的信誉。

5）开标、评标与定标

① 开标方式，通常有公开开标、有限开标、秘密开标三种方式。

a. 公开开标，在投标企业参加的情况下当众公开进行；

b. 有限开标，对投标企业逐个进行开标；

c. 秘密开标，由招标单位有关人员参加开标。

② 评标

评标是从技术、商务、法律、管理等方面对每份报价提出的费用予以分析评价。最佳标的应当是技术上较合理、售后服务优、同时费用又最低的报价书。其中在商务、法律方面主要体现在以下方面：

a. 合同方面。评价内容包括条款例外情况；保险；协商合作程度；法律有关问题。

b. 成本方面。评价内容有数据复核；劳动定额；额外费用；可比造价工时结算。

c. 财务方面。评价内容包括财务实力；支付能力；债务情况；付款条件；外汇兑换率。

d. 技术方面。在技术方面主要有执行设计上要求的能力；数量控制；质量控制；进度控制；技术领先程度。

③ 比价

比价是在各投标人的报价统一的基础上进行比较，在比较各家标价高低的同时还要考虑如下因素：设备及材料的交货期、交货地点；营运成本；设备的性能和互换性；维修服务及零配件供应的可靠性。

④ 定价签约

定标谈判结束。招标一般应选择质量、技术在同一水平上，总价是合理的投标厂商，确定中标厂商后，依据招标文件中的合同主要条款与之签约。

2. 建筑材料、设备招标方式

(1) 公开招标方式

公开招标采购是指招标人（政府采购中心或其委托的中介机构）在媒体上公开刊登通告，吸引所有有兴趣的供应人参加投标，并按本细则的程序选定中标人的一种采购方式。公开招标范围包括合同价值五万元以上的物资；合同价值五十万元以上的工程；合同价值五万元以上的服务；采购目录中规定应当集中采购而未达到上述标准的项目。

公开招标采购方式是目前各国政府采购中普遍使用的方式，有着竞争性强，透明度高、程序规范，采购规模大等优点。但是存在采购时间长、手续复杂，因此还需要有其他采购方式进行补充。

（2）邀请招标方式

邀请招标是招标人以投标邀请书的方式直接邀请特定的潜在投标人参加投标，并按照法律程序和招标文件规定的评标标准和方法确定中标人的一种竞争交易方式。采用邀请招标方式招标的，发标人应当向三个以上具备承担招标项目的能力、资信良好的特定的法人或者其他组织发出投标邀请书。采购方作为招标方，事先提出采购的条件和要求，邀请众多企业参加投标，然后由采购方按照规定的程序和标准一次性的从中择优选择交易对象，并提出最有利条件的投标方签订协议的采购方式。适用于金额不大、供应商数有限、尽早交货的场合。

邀请招标优点：投标人相对较少，招标成本相对较低，项目专业较强，潜在投标人范围有限，时间比较紧迫，或者采用公开招标并不合算等情况下，采取邀请招标的方式更为有利。不足：因潜在投标人被限于被邀请的特定供应商之中，竞争力较弱，此外由于投标邀请书可以直接寄往被邀请的供应商处，而不必在公开媒体上发布，其信息透明程度较弱。

（3）询价采购方式

询价采购方式是指对几个供货商（通常至少三家）的报价进行比较以确保价格具有竞争性的一种采购方式。适用于采购现成的并非按采购实体的特定规格特别制造或提供的货物或服务；采购合同的估计价值低于采购条例规定的数额。询价采购具有以下特点：

1）邀请报价的供应商数量至少为三家；

2）只允许供应商提供一个报价。每一供应商或承包商只许提出一个报价，而且不许改变其报价。不得同某一供应商或承包商就其报价进行谈判。报价的提交形式，可以采用电传或传真形式；

3）报价的评审应按照买方公共或私营部门的良好惯例进行。采购合同一般授予符合采购实体需求的最低报价的供应商或承包商。

（4）直接订购方式

不进行产品的价格和质量比较，直接从供应商、市场、生产企业的销售机构购买所需的材料、设备的方式。适合于增购与现有采购合同类似货物而且使用的合同价格也较低廉的场合。

3.1.4　政府采购的程序和方式

1. 政府采购程序

公开招标应作为政府采购的主要方式。使用财政性资金的政府采购工程，应纳入政府采购管理。采购人或采购代理机构应在招标文件确定的时间和地点组织开标，政府采购一般遵循以下程序：

（1）招标项目进行论证分析、确定采购方案

1）制定总体实施方案

制定总体实施方案即对招标工作做总体安排，包括确定招标项目的实施机构和项目负责人及其相关责任人、具体的时间安排、招标费用测算、采购风险预测以及相应措施等。《中华人民共和国政府采购法实施条例》第三十九条规定，除国务院财政部门规定的情形外，采购人或者采购代理机构应当从政府采购评审专家库中随机抽取评审专家。

2）项目综合分析

对要招标采购的项目，应根据政府采购计划、采购人提出的采购需求（或采购方案），从资金、技术、生产、市场等几个方面对项目进行全方位综合分析，为确定最终的采购方案及其清单提供依据。必要时可邀请有关方面的咨询专家或技术人员参加对项目的论证、分析，同时也可以组织有关人员对项目实施的现场进行踏勘，或者对生产、销售市场进行调查，以提高综合分析的准确性和完整性。

3）确定招标采购方案

通过进行项目分析，会同采购人及有关专家确定招标采购方案。也就是对项目的具体要求确定出最佳的采购方案，主要包括项目所涉及产品和服务的技术规格、标准以及主要商务条款，以及项目的采购清单等，对有些较大的项目在确定采购方案和清单时有必要对项目进行分包。

（2）编制招标文件

招标人根据招标项目的要求和招标采购方案编制招标文件。招标文件一般应包括招标公告（投标邀请函）、招标项目要求、投标人须知、合同格式、投标文件格式等五个部分。

1）招标公告（投标邀请函）：主要是招标人的名称、地址和联系人及联系方式等；招标项目的性质、数量；招标项目的地点和时间要求；对投标人的资格要求；获取招标文件的办法、地点和时间；招标文件售价；投标时间、地点以及需要公告的其他事项。

2）招标项目要求：主要是对招标项目进行详细介绍，包括项目的具体方案及要求、技术标准和规格、合格投标人应具备的资格条件、竣工交货或提供服务的时间、合同的主要条款以及与项目相关的其他事项。

3）投标人须知：主要是说明招标文件的组成部分、投标文件的编制方法和要求、投标文件的密封和标记要求、投标价格的要求及其计算方式、评标标准和方法、投标人应当提供的有关资格和资信证明文件、投标保证金的数额和提交方式、提供投标文件的方式和地点以及截止日期、开标和评标及定标的日程安排以及其他需要说明的事项。

4）合同格式：主要包括合同的基本条款、工程进度、工期要求、合同价款包含的内容及付款方式、合同双方的权利和义务、验收标准和方式、违约责任、纠纷处理方法、生效方法和有效期限及其他商务要求等。

5）投标文件格式：主要是对投标人应提交的投标文件作出格式规定，包括投标函、开标一览表、投标价格表、主要设备及服务说明、资格证明文件及相关内容等。

（3）组建评标委员会

1）评标委员会由招标人负责组建。

2）评标委员会由采购人的代表及其技术、经济、法律等有关方面的专家组成，总人数一般为5人以上单数，其中专家不得少于三分之二。与投标人有利害关系的人员不得进入评标委员会。

3）《政府采购法》以及财政部制定的相关配套办法对专家资格认定、管理、使用有明文规定，因此，政府采购项目需要招标的，专家的抽取须从其规定。

4）在招标结果确定之前，评标委员会成员名单应相对保密。

（4）招标

1）发布招标公告（或投标邀请函）。公开招标应当发布招标公告（邀请招标发布投标邀请函）招标公告必须在财政部门指定的报刊或者媒体发布。招标公告（或投标邀请函）的内容、格式与招标文件的第一部分相同。

2）资格审查。招标人可以对有兴趣投标的供应商进行资格审查。资格审查的办法和程序可以在招标公告（或投标邀请函）中载明，或者通过指定报刊、媒体发布资格预审公告，由潜在的投标人向招标人提交资格证明文件，招标人根据资格预审文件规定对潜在的投标进行资格审查。

3）发售招标文件。在招标公告（或投标邀请函）规定的时间、地点向有兴趣投标且经过审查符合资格要求的供应商发售招标文件。招标文件应当包括采购项目的商务条件、采购需求、投标人的资格条件、投标报价要求、评标方法、评标标准以及拟签订的合同文本等。

4）招标文件的澄清、修改。对已售出的招标文件需要进行澄清或者非实质性修改的，招标人一般应当在提交投标文件截止日期 15 天前以书面形式通知所有招标文件的购买者，该澄清或修改内容为招标文件的组成部分。这里应特别注意，必须是在投标截止日期前 15 天发出招标文件的澄清和修改部分。

（5）投标

1）编制投标文件。投标人应当按照招标文件的规定编制投标文件，投标文件应载明的事项有：投标函；投标人资格、资信证明文件；投标项目方案及说明；投标价格；投标保证金或者其他形式的担保；招标文件要求具备的其他内容。

2）投标文件的密封和标记。投标人对编制完成的投标文件必须按照招标文件的要求进行密封、标记。这个过程也非常重要，往往因为密封或标记不规范被拒绝接受投标的例子不少。

3）送达投标文件。投标文件应在规定的截止时间前密封送达投标地点。招标人对在提交投标文件截止日期后收到的投标文件，应不予开启并退还。招标人应当对收到的投标文件签收备案。投标人有权要求招标人或者招标投标中介机构提供签收证明。

4）投标人可以撤回、补充或者修改已提交的投标文件；但是应当在提交投标文件截止日之前书面通知招标人，撤回、补充或者修改也必须以书面形式。这里特别要注意的是，招标公告发布或投标邀请函发出之日到提交投标文件截止之日，一般不得少于 20 天。

（6）开标、评标

1）举行开标仪式。招标人应当按照招标公告（或投标邀请函）规定的时间、地点和程序以公开方式举行开标仪式。开标应当作记录，存档备查。

2）开标仪式结束后，由招标人召集评标委员会，向评标委员会移交投标人递交的投标文件。

3）评标应当按照招标文件的规定进行。评标由评标委员会独立进行评标，评标过程中任何一方、任何人不得干预评标委员会的工作。

4）询标。评标委员会可以要求投标人对投标文件中含义不明确的地方进行必要的澄清，但澄清不得超过投标文件记载的范围或改变投标文件的实质性内容。

5）综合评审。评标委员会按照招标文件的规定和评标标准、办法对投标文件进行综合评审和比较。综合评审和比较时的主要依据是：招标文件的规定和评标标准、办法，以及投标文件和询标时所了解的情况。

政府采购招标评标方法分为最低评标价法和综合评分法。最低评标价法，是指投标文件满足招标文件全部实质性要求且投标报价最低的供应商为中标候选人的评标方法。综合评分法，是指投标文件满足招标文件全部实质性要求且按照评审因素的量化指标评审得分最高的供应商为中标候选人的评标方法。

6）评标结论。评标委员会根据综合评审和比较情况，得出评标结论，评标结论中应具体说明收到的投标文件数、符合要求的投标文件数、无效的投标文件数及其无效的原因，评标过程的有关情况，最终的评审结论等，并向招标人推荐一至三个中标候选人（应注明排列顺序并说明按这种顺序排列的原因以及最终方案的优劣比较等内容）。

评标委员会、竞争性谈判小组或者询价小组成员应当在评审报告上签字，对自己的评审意见承担法律责任。对评审报告有异议的，应当在评审报告上签署不同意见，并说明理由，否则视为同意评审报告。

（7）定标

1）审查评标委员会的评标结论

招标人对评标委员会提交的评标结论进行审查，审查内容应包括评标过程中的所有资料，即评标委员会的评标记录、询标记录、综合评审和比较记录、评标委员会成员的个人意见等。

2）定标

招标人应当按照招标文件规定的定标原则，在规定时间内从评标委员会推荐的中标候选人中确定中标人，中标人必须满足招标文件的各项要求，且其投标方案为最优，在综合评审和比较时得分最高的。

3）中标通知

招标人应当在招标文件规定的时间内定标，在确定中标后应将中标结果书面通知所有投标人。若采用询价方式采购，通过网络公开，广泛“询价”。采购过程中，要求采购人向三家以上的供应商发出询价单，对各供应商一次性报出的价格进行比较，最后按照符合采购需求、质量和服务相等且报价最低的原则，确定成交供应商。若采用竞争性谈判方式采购，则要求采购人可就有关事项，如价格、设计方案、技术规格、服务要求等，与不少于三家供应商进行谈判，最后按照预先规定的成交标准，确定成交供应商。

4）签订合同

中标人应当按照中标通知书的规定，并依据招标文件的规定与采购人签订合同（如采购人委托招标人签订合同的，则直接与招标人签订合同）中标通知书、招标文件及其修改和澄清部分、中标人的投标文件及其补充部分是签订合同的重要依据。

采购人或者采购代理机构应当自中标、成交供应商确定之日起 2 个工作日内，发出中标、成交通知书，并在省级以上人民政府财政部门指定的媒体上公告中标、成交结果，招标文件、竞争性谈判文件、询价通知书随中标、成交结果同时公告。中标、成交结果公告内容应当包括采购人和采购代理机构的名称、地址、联系方式，项目名称和项目编号，中标或者成交供应商名称、地址和中标或者成交金额，主要中标或者成交标的的名称、规格型号、数量、单价、服务要求以及评审专家名单。

2. 政府采购的方式

政府采购采用的方式有公开招标、邀请招标、竞争性谈判、单一来源采购、询价和国务院政府采购监督管理部门认定的其他采购方式。

（1）公开招标

公开招标应作为政府采购的主要采购方式。

（2）邀请招标

《中华人民共和国政府采购法实施条例》第二十九条规定，符合下列情形之一的货物或者服务，可以依照本法采用邀请招标方式采购：

1）具有特殊性，只能从有限范围的供应商处采购的；

2）采用公开招标方式的费用占政府采购项目总价值的比例过大的。

（3）竞争性谈判

《中华人民共和国政府采购法实施条例》第三十条符合下列情形之一的货物或者服务，可以依照本法采用竞争性谈判方式采购：

1）招标后没有供应商投标或者没有合格标的或者重新招标未能成立的；

2）技术复杂或者性质特殊，不能确定详细规格或者具体要求的；

3）采用招标所需时间不能满足用户紧急需要的；

4）不能事先计算出价格总额的。

（4）单一来源采购

《中华人民共和国政府采购法实施条例》第三十一条规定，符合下列情形之一的货物或者服务，可以依照本法采用单一来源方式采购：

1）只能从唯一供应商处采购的；

2）发生了不可预见的紧急情况不能从其他供应商处采购的；

3）必须保证原有采购项目一致性或者服务配套的要求，需要继续从原供应商处添购，且添购资金总额不超过原合同采购金额百分之十的。

（5）询价

《中华人民共和国政府采购法实施条例》第三十二条规定，采购的货物规格、标准统一、现货货源充足且价格变化幅度小的政府采购项目，可以依照本法采用询价方式采购。

3.1.5 建设材料、设备投标和政府采购的工作机构及程序

建设材料、设备投标活动不仅要花费投标单位大量的精力和时间，而且还耗费大量的资金。因此，对于要进行物资采购的单位，必须了解和熟悉有关投标活动的业务和方法，认真研究作为投标者去参与投标活动成功的概率，投标工作中将遇到什么风险，以决定是否去参与投标竞争。如果决定参加该建设材料、设备投标，则要做好充分准备，知己知彼，以利夺标。

1. 投标的工作机构

建设材料、设备招投标的市场情况千变万化，为适应这种变化，进而在投标竞争中获胜，项目实施单位应设置投标工作机构，积累各种资料，掌握市场动态，遇到招标项目则研究投标策略，编制标书，争取中标。

（1）投标工作机构的职能

1）收集和分析招标、投标的各种信息资料

这项工作主要内容为收集各类与招投标文件有关的政策规定；收集整理本单位内的各项资质证书、资信证明、产品获奖荣誉证书等竞争性材料；收集本单位外部的市场动态资料；收集整理主要竞争对手的有关资料；收集整理工程技术经济指标。

2）从事建设项目的投标活动

工作主要内容包括接受招标通知、研究分析招标文件；研究分析各种信息，提出投标方案；安排投标工作程序，编制投标文件，办理投标手续；参加投标会议，勘察建设项目现场；中标后负责起草合同，参加合同洽谈等。

3）总结投标经验，研究投标策略

投标中的策略、方法、标价计算；分析比较同类材料设备报价、技术经济指标等资料；积累有关报价的各种原始数据、基础资料等，为以后搞好投标工作打下良好的基础。

（2）投标工作机构的组成

1）投标工作组织机构的层次

投标工作组织机构分为两层。第一个层次是决策层，由施工企业有关领导组成，负责全面投标活动的决策；第二个层次是工作层，担任具体工作，为决策层提供信息和决策的依据。

2）投标工作信息采集

由工作层的具体人员采集材料部门提供的建筑材料价格信息及设备管理部门提供机械设备供应与价格信息；财务部门提供有关成本信息。将建筑材料和设备的价格信息资料收集整理，汇总给决策层。

3）投标工作保密措施

为了保守投标报价的秘密，投标工作机构的人员不宜过多，特别是最后的决策阶段，应尽量缩小范围，并采取一定的保密措施。

2. 投标程序

投标的程序主要包括报名参加投标、办理资格审查、取得招标文件、研究招标文件、调查投标环境、确定投标策略、制定投标方案、编制标书、投送标书等工作内容。

（1）投标准备工作

准确、全面、及时地收集各项技术经济信息是投标准备工作的主要内容，也是投标成败的关键。需要收集的信息涉及面很广，其主要内容包括：

1）获取招标信息

通过各种途径，尽可能在招标公告发出前获得建设项目信息。所以必须熟悉当地政府的投资方向、建设规划，综合分析市场的变化和走向。

2）研究与项目相关的信息

招标项目所在地的信息，包括当地的自然条件、交通运输条件、价格行情等；技术发展的信息，包括新规范、新标准、新结构、新技术、新材料、新工艺的有关情况。

3）了解招标投标单位的情况

包括招标单位的资金状况、社会信誉、售后服务情况以及对招标材料、设备的需用量、价格等方面的要求；及时了解其他投标单位的情况，有哪些竞争者，分析他们的实力、优势、在当地的信誉以及对工程材料设备的满足程度。

4）有关报价的参考资料，包括当地近几年类似材料、设备的数量、品种、规格、质量、技术参数等资料。

（2）投标资格预审资料

投标工作机构日常要做好投标资格预审资料的准备工作，资格预审资料不仅起到通过资格预审的作用，而且还是材料设备供应企业重要的宣传材料。

（3）研究招标文件

单位报名参加或接受邀请参加某一项目的投标，通过资格审查并取得招标文件后，首先要仔细认真地研究招标文件，充分了解其内容和要求，以便统一安排投标工作，并发现应提请招标单位予以澄清的疑点。招标文件的研究工作包括以下几方面：

1）研究招标项目综合说明，熟悉建筑项目全貌。

2）研究设计文件，为制定报价或制定施工方案提供确切的依据。所以，要认真阅读设计图纸，详细弄清楚各部门做法及对材料品种规格的要求，发现不清楚或互相矛盾之处，可在招标答疑会上提请招标单位解释或更正。

3）研究合同条款，明确中标后的权利与义务。其主要内容有承包方式、开竣工时间、工期奖罚、材料供应方式、价款结算办法、预付款及工程款支付与结算方法、工程变更及停工、窝工损失处理办法、保险办法、政策性调整引起价格变化的处理办法等。这些内容直接影响施工方案的安排、施工期间的资金周转，最终影响施工企业的获利，因此应在标价上有所反映。

4）研究投标单位须知，提高工作效率，避免造成废标。

（4）调查投标环境

招标建设项目的社会、自然及经济条件会影响项目成本，因此在报价前应尽可能了解清楚。主要调查内容有以下三方面：

1）经济条件，如劳动力资源及工资标准、专业分包能力、地产材料的供应能力等。

2）自然条件，如影响施工的天气、山脉、河流等因素。

3）施工现场条件，如场地地质条件、承载能力，地上及地下建筑物、构筑物及其他障碍物，地下水位，道路、供水、供电、通信条件，材料及构配件堆放场地等。

（5）确定投标策略

竞争的胜负不仅取决于参与竞争单位的实力，而且决定于竞争者的投标策略是否正确，研究投标策略的目的是为了取得竞争的胜利。施工方案或施工组织设计是投标的必要条件，也是招标单位评标时需要考虑的因素之一。为投标而编制的施工组织设计与指导具体施工的施工方案有两点不同：一是读者对象不同。投标中的施工方案是向招标单位或评标小组介绍施工能力，应简洁明了，突出重点和长处；二是作用不同。投标中的施工方案是为了争取中标，因此应在技术措施、工期、质量、安全以及降低成本方面对招标单位有恰当的吸引力。

（6）报价

报价是投标的关键工作。报价的最佳目标是既接近招标单位的标底，又能胜过竞争对手，而且能取得较大的利润。报价是技术与决策相协调的一个完整过程。

（7）编制及投送标书

投标单位应按招标文件的要求，认真编制投标书。技标书的主要内容有以下几方面：

1）综合说明；

2）标书情况汇总表，工期、质量水平承诺，让利优惠条件等；

3）详细造价及主要材料用量；

4）施工方案和选用的机械设备、劳动力配置、进度计划等；

5）保证工程质量、进度、施工安全的主要技术组织措施；

6）对合同主要条件的确认及招标文件要求的其他内容。

投标书、标书情况汇总表、密封签，必须有法人单位公章、法定代表人或其委托代理人的印鉴。投标单位应在规定时间内将投标书密封送达招标文件指定的地点。若发现标书有误，需在投标截止时间前用正式函件更正，否则以原标书为准。投标单位可以提出设计修改方案、合同条件修改意见，并作出相应标价和投标书，同时密封寄送招标单位，供招标单位参考。

3.1.6 标价的计算与确定

1. 标价的计算

（1）标价的计算依据

投标建设项目的标底按定额编制，代表行业的平均水平。标价是企业自定的价格，反映企业的管理水平、装备能力、技术力量、劳动效率和技术措施等。因此，不同投标单位对同一建设项目的报价是不同的。计算标价的主要依据有以下几方面：

1）招标文件，包括工程范围、技术质量和工期的要求等。

2）施工图纸和工程量清单。

3）现行的预算基价、单位估价表及收费标准。

4）材料预算价格、材差计算的有关规定。

5）施工组织设计、施工方案以及施工现场条件。

6）影响报价的市场信息及企业的内部相关因素。

（2）标价的费用组成

投标标价的费用由直接费、间接费、利润、税金、其他费用和不可预见费等组成。投标费用，包括购买标书文件费、投标期间差旅费、编制标书费等。承包企业委托中介人办理各项承包手续、协助收集资料、通报信息、疏通环节等需支付的报酬以及为日常应酬而发生的少量礼品及招待费，也可按国家政策和规定考虑计算。不可预见费是指标价中难以预料的工程费用，在标价中可视情况适当考虑。

2. 标价的确定

（1）计算工程预算造价

按计价方法计算工程预算造价，这一价格接近于标底，是投标报价的基础。

（2）分析各项技术经济指标

把投标建设项目的各项技术经济指标与同类型建设项目的相关指标对比分析，或用其他单位报价资料加以分析比较，从而发现报价中的不合理的内容，并作调整。

（3）标价的确定

标价的确定要考虑报价技巧与策略，投标报价应根据建设项目条件和各种具体情况来确定。报“高标”利润高，但中标概率小；报“低标”中标概率人，但利薄；多数投标单位报“中标”。一般情况下，报价为工程成本的1.15倍时，中标概率较高，企业的利润也较好。

3.2　合同与合同管理

3.2.1　合同的法律基础

1. 合同的概念

《合同法》规定“本法所称合同是平等主体的自然人、法人、其他组织之间设立、变更、终止民事权利义务关系的协议。”

（1）合同是一种协议

从本质上说，合同是一种协议，由两个或两个以上的当事人参加，通过协商一致达成协议，就产生了合同。但合同法规定的合同，是一种有特定意义的合同，是一种有严格法律界定的协议。

（2）合同是平等主体之间的协议

在法律上，平等主体是指在法律关系中，享受权利的权利主体和承担义务的义务主体，他们在订立和履行合同过程中的法律地位是平等的。在民事活动中，他们各自独立互不隶属。合同法在这一条中所列合同的平等主体（即当事人）都具有平等的法律地位，包括的三类平等主体如下：

1）自然人

自然人是基于出生而依法成为民事法律关系主体的人。在我国的《民法通则》中，公民与自然人在法律地位上是一样的。但实际上，自然人的范围要比公民的范围广。公民指具有本国国籍，依法享有宪法和法律所赋予的权利和承担宪法和法律所规定的义务的人。在我国，公民是社会中具有我国国籍的一切成员，包括成年人、未成年人和儿童。自然人则既包括公民，又包括外国人和无国籍的人。各国的法律一般对自然人都没有条件限制。

2）法人

法人是具有民事权利能力和民事行为能力，依法独立享有民事权利和承担民事义务的组织。我国民法通则依据法人是否具有营利性，把法人分为企业法人和非企业法人两类。

企业法人是指具有国家规定的独立财产，有健全的组织机构、组织章程和固定场所，能够独立承担民事责任，享有民事权利和承担民事义务的经济组织。

非企业法人是指为了实现国家对社会的管理及其他公益目的而设立的国家机关、事业单位或者社会团体，包括机关法人、事业单位法人和社会团体法人。

3）其他组织

其他组织是指依法或者依据有关政策成立，有一定的组织机构和财产，但又不具备法人资格的各类组织。

（3）合同是平等主体之间民事权利义务关系的协议

合同法所调整的，是人们基于物质财富、基于人格而形成的财产关系，即以财产关系为核心内容的民事权利义务关系，主要是民事主体之间的债权债务关系，但不包括基于人的身份而形成的民事权利义务关系，如婚姻、收养、监护等。

（4）合同是平等主体之间设立、变更、终止民事权利义务关系的协议

设立是当事人之间合同关系的达成或确认，当事人已经准备接受合同的约束，行使其规定的权利，履行其规定的义务。

变更是合同在签订后未履行，或者在履行过程中，当事人双方就合同条款修改达成新的协议。

终止是因法律规定的原因或当事人约定的原因出现时，合同所规定的当事人双方的权利义务关系归于消灭的状况，包括自然终止、裁决终止和协议终止。

3.2.2 合同的订立

1. 合同订立原则

《合同法》基本原则是合同当事人在合同的签订、执行、解释和争执的解决过程中应当遵守的基本准则，也是人民法院、仲裁机构在审理、仲裁合同时应当遵循的原则。合同法关于合同订立、效力、履行、违约责任等内容，都是根据这些基本原则规定的。

（1）自愿原则

自愿原则是合同法中一个重要的基本原则，是市场经济的基本原则之一，也是一般国家的法律准则。自愿原则体现了签订合同作为民事活动的基本特征。

平等是自愿的前提。在合同关系中当事人无论具有什么身份，相互之间的法律地位是平等的，没有高低从属之分。

自愿原则贯穿于合同全过程，在不违反法律、行政法规、社会公德的情况下满足以下条款：

1）当事人依法享有自愿签订合同的权力。合同签订前，当事人通过充分协商，自由表达意见，自愿决定和调整相互权利义务关系，取得一致而达成协议。

2）在订立合同时当事人有权选择对方当事人。

3）合同构成自由。包括合同的内容、形式、范围在不违法的情况下由双方自愿商定。

4）在合同履行过程中，当事人可以通过协商修改、变更、补充合同内容，也可以协商解除合同。

5）双方可以约定违约责任。在发生争议时，当事人可以自愿选择解决争议的方式。

（2）守法原则

合同的签订、执行绝不仅仅是当事人之间的事情，它可能会涉及社会公共利益和社会经济秩序。因此，遵守法律、行政法规，不得损害社会公共利益是合同法的重要原则。

合同都是在一定的法律背景条件下签订和实施的，合同的签订和实施必须符合合同的法律原则。具体体现在以下方面：

1）合同不能违反法律，不能与法律相抵触，否则合同无效。

2）签订合同的当事人在法律上处于平等地位，享有平等的权利和义务。

3）法律保护合法合同的签订和实施。

合同的法律原则对促进合同圆满地履行，保护合同当事人的合法权益有重要的意义。在我国《合同法》是适用于合同的最重要的法律。首先，《合同法》属于强制性的规定，必须履行；其次，《合同法》根据自愿原则，大部分条文是倡导性的，由当事人双方约定；第三，合同当事人有选择的权利，有权依法提请法院审理或裁决。

(3) 诚实信用原则

合同是在双方诚实信用基础上签订的，合同目标的实现必须依靠合同双方真诚协作。如果双方缺乏诚实信用，则合同不可能顺利实施。诚实信用原则具体体现在合同签订、履行以及终止的全过程。

(4) 公平原则

公平是民事活动应当遵循的基本原则。合同调节双方民事关系，应不偏不倚，公平地维持合同双方的关系。将公平作为合同当事人的行为准则，有利于防止当事人滥用权利，保护和平衡合同当事人的合法权益，使之更好地履行合同义务，实现合同目的。

2. 合同的订立程序

当事人订立合同，应当具有相应的民事权利能力和民事行为能力。

合同订立的过程，指当事人双方通过对合同条款进行协商达成协议的过程。合同订立采取要约、承诺方式。

(1) 要约

《合同法》对要约作出了明确规定。要约是一方当事人希望和他人订立合同的意思表示，该意思表示应当符合下列规定：

1) 要约内容具体确定，表明经受要约人承诺，要约人即受该意思表示约束。

2) 要约邀请是希望他人向自己发出要约的意思表示。

3) 要约到达受要约人时生效。

要约可以撤回，也可以撤销。撤回要约的通知应当在要约到达受要约人之前或与要同时到达受要约人；撤销要约的通知应当在受要约人发出承诺通知前到达受要约人。

有下列情形之一的要约失效：

1) 拒绝要约的通知到达要约人；

2) 要约人依法撤销要约；

3) 承诺期限届满，受要约人未作出承诺；

4) 受要约人对要约的内容作出实质性变更。

(2) 承诺

《合同法》规定承诺是受要约人同意要约的意思表示。承诺应当在要约确定的期限内到达要约人。承诺生效时合同成立。承诺可以撤回。撤回承诺的通知应当在承诺通知到达要约人之前或与承诺通知同时到达要约人。超过承诺期限发出的承诺，是迟到的承诺，除要约人及时通知受要约人该承诺有效的以外，为新的要约。当事人签订合同，一般经过要约和承诺两个步骤，但实践中往往是通过要约—新要约—新新要约……承诺多个环节最后达成的。

3. 合同主要条款

合同的内容是指当事人享有的权利和承担的义务，主要以各项条款确定。合同内容由当事人约定，一般包括以下条款：

(1) 当事人的名称或姓名和住所

这是每个合同必须具备的条款，当事人是合同的主体，要把名称或姓名、住所规定准确、清楚。

(2) 标的

标的是当事人权利义务共同所指向的对象。没有标的或标的不明确，权利义务就没有客体，合同关系就不能成立，合同就无法履行。不同的合同其标的也有所不同。标的可以是物、行为、智力成果、项目或某种权利。

（3）数量

数量是对标的的计量，是以数字和计量单位来衡量标的的尺度。表明标的的多少，决定当事人权利义务的大小范围。没有数量条款的规定，就无法确定双方权利义务的大小，双方的权利义务就处于不确定的状态。因此，合同中必须明确标的的数量。

（4）质量

质量指标准、技术要求，表明标的的内在素质和外观形态的综合，包括产品的性能、效用、工艺等，一般以品种、型号、规格、等级等体现出来。当事人约定质量条款时，必须符合国家有关规定和要求。

（5）价款或报酬

价款或报酬是一方当事人向对方当事人所付代价的货币支付，凡是有偿合同都有价款或报酬条款。当事人在约定价款或报酬时，应遵守国家有关价格方面的法律和规定，并接受工商行政管理机关和物价管理部门的监督。

（6）履行期限、地点和方式

履行期限是合同中规定当事人履行自己的义务的时间界限，是确定当事人是否按时履行或延期履行的客观标准，也是当事人主张合同权利的时间依据。履行地点是指当事人履行合同义务和对方当事人接受履行的地点。履行方式是当事人履行合同义务的具体做法。

合同标的不同，履行方式也有所不同，即使合同标的相同，也有不同的履行方式。当事人只有在合同中明确约定合同的履行方式，才便于合同的履行。

（7）违约责任

违约责任指当事人一方或双方不履行合同义务或履行合同义务不符合约定的，依照法律的规定或按照当事人的约定应当承担的法律责任。合同依法成立后，可能由于某种原因使得当事人不能按照合同履行义务。合同中约定违约责任条款，不仅可以维护合同的严肃性，督促当事人切实履行合同，而且一旦出现当事人违反合同的情况，便于当事人及时按照合同承担责任，减少纠纷。

（8）解决争议的方法

解决争议的方法指合同争议的解决途径，对合同条款发生争议时的解释以及法律适用等。合同发生争议时，及时解决争议可有效维护当事人的合法权益。根据我国现有法律规定，争议解决的方法有和解、调解、仲裁和诉讼，其中仲裁和诉讼是最终解决争议的两种不同的方法，当事人只能在这两种方法中选择其一。因此，当事人订立合同时，在合同中约定争议解决的方法，有利于当事人在发生争议后，及时解决争议。

4. 合同的形式

合同形式指协议内容借以表现的形式。合同的形式由合同的内容决定并为内容服务。合同的形式有书面形式、口头形式和其他形式。法律、行政法规规定采用书面形式的，应当采用书面形式。当事人约定采用书面形式的，应当采用书面形式。其他形式指推定形式和默示形式。

建设工程合同应当采用书面形式，这是《合同法》第二百七十条规定的。

3.2.3 合同的效力

合同的效力是指合同所具有的法律约束力。《合同法》第三章中合同的效力，不仅规定了合同生效、无效合同，而且还对可撤销或变更合同进行了规定。

1. 有效合同

合同生效即合同发生法律效力。合同生效后，当事人必须按约定履行合同，以实现其所追求的法律后果。《合同法》规定了合同生效的三种情形：

（1）成立生效

对一般合同，只要当事人在合同主体、合同内容、合同形式等方面符合法律的要求，经协商达成一致意见，合同成立即可生效。

（2）批准登记生效

《合同法》规定，法律、行政法规规定应当办理批准、登记等手续生效的，依照其规定。按照我国现有的法律和行政法规的规定，有的将批准登记作为合同成立的条件，有的将批准登记作为合同生效的条件。比如，中外合资经营企业合同必须经过批准后才能生效。

（3）约定生效

约定生效是指合同当事人在订立合同时，约定附条件，自条件成就时生效。附解除条件的合同，自条件成就时失效。但是当事人为自己的利益不正当地阻止条件成就的，视为条件已成就；不正当地促成条件成就的，视为条件不成熟。

2. 效力待定合同

合同或合同某些方面不符合合同的有效要件，但又不属于无效合同或可撤销合同，应当采取补救措施，有条件的尽量促使其成为有效合同。合同效力待定主要有以下情况：

（1）限制民事行为能力人订立的合同

此种合同经法定代理人追认后，该合同有效。

（2）无权代理合同

这种合同具体又分为以下三种情况：

1）行为人没有代理权，即行为人事先没有取得代理权却以代理人自居而代理他人订立的合同。

2）无权代理人超越代理权，即代理人虽然获得了被代理人的代理权，但他在代订合同时超越了代理权限的范围。

3）代理权终止后以被代理人的名义订立合同，即行为人曾经是被代理人的代理，但在以被代理人的名义订立合同时，代理权已终止。

（3）无处分权的人处分他人财产的合同

这类合同是指无处分权的人以自己的名义对他人的财产进行处分而订立的合同。根据法律规定，财产处分权只能由享有处分权的人行使。《合同法》规定："无处分权的人处分他人财产，经权利人追认或者无处分权的人订立合同后取得处分权的，该合同有效。"

3. 无效合同

（1）无效合同的确认

《合同法》规定，有下列情形之一的，合同无效：

1）一方以欺诈、胁迫的手段订立合同，损害国家利益；

2）恶意串通，损害国家、集体或者第三人利益；

3）以合法形式掩盖非法目的；

4）损害社会公众利益；

5）违反法律、行政法规的强制性规定。

无效合同的确认权归合同管理机关和人民法院。

（2）无效合同的处理

1）无效合同自合同签订时就没有法律约束力；

2）合同无效分为整个合同无效和部分无效，如果合同部分无效的，不影响其他部分的法律效力；

3）合同无效，不影响合同中独立存在的有关解决争议条款的效力；

4）因该合同取得的财产，应予返还；有过错的一方应当赔偿对方因此所受到的损失。

4. 可变更或者可撤销合同

可变更合同是指合同部分内容违背当事人的真实意思表示，当事人可以要求对该部分内容的效力予以撤销的合同。可撤销合同是指虽经当事人协商一致，但因非对方的过错而导致一方当事人意思表示不真实，允许当事人依照自己的意思，使合同效力归于消灭的合同。

（1）《合同法》规定下列合同当事人一方有权请求人民法院或者仲裁机构变更或撤销

1）因重大误解订立的；

2）在订立合同时显失公平的；

3）一方以欺诈、胁迫的手段或者乘人之危，使对方在违背真实意思的情况下订立的。

（2）可撤销合同与无效合同的区别

1）效力不同。可撤销合同是由于当事人表达不清、不真实，只一方有撤销权；无效合同内容违法，自然不发生效力。

2）期限不同。可撤销合同中具有撤销权的当事人从知道撤销事由之日起一年内没有行使撤销权或者知道撤销事由后明确表示，或者以自己的行为表示放弃撤销权，则撤销权消灭。无效合同从订立之日起就无效，不存在期限。

3.2.4 合同的履行

合同的履行是指合同生效后，当事人双方按照合同约定的标的、数量、质量、价款、履行期限、履行地点和履行方式等，完成各自应承担的全部义务的行为。

1. 合同履行的基本原则

（1）全面履行的原则

当事人订立合同不是目的，只有全面履行合同，才能实现当事人所追求的法律后果使其预期目的得以实现。如果当事人所订立的合同，有关内容约定不明确或者没有约定，《合同法》允许当事人协议补充。如果当事人不能达成协议的，按照合同有关条款或交易习惯确定。如果按此规定仍不能确定的，则按《合同法》规定处理。

1）质量要求不明确的，按照国家标准、行业标准履行；没有国家标准、行业标准的按照通常标准或者符合合同目的的特定标准履行。

2）价款或者报酬不明确的，按照订立合同时履行地的市场价格履行；依法应当执行政府定价或者指导价的，按照规定履行。

3）履行地点不明确给付货币的，在接受货币一方所在地履行；交付不动产的，在不动产所在地履行；其他标的，在履行义务一方所在地履行。

4）履行期限不明确的，债务人可以随时履行，债权人也可以随时要求履行，但应当给对方必要的准备。

5）履行方式不明确的，按照有利于实现合同目的的方式履行。

6）履行费用的负担不明确的，由履行义务一方负担。

（2）诚实信用原则

合同法规定，当事人应当遵循诚实信用原则，根据合同的性质、目的和交易习惯、履行通知、协助、保密等义务。

（3）实际履行原则

合同当事人应严格按照合同规定的标的完成合同义务，而不能用其他标的代替。鉴于客观经济活动的复杂性和多变性，在具体执行该原则时，还应根据实际情况灵活掌握。

2. 合同履行的保护措施

为了保证合同的履行，保护当事人的合法权益，维护社会经济秩序，促使责权能够实现，防范合同欺诈，在合同履行过程中，需要通过一定的法律手段使受损害一方的当事人能维护自己的合法权益。为此，合同法专门规定了当事人的抗辩权和保全措施。

（1）抗辩权

所谓抗辩权，就是一方当事人有依法对抗对方要求或否认对方权力主张的权力。规定了同时履行抗辩权和异时履行抗辩权。

同时履行抗辩权是指对于双方合同当事人双方应同时履行，一方在对方履行债务前或在对方履行债务不符合约定时，有权拒绝其相应的履行要求。

异时履行抗辩权分为后履行抗辩权和不安履行抗辩权。后履行抗辩权是指合同有先后履行顺序的，若先履行一方未履行债务，后履行一方有权拒绝其履行要求。不安履行抗辩权是指当事人互欠债务，如果应当先履行债务的当事人有确切证据证明对方有丧失或可能丧失履行债务能力情形时，可以中止履行债务。规定不安履行抗辩权是为了保护当事人合法权益，防止借合同欺诈，也可促使对方履行合同。

（2）保全措施

为了防止债务人的财产不适当减少而给债权人带来危害，合同法允许债权人为保全其债权的实现采取保全措施。保全措施包括代位权和撤销权。

1）代位权是指因债务人怠于行使其到期债权，对债权人造成损害，债权人可以向人民法院请求以自己的名义代位行使债务人的债权。债权人依照《合同法》规定提起代位权诉讼，应当符合下列条件：

① 债权人对债务人的债权合法；

② 债务人怠于行使其到期债权，对债权人造成损害；

③ 债务人的债权已到期；

④ 债务人的债权不是专属于债务人自身的债权。

债务人怠于行使其到期债权，对债权人造成损害是指债务人不履行其对债权人的到期债务，又不以诉讼方式或者仲裁方式向其债务人主张其享有的具有金钱给付内容的到期债权，致使债权人的到期债权未能实现。专属于债务人自身的债权是指基于抚养关系、赡养关系、继承关系产生的给付请求权和劳动报酬、退休金、养老金、抚恤金、安置费、人寿保险、人身伤害赔偿请求权等权利。当然，代位权的行使范围以债权人的债权为限，债权人行使代位权的必要费用由债务人负担。

2）撤销权是指因债务人放弃其到期债权或者无偿转让财产，或者债务人以明显不合理的低价转让财产，对债权人造成损害，并且受让人也知道该情形，债权人可以请求人民法院撤销债务人的行为。债权人依照合同法规定提起撤销权诉讼，请求人民法院撤销债务人放弃债权或转让财产的行为，人民法院应当就债权人主张的部分进行审理，依法撤销的，该行为自始无效。

3.2.5 合同的担保

1. 合同担保的概念

合同的担保是指法律规定或者由当事人双方协商约定的确保合同按约履行所采取的具有法律效力的一种保证措施。

2. 合同担保的方式

我国《担保法》规定的担保方式为保证、抵押、质押、留置和定金。

（1）保证

我国《担保法》规定“保证是指保证人和债权人约定，当债务人不履行债务时，保证人按照约定履行债务或者承担责任的行为。”

保证具有以下法律特征：

1）保证属于人的担保范畴，它不是用特定的财产提供担保，而是以保证人的信用和不特定的财产为他人债务提供担保。

2）保证人必须是主合同以外的第三人，保证必须是债权人和债务人以外的第三人为他人债务所作的担保，债务人不得为自己的债务作保证。

3）保证人应当具有代为清偿债务的能力，保证是以保证人的信用和不特定的财产来担保债务履行的，因此，设定保证关系时，保证人必须具有足以承担保证责任的财产。具有代为清偿能力是保证人应当具备的条件。

4）保证人和债权人可以在保证合同中约定保证的方式，享有法律规定的权利，承担法律规定的义务。

《担保法》对保证人的资格作了规定。保证人必须是具有代为清偿债务能力的人，既可以是法人也可以是其他组织或公民。不可以作为保证人的有：国家机关（经国务院批准为使用外国政府或者国际经济组织贷款进行转贷的除外）、学校、幼儿园、医院等以公益为目的的事业单位和社会团体；企业法人的分支机构、职能部门（企业法人的分支机构有法人书面授权的，可以在授权范围内提供保证）。

保证合同是保证人与债权人以书面形式订立的合同。合同应包括：被保证的主债权种类、数量；债务人履行债务的期限；保证的方式；保证担保的范围；保证的期间和双方认为需要约定的其他事项。

保证的方式有一般保证和连带责任保证两种。一般保证是指当事人在保证合同中约定，债务人不能履行债务时，由保证人承担保证责任的保证方式。连带责任保证是指当事人在保证合同中约定保证人与债务人对债务承担连带责任的保证方式。

保证范围包括主债权及利息、违约金、损害赔偿金和实现债权的费用。保证合同另有约定的，按照约定。当事人对保证范围无约定或约定不明确的，保证人应对全部债务承担责任。一般保证的担保人与债权人未约定保证期间的，保证期间为主债务履行期间届满之日起六个月。债权人未在合同约定的和法律规定的保证期间内主张权利，保证人免除保证责任；如债权人已主张权利的，保证期间适用于诉讼时效中断规定。连带责任保证人与债权人未约定保证期间的，债权人有权自主债务履行期满之日起六个月内要求保证人承担保证责任。在合同约定或法律规定的保证期间内，债权人未要求保证人承担保证责任的，保证人免除保证责任。

（2）抵押

抵押是债务人或第三人不转移对抵押财产的占有，将该财产作为债权的担保。当债务人不履行债务时，债权人有权依法以该财产折价或以拍卖、变卖该财产的价款优先受偿。

抵押具有以下法律特征：

1）抵押权是一种他物权，抵押权是对他人所有物具有取得利益的权利，当债权人不履行债务时，债权人（抵押权人）有权依照法律以抵押物折价或者从变卖抵押物的价款中得到清偿；

2）抵押权是一种从物权，抵押权将随着债权的发生而发生，随着债权的消灭而消灭；

3）抵押权是一种对抵押物的优先受偿权，在以抵押物的折价受偿债务时，抵押权人的受偿权优先于其他债权人；

4）抵押权具有追及力，当抵押人将抵押物擅自转让他人时，抵押人可追及抵押物而行使权利。

根据担保法的规定，可以抵押的财产有：

① 抵押人所有的房屋和其他地上定着物；

② 抵押人所有的机器、交通运输工具和其他财产；

③ 抵押人依法有权处分的国有的土地使用权、房屋和其他地上定着物；

④ 抵押人依法有权处分的国有的机器、交通运输工具和其他财产；

⑤ 抵押人依法承包并经发包方同意抵押的荒山、荒沟、荒丘、靠滩等荒地的土地所有权；

⑥ 依法可以抵押的其他财产。

抵押人可以将前面所列财产一并抵押，但抵押人所担保的债权不得超出其抵押价值。

根据担保法，禁止抵押的财产有：

a. 土地所有权；

b. 耕地、宅基地、自留地、自留山等集体所有的土地使用权，但法律有规定的押物除外；

c. 学校、幼儿园、医院等以公益为目的的事业单位、社会团体的教育设施、医疗设施和其他社会公益设施；

d. 所有权、使用权不明确或有争议的财产；

e. 依法被查封、扣押、监管的财产；

f. 依法不得抵押的其他财产。

5）采用抵押方式担保时，抵押人和抵押权人应以书面形式订立抵押合同，法律规定应当办理抵押物登记的，抵押合同自登记之日起生效。抵押合同应包括如下内容：

① 被担保的主债权的种类、数额；

② 债务人履行债务的期限；

③ 抵押物的名称、数量、质量、状况、所在地、所有权权属或者使用权权属；

④ 抵押担保的范围；

⑤ 当事人认为需要约定的其他事项。

《担保法》还对办理抵押物登记部门进行了规定：

a. 以无地上定着物的土地使用权抵押的，为核发土地使用权证书的土地管理部门；

b. 以城市房地产或者乡镇、村企业的厂房等建筑物抵押的，为县级以上地方人民政府规定的部门；

c. 以林木抵押的，为县级以上林木主管部门；

d. 以航空器、船舶、车辆抵押的，为运输工具的登记部门；

e. 以企业的设备和其他动产抵押的，为财产所在地的工商行政管理部门。

（3）质押

质押分为动产质押和权利质押。

动产质押是指债务人或者第三人将其动产移交债权人占有，将该动产作为债权的担保。债务人不履行债务时，债权人有权依照法律规定以该动产折价或者以拍卖、变卖该动产的价款优先受偿。债务人或者第三人为出质人，债权人为质权人，移交的动产为质物。

法律规定出质人和质权人应当以书面形式订立质押合同。质押合同应当包括以下内容：

1）被担保的主债权种类、数额；

2）债务人履行债务的期限；

3）质物的名称、数量、质量、状况；

4）质押担保的范围；

5）质物移交的时间；

6）当事人认为需要约定的其他事项。

质押担保的范围包括主债权及利息、违约金、损害赔偿金、质物保管费用和实现质权的费用。

在权利质押中以下权利可以质押：

1）汇票、支票、本票、债券、存款单、仓单、提单；

2）依法可以转让的股票、股份；

3）依法可以转让的商标专用权、专利权、著作权中的财产权；

4）依法可以质押的其他权利。

权利出质后，出质人不得转让或者许可他人使用，但经出质人与质权人协商同意的可以转让或者许可他人使用。出质人所得的转让费、许可费应当向质权人提前清偿所担保的债权或向与质权人约定的第三人提存。

（4）留置

留置是指债权人按照合同约定占有债务人的动产，债务人不按照合同约定的期限履行债务的，债权人有权依照法律规定留置该财产，以该财产折价或以拍卖、变卖该财产的价款优先受偿的担保形式。

留置具有如下法律特征：

1）留置权是一种从权利；

2）留置权属于他物权；

3）留置权是一种法定担保方式，它依据法律规定而发生，而非以当事人之间的协议而成立。担保法规定：因保管合同、运输合同、加工承揽合同发生的债权，债务人不履行债务的，债权人有留置权。

留置担保范围包括主债权及利息、违约金、损害赔偿金、留置物保管费用和实现留置权的费用。

法律规定留置权可能因为下列原因消灭：

1）债权消灭的；

2）债务人另行提供担保并被债权人接受的。

（5）定金

定金是合同当事人约定一方向对方给付定金作为债权的担保形式。债务人履行合同后，定金应当抵作价款或者收回。给付定金的一方不履行约定的债务的，无权请求返回定金。收受定金的一方不履行约定的债务的，应当双倍返还定金。当事人约定以交付定金为订立主合同担保的，给付定金的一方拒绝订立主合同的，无权要求返还定金；收受定金的一方拒绝订立合同的，应当双倍返还定金。

定金应当以书面形式约定。当事人在定金合同中应当约定交付定金的期限。定金合同从实际交付定金之日起生效。

定金的具体数额由当事人约定，但不得超过主合同标的额的20%。

建设工程合同的担保一般采用定金的形式。一般在投标时需交纳投标保证金，施工单位中标签订合同前，需交纳履约保证金。施工合同也可约定在建设单位不能履行付款义务时，承包商有权留置建筑物，但这种担保方式采用不多。

3.2.6 合同的变更

1. 合同的变更

合同的变更是指合同依法成立后，在尚未履行或尚未完全履行时，当事人双方依法对合同的内容进行修订或调整所达成的协议。例如，对合同约定的数量、质量标准、履行期限、履行地点和履行方式等进行变更。合同变更一般不涉及已履行部分，而只对未履行的部分进行变更，因此，合同变更不能在合同履行后进行，只能在完全履行合同之前。

《合同法》规定，当事人协商一致，可以变更合同。因此，当事人变更合同的方式类似订立合同的方式，经过提议和接受两个步骤。要求变更合同的一方首先提出建议，明确变更的内容，以及变更合同引起的后果处理。另一当事人对变更表示接受。这样，双方当事人对合同的变更达成协议。一般来说，书面形式的合同，变更协议也应采用书面形式。

2. 合同变更注意事项

（1）当事人对合同变更只是一方提议，而未达成协议时，不产生合同变更的效力；

（2）当事人对合同变更的内容约定不明确的，同样也不产生合同变更的效力。

3.2.7 合同的转让

合同的转让，是指当事人一方将合同的权利和义务转让给第三人，由第三人接受权利和承担义务的法律行为。合同转让可以部分转让，也可全部转让。随着合同的全部转让，原合同当事人之间的权利和义务关系消灭，与此同时，在未转让一方当事人和第三人之间形成新的权利义务关系。

《合同法》规定了合同权利转让、合同义务转让和合同权利义务一并转让的三种情况：

1. 合同权利的转让

合同权利的转让也称债权让与，是合同当事人将合同中的权利全部或部分转让给第三方的行为。转让合同权利的当事人称为让与人，接受转让的第三人称为受让人。《合同法》规定不得转让的情形有：

（1）根据合同性质不得转让；

（2）按照当事人约定不得转让；

（3）依照法律规定不得转让。

债权人转让权利的，应当通知债务人。未经通知，该转让对债务人不发生效力。除非受让人同意，债权人转让权利的通知不得撤销。

2. 合同义务的转让

合同义务的转让也称债务转让，是债务人将合同的义务全部或部分地转移给第三人的行为。《合同法》规定了债务人转让合同义务的条件：债务人将合同的义务全部或部分转让给第三人，应当经债权人同意。

3. 合同权利和义务一并转让

指当事人将债权债务一并转让给第三人，由第三人接受这些债权债务的行为。

《合同法》规定：总承包人或勘察、设计、施工承包人经发包人同意，可以将自己承包的部分工作交由第三人完成。第三人就其完成的工作成果与总承包人或勘察、设计、施工承包人向发包人承担连带责任。承包人不得将其承包的全部建设工程转包给第三人或将其承包的全部建设工程肢解以后以分包的名义分别转包给第三人。禁止承包人将工程分包给不具备相应资质条件的单位。禁止分包单位将其承包的工程再分包。建设工程主体结构的施工必须由承包人自行完成。

3.2.8 合同的终止

合同的终止是指合同当事人之间的合同关系由于某种原因不复存在，合同确立的权利义务消灭。《合同法》规定在下列情形下合同终止：

1. 合同已按照约定履行

合同生效后，当事人双方按照约定履行自己的义务，实现了自己的全部权利，订立合同的目的已经实现，合同确立的权利义务关系消灭，合同因此而终止。

2. 合同解除

合同生效后，当事人一方不得擅自解除合同。但在履行过程中，有时会产生某些特殊的情况，应当允许解除合同。《合同法》规定合同解除有两种情况：

(1) 协议解除

当事人双方通过协议可以解除原合同规定的权利和义务关系。

(2) 法定解除

合同成立后，没有履行或者没有完全履行以前，当事人一方可以行使法定解除权使合同终止。为了防止解除权的滥用，《合同法》规定了十分严格的条件和程序。有下列情形之一的，当事人可以解除合同：

1) 因不可抗力致使不能实现合同目的；

2) 在履行期限届满之前，当事人一方明确表示或者以自己的行为表示不履行主要债务；

3) 当事人一方迟延履行主要债务，经催告后在合理期限内仍未履行；

4) 当事人一方迟延履行债务或者有其他违约行为致使不能实现合同目的；

5) 法律规定的其他情形。

关于合同解除的法律后果，《合同法》规定"合同解除后，尚未履行的，终止履行；已经履行的，根据履行情况和合同性质，当事人可以要求恢复原状、采取其他补救措施，并有权要求赔偿损失。"

合同终止后，虽然合同当事人的合同权利义务关系不复存在了，但合同责任不一定消灭，因此，合同中结算和清理条款不因合同的终止而终止，仍然有效。

3.2.9 违约责任承担

违约责任承担方式：

违约责任是指合同当事人违反合同约定，不履行义务或者履行义务不符合约定所承担的责任。违约责任制度是保证当事人履行合同义务的重要措施，有利于促进合同的全部履行。

《合同法》规定，当事人一方不履行合同义务或者履行合同义务不符合约定的，应当承担继续履行、采取补救措施或者赔偿损失等违约责任。这里不管主观上是否有过错，除不可抗力免责外，都要承担违约责任。违约责任有如下几种承担形式：

(1) 违约金

违约金是指按照当事人的约定或者法律直接规定，一方当事人违约的，应向另一方支付的金钱。违约金的标的物是金钱，也可约定为其他财产。

当事人可以约定一方违约时应当根据违约情况向对方支付一定数额的违约金，也可以约定因违约产生的损失赔偿额的计算方法。在合同实施中，只要一方有不履行合同的行为，就得按合同规定向另一方支付违约金，而不管违约行为是否造成对方损失。以这种手段对违约方进行经济制裁，对企图违约者起警戒作用。违约金的数额应在合同中专用条款详细约定。

违约金同时具有补偿性和惩罚性。《合同法》规定"约定的违约金低于违反合同所造成的损失的，当事人可以请求人民法院或者仲裁机构予以增加；若约定的违约金过分高于所造成的损失，当事人可以请求人民法院或者仲裁机构予以减少。"这保护了受损害方的利益，体现了违约金的惩罚性，有利于对违约者的制约，同时体现了公平原则。

当事人可以约定一方向对方给付定金作为债权的担保。即为了保证合同的履行，在当事人一方应付给另一方的金额内，预先支付部分款额，作为定金。若支付定金一方违约，则定金不予退还。同样，如果接受定金的一方违约，则应加倍偿还定金。

（2）赔偿损失

赔偿损失是指合同当事人就其违约而给对方造成的损失给予补偿的一种方法。《合同法》规定“当事人一方不履行合同义务或者履行合同义务不符合约定的，在履行义务或者采取措施后，对方还有其他损失的应当赔偿损失。”

1）赔偿损失的构成

赔偿损失包括违约的赔偿损失、侵权的赔偿损失及其他的赔偿损失。承担赔偿损失责任由以下要件构成：

① 有违约行为，当事人不履行合同或者不适当履行合同；

② 有损失后果，违约责任行为给另一方当事人造成了财产等损失；

③ 违约行为与财产等损失之间有因果关系；

④ 违约人有过错，或者虽无过错，但法律规定应当赔偿的。

2）赔偿损失的范围

赔偿损失的范围可由法律直接规定，或由双方约定。在法律没有特别规定和当事人没有另行约定的情况下，应按完全赔偿原则，赔偿全部损失，包括直接损失和间接损失。赔偿损失不得超过违反合同一方订立合同时预见到或者应当预见到的因违反合同可能造成的损失。

3）赔偿损失的方式

赔偿损失的方式：一是恢复原状；二是金钱赔偿；三是代物赔偿。恢复原状指恢复到损害发生前的原状。代物赔偿指以其他财产替代赔偿。

4）赔偿损失的计算

赔偿损失的计算，关键在确定物的价格的计算标准，涉及标的物种类以及计算的时间地点。

合同标的物价格可以分为市场价格和特别价格。一般标的物按市场价格确定其价格。特别标的物按特别价格确定，确定特别价格往往考虑精神因素，带有感情色彩，如纪念物。

计算标的物的价格，还要确定计算的时间及地点，不同的时间、地点价格往往不同。如果法律规定了或者当事人约定了赔偿损失的计算方法，则按该方法计算。

（3）继续履行

继续履行合同要求违约人按照合同的约定，切实履行所承担的合同义务。具体来讲包括两种情况：一是债权人要求债务人按合同的约定履行合同；二是债权人向法院提出起诉，由法院判决强迫违约一方具体履行其合同义务。当事人违反金钱债务的，一般不能免除其继续履行的义务。合同法规定，当事人一方未支付价款或者报酬的，对方可以要求其支付价款或者报酬。当事人违反非金钱债务的，除法律规定不适用继续履行的情形外，不能免除其继续履行的义务。当事人一方不履行非金钱债务或者履行非金钱债务不符合规定的，对方可以要求履行。但有下列规定之一的情形除外：

1）法律上或者事实上不能联系；

2）债务的标的不适合强制履行或者履行费用过高；

3）债权人在合理期限内未履行。

（4）采取补救措施

采取补救措施是在当事人违反合同后，为防止损失发生或者扩大，由其依照法律或者合同约定而采取的修理、更换、退货、减少价款或者报酬等措施。采用这一违约责任的方式，主要是在发生质量不符合约定的时候。《合同法》规定，质量不符合约定的，应当按当事人的约定承担违约责任。对违约责任没有约定或者约定不明确，依照《合同法》的规定。仍不能确定的，受损害方根据标的的性质以及损失的大小，可以合理选择要求对方承担修理、更换、退货、减少价款或报酬等违约责任。

（5）违约责任的免除

合同生效后，当事人不履行合同或者履行合同不符合合同约定的，都应承担违约责任。但如果是由于发生了某种非常情况或者意外事件，使合同不能按约定履行时，就应当作为例外来处理。《合同法》规定，只有发生不可抗力才能部分或者全部免除当事人的违约责任。不可抗力是指不能预见、不能避免并不能克服的客观情况。

3.2.10 违约责任的争议处理

当事人可以通过和解或者调解解决合同争议，当事人不愿和解、调解或者和解、调解不成的，可以根据仲裁协议向仲裁机构申请仲裁。

解决争议的方法，是指合同当事人选择解决合同纠纷的方式、地点等。根据我国法律的有关规定，当事人解决合同争议时，实行“或裁或审制”，即当事人可以从合同中选择仲裁机构或人民法院解决争议；当事人可以就仲裁机构或诉讼的管辖机关的地点进行议定选择。

涉外合同的当事人可以根据仲裁协议向中国仲裁机构或者其他仲裁机构申请仲裁。当事人没有订立仲裁协议或者仲裁协议无效的，可以向人民法院起诉。当事人应当履行发生法律效力的判决、仲裁裁决、调解书；拒不履行的，对方可以请求人民法院执行。

3.3 建设工程施工合同示范文本及建筑材料采购合同样本

3.3.1 施工合同示范文本的结构

1.《示范文本》的组成

《建设工程施工合同（示范文本）》（GF-2013-0201）由合同协议书、通用合同条款和专用合同条款三部分组成。附件有《承包人承揽工程项目一览表》、《发包人供应材料设备一览表》、《工程质量保修书》、《主要建设工程文件目录》、《承包人用于本工程施工的机械设备表》、《承包人主要施工管理人员表》、《分包人主要施工管理人员表》、《履约担保》、《预付款担保》、《支付担保》、其中附件十一包括《材料暂估价表》、《工程设备暂估价表》和《专业工程暂估价表》。

（1）合同协议书

《示范文本》合同协议书共计13条，主要包括：工程概况、合同工期、质量标准、签约合同价和合同价格形式、项目经理、合同文件构成、承诺以及合同生效条件等重要内容，集中约定了合同当事人基本的合同权利义务。

（2）通用合同条款

通用合同条款是合同当事人根据《中华人民共和国建筑法》、《中华人民共和国合同法》等法律法规的规定，就工程建设的实施及相关事项，对合同当事人的权利义务作出的原则性约定。通用合同条款共计20条。

（3）专用合同条款

专用合同条款是对通用合同条款原则性约定的细化、完善、补充、修改或另行约定的条款。合同当事人可以根据不同建设工程的特点及具体情况，通过双方的谈判、协商对相应的专用合同条款进行修改补充。

2.《示范文本》的性质和适用范围

《示范文本》为非强制性使用文本。《示范文本》适用于房屋建筑工程、土木工程、线路管道和设备安装工程、装修工程等建设工程的施工承发包活动，合同当事人可结合建设工程具体情况，根据《示范文本》订立合同，并按照法律法规规定和合同约定承担相应的法律责任及合同权利义务。

3. 构成建设工程施工合同的文件

（1）中标通知书（如果有）；

（2）投标函及其附录（如果有）；

（3）专用合同条款及其附件；

（4）通用合同条款；

（5）技术标准和要求；

（6）图纸；

（7）已标价工程量清单或预算书；

（8）其他合同文件。

在合同订立及履行过程中形成的与合同有关的文件均构成合同文件组成部分。上述各项合同文件包括合同当事人就该项合同文件所作的补充和修改，属于同一类内容的文件，应以最新签署的为准。专用合同条款及其附件须经合同当事人签字或盖章。

3.3.2 施工合同示范文本中双方权利和义务

1. 发包人的权利和义务

（1）发包人有权书面通知承包人更换其认为不称职的项目经理，通知中应当载明要求更换的理由。

（2）发包人应按照专用合同条款约定的期限、数量和内容向承包人免费提供图纸，并组织承包人、监理人和设计人进行图纸会审和设计交底。

（3）发包人对工程图纸差错、遗漏或缺陷负责；图纸需要修改和补充的，应经图纸原设计人及审批部门同意，并由监理人在工程或工程相应部位施工前将修改后的图纸或补充图纸提交给承包人，承包人应按修改或补充后的图纸施工。

（4）发包人提供的工程量清单，应被认为是准确的和完整的。若出现缺项、漏项，工程量偏差超出专用合同条款约定范围或者计量不规范，发包人应对工程量清单予以修正，并相应调整合同价格。

（5）发包人应协助承包人办理法律规定的有关施工证件和批件。发包人更换发包人代表的，应提前7天书面通知承包人。发包人应要求在施工现场的发包人人员遵守法律及有关安全、质量、环境保护、文明施工等规定，并保障承包人免于承受因发包人人员未遵守上述要求给承包人造成的损失和责任。

（6）发包人应最迟于开工日期7天前向承包人移交施工现场。

发包人应负责提供施工所需要的条件，发包人应当在移交施工现场前向承包人提供施工现场及工程施工所必需的基础资料，并对所提供资料的真实性、准确性和完整性负责。

（7）发包人应在收到承包人要求提供资金来源证明的书面通知后28天内，向承包人提供能够按照合同约定支付合同价款的相应资金来源证明。

（8）发包人应按合同约定向承包人及时支付合同价款；发包人应按合同约定及时组织竣工验收；发包人应与承包人、由发包人直接发包的专业工程的承包人签订施工现场统一管理协议，明确各方的权利义务。

2. 承包人的权利和义务

（1）承包人对发包人未按照约定的时间和要求提供原材料、设备、场地、资金、技术资料的，可以请求顺延工程日期，还可以请求赔偿停止、窝工等损失。

（2）承包人在建设工程竣工后，发包人未按照约定支付价款的，可以催告发包人在合理的期限内支付价款；承包人对发包人逾期不支付价款的，除按照建设工程的性质不宜折价、拍卖的以外可以与发包人协议将该工程折价，也可以申请人民法院将该工程依法拍卖。建设工程的价款就该工程折价或者拍卖的价款优先受偿。

（3）承包人对隐蔽工程已通知发包人检查，而发包人没检查的，承包人可以顺延工程日期，并有权要求赔偿停工、窝工等损失。隐蔽工程的隐蔽以前，承包人应当通知发包人检查。发包人没有检查的，承包人可以自行检查，填写隐蔽工程检查记录，并将该记录送交发包人。事后发包人对该隐蔽工程进行检查，符合质量标准的，检查费用由发包人负担；不符合质量标准的，检查费用由承包人负担。

（4）承包人需要更换项目经理的，应提前14天书面通知发包人和监理人，并征得发包人书面同意。

（5）按法律规定和合同约定采取施工安全和环境保护措施，办理工伤保险，确保工程及人员、材料、设备和设施的安全；编制施工组织设计和施工措施计划，并对所有施工作业和施工方法的完备性和安全可靠性负责。

（6）按照环境保护和安全文明施工约定负责施工场地及其周边环境与生态的保护工作；并采取施工安全措施，确保工程及其人员、材料、设备和设施的安全，防止因工程施工造成的人身伤害和财产损失。

（7）按合同约定支付合同工程价款，及时支付雇用人员工资，并及时向分包人支付合同价款；承包人不得以劳务分包的名义转包或违法分包工程。

（8）按法律规定和合同约定完成工程，编制竣工资料，完成竣工资料立卷及归档移交发包人；因承包人的原因，致使建设工程质量不符合约定，在合理期限内造成人身和财产损害的，承包人应当承担损害赔偿责任，施工人经过修理或者返工、改建后，造成逾期交付的，施工人应当承担违约责任。

（9）承包人应负责照管工程及工程相关的材料、工程设备，直到颁发工程接收证书之日止。

3.3.3 施工合同示范文本中的控制与管理性条款

1. 材料设备的质量控制

《建设工程施工合同（示范文本）》的通用条款中对工程施工项目材料设备的质量控制提出如下要求，材料设备的供应一般分为两部分，其中重要的材料及大件设备由发包人自己供应，而普通建材及小件设备由承包人供应。

实行发包人供应材料设备的，双方应当约定发包人供应材料设备的一览表，作为本合同附件。一览表包括发包人供应材料设备的品种、规格、型号、数量、单位、质量等级、提供时间和地点。发包人按一览表约定的内容提供材料设备，同时向承包人提供产品合格证明，并对其质量负责。发包人在所供应材料设备到货前 24 小时，以书面形式通知承包人，由承包人派人与发包人共同清点。

发包人供应的材料设备，承包人派人参加清点后由承包人妥善保管，发包人支付相应费用。因承包人原因发生丢失损坏，由承包人负责赔偿。发包人未通知承包人清点，承包人不负责材料设备的保管，丢失损坏由发包人负责。

2. 控制与管理性条款

发包人供应的材料设备与一览表不符时，发包人承担有关责任。发包人应承担责任的具体内容，双方根据下列情况在专用条款内约定：

（1）材料设备单价与一览表不符，由发包人承担所有差价；

（2）材料设备的品种、规格、型号、质量等级与一览表不符，承包人可拒绝接收保管，由发包人运出施工场地并重新采购；

（3）材料规格、型号与一览表不符，经发包人同意，承包人可代为调剂串换，由发包人承担费用；

（4）到货地点与一览表不符，由发包人负责运至一览表指定地点；

（5）供应数量少于一览表约定数量时，由发包人补齐，多于一览表约定数量时，发包人负责将多余部分运出施工场地；

（6）到货时间早于一览表约定时间，由发包人承担由此发生的保管费用；到货时间迟于一览表约定时间，发包人赔偿由此造成的承包人损失，造成工期延误的，相应顺延工期。

发包人供应的材料设备使用前由承包人负责检验或试验，不合格的不得使用，检验费用由发包人承担。

承包人负责采购材料设备的，应按照专用条款约定及设计和有关标准要求采购，并提供产品合格证明，对材料质量负责。承包人在材料设备到货前 24 小时通知工程师清点。

承包人采购的材料设备与设计或者标准要求不符时，承包人应按工程师要求的时间运出施工场地，重新采购符合要求的产品，承担由此发生的费用，由此延误的工期不予顺延。承包人采购的材料在使用前，承包人应按工程师的要求进行检验或试验，不合格的不得使用，检验或试验费用由承包人承担。

工程师发现承包人采用或使用不符合设计或标准要求的材料设备时，应要求承包人修复、拆除或重新采购，并承担发生的费用，由此延误的工期不予顺延。

承包人需要使用代用材料时，应经工程师认可后才能使用，由此增减的合同价款应以书面形式议定。

由承包人采购的材料设备，发包人不得指定生产商或供应商。

3.3.4 建筑材料采购合同样本

建筑材料采购合同

合同编号：

签订地点：

签订日期：

购货单位（以下简称甲方）：

供货单位（以下简称乙方）：

依据《中华人民共和国合同法》等有关规定，本着诚实信用、平等互利的原则，经双方友好协商，就甲方________________项目____________材料事宜，签订本合同，以供双方共同遵守。

第一条 标的物

序号	材料名称	规格型号	单位	单价（元）	金额（元）	备　注
货款金额（人民币）大写：						

备注：此价格为：（含税价格 /不含税价格□）。其中包括：（材料费□、运输费□、装卸费□、人工费□、安装费□、其他费用□ ）。当该材料的市场价格浮动较大的时候，乙方应以书面的形式出具通知书给甲方，如甲方同意则在7天内签名盖章确认并以新的价格作为结算价。

第二条 交货地点：____________________项目工地。

第三条 交货时间：甲方指定。

第四条 交货方式及费用负担：乙方在合同签订后开始供货，并将货物运送到甲方指定的地点后由____________负责签收确认。运输费及卸货费由乙方承担。（签收人：____________联系电话：_______________）。

第五条 质量标准及异议期限：

1. 乙方应严格按照相关材料的技术要求和国家（行业）的相关质量标准执行，确保所供材料的质量。

2. 甲方在收到货物后若有异议须在10日内以书面提出，如属质量问题由乙方负责。

第六条 验收方法：

乙方须按甲方的要求送货，货到现场后，在现场车上或场地堆放后由甲方按物品的特性及行业惯例进行验收。如甲方认为乙方送货的数量与送货单数量不符的，则可以随时抽检，如数量超过误差范围的或有弄虚作假情形的，则必须向甲方赔偿即以少一赔十计算，如砂、石、石粉等散体运输货物，抽检方数误差≤4%，亦可视为正常交货。

第七条 损耗责任：乙方货物在未经甲方验收前仍然由乙方自行承担相关风险及责任。

第八条 付款方式：

1. 甲方每月26日至次月25日为一个统计月。乙方每月26日至次月10日号前（遇甲方假期则顺延）将上月内所送货物的送货单（供货方保存联）汇总后向甲方指定人员提交对账清单，共同核对无误并签字确认后付款。

2. 甲方货款采用支票形式支付。

3. 除双方协商价格为不含税款外，乙方领取支票时应提供法定正规发票以及乙方收款委托证明，否则甲方有权不予支付或由甲方按8%税率代为扣税后向乙方支付税后货款。

4. 甲方结款方式为：月结。甲方每月只支付乙方上月货款总额的80%，剩余20%待本工程完工并竣工验收后付清。

第九条 违约责任：

1. 乙方在接到甲方订单后必须在____天内必须到货，除不可抗力外，每延误____天，甲方可按合同总额____‰作为履约赔偿金，并在货款中扣除，如延期____天，甲方有权终止双方合同并追究乙方相关经济责任。

2. 乙方提供的产品如因质量问题影响甲方不能顺利通过政府相关部门的验收，乙方必须承担由此引起的经济损失及相关法律责任。

3. 因不可抗力导致乙方无法如期交货，乙方应立即通知甲方，在影响因素消失后继续履行交货责任。

第十条 约定事项 ：

1. 甲方应提前____天以____方式将用料计划（材料名称、数量、联系地点、负责人、签收人、电话等）通知乙方备料。如有变动，甲方必须以传真的方式通知乙方。

2. 乙方在同意并确定供货后，如不能及时供货，则所有损失由乙方负责，甲方有权终止合同。

3. 乙方工作人员送货到甲方所指定的工地时，必须服从工地收货人员的指挥，将材料卸放在指定的位置，如因不听从指挥知乱堆放而造成工期延误或其他损坏的，则由乙方承担全部责任。

4. 乙方工作人员进入甲方项目工地后必须洁身自爱。如发现乙方工作人员与工地相关人员一起骗取或以小作大造成供货数量与签收数量不一致的；乙方工作人员有偷盗甲方项目工地财物行为的；一经甲方工作人员发现或举报，甲方即以“少一赔十”的原则在乙方货款中抵扣赔偿金额，情节严重者，甲方有权追究乙方相关的经济法律责任并交由公安机关处理。

第十一条 其他事宜：

1. 本合同经双方协商一致后可以变更或解除；未尽事宜双方可协商制订出补充协议，补充协议与本合同具有具等法律效力；如因不可抗力或生产事故不能按期交货的，乙方必须出具有关证明及时通知甲方，双方可根据实际情况协商变更或解除合同。

2. 执行本合同发生争议时，由当事人协商解决，若协商不成，可向有管辖权的人民法院提起诉讼。

3. 乙方在收款时必须提供公司的营业执照及税务登记证复印件各一份并加盖公章。

4. 本合同一式两份，计附件合共____页，甲、乙双方各执一份，自甲、乙双方代表签字及盖章生效，双方结清货款后自动失效。

5. 未尽义务双方可共同协商解决。

甲方（盖章）： 乙方（盖章）：

法定代表人： 法定代表人：

委托代理人： 委托代理人：

联系电话： 联系电话：

年 月 日

【案例 3】合同签约违规调整中标价

某工程材料采购招标项目，发出中标通知书后，招标人希望中标人在原中标价基础上，再优惠两个百分点，即中标价由 136.00 万元人民币调整为 133. 28 万元人民币，以便更好地向上级领导汇报招标成果。招标人与中标人进行了协商，双方达成了一致意见。合同签订时，招标人认为可用以下两种合法方法处理：

第 1 种：书面合同中填写的合同价格仍为 136.00 万元人民币，由中标人另行向招标人出具一个优惠承诺，在合同结算时扣除。招标人认为这种方法的好处是在合同备案时不易被行政监督部门发现，缺点是没有经过行政监督部门备案，如果双方发生争议，不能拿到桌面上。

第 2 种：书面合同中填写的合同价格直接填写为 133.28 万元人民币，同时双方向行政监督部门出具一个补充说明，详细阐明理由。招标人认为这种方法的好处是在合同履行过程中如果当事人双方发生争议，可以直接按照经过备案合同处理，缺点是如果行政监督部门审查仔细，发现后有可能不予备案，同时会受到处罚。

权衡再三，招标人选定了第 1 种处理方法，双方同时协商一致，在合同备案后，再另行签订一份合同，将合同价格调整为 133.28 万元人民币。

该案例有以下两个问题需要分析：

(1) 招标人要求中标人在原中标价基础上再优惠两个百分点的做法是否违法？如果中标人同意优惠，并按优惠价签订协议是否违法？如果按第 1 种意见，由中标人出具一个优惠承诺，在结算时直接扣除的做法是否违法，为什么？

(2) 合同执行过程中，当事人双方是否可以另行签订补充协议直接修改中标价？为什么？

法规依据、分析及结论如下：

本案涉及招标人、中标人在签订合同过程中是否可以直接调整签约合同价一事。《招标投标法》第四十六条规定，招标人和中标人按照招标文件和中标人的投标文件订立书面合同。招标人和中标人不得再行订立背离合同实质性内容的其他协议。第五十九条规定了本条的法律责任，即招标人与中标人不按照招标文件和中标人的投标文件订立合同的，或者招标人、中标人订立背离合同实质性内容的，责令改正，可以处中标项目金额 0.5%以上 1%以下的罚款。这里的实质性内容主要指两方面内容：一是投标价格，二是投标方案。《工程建设项目货物招标投标办法》（27 号令）第四十九条又作了进一步规定，招标人不得向中标人提出压低报价、增加配件或者售后服务量以及其他超出招标文件规定的违背中标人意愿的要求，以此作为发出中标通知书和签订合同的条件。所以，无论是签订合同过程中还是合同执行过程中，法律都不允许招标人、中标人签订背离合同实质性内容的其他协议。

合同执行的依据是当事人双方签署的有效合同文件，这里需要强调的是构成合同的有效合同文件。一般合同的组成文件中，均包括双方当事人签署的补充协议，但并不是双方签署同意的所有文件都是有效文件，都构成合同。至少，双方违反法律法规强制性规定签署的协议就不能构成有效合同，因为《合同法》第五十二条明确规定违反法律法规强制性规定的合同为无效合同。

根据以上分析，得出以下结论：

（1）招标人在发出中标通知书后要求中标人在原中标价基础上再优惠两个百分点的做法违反法律规定。《招标投标法》第四十六条规定，招标人和中标人按照招标文件和中标人的投标文件订立书面合同，招标人和中标人不得再行订立背离合同实质性内容的其他协议。这里的实质性内容主要指两方面内容：一是投标价格，二是投标方案。《工程建设项目货物招标投标办法》（27 号令）第四十九条又作了进一步规定，招标人不得向中标人提出压低报价、增加配件或者售后服务量以及其他超出招标文件规定的违背中标人意愿的要求，以此作为发出中标通知书和签订合同的条件。所以，签订合同过程中，招标人不能提出压低中标价格，并以此作为签订合同的条件。

同样，投标人同意优惠价格，然后双方按照优惠后的价格签订合同，无论是按照优惠后的价格签订合同，还是由中标人出具一个优惠承诺，在结算时直接扣除的做法，均属于签订了背离合同实质性内容，即中标价格的其他协议，招标人和中标人同时违法。

（2）货物采购合同一般设有变更条款，合同履约过程中，涉及价格变更的事项一般有供货量、备品备件、执行周期等条件，变动合同价格按照双方合同约定处理，但不允许在没有出现合同变更条件的前提下，双方通过签订补充协议的方式直接修改合同价格，因为这种行为属于招标人与中标人另行订立了背离合同实质性内容的协议，即《招标投标法》第五十九条明令禁止的情形。

第 4 章　建筑材料验收、存储、供应基本知识

4.1　材料的进场验收和复验

建筑材料作为建筑工程的最基本要素，其质量的好坏直接影响着整个建筑物质量等级、结构安全、外部造型和建成后的使用功能等。因此，建筑材料的质量控制一直是建筑工程中一个至关重要的内容。材料进场验收的管理流程如图 4-1 所示。

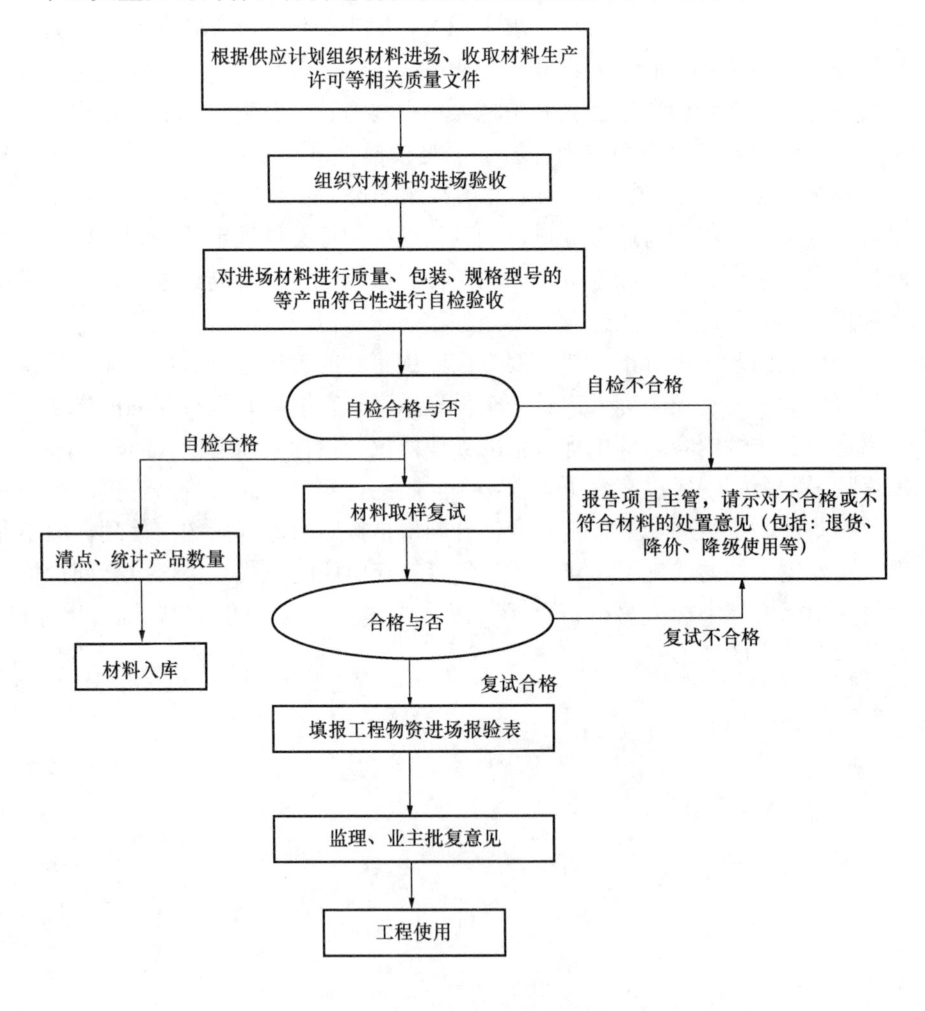

图 4-1　材料进场验收的管理流程

4.1.1 进场验收和复验的意义

建筑材料是指进入建筑工程施工现场直接影响建筑工程质量、节能、环保以及重要使用功能，构成建筑工程实体的组成部分。建筑材料质量的优劣直接影响建设工程的总体质量。目前，建筑材料业发展迅猛，新材料、新技术层出不穷，不少新材料还没有确定的质量标准，甚至还处在试用阶段，国家有关部门对建材生产厂家产品的质量管理还缺乏全面有效的手段，同时，部分建材生产厂家的产品粗制滥造，质量低劣，甚至在出场前不检验，也无出场合格证明。所以，材料进场时一定要严格把关，做好材料使用前的检查、检验工作。

工程项目的材料进场验收和复验是材料由采购流通向消耗转移的中间环节，是保证进入现场的材料满足工程质量标准、满足用户使用功能、确保用户使用安全的重要管理环节。因此，相关国家规范和各地建设行政管理部门对建筑材料的进场验收和复验都做出了严格的规定，要求施工企业加强对建筑材料的进场验收与管理，按规定应复验的必须复验，无相应检测报告或复验不合格的应予退货，更严禁使用有害物质含量不符合国家规定的建筑材料。同时，使用国家明令淘汰的建筑材料和使用没有出场检验报告的建筑材料，尤其不按规定对建筑材料的有害物质含量指标进行复验的，对施工单位和相关人员进行处罚。

4.1.2 进场验收和复验的方法

1. 材料进场验收

验收是对到货材料入库前的质量、数量检验，核对单据、合同，如发现问题，要划清买方、卖方、运方责任，填好相应记录，签好相应凭证，为今后的材料保管和发放提供条件。其工作顺序如下：

（1）验收准备

搜集并熟悉验收凭证及有关资料，准备相应的检验工具，计划堆放位置及苫垫材料准备，安排搬运人员和工具，特殊材料防护设施准备，有要求时要通知有关部门或单位共同验收。

（2）核对凭证

认真核对到货合同、发票、发货明细、材质证明、产品出厂合格证、生产许可证、厂名、品种、出厂日期、出厂编号、试验数据等有关资料，查看资料是否齐全、有效。

（3）检验实物

根据材料各种证件和凭证进行数量检验与质量检验。数量检验是按合同规定的方法或称重计量、量长计量、清点数量计量。材料质量检验又分为外观质量检验和内在质量检验。外观质量检验是由材料员通过眼看、手摸和简单的工具查看材料的规格、型号、尺寸、颜色、完整程度等。内在质量的检验主要是指对材料的化学成分、力学性能、工艺性能、技术参数等的检测，通常是由专业人员负责抽样送检，采用试验仪器和检测设备检测，由具有检验资质的检验部门进行并做出报告。进口材料及设备还要会同商检局共同验收。

要求复检的材料要有取样送检证明报告；新材料未经试验鉴定，不得用于工程中；现场配制的材料应经试配，使用前应经认证。

所有数量、质量检验中发现的问题，均应做出详细记录，以备复验和索赔。

（4）问题处理

在材料验收中检查出数量不足、规格型号不符、质量不合格等问题，仓库应实事求是地办理材料验收记录，及时报送业务主管部门处理。

（5）办理入库手续

验收合格的材料，必须及时入库，并分别按材料的品名、规格、数量进行建卡登记和记账，从实物和价值两个方面反映入库材料的收、发、存动态，做到账、卡、实相符。

2. 验收中发现问题的处理

对下列问题应分别妥善处理：

（1）再验收。危险品或贵重材料应按规定保管进行代保管或先暂验收，待证件齐全后补办手续。

（2）供方提供的质量证明书或技术标准与订货合同规定不符，应及时反映业务主管部门处理；按规定应附质量证明而到货无质量证明者，在托收承付期内有权拒付款，并将产品妥善保存，立即向供方索要，供方应即时补送，超过合同交货期补交的，即作逾期交货处理。

（3）凡规格、质量部分产品不符要求，可先将合格部分验收，不合格的单独存放，妥善保存，并部分拒付货款，做出材料验收记录，交业务部门处理。

（4）产品错发到货地点，供方应负责转运到合同所定地点外，还应承担逾期交货的违约金和需方因此多支付的一切实际费用，需方在收到错发货物时，应妥善保存，通知对方处理；由于需方错填到货地点，所造成的损失，由需方承担。

（5）数量不符，大于合同规定的数量，其超过部分可以拒收并拒付超过部分的货款，拒收的部分实物，应妥善保存。

（6）材料运输损耗，在规定损耗率以内的，仓库按数验收入库，不足数另填报运输损耗单冲销，达到账账相符。

（7）运输中发生损坏、变质、短少等情况，应在接运中办理运输部门的“普通记录”或“货运记录”。

3. 建筑材料复验

工程所用的原材料、半成品或成品构件等应有出厂合格证和材质报关单。对进场材料要作材质复验的，应按规定的取样方法进行取样并填写复验内容委托单，在监理工程师的见证下由试验员送往有资质的试验单位进行检验，检验合格的材料方能使用。

（1）复验材料的取样

为防止假冒伪劣产品用于工程，或为考察产品生产质量的稳定性，或为掌握材料在存放过程中性能的降低情况，或因原材料在施工现场重新配制，对重要的工程材料应及时进行复验。凡标志不清或认为质量有问题的材料，对质量保证资料有怀疑或与合同规定不符的一般材料，凡由重要程度决定、应进行一定比例试验的材料，需要进行跟踪检查，以控制和保证其质量的材料等，均应进行复验。对于进口的材料设备和重要工程或关键施工部位所用材料，则应进行全部检验。

为了有效控制材料质量，在抽取样品时应按相关规定进行，也可选取有疑问的样品；

必要时也可以由承发包双方商定增加抽样数量。

（2）材料复验的取样原则

1）同一厂家生产的同一品种、同一类型的进场材料应至少抽取一组试件进行复验，当合同另有约定时应按合同执行。

2）按规定允许进行了重新加倍取样复试的材料，两次试验报告要同时保留。

3）当国家规定或合同约定应对材料进行见证检测时或对材料的质量发生争议时，应进行见证检测。见证取样和送检的比例不得低于有关技术标准中规定应取样数量的30%。

4）每项工程的取样和送检见证人，由该工程的建设单位书面授权，委派在本工程现场的建设或监理单位人员1～2名担任。见证人应具备与检测工作相适应的专业知识。见证人及送检单位对试样的代表性、真实性负有法定责任。

5）试验室在接受委托试验任务时，须由送检单位填写委托单。

（3）施工材料检测单位应符合下列规定

检测单位的确定。根据现行有关行政法规规定，当行政法规、国家现行标准或合同中对检测单位的资质有明确要求时，应遵守其规定；当没有要求时，可由具备资质的施工企业试验室试验，也可委托具备相应资质的检测机构进行检测。

建筑施工企业试验室出具的试验报告，是工程竣工资料的重要组成部分。当建设单位、监理单位对建筑施工企业试验室出具的试验报告有争议时，应委托被争议各方认可的，具备相应资质的检测机构重新检测。

4. 材料见证取样

建筑材料质量的优劣是建筑工程质量的基本要素，而建筑材料检验则是建筑现场材料质量控制的重要保障。因此，见证取样和送检是保证检验工作科学、公正、准确的重要手段。

（1）见证取样概述

见证取样和送检制度是指在监理单位或建设单位见证下，对进入施工现场的有关建筑材料，由施工单位专职材料试验人员在现场取样或制作试件后，送至符合资质资格管理要求的试验室进行试验的一个程序。

见证取样和送检由施工单位的有关人员按规定对进场材料现场取样，并送至具备相应资质的检测单位进行检测。见证人员和取样人员对试样的代表性和真实性负责。如今，这项工作大部分工程均由监理和施工单位共同完成。实践证明，见证取样和送检工作是保证建设工程质量检测公正性、科学性、权威性的首要环节，对提高工程质量，实现质量目标起到了重要作用，为监理单位对工程质量的验收、评估提供了直接依据。但是，在实际操作过程中，来自业主、监理、施工单位及检测部门等方面的原因，导致这项工作的开展存在一定的困难和问题，也就是工作的真实性难以保证。

（2）见证取样规定

取样是按照有关技术标准、规范的规定，从检验（或检测）对象中抽取实验样品的过程；送检是指取样后将样品从现场移交有检测资格的单位承检的过程。取样和送检是工程质量检测的首要环节，其真实性和代表性直接影响到监测数据的公正性。

根据住房和城乡建设部建（2000）211号《关于印发〈房屋建筑工程和市政基础设施工程实行见证取样和送检制度的规定〉的通知》的要求，在建设工程质量检测中实行见证取样和送检制度，即在建设单位或监理单位人员见证下，由施工人员在现场取样，送至试验室进行试验。

（3）见证取样内容

见证取样涉及三方行为：施工方，见证方，试验方。

试验室的资质资格管理：①各级工程质量监督检测机构（有 CMA 章，即计量认证，1 年审查一次）；②建筑企业试验室—逐步转为企业内控机构，4 年审查 1 次。（它不属于第三方试验室）

CMA（中国计量认证/认可）是依据《中华人民共和国计量法》为社会提供公正数据的产品质量检验机构。

计量认证分为两级实施：一级为国家级，由国家认证认可监督管理委员会组织实施；一级为省级，实施的效力完全是一致的。

见证人员必须取得《见证员证书》，且通过业主授权，并且授权后只能承担所授权工程的见证工作。对进入施工现场的所有建筑材料，必须按规范要求实行见证取样和送检试验，试验报告纳入质保资料。

（4）见证取样的数量

涉及结构安全的试块、试件和材料，见证取样和送样的比例，不得低于有关技术标准中规定应取样数量。

（5）见证取样的范围

按规定下列试块、试件和材料必须实施见证取样和送检：

1）用于承重结构的混凝土试块；

2）用于承重墙体的砌筑砂浆试块；

3）用于承重结构的钢筋及连接接头试件；

4）用于承重墙的砖和混凝土小型砌块；

5）用于拌制混凝土和砌筑砂浆的水泥；

6）用于承重结构的混凝土中使用的掺加剂；

7）地下、屋面、厕浴间使用的防水材料；

8）国家规定必须实行见证取样和送检的其他试块、试件和材料。

4.1.3 常用建筑材料进场验收

1. 水泥的进场验收

（1）凡建设工程用的水泥均应按厂别、品种提供水泥出厂合格证，合格证备注栏中由施工单位填明单位工程名称及使用部位、进场数量，散装水泥还应提供出厂卡片。

（2）水泥进场时应对其品种、级别、包装或散装仓号、出厂日期进行检查，并应对其强度、安定性及其他必要的性能指标进行复验。

（3）凡属下列情况之一者，必须进行水泥物理力学性能检验，并提供水泥检验报告单：

①水泥出厂时间超过 3 个月（快硬硅酸盐水泥超过 1 个月）；

②在使用中对水泥质量有怀疑；

③水泥因运输或存放条件不良，有受潮结块等异常现象；

④使用进口水泥；

⑤设计中有特殊要求的水泥。

（4）水泥检验应按批进行，按同一生产厂家，同一强度等级，同一品种，同一批号且连续进场的水泥，袋装水泥不超过200t为一批，散装水泥不超过500t为一批，每批水泥抽样不少于一次，散装水泥取样必须在散装车上，以一辆次为一取样点，每点取样不少于1kg，累积留样不得少于12kg，袋装水泥可以20个以上不同部位取等量样品，总量至少12kg。

（5）钢筋混凝土结构、预应力混凝土结构中，严禁使用含氯化物的水泥。

（6）进口水泥除须按国产水泥检验标准做检验外尚应对水泥有害成分含量（氧化镁、三氧化硫）做检验符合规范标准要求后方可使用。

（7）特种水泥（白色硅酸盐水泥、低热水泥、膨胀水泥）也应提供合格证或提供检验报告，其性能指标应符合相应标准的规定。

（8）水泥检验报告上注明的水泥品种、出厂日期、强度等级、出厂编号等应与水泥合格证相一致。

2. 砂、石进场验收

（1）混凝土用砂、石及砂浆用砂应有出厂合格证或检验报告，同时混凝土用砂、石还要符合《普通混凝土用砂、石质量及检验方法标准》JGJ 52—2006。

（2）设计有特殊要求的必须按要求取样检验，并提供检验报告。

（3）砂、石检验报告应根据有关规定填写，对一些主要的检验指标不得缺检，检验方法应符合《普通混凝土用砂、石质量及检验方法标准》JGJ 52—2006规定。

（4）砂、石应按同产地同规格分批检验，用大型工具（如火车、货船、汽车）运输的，以400m^3或600t为一批，用小型工具运输的，以200m^3或300t为一批，不足上述数量以一批论。

（5）每批砂应进行颗粒级配、含泥量、泥块含量检验，如为海砂还应检验其氯离子含量，对重要工程或特殊工程应根据工程要求，增加检测项目，如对其他指标合格性有怀疑时，应予以检验。使用新产源的砂时，应由供货单位按《普通混凝土用砂、石质量及检验方法标准》JGJ 52—2006的质量要求进行全面检验。

（6）每批石子应进行颗粒级配、含泥量、泥块含量及针、片状含量检验，高强度等级混凝土石子应有压碎指标检验。对重要工程或特殊工程应根据工程要求增加检测项目，对其他指标合格性有怀疑时，应予以检验。用新产源的石子时，应由供货单位按《普通混凝土用砂、石质量及检验方法标准》JGJ 52—2006的质量要求进行全面检验。

3. 外加剂进场验收

（1）出厂检验

每批号外加剂的出厂检验项目，根据其品种不同按《混凝土外加剂》GB 8076—2008的项目进行检验。

（2）取样规定

混凝土外加剂，掺量大于1%（含1%）同品种的外加剂每一批号为100t，掺量小于1%的外加剂每一批号为50t，不足100t或50t的也应按一个批量计，同一批号的产品必须混合均匀。每一批取样量不少于0.2t水泥所需用的外加剂量。

混凝土膨胀剂出厂编号按生产能力规定，日产量超过 200t 时，以不超过 200t 为一编号，不足 200t 时，以日产量为一编号。袋装和散装膨胀剂应分别进行编号、取样。每一编号为一取样单位，取样方法按《水泥取样方法》GB/T 12573—2008 进行。取样应具有代表性，可连续取，也可从 20 个以上不同部位取等量样品，总量不小于 10kg。

（3）型式检验

型式检验项目包括《混凝土外加剂》GB 8076—2008 标准第 5 章全部性能指标。有下列情况之一者，应进行型式检验：

1）新产品或老产品转厂生产的试制定型鉴定；

2）正式生产后，如材料、工艺有较大改变，可能影响产品性能时；

3）正常生产时，一年至少进行一次检验；

4）产品长期停产后，恢复生产时；

5）出厂检验结果与上次型式检验结果有较大差异时；

6）国家质量监督机构提出进行型式试验要求时。

（4）混凝土外加剂的判定规则

1）出厂检验判定

型式检验报告在有效期内，且出厂检验结果符合下表的要求，可判定为该批产品检验合格。

2）型式检验判定

产品经检验，匀质性检验结果符合表 4-1 的要求；各种类型外加剂受检混凝土性能指标中，高性能减水剂及泵送剂的减水率和坍落度的经时变化量，其他减水剂的减水率、缓凝型外加剂的凝结时间差、引气型外加剂的含气量及其经时变化量、硬化混凝土的各项性能符合相关要求，则判定该批号外加剂合格。如不符合上述要求时，则判该批号外加剂不合格。其余项目可作为参考指标。

匀质性指标表 **表 4-1**

项　目	指　标
氯离子含量（%）	不超过生产厂控制值
总碱量（%）	不超过生产厂控制值
含固量（%）	S>25%时，应控制在 0.95S～1.05S； S≤25%时，应控制在 0.90S～1.10S
含水率（%）	W>5%时，应控制在 0.90W～1.10W； W≤5%时，应控制在 0.80W～1.20W
密度（g/cm^3）	D>1.1 时，应控制在 D±0.03； D≤1.1 时，应控制在 D±0.02
细度	应在生产厂控制范围内
pH 值	应在生产厂控制范围内
硫酸钠含量（%）	不超过生产厂控制值

注：1. 生产厂应在相关的技术资料中明示产品匀质性指标的控制值；
2. 对相同和不同批次之间的匀质性和等效性的其他要求，可由供需双方商定；
3. 表中的 S、W 和 D 分别为含固量、含水率和密度的生产厂控制值。

（5）混凝土外加剂的复验

复验以封存样进行。如使用单位要求现场取样，应事先在供货合同中规定，并在生产和使用单位人员在场的情况下于现场取混合样，复验按照型式检验项目检验。

4. 混凝土

（1）现场搅拌混凝土

根据现行国家标准《混凝土结构工程施工质量验收规范》GB 50204—2015 和《混凝土强度检验评定标准》GB/T 50107—2010 的规定，用于检查结构构件混凝土强度的试件，应在混凝土的浇筑地点随机抽取。取样与试件留置应符合以下规定：

1）每拌制 100 盘但不超过 $100m^3$ 的同配合比的混凝土，取样次数不得少于一次；

2）每工作班拌制的同一配合比的混凝土不足 100 盘时，其取样次数不得少于一次；

3）当一次连续浇筑超过 $1000m^3$ 时，同一配合比的混凝土每 $200m^3$ 取样不得少于一次；

4）同一楼层、同一配合比的混凝土，取样不得少于一次；

5）每次取样应至少留置一组标准养护试件，同条件养护试件的留置组数应根据实际需要确定。

（2）结构实体检验用同条件养护试件

根据《混凝土结构工程施工质量验收规范》GB 50204—2015 的规定，结构实体检验用共同条件养护试件的留置方式和取样数量应符合以下规定：

1）对涉及混凝土结构安全的重要部位应进行结构实体检验，其内容包括混凝土强度、钢筋保护层厚度结构位置与尺寸偏差及工程合同约定的项目等。

2）同条件养护试件应由各方在混凝土浇筑入模处见证取样。

3）同一强度等级的同条件养护试件的留置不宜少于 10 组，留置数量不应少于 3 组。

4）当试件达到等效养护龄期时，方可对同条件养护试件进行强度试验。所谓等效养护龄期，就是逐日累计养护温度达到 600℃·d，且龄期宜取 14～60d。一般情况，温度取当天的平均温度，日平均温度为 0℃及以下的龄期不计入。

（3）预拌（商品）混凝土

预拌（商品）混凝土，除应在预拌混凝土厂内按规定留置试块外，混凝土运到施工现场后，还应根据《预拌混凝土》GB 14902—2012 规定取样。

1）用于交货检验的混凝土试样应在交货地点采取。每 $100m^3$ 相同配合比的混凝土取样不少于一次；一个工作班拌制的相同配合比的混凝土不足 $100m^3$ 时，取样也不得少于一次；当在一个分项工程中连续供应相同配合比的混凝土量大于 $1000m^3$ 时，其交货检验的试样为每 $200m^3$ 混凝土取样不得少于一次。

2）用于出厂检验的混凝土试样应在搅拌地点采取，按每 100 盘相同配合比的混凝土取样不得少于一次；每一工作班组相同的配合比的混凝土不足 100 盘时，取样亦不得少于一次。

3）对于预拌混凝土拌合物的质量，每车应目测检查；混凝土坍落度检验的试样，每 $100m^3$ 相同配合比的混凝土取样检验不得少于一次；当一个工作班组相同配合比的混凝土不足 $100m^3$ 时，也不得少于一次。

(4) 混凝土抗渗试块

根据《地下工程防水技术规范》GB 50108—2008，混凝土抗渗试块取样按下列规定：

1) 连续浇筑混凝土量 500m^3 以下时，应留置两组（12 块）抗渗试块。

2) 每增加 250～500m^3 混凝土，应增加留置两组（12 块）抗渗试块。

3) 如果使用材料、配合比或施工方法有变化时，均应另行仍按上述规定留置。

4) 抗渗试块应在浇筑地点制作，留置的两组试块其中一组（6 块）应在标准养护室养护，另一组（6 块）与现场相同条件下养护，养护期不得少于 28d。

根据《混凝土结构工程施工质量验收规范》GB 50204—2015 的规定，混凝土抗渗试块取样按下列规定：对有抗渗要求的混凝土结构，其混凝土试件应在浇筑地点随机取样。同一工程、同一配合比的混凝土，取样不应少于一次，留置组数可根据实际需要确定。

(5) 粉煤灰混凝土

1) 粉煤灰混凝土的质量，应以坍落度（或工作度）、抗压强度进行检验。

2) 现场施工粉煤灰混凝土的坍落度的检验，每工作班至少测定两次，其测定值允许偏差为±20mm。

3) 对于非大体积粉煤灰混凝土每拌制 100m^3，至少成型一组试块；大体积粉煤灰混凝土每拌制 500m^3，至少成型一组试块。不足上述规定数量时，每工作组至少成型一组试块。

5. 砂浆验收

(1) 砂浆应按设计分类提供试件抗压强度试验报告。

(2) 砂浆试件取样留置应满足下列要求：

1) 每一检验批且不超过 250m^3 砌体的各种类型及强度等级的砌筑砂浆，每台搅拌机应至少取样一次。

2) 建筑地面工程水泥砂浆强度试件，按每一层（或检验批）不应小于 1 组，当每一层（或检验批）面积大于 1000m^2 时，每增加 1000 m^2 应增做一组试件，剩余不足 1000m^2 的按 1000m^2 计。当配合比不同时，应相应制作不同试件。

3) 同盘砂浆只应制作一组试件。砂浆试验用料可以从同一盘搅拌或同一车运送的砂浆中取出。施工中取样，应在使用地点的砂浆槽、砂浆运送车或搅拌机出料口，至少从三个不同部位采取。所取试样的数量应多于试验用量的 1～2 倍。砂浆拌合物取样后，应尽快进行试验。现场取来的试样，在试验前应经人工再翻拌，以保证其质量均匀。

(3) 砂浆强度应按验收批进行评定，配合比和原材料基本相同的同品种、同强度等级砂浆划分为同一批。基础和主体（多、高层建筑按施工组织设计划定）各作为一个验收批。一个验收批的试件组数原则上不少于 3 组。

(4) 每批试件抗压强度应符合以下规定：

1) 同一验收批砂浆试件抗压强度平均值必须大于或等于设计强度等级的 1.1 倍；同一验收批砂浆试件抗压强度的最小一组平均值必须大于或等于设计强度等级的 85%。

2) 当同一验收批只有一组试件时，该组试块抗压强度的平均值必须大于或等于设计强度等级的 1.1 倍。

3）砂浆强度应以标准养护、龄期为 28d 的试件抗压试验结果为准。

6. 防水材料进场验收

（1）建筑工程用的防水材料如防水卷材、防水涂料、卷材胶粘剂、涂料胎体增强材料，密封材料及刚性防水材料等必须有出厂合格证和进场复验报告。

（2）防水材料检验报告应按要求填写，检验方法应符合国家有关标准。

（3）各类防水材料进场复验项目必须符合表 4-2 的规定。

建筑防水工程材料进场复验项目 **表 4-2**

序号	材料名称	现场抽样数量	外观质量检验	物理性能检验
1	沥青防水卷材	大于 1000 卷抽 5 卷，每 500～1000 卷抽 4 卷，100～499 卷抽 3 卷，100 卷以下抽 2 卷，进行规格尺寸和外观质量检验。在外观质量检验合格的卷材中，任取一卷作物理性能检验	孔洞、硌伤、露胎、涂盖不匀、折纹、皱折、裂纹度、裂口、缺边，每卷卷材的接头	纵向拉力，耐热度，柔度，不透水性
2	高聚物改性沥青防水卷材	同 1	孔洞、缺边、裂口，边缘不整齐，胎体露白、未浸透，撒布材料粒度、颜色，每卷卷材的接头	拉力，最大拉力时延伸率，耐热度，低温柔度，不透水性
3	合成高分子防水卷材	同 1	折痕，杂质，胶块，凹痕，每卷卷材的接头	断裂拉伸强度，扯断伸长率，低温弯折，不透水性
4	石油沥青	同一批至少抽一次	—	针入度，延度，软化点
5	沥青玛𤥂脂	每工作班至少抽一次	—	耐热度，柔韧性，粘结力
6	高聚物改性沥青防水涂料	每 10t 为一批，不足 10t 按一批抽样	包装完好无损，且标明涂料名称、生产日期、生产厂名、产品有效期；无沉淀、凝胶、分层	固体含量，耐热度，柔性，不透水性，延伸率
7	合成高分子防水涂料	同 6	包装完好无损，且标明涂料名称、生产日期、生产厂名、产品有效期	固体含量，拉伸强度，断裂，延伸率，柔性，不透水性
8	胎体增强材料	每 $3000m^2$ 为一批，不足 $3000\ m^2$ 按一批抽样	均匀，无团状，平整，无折皱	拉力，延伸率
9	改性石油沥青密封材料	每 2t 为一批，不足 2t 按一批抽样	黑色均匀膏状，无结块和未浸透的填料	耐热度，低温柔性，拉伸粘结性，施工度
10	合成高分子密封材料	每 1t 为一批，不足 1t 按一批抽样	均匀膏状物，无结皮、凝胶或不易分散的固体团状	拉伸粘结性，柔性
11	平　瓦	同一批至少抽一次	边缘整齐，表面光滑，不得有分层、裂纹、露砂	—

续表

序号	材料名称	现场抽样数量	外观质量检验	物理性能检验
12	油毡瓦	同一批至少抽一次	边缘整齐，切槽清晰，厚薄均匀，表面无孔洞、硌伤、裂纹、折皱及起泡	耐热度，柔度
13	金属板材	同一批至少抽一次	边缘整齐，表面光滑，色泽均匀，外形规则，不得有扭翘、脱膜、锈蚀	—
14	高分子防水材料止水带	每月同标记的止水带产量为一批抽样	尺寸公差；开裂，缺胶，海绵状，中心孔偏心；凹痕，气泡，杂质，明疤	拉伸强度，扯断伸长率，撕裂强度
15	高分子防水材料遇水膨胀橡胶	每月同标记的膨胀橡胶产量为一批样	尺寸公差；开裂，缺胶，海绵状；凹痕，气泡，杂质，明疤	拉伸强度，扯断伸长率，体积膨胀率

7. 钢材进场验收

（1）凡结构设计施工图所配各种受力钢筋应有钢筋出厂合格证及力学性能现场抽样检验报告单，出厂合格证备注栏中应由施工单位注明单位工程名称、使用部位和进场数量。

（2）钢筋在加工过程中，如发现脆断、焊接性能不良或力学性能显著不正常现象，应进行化学成分检验或其他专项检验，并做出鉴定处理结论。

（3）使用进口钢筋应有商检证及主要技术性能指标。进场后应严格遵守先检验后使用的原则进行力学性能及化学成分检验，其各项指标符合国产相应级别钢筋的技术标准及有关规定后，方可根据其应用范围用于工程。当进口钢筋的国别及强度级别不明时，可根据检验结果确定钢筋级别，但不应用在主要承重结构的重要部位。

（4）冷拉钢筋、冷拔钢筋、冷轧扭钢筋、冷轧带肋钢筋除应有母材的出厂合格证及力学性能检验报告外，还应有冷拉、冷拔、冷轧后的钢筋出厂合格证及力学性能现场抽样检验报告。

（5）预应力混凝土工程所用的热处理钢筋、钢绞线、碳素钢丝、冷拔钢丝等材料应有出厂合格证及力学性能现场抽样检验报告，其技术性能和指标应符合设计要求及有关标准规范的规定。

（6）无粘结预应力筋（系指带有专用防腐油脂涂料层和外包层的无粘结预应力筋）现场抽样检验的力学性能技术指标应符合《无粘结预应力钢绞线》JG 161—2004 的要求。防腐润滑脂应提供合格证，其有关指标必须符合《无粘结预应力筋用防腐润滑脂》JG/T 430—2014 标准的规定。

（7）预应力筋用锚具、夹具和连接器应有出厂合格证，进场后应按批抽样检验并提供检验报告，其指标应符合标准后方可用于工程。无合格证时，应按国家标准进行质量检验。预应力筋用锚具系统的质量检验和合格验收应符合国家现行标准《预应力筋用锚具、夹具和连接器应用技术规程》JGJ 85—2010 和《预应力筋用锚具、夹具和连接器》GB/T 14370—2007 的规定。

(8) 预应力混凝土用金属螺旋管应有出厂合格证，进场后应按批抽样检验，并提供检验报告，其指标应符合国家现行行业标准《预应力混凝土用金属螺旋管》JG/T 3013 后方可用于工程。

(9) 钢材检验报告应根据有关规定填写，检验方法应符合国家有关标准。

(10) 钢材进场后的抽样检验的批量应符合下列规定：

1) 钢筋混凝土用热轧带肋钢筋、热轧光圆钢筋、余热处理钢筋、低碳钢热轧圆盘条以同一牌号、同一规格不大于 60t 为一批。

2) 钢结构工程用碳素结构钢、低合金高强度结构钢以同一牌号、同一等级、同一品种、同一尺寸、同一交货状态的钢材不大于 60t 为一批。

3) 预应力混凝土用钢丝及预应力混凝土用钢绞线以同一牌号、同一规格、同一生产工艺不大于 60t 为一批。

4) 钢绞线、钢丝束无粘结预应力筋以同一钢号、同一规格、同一生产工艺生产的钢绞线、钢丝束不大于 30t 为一批。

5) 预应力筋用锚具、夹具和连接器以同一类产品、同一批原材料、用同一种工艺一次投料生产不超过 1000 套组为一验收批。外观检查抽取 10%，且不少于 10 套。对其中有硬度要求的零件，硬度检验抽取 5%，且不少于 5 套。静载锚固能力检验抽取 3 套试件的锚具、夹具或连接器。

6) 冷轧带肋钢筋以同一牌号、同一规格、同一外形、同一生产工艺和交货状态的钢筋为一验收批，每批不大于 60t。取样数量：弯曲试验每批 2 个，拉伸试验每盘 1 个。

7) 预应力混凝土用金属螺旋管每批抽检 9 件圆管试样（12 件扁管试样）。

8) 其他建筑用钢材按现行国家标准或行业标准的规定进行组批。

(11) 钢材力学性能检验时，如某一项检验结果不符合标准要求，则应根据不同种类钢材的抽样方法从同批钢材中再取双倍数量的试件重做该项目的检验，如仍不合格，则该批钢材即为不合格，不得用于工程，不合格品的钢材必须有处理情况说明，并应归档备查。

(12) 对有抗震设防要求的框架结构，其纵向受力钢筋的强度应满足设计要求；当设计无具体要求时，对一、二级抗震等级的框架结构，纵向受力钢筋检验所得的强度实测值应符合下列规定：

1) 钢筋的抗拉强度实测值与屈服强度实测值的比值不应小于 1.25；

2) 钢筋的屈服强度实测值与钢筋的屈服强度标准值的比值不应大于 1.3。

4.1.4 常用建筑材料的复验要求

常用建筑材料的复验要求见表 4-3。

常用建筑材料进场复试项目、主要检测参数和取样依据　　表 4-3

序号	试验项目	主要检测参数	取样依据和方法	备　注
1	混凝土组成材料			
1.1	通用硅酸盐水泥	胶砂强度	《通用硅酸盐水泥》GB 175	
		安定性		
		凝结时间		

续表

序号	试验项目	主要检测参数	取样依据和方法	备 注
1.2	天然砂	筛分析	《混凝土用砂、石质量及检验方法标准》JGJ 52	砂的碱活性试验仅用于长期处于潮湿环境的重要混凝土结构用砂
		含泥量		
		泥块含量		
		碱活性		
1.3	人工砂	筛分析		
		石粉含量（含亚甲蓝试验）		
		碱活性		
1.4	石	筛分析	《混凝土用砂、石质量及检验方法标准》JGJ 52	石的碱活性试验仅用于长期处于潮湿环境的重要混凝土结构用石
		含泥量		
		泥块含量		
		碱活性		
1.5	轻集料	颗粒级配（筛分析）	《轻集料及其试验方法 第1部分：轻集料》GB/T 17431.1 《轻集料及其试验方法 第2部分：轻集料试验方法》GB/T 17431.2	
		堆积密度		
		筒压强度（或强度标号）		
		吸水率		
1.6	粉煤灰	细度	《粉煤灰混凝土应用技术规范》GB/T 50146	
		烧失量		
		需水量比（同一供灰单位，一次/月）		
		三氧化硫含量（同一供灰单位，一次/季）		
1.7	早强剂	钢筋锈蚀	《混凝土外加剂》GB 8076	
		密度（或细度）		
		1d和3d抗压强度比		
1.8	泵送剂	pH值	《混凝土防冻泵送剂》JC/T 377	
		密度（或细度）		
		坍落度增加值		
		坍落度保留值		
1.9	防冻剂	钢筋锈蚀	《混凝土防冻剂》JC 475	
		密度（或细度）		
		R_{-7}和R_{+28}抗压强度比		
1.10	防水剂	pH值	《砂浆、混凝土防冻剂》JC 474	
		钢筋锈蚀		
		密度（或细度）		

续表

序号	试验项目	主要检测参数	取样依据和方法	备　注
1.11	拌合用水	pH 值	《混凝土用水标准》JGJ 63	当采用饮用水时，可不做要求。若混凝土有碱活性要求，应做碱含量试验
		氯离子含量		
		不溶物含量		
		可溶物含量		
		硫酸根离子含量		
		碱活性		
2	钢材			
2.1	热轧光圆钢筋	拉伸（屈服强度、抗拉强度、断后伸长率）、重量	《钢筋混凝土用钢　第 1 部分：热轧光圆钢筋》GB 1499.1 《混凝土结构施工质量验收规范》GB 50204	
		弯曲性能		
2.2	热轧带肋钢筋	拉伸（屈服强度、抗拉强度、断后伸长率）、重量	《钢筋混凝土用钢　第 2 部分：热轧带肋钢筋》GB 1499.2 《混凝土结构施工质量验收规范》GB 50204	
		弯曲性能		
2.3	冷轧带肋钢筋	拉伸（抗拉强度、伸长率）、重量	《冷轧带肋钢筋混凝土结构技术规程》JGJ 95 《混凝土结构施工质量验收规范》GB 50204	
		弯曲或反复弯曲		
3	防水材料			
3.1	沥青防水卷材	拉力	《屋面工程质量验收规范》GB 50207	
		柔度		
		耐热度（地下工程除外）		
		不透水性		
3.2	高聚物改性沥青防水卷材	拉力	《屋面工程质量验收规范》GB 50207 《地下防水工程质量验收规范》GB 50208	
		断裂延伸率		
		低温柔度		
		耐热度（地下工程除外）		
3.3	合成高分子防水卷材	不透水性		
		断裂拉伸强度		
		扯断伸长率		
		不透水性		
		低温弯折		
3.4	石油沥青	针入度	《屋面工程质量验收规范》GB 50207	
		延度		
		软化点		

续表

<table>
<tr><th>序号</th><th>试验项目</th><th>主要检测参数</th><th>取样依据和方法</th><th>备　注</th></tr>
<tr><td rowspan="3">3.5</td><td rowspan="3">沥青玛蹄脂</td><td>耐热度</td><td rowspan="3">《屋面工程质量验收规范》GB 50207</td><td rowspan="3"></td></tr>
<tr><td>延伸率</td></tr>
<tr><td>粘结力</td></tr>
<tr><td rowspan="2">3.6</td><td rowspan="2">胎体增强材料</td><td>拉力</td><td rowspan="2">《屋面工程质量验收规范》GB 50207
《地下防水工程质量验收规范》GB 50208</td><td rowspan="2"></td></tr>
<tr><td>延伸率</td></tr>
<tr><td rowspan="5">3.7</td><td rowspan="5">高聚合物改性沥青防水涂料</td><td>固含量</td><td rowspan="10">《屋面工程质量验收规范》GB 50207</td><td rowspan="5"></td></tr>
<tr><td>耐热度（地下工程除外）</td></tr>
<tr><td>柔性</td></tr>
<tr><td>延伸</td></tr>
<tr><td>不透水性</td></tr>
<tr><td rowspan="5">3.8</td><td rowspan="5">合成高分子防水涂料</td><td>固体含量</td><td rowspan="5"></td></tr>
<tr><td>拉伸强度</td></tr>
<tr><td>断裂延伸率</td></tr>
<tr><td>柔性</td></tr>
<tr><td>不透水性</td></tr>
<tr><td rowspan="4">3.9</td><td rowspan="4">改性石油沥青密封材料</td><td>耐热度（地下工程除外）</td><td rowspan="6">《屋面工程质量验收规范》GB 50207
《地下防水工程质量验收规范》GB 50208</td><td rowspan="4"></td></tr>
<tr><td>低温柔性</td></tr>
<tr><td>拉伸粘接性</td></tr>
<tr><td>施工度</td></tr>
<tr><td rowspan="2">3.10</td><td rowspan="2">合成高分子密封材料</td><td>柔性</td><td rowspan="2"></td></tr>
<tr><td>拉伸粘接性</td></tr>
<tr><td rowspan="2">3.11</td><td rowspan="2">油毡瓦</td><td>柔度</td><td rowspan="2">《屋面工程质量验收规范》GB 50207</td><td rowspan="2"></td></tr>
<tr><td>耐热度</td></tr>
<tr><td rowspan="5">3.12</td><td rowspan="5">沥青基防水涂料</td><td>固含量</td><td rowspan="13">《地下防水工程质量验收规范》GB 50208</td><td rowspan="5"></td></tr>
<tr><td>伸长率</td></tr>
<tr><td>柔性</td></tr>
<tr><td>耐热度</td></tr>
<tr><td>不透水性</td></tr>
<tr><td rowspan="3">3.13</td><td rowspan="3">无机防水涂料</td><td>抗折强度</td><td rowspan="3"></td></tr>
<tr><td>粘结强度</td></tr>
<tr><td>抗渗性</td></tr>
<tr><td rowspan="5">3.14</td><td rowspan="5">有机防水涂料</td><td>固体含量</td><td rowspan="5"></td></tr>
<tr><td>断裂伸长率</td></tr>
<tr><td>拉伸强度</td></tr>
<tr><td>柔性</td></tr>
<tr><td>不透水性</td></tr>
</table>

续表

序号	试验项目	主要检测参数	取样依据和方法	备　注
3.15	止水带	拉伸强度	《高分子防水材料　第二部分：止水带》GB 18173.2	
		扯断伸长率		
		撕裂强度		
4	石砌体			
4.1	块石、毛石	抗压强度	《砌体结构工程施工质量验收规范》GB 50203	
5	砌体用砖、砌块			
5.1	烧结普通砖	抗压强度	《烧结普通砖》GB 5101	
5.2	烧结多孔砖		《烧结多孔砖和多孔砌块》GB 13544	
5.3	烧结空心砖和空心砌块		《烧结空心砖和空心砌块》GB 13545	
5.4	蒸压灰砂空心砖		《蒸压灰砂空心砖》JC/T 637	
5.5	粉煤灰砖	抗压强度、抗折强度	《蒸压粉煤灰砖》JC/T 239	
5.6	蒸压灰砂砖		《蒸压灰砂砖》GB 11945	
5.7	粉煤灰砌块	抗压强度	《粉煤灰砌块》JC 238	
5.8	普通混凝土小型空心砌块		《普通混凝土小型砌块》GB/T 8239	
5.9	轻集料混凝土小型空心砌块	强度等级	《轻集料混凝土小型空心砌块》GB/T 15229	
		密度等级		
5.7	蒸压加气混凝土砌块	立方体抗压强度	《蒸压加气混凝土砌块》GB 11968	
		干密度		
5.8	混凝土普通砖	抗压强度	《混凝土普通砖和装饰砖》NY/T 671	
6	装修材料			
6.1	室内用花岗岩	放射性	《天然花岗石建筑板材》GB/T 18601	
6.2	外墙陶瓷面砖	吸水率	《陶瓷砖》GB/T 4100	
		抗冻性（适用于寒冷地区）		
7	节能材料	按现行标准规定执行	执行《建筑节能工程施工质量验收规范》GB 50411 及现行质量验收规范和规程的规定	

4.2　材料的仓储管理

“仓储管理”是指对仓库所管全部材料的收、储、管、发业务和核算活动的总称，是按照“及时、准确、经济、安全”的原则，组织材料的收发、保管和保养，做到进出快、保管好、损耗少、费用省、保安全，为施工生产服务，促进经济效益的提高。

仓储管理是材料从流通领域进入企业的“监督关”；是材料投入施工生产消费领域的“控制关”；材料储存过程又是保质、保量、完整无缺的“监护关”。所以，仓储管理工作负有重大的经济责任。

仓库设置的基本原则是：方便生产，保证安全，便于管理，促进周转。

4.2.1 仓库分类及仓储管理规划

1. 仓库分类

（1）按储存材料的种类划分

1）综合性仓库：仓库建有若干库房，储存各种各样的材料，如在同一仓库中储存钢材、电料、木料、五金、配件等。

2）专业性仓库：仓库只储存某一类材料，如钢库、木料库、电料库等。

（2）按保管条件划分

1）普通仓库：储存没有特殊要求的一般性材料。

2）特种仓库：某些材料对库房的温度、湿度、安全有特殊要求，需按不同要求设保温库、燃料库、危险品库等。水泥由于粉尘大，防潮要求高，因而水泥库也是特种仓库。

（3）按建筑结构划分

1）封闭式仓库：有屋顶、墙壁和门窗的仓库。

2）半封闭式仓库：有顶无墙的料库、料棚。

3）露天料场：主要储存不易受自然条件影响的大宗材料。

（4）按管理权限划分

1）中心仓库：大中型企业（公司）设立的仓库。这类仓库材料吞吐量大，主要由公司集中储备，也叫作一级储备。除远离公司独立承担任务的工程处核定储备资金控制储备外，公司下属单位一般不设仓库，避免层层储备，分散资金。

2）总库：公司所属项目经理部或工程（队）所设施工备料仓库。

3）分库：施工队及施工现场所设的施工用料准备库，业务上受项目经理部或工程处（队）直接管辖，统一调度。

2. 仓库管理工作的特点

（1）仓库工作不创造使用价值，但创造价值。材料仓库是施工生产过程中为使生产不致中断，而解决材料生产与消费在时间与空间上的矛盾必不可少的中间环节。材料处在储存阶段虽然不能使材料的使用价值增加，但通过仓库保管可以使材料的使用价值不受损失，从而为材料使用价值的最终实现创造条件。因此，材料仓库工作是产品的生产过程在流通领域的继续，是为实现产品的使用价值服务的。仓库劳动是社会的必要劳动，它同样创造价值。仓库管理工作创造价值这一特点，要求仓库管理必须提高水平，尽可能减少材料的损耗，使其使用价值得以实现；必须依靠科学，努力提高生产率，缩短社会必要劳动时间。

（2）仓库工作具有不平衡和不连续的特点。这个特点给仓库管理工作带来一定的困难，这就要求管理人员在储存保管好材料的前提下，掌握各种不同材料的性能特点、运输特点，安排好出库计划，均衡使用人力、设备及仓位，以保证仓库管理工作的正常进行。

（3）仓库管理工作具有服务性质，直接为生产服务。仓库管理工作必须从生产出发，首先保证生产需要。同时要注意扩大服务项目，把材料的加工改制、综合利用和节约代用、组装、配套等提到管理工作的日程上来，使有限的材料发挥更大的作用。

3. 仓库管理在施工企业生产中的地位和作用

（1）仓库管理是保证施工工作生产顺利进行的必不可少的条件，是保证材料流通不致中断的重要环节。

（2）施工生产的过程就是材料不断消耗的过程，储存一定量的材料是施工生产正常进行的物质保证。各种材料需经订货、采购、运输等环节，才能到达施工企业。为防止供需脱节，企业必须依靠合理的材料储备，来进行平衡和调剂。

（3）仓库管理是材料管理的重要组成部分。仓库管理是联系材料供应、管理、使用方面的桥梁，仓库管理得好坏，直接影响材料供应管理工作目标的实现。

（4）仓库管理是保持材料使用价值的重要手段。材料在储存期间，从物理化学角度看，在不断地发生变化。这种变化虽然因材料本身的性质和储存条件的不同而有差异，但一般都会造成不同程度的损害。仓库中的合理保管，科学保养，是防止或减少损害、保持其使用价值的重要手段。

（5）加强仓库管理，可以加速材料的周转，减少库存，防止新的积压，减少资金占用，从而可以促进物资的合理使用和流通费用的节约。

4. 仓库管理的基本任务

仓库管理是以优质的储运劳务，管好仓库物资，为按质、按量、及时、准确地供应施工生产所需的各种材料打好基础，确保施工生产的顺利进行。其基本任务包括：

（1）组织好材料的收、发、保管、保养工作，要求达到快进、快出、多储存、保管好、费用省的目的，为施工生产提供优质服务。

（2）建立和健全合理的、科学的仓库管理制度，不断提高管理水平。

（3）不断改进仓库技术，提高仓库作业的机械化、自动化水平。

（4）加强经济核算，不断提高仓库经营活动的经济效益。

（5）不断提高仓库管理人员的思想、业务水平，培养一支仓库管理的专职队伍。

4.2.2 仓库管理规划

1. 材料仓库位置的选择

材料仓库的位置是否合理，直接关系到仓库的使用效果。仓库位置选择的基本要求是“方便、经济、安全”。仓库位置选择的条件如下：

（1）交通方便。材料的运送和装卸都要方便。材料中转仓库最好靠近公路（有条件设专用线）；以水运为主的仓库要靠近河道码头；现场仓库的位置要适中，以缩短到各施工点的距离。

（2）地势较高，地形平坦，便于排水、防洪、通风、防潮。

（3）环境适宜，周围无腐蚀性气体、粉尘和辐射性物质。危险品库和一般仓库要保持一定的安全距离，与民房或临时工棚也要有一定的安全距离。

（4）有合理布局的水电供应设施，利于消防、作业、安全和生活之用。

2. 材料仓库的合理布局

材料仓库的合理布局，能为仓库的使用、运输、供应和管理提供方便，为仓库各项业务费用的降低提供条件。合理布局的要求包括：

（1）适应企业施工生产发展的需要。如按施工生产规模、材料资源供应渠道、供应范围、运输和进料间隔等因素，考虑仓库规模。

（2）纳入企业环境的整体规划。按企业的类型来考虑，如按城市型企业、区域性企业、现场型企业不同的环境情况和施工点的分布及规模大小来合理布局。

（3）企业所属各级各类仓库应合理分工。根据供应范围、管理权限的划分情况来进行仓库的合理布局。

（4）根据企业耗用材料的性质、结构、特点和供应条件，并结合新材料、新工艺的发展趋势，按材料品种及保管、运输、装卸条件等进行布局。

3. 仓库面积的确定

仓库和料场面积的确定，是规划和布局时需要首先解决的问题。可根据各种材料的最高储存数量、堆放定额和仓库面积利用系数进行计算。

（1）仓库有效面积的确定

有效面积是实际堆放材料的面积或摆放货柜所占的面积，不包括仓库内的通道、材料架与架之间的空地面积。可采用式（4-1）计算：

$$F = \frac{P}{V} \tag{4-1}$$

式中 F——仓库有效面积（m^2）；

P——仓库最高储存材料的数量（t，m^3）；

V——每平方米面积定额堆放。

（2）仓库总面积计算

仓库总面积为包括有效面积、通道及材料与架之间的空地面积在内的余部面积。可通过式（4-2）计算：

$$S = \frac{F}{\alpha} \tag{4-2}$$

式中 S——仓库总面积（m^2）；

F——有效面积（m^2）；

α——仓库面积利用系数。

仓库面积利用系数 表 4-4

项次	仓 库 类 型	系数值
1	密封通用仓库（内桩、货架，每两排货架之间留着 1m 通道，主通道宽为 2.5～3.5m）	0.35～0.40
2	罐式密封仓库	0.6～0.9
3	堆置桶装或袋装的密封仓库	0.45～0.60
4	堆置木材的露天仓库	0.4～0.5
5	堆置钢材棚库	0.5～0.6
6	堆置砂、石料露天库	0.6～0.7

4. 仓库规划

材料仓库的储存规划是在仓库合理布局的基础上，对应储存的材料作全面、合理具体安排，实行分区分类，货位编号，定位存放，定位管理。储存规划的原则是布局紧凑，用地节省，保管合理，作业方便，符合防火、安全要求。

4.2.3 主要材料的仓库管理

1. 钢材

（1）钢材进场时，必须进行资料验收、数量验收和质量验收。

（2）资料验收：钢材进场时，必须附有盖钢厂鲜章或经销商鲜章的包括炉号、化学成分、力学性能等指标的质量证明书，同采购计划、标牌、发票、过磅单等核对相符。

（3）数量验收必须两人参与，通过过磅、点件、检尺换算等方式进行，目前盘条常用的是过磅方式，直条、型钢、钢管则采用点件、检尺换算方式居多；检尺方式主要便于操作，但从合理性来讲，只适用于国标材，不适用于非标材，有条件应全部采用过磅方式，但过磅验收必须与标牌重量及检尺重量核对，一般不超过标牌重量或检尺计重，因此采购议价时应明确过磅价或检尺价。验收后填制“材料进场计量检测原始记录表”。

（4）质量验收：先通过眼看手摸和简单工具检查钢材表面是否有缺陷，规格尺寸是否相符、锈蚀情况是否严重等，然后通知质检（试验）人员按规定抽样送检，检验结果与国家标准对照判定其质量是否合格。

（5）进入现场的钢材应入库入棚保管，尤其是优质钢材、小规格钢材、镀锌管、板及电线管等；若条件所限，只能露天存放时，应做好上盖下垫，保持场地干燥。

（6）入场钢材应按品种、规格、材质分别堆放，尤其是外观尺寸相同而材质不同的材料，如Ⅱ、Ⅲ螺纹钢筋，优质钢材等，并挂牌标识。

（7）钢材收料后要及时填制收料单，同时作好材质书台账登记，发料时应在领料单备注栏内注明炉（批）号和使用部位。

2. 水泥

（1）进场时，应进行资料验收、数量验收和质量验收。

（2）资料验收：进场时检查出厂质量证明（三天强度报告），查看包装纸袋上的标识、强度报告单、供货单和采购计划上的品种规格是否一致，散装应有出厂的计量磅单。

（3）数量验收必须两人参与。袋装在车上或卸入仓库后点袋记数，同时对袋装重量实行抽检，不能出现负差，破袋的要重新灌装成袋并过秤计量；散装可以实际过磅计量，也可按出厂磅单计量，但卸车应干净，验收后填制“材料进场计量检测原始记录表”。

（4）质量验收：查看包装是否有破损，清点破损数量是否超标；用手触摸袋或查看破损是否有结块；检查袋上的出厂编号是否和发货单据一致，出厂日期是否过期；遇有两个供应商同时到货时，应详细验收，分别堆码，防止品种不同而混用；通知试验人员取样送检，督促供方提供28d强度报告。

（5）必须入库保管，库房四周应设置排水沟或积水坑，库房墙壁及地面应进行防潮处理；库房要经常保持清洁，散灰要及时清理、收集、使用；特殊情况需露天存放时，要选择地势较高，便于排水的地方，并要有足够的遮垫措施，做到防雨水、防潮湿。

（6）收发要严格遵守先进先出的原则，防止过期使用；要及时检查保存期限，水泥的存储时间不宜过长，从出厂到使用不得超过 90d。

（7）袋装一般码放 10 袋高，最高不超过 15 袋，不同厂家、品种、标号、编号要分开码放，并挂牌标识。

（8）收料后要及时填制收料单，在备注栏内填制出厂编号和出厂日期；发料时应在领料单备注栏内注明编号和使用部位。

3. 砖（砌块）

（1）砖（砌块）数量验收必须两人参与。一般实行车车点数，点数时应注意堆码是否紧凑、整齐，必要时可以重新堆码记数，验收后填制“材料进场计量检测原始记录表”，每月至少办理收料一次。

（2）砖（砌块）质量验收主要是目测和测量外观尺寸，过火砖比例不得超过规定比例，不允许出现欠火砖，外观尺寸偏差应符合标准要求，及时通知试验人员抽样送检测中心进行抗压、抗折等强度检测。

（3）砖（砌块）堆码应按照现场平面布置图进行，一般应码放于垂直运输设备附近，使用时要注意清底和断砖的及时利用。

4. 商品混凝土

（1）签订商品混凝土合同时应尽量按施工图理论计量。如按实际车次计量，材料员应严格按照合同对随车发货单进行签证和抽查，如抽查出计量不足，则当批次供应的所有车次均按抽查出的单车最少量计量。

（2）每批次混凝土浇筑完后，材料员应及时和混凝土工长一起进行复核，按车次计量与施工图理论计量对比，不超出正常偏差。如超出正常偏差，应及时与商品混凝土公司协调采取措施纠正。

（3）商品混凝土的质量检验分为出厂检验和交货检验。出厂检验的取样试验工作由供方承担，交货检验的取样试验工作由需方承担。

（4）试验员除了在施工现场按规范取样试验进行交货检验外，还应到商品混凝土搅拌站抽检，并做好抽检台账。

4.2.4 材料保管和维护保养

材料保管和维护保养，应根据库存材料的性能和特点，结合仓储条件进行，合理储存和保管保养工作是仓库管理的经常性业务，基本要求是保质、保量、保安全。

1. 合理保管

仓库储存材料应在统一规划，分区分类，合理存放，划线定位，统一分类编号，定位保管的基础上，做好以下工作：

（1）合理堆码

材料堆码要遵循“合理、牢固、定量、整齐、节约和方便”的原则：

1）合理：对不同的品种、规格、质量、等级、出厂批次的材料都应分开，按先后顺序准备，以便先进后出，占用面积、垛形、间隔均要合理。

2）牢固：垛位必须有最大的稳定性，不偏不倒、不压坏变形、苫盖物不怕风雨。

3）定量：每层、每堆力求成整数，过磅材料分层、分捆计重，做出标记，自下而上累计数量。

4）整齐：纵横成行，标志朝外，长短不齐、大小不同的材料、配件，靠通道一头齐。

5）节约：一次堆好，减少重复搬运、堆码，堆码紧凑，节约占用面积。爱护苫垫材料及包装，节省费用。

6）方便：堆放位置要方便装卸搬运、收发保管、清仓盘点、消防安全。

（2）“四号定位”和“五五化”

1）四号定位

四号定位是在统一规划合理布局的基础上，定位管理的一种方法。

四号定位就是定仓库号、货架号、架层号和货位号（简称库号、架号、层号、位号）。料场则是区号、点号、排号的安排，使整个仓库位置有条不紊，为科学管理打下基础。

四号定位编号方法：材料定位存放，将存放位置的四号联起来编号。

例如普通合页规格50mm，放在2号库房、11号货架、2层、6号位，材料定位编号为2-11-2-06，由于这种编号一般仓库不超过个位数，货架不超过5层，为简化书写，所以只写一位数。如果写成02-11-02-06，亦可。

2）五五化

五五化是材料保管的堆码方法。

这是根据人们计数习惯，喜欢以五为基数，如五、十、二十……五十、一百、一千等进行计数，将这种计数习惯用于材料堆码，使堆码与计数相结合，便于材料收发、盘点计数快速准确，这就是“五五摆放”。如果全部材料都按五五摆放，则仓库就达到了五五化。

五五化是在四号定位的基础上，即在固定货位，“对号入座”的货位上具体摆放的方法。

（3）材料的标识

1）验收入库的物资均应分类码放，并贴上标签标明物资的名称、规格、型号等。

2）露天堆放的物资应按照类别、品种、规格分别堆放，并用标牌标注其名称、规格、型号等。金属材料的标牌应标出钢号或牌号、规格、生产厂等。

3）对时效性较强的水泥、外加剂、掺合料等物资要按照不同品种、强度等级、出厂进场的时间按区域分别堆放整齐，标牌明显，防止混用、错用。水泥标牌应标明生产厂家、水泥品种、强度等级、出厂日期等。

4）现场加工好的钢筋半成品应按不同的结构编号配套分别堆放，并用标牌绑扎在钢筋半成品上，标牌应标明钢筋简图、直径、下料长度等。

5）钢结构构件，应按不同型号规格分别堆放整齐，并在构件的显著部位直接书写代号、规格、型号等方便施工人员区分。

6）现场库房内及露天堆料场均应划出待验区及不合格区，并挂上标牌，防止未验收物资或不合格品在做出适当处置前投入使用。

7）物资从验收入库、发放到最终使用应具有唯一性标识，且标牌清晰，牢固耐久。

8）在多处存放、加工使用、分批发放及有退库物资等情况发生时，应做好标识的移植并作记录，确保物资在需要追回或进行检验时能够进行识别。

（4）创造保管条件

影响在库材料质量和数量的因素，一般包括材料本身的物理和化学性能、材料的储存环境和自然条件以及材料的储存期限。其中的主要因素是材料本身的物理和化学性能，因此，必须按照材料的性能要求创造保管条件。一般的做法包括：通风、密封、吸潮、隔离、防锈、防腐、防火等。

1）通风：根据空气自然流动规律，通过一定的措施（自然通风、机械通风），有计划地组织库内外空气对流和交换，使库内温湿度符合要求。为了更有效地利用自然通风，库房建筑本身应为自然通风提供良好的条件。库房的主要进风面，一般应与本地区的夏季主导风向成60°～90°角，最小45°角；库房门窗应对称设置，保证足够的进风面积；库房的进风口应该尽量低，排风口应该尽量地高，或设置天窗、排风扇等。

2）密封：将物品尽可能严密地封闭起来，防止和减弱空气对物品的影响。方法是货架密封、货垛密封、独立小屋密封、整库密封，可以组合使用。

3）吸潮：有些材料不易密封，在大气温度高、通风也不符合保管要求的情况下，可采用吸潮机械和吸潮剂改善仓库条件。尤其是梅雨季节和连绵的阴雨天气，吸潮剂是仓库常用的物资。如生石灰、氯化钙、硅胶、木炭、炉灰等。

4）隔离：包括两层意思，通过密封与外界隔离；密封的材料在保管上仍要与其他材料隔离。隔离主要适用于自燃、自爆、剧毒等有危害的材料。

5）防锈：主要指金属制品在雨、雪、湿度、杂草作用下锈蚀。防锈的主要措施有上盖下垫、降低草和喷涂防锈剂等。

2. 精心保养

精心保养，就是做好储存材料的维护保养工作。

材料维护保养工作，必须坚持“预防为主、防治结合”的原则，具体要求是：

（1）安排适当的保管场所。

（2）搞好堆码、苫垫及防潮防损。

（3）严格控制温、湿度。

（4）要经常检查，随时掌握和发现保管材料的变质情况。

（5）严格控制材料储存期限。

（6）搞好仓库卫生及库区环境卫生。

4.2.5　仓储账务管理及仓储盘点

1. 仓库账务管理

仓库材料账务，是通过一系列的凭证单据、账目表册，按照一定的程序和方法，从实物和货币两个方面记录、反映、考查和监督仓库材料收、发、存的动态。账务管理是仓库的一项基本工作，也是仓库管理的重要环节，要求做到系统、严密、及时、准确。

仓库材料账务主要由材料凭证和材料账册构成。材料凭证反映材料动态的原始记录，是登记各种账目的依据。材料账册是将反映个别业务、最多、零散的材料凭证加以整理、登记，以便系统地、连续地、全面地反映企业材料动态情况的账簿。

（1）记账依据

仓库账务管理的基本要求是系统、严密、及时、准确。材料保管账由仓库保管员按材料出入库凭证及耗料、盘点等凭证记账，一般包括以下几种：

1）材料入库凭证，包括验收单、入库单、加工单。

2）材料出库凭证，包括调拨单、借用单、限额领料单、新旧转账单等。

3）盘点、报废、调整凭证：包括盘点盈亏调整单、数量规格调整单、报损报废单等。

（2）记账程序

记账的程序是从审核、整理凭证开始，然后按规定登记账册、结算金额以及编制报表的全部账务处理过程。正确的记账程序能方便记账，提高记账效率，及时、准确、全面、系统地做好核算工作。

1）审核凭证

即审核凭证的合法性和有效性。凭证必须是合法凭证，有编号，有反映收发动态的指标，能完整反映材料经济业务从发生到结束的全过程情况。临时性借条不能作为记账的合法凭证。凭证要按规定填写齐全，如日期、规格、数量、单位、单价、印章要齐全，抬头要写清楚，否则为无效凭证。

2）整理凭证

记账前先将单据凭证分类（按规定的材料类别分类）分档（按各账册的材料名称分档）排列（按业务实际发生日期的先后排列），然后依次逐项登记。

3）账册登记

即根据账页上的各项指标逐项登记，严格记账，做到：字迹清晰、内容齐全、说明清楚、数字准确、更改及时、账面整洁。记账后，对账卡上的结存数要进行验算，即：上期结存＋本项收入－本项发出＝本项结存。各种凭证要装订成册，与账簿一起按规定妥善保管，不得丢失和随意销毁。

（3）记账要求

1）按统一规定填写材料编号、名称、规格、单位、单价以及账卡编号。

2）按本单位经济业务发生日期记账。

3）记好摘要，保持所记经济业务的完整性。

4）用蓝色或黑色墨水记账，用钢笔正楷书写。

5）保持账面整洁、完整，记账有错误时，不得任意撕毁、涂改、刮擦、挖补或使用褪色药水更改，可在错误文字上画一条红线，上部另写正确文字，在红线处加盖记账员私章，以示负责。对活页的材料账页应作统一编号，记账人员应保证领用材料账页的数量完整无缺。

6）材料账册必须依据编定页数连续登记，不得隔行和跳行。当月的最后一笔记录下面应划一条红线，红线下面记“本月合计”，然后再画一条红线。换页时，在“摘要”栏内注明“转次页”和“承上页”的字样，并作数字上的承上启下处理。

7）材料账册必须按照当日工作当日清的要求及时登账，账册须定期专门人员（财会部门设稽核人员）进行稽核，经核对无误时，应在账页的“结存合计栏”上加盖稽核员章。

8）材料单据凭证及账册是重要的经济档案和历史资料，必须按规定期限和要求妥善保管，不能丢失或任意销毁。

2. 材料盘点

仓库和料场保存的材料，品种、规格繁多，收发频繁，计量与计算的差错，保管中的损耗、损坏、变质、丢失等种种因素，都可能导致库存材料发生数量与账、卡不符、质量下降等问题。只有通过盘点，才能准确地掌握实际库存量、摸清质量状况、发现材料保管中存在的各种问题，了解材料储备定额执行情况，以及呆滞、积压、利用、代用等挖潜措施执行情况。

对盘点的要求是：库存材料达到“三清”，即数量清、质量清、账表清；“三有”，即盈亏有原因、事故差错有报告、调整账表有依据；保证“四对口”，即账、卡、物、资金对口（资金未下库者为账、卡、物三对口）。

（1）盘点内容

1）清点材料数量。

2）检查材料质量。

3）检查堆垛是否合理，稳固，下垫、上盖是否符合要求，有无漏雨、积水等情况。

4）检查计量工具是否正确。

5）检查“四号定位”、“五五化”是否符合要求，库容是否整齐、清洁。

6）检查库房安全、卫生、消防是否符合要求；执行各项规章制度是否认真。

（2）盘点方法

1）定期盘点

指季末或年末对库房和料场保存的材料进行全面、彻底盘点。达到有物有账，账物相符，账账相符，并把材料数量、规格、质量及主要用途搞清楚。由于清点规模大，应先做好组织与准备工作，主要内容包括：

化区分块，统一安排盘点范围，防止重查或漏查。

校正盘点用计量工具，同一印刷盘点表，确定盘点截止日期和报表日期。

安排各个现场、车间、已领未用的材料办理假退料手续，并清理成品、半成品、在线产品。

尚未验收的材料，具备验收条件的，抓紧验收入库。

代管材料，应有特殊标志，另列报表，便于查对。

简单概括盘点步骤：按盘点规定的截止日期及划区分块范围、盘点范围，逐一认真盘点，数据要真实可靠；以实际库存量与账面结存量逐项核对，编报盘点表；结出盘盈或盘亏差异。

盘点中出现的盈亏等问题，按照“盘点中问题的处理原则”进行处理。

2）永续盘点

对库房每日有变动（增加或减少）的材料，当日复查一次，即当天对库房收入或发出的材料，核对账、卡、物是否对口；能每月查库存材料的一半；年末全面盘点。这种连续进行抽查盘点，能及时发现问题、便于清查和及时采取措施，是保证账、卡、物“三对口”的有效方法。永续盘点必须做到当天收发，当天记账和登卡。

（3）盘点中问题的处理原则

1）库存材料损坏、丢失

精密仪器撞击影响精度的，必须及时送交检验单位校正。由于保管不善而变质、变形的属于保管中的事故，应填写“材料报损报废报告单”（表4-5），按损失金额大小，分别由业务主管或企业领导审批后，根据批示处理。

材料报损报废报告单 **表 4-5**

填报单位： 年 月 日 第 号

名称	规格型号	单位	数量	单价	金额
质量状况					
报损报废原因					
技术鉴定处理意见			负责人签字		
领导批示			签章		

主管： 审核： 制表：

2）库房被盗

指判明有被盗痕迹的，所损失的材料和相应金额，填材料事故报告单。无论损失大小，均应持慎重态度，报告保卫部门认真查明，经批示后才能作账务处理。

3）盘盈或盘亏

材料盘盈或盘亏的处理，盈亏在规定范围以内的，不另填材料盈亏报告表，而在报表盈亏中反映，经业务主管审批后调整账面，盈亏量超过规定范围的，除在盘点报告中反映外，还必须填写“盘点盈亏报告单”（表 4-6），经领导审批后作账务处理。

材料盘点盈亏报告单 **表 4-6**

填报单位： 年 月 日 第 号

材料名称	单位	账存数量	实存数量	盈（+）亏（-）数量及原因
部门意见				
领导批示				

4）规格混串或单价划错

由于单据上的规格写错或发料的错误，造成在同一品种中某一规格盈、另一规格亏，这说明规格混串，查实后，填材料调整单，经业务主管审核后调整（表4-7）。

材料调整单 **表4-7**

仓库名称： 第 号

项目	材料名称	规格	单位	数量	单价	金额	差额（+、-）
原列							
应列							
调整原因							
批示							

保管： 记账： 制表：

5）材料报废

因材料变质，经过认真鉴定，确实不能使用，填写材料报废鉴定表，经企业主管批准，可以报废，报废是材料价值全部损失，应持慎重态度，只要还有使用价值就要利用，以减少损失。

6）库存材料积压

库存材料在一年以上没有使用，或存量大，用量小，储存时间长，应列为积压材料，造入积压材料清册，报请处理。

7）外单位寄存材料

外单位寄存的材料，即代保管的材料，必须与自有材料分开堆放，并有明显标志，分别建账立卡，不能与本单位材料混淆。

4.2.6 库存控制规模ABC分类法

ABC分类法，是根据事物在技术或经济方面的主要特征，进行分类排队，分清重点和一般，从而有区别地确定管理方式和对象的一种分析方法。它把被分析的对象分为A、B、C三类，所以称为ABC分类法。建筑企业所需要的材料种类繁多，各品种材料的消耗量、占用资金和重要程度各不相同，如果对所有材料同等看待，全面管控，一方面管理难度很大，另一方面经济上也不合理。只有实行重点控制，才能达到有效管理。

储备材料的ABC分析，大致分为如下几个步骤：

（1）收集数据

将企业上一计划期实际消耗的材料品种项数、单价、耗用金额等核实后登入分析表，每个品种登记在同一表上。

（2）统计排序

按各材料品种耗用金额的大小，按从大到小的顺序依次排序。

（3）编制ABC分析表

按排好的顺序，先大后小，将单个品种的数据填入ABC分析表，并进行品种数累计百分比和金额累计百分比的统计。

（4）绘制ABC分析图

以品种累计百分比为横坐标，金额累计百分数为纵坐标，按ABC分析表所列的对应关系，在坐标图上取点并光滑连接各点形成曲线，即为ABC分析图，如图4-2所示。

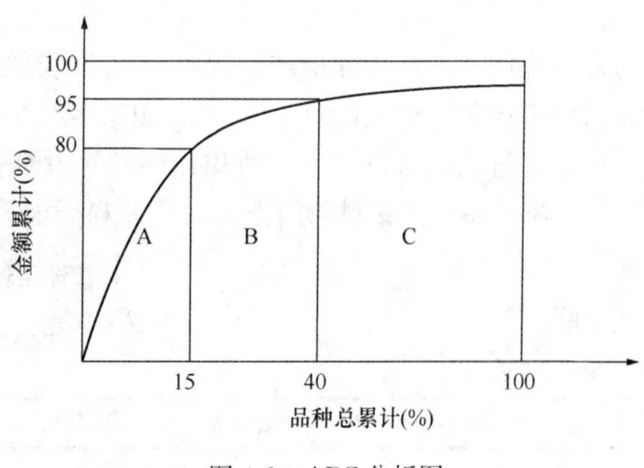

图4-2　ABC分析图

根据ABC分析图，按如下规则将储备材料划分为A、B、C三大类：

A类材料，金额约占60%～80%，品种数约占5%～15%；

B类材料，金额约占15%～25%，品种数约占15%～25%；

C类材料，金额约占5%～15%，品种数约占60%～80%。

（5）确定重点管理方式

根据ABC分析的结果，并权衡本企业管理力量和经济效益目标，对三类材料进行有区别的管理。具体管理标准如表4-8。

储备材料ABC分类管理标准表　　**表4-8**

类目	A类	B类	C类
控制程度	严格控制，精心管理	较严控制	简化管理
管理方式	按规格	按品种	按大类或总金额控制
制定储备定额方法	经济批量法	加权平均法	经验统计法
保险储备量	较低	较大	高
采购方式	定额供应，经济订货	计划供应，定期订货	按需供应，定量订货
检验库存方式	经常检查	一般检查	按年度或季度检查
统计监督	详细统计，按品种、规格和其他规定统计项目	一般统计，按品种或大类规定统计项目	按金额统计

4.3　材料的使用管理

4.3.1　材料领发要求及常用方法

发放与领用是现场材料管理中心环节，为确保材料发放与领用方向的正确，必须严格领发依据，明确领发责任，健全领发手续。

1. 材料发放

（1）发料依据

现场发料的依据是下达给施工组织的生产任务书。根据任务书上签发的工程项目和工程量计算出材料需用量，通过限额领料单执行票证与凭证，办理材料的领发手续。由于施工班组、专业施工队伍各工种所担负的施工部位和施工项目有所不同，因此除任务书以外，还需根据不同的情况办理一些其他领发料手续。

首先，大堆材料、主要材料及成品、半成品等，凡属于工程用料的必须以限额领料单作为发料依据。但在实际生产过程中，因设计变更、施工不当等各种原因造成工程量增减的，材料需用量也会发生变化，这时如果限额领料单不能及时下达或修正，应由工长填制、项目主管人员审批“工程暂借用料单”并凭此发放材料，见表4-9。限额领料单应在3日内应补齐并交到材料部门作为正式发料凭证，否则将停止发料。

工程暂借用料单 **表4-9**

班组__________ 工程名称__________ 工程量__________

施工项目______________ 年 月 日

名称	规格	计量单位	应发数量	实发数量	原因	领料人

项目经理（主管工长） 发料： 领料：

其次，凡属于施工组织设计以内的工程暂设用料，一律按工程用料以限额领料单作为发料依据。施工组织设计以外的临时零星用料，则须凭工长填制、项目经理审批的《工程暂设用料申请单》办理领料手续。

工程暂设用料申请单 **表4-10**

单位__________ 施工班组__________ 编号__________ 年 月 日

材料名称	规格	计量单位	请发数量	实发数量	用途

项目经理（主管工长） 发料： 领料：

第三，调出项目以外其他部门或其他施工项目的材料，须凭项目材料主管人或上级主管部门签发的“材料调拨单”发放，“材料调拨单”式样见表4-11。

材料调拨单 **表 4-11**

收料单位＿＿＿＿＿＿ 编号＿＿＿＿＿＿ 发料单位＿＿＿＿＿＿ 年 月 日

材料名称	规格	单位	请发数量	实发数量	实际价格		计划价格		备注
					单价	金额	单价	金额	

主管： 收料： 发料： 制表：

第四，行政及公共事务用料，应根据工程项目主管人员批准的用料计划到材料部门领料，并且办理材料调拨手续。

（2）材料发放程序

材料发放工作是仓储工作直接与生产建设单位发生业务联系的一个环节。能否准确、及时、完好地把材料发放出去，是衡量仓储工作为生产建设服务质量的一个重要指标，也是加速流通领域资金周转的关键。

材料发放应本着先进先出、专料专用、准确及时的原则，要及时、准确、面向生产、为生产服务，保证生产正常进行。

1）发放准备

一般内容是按出库计划，做好计量工具、装卸、倒运设备、人力以及随货发出的有关证件的准备。将材料管理人员签发的限额领料单下达到使用部门，工长要做好用料的交底。

2）核对出库凭证

材料员持限额领料单向材料部门领料，出库的材料，必须具有符合规定的出库凭证。保管员应检查出库凭证上的材料名称、规格、数量及印件是否齐全、正确，无误后方可备料。非正式凭证一律不予发放。已放数量可直接记录在限额领料单上，也可开具领料小票，见表 4-12。若限额领料单一次签发的材料数量太大需多次发放时，应在发放记录上逐日记录实际领料数量，见表 4-13。领料单和发放记录都需要双方签字确认。

3）备料

按凭证所列内容，分库房、货位进行备料。同批到达分批发出材料的技术证件，技术资料应予复制，原件由仓库保存。

4）复核与点交

保管员对单据和实物进行复核，与领料员当面点交，防止差错。复核的内容一般包括：所备材料的品种、规格、质量、数量是否与出库单相符，应随材料出库的有关证件是否正确，实物卡是否已经注销，实物卡的结存是否与实物相符。

5）清理善后工作

材料出库后要及时销账，清理场地、货位，集中整理苫垫材料，做好封垛、并垛等善后工作。

领料单 **表 4-12**

工程名称＿＿＿＿＿＿ 施工班组＿＿＿＿＿＿

工程项目＿＿＿＿＿＿ 用途＿＿＿＿＿＿ 年 月 日

材料编号	材料名称	规格	单位	数量	单价	金额

材料保管员： 领料： 材料员：

发 放 记 录 表 4-13

楼栋号＿＿＿＿＿ 施工班组＿＿＿＿＿ 计量单位＿＿＿＿＿ 年 月 日

任务书编号	工期	工程项目	发放料	领料人

主管： 材料员：

当领用数量超过限额数量时，应及时向材料部门主管人员说明情况，分析原因，采取措施。经核实确需超限额发料时，应由工长填制、项目主管人员签认“工程暂借用料单”，办理多用材料的领发手续。

（3）材料发放方法

在现场材料管理中，各种材料的发放程序基本上是相同的，而发放方法却因材料的品种、规格不同而有所不同。

1）大堆材料

砖、瓦、砂石等都属于大堆材料，一般都是露天存放、多工种使用。根据有关规定，大堆材料的进出场及现场发放都要经过计量检测，这样可以保证材料进出场及存放数量的准确性，也可以保证施工质量。大堆材料按限额领料单的数量进行发放，还要做到在指定的料场清底使用。对混凝土、砂浆所使用的砂、石，应按水泥的实际用量比例进行计量控制发放；也可按混凝土、砂浆不同强度等级的配合比，分盘计算发料的实际数量，并做好分盘记录，办理发料手续。

2）主要材料

主要材料包括水泥、钢材、木材等，一般是库发材料，或在指定的露天料场和大棚内保管存放，由专人办理领发手续。主要材料以限额领料单为发放凭据，并根据有关的技术资料和使用方法进行发放。

3）成品及半成品

成品及半成品主要包括混凝土构件、钢木门窗、成型钢筋等材料，一般都是存放在指定的场地和库房内，由专人管理，凭限额领料单及工程进度，办理领发手续安排发放。

4）其他材料

工具、五金和其他辅助材料，一般存放在库房，是凭限额领料单或材料主管人员签发的需要计划进行发放的。

（4）材料发放中应注意的问题

材料发放过程中应针对现场材料管理的薄弱环节，做好各方面工作。

1）提高材料人员的业务素质和管理水平。及时深入地了解正在进行中的工程概况、施工进度计划、材料性能及工艺要求，配合施工生产。

2）按照国家计量法规定，根据施工生产需要，配备足够且适用的计量器具，严格执行材料进场及发放的检测制度。

3）认真执行定额用料制度，核实工程量、材料品种、规格及定额用量，保证施工生产的顺利进行。

4）严格执行材料管理制度，各种材料均按相关规定发放、使用，避免浪费。

5）对价值高、易丢失的材料，要实行承包责任制，防止发生丢失损坏和重复领料。领发双方在发放时须当面点清，签字确认，并做好发放记录。

2. 材料的耗用

现场材料的耗用是指材料消耗过程中，对构成工程实体的材料进行的核算活动。

（1）材料耗用的依据

现场材料耗用的依据是根据施工组织持有的限额领料单或任务书到材料部门领料时所办理的领料手续。常见的一般有两种，一种是领料单或领料小票；另一种是材料调拨单。

领料单的使用范围一般是专业施工队伍。在领发材料过程中，双方办理领发手续，并逐项填写领料单上的项目，注明单位工程、施工班组、材料名称、规格、数量及领料日期，双方签字确认。

材料调拨单的使用范围，分项目之间的材料调拨和外单位调拨。项目之间的材料调拨属于内调，是各工地的材料部门为本工程用料所办理的调拨手续。在调拨过程中，双方填制调拨单，注明调出和调入工程名称，调拨材料名称、规格、数量，实发数量，调拨日期等，并且由双方主管人员的签字确认，保证各自工程成本的真实性。在办理外单位调拨手续过程中，要有上级主管部门和项目主管领导的批示方可进行调拨。填制调拨单时注明调出和调入单位，材料名称、规格、请发数、实发数、单价、金额，调拨日期等，并且要经双方主管人员签字确认。

领料单和材料调拨单是材料耗用的原始依据，必须如实、清楚、准确地填写，不得弄虚作假、任意涂改，以保证材料耗用的准确性。

（2）材料耗用的程序

现场材料的耗用过程是材料核算的重要组成部分，要根据材料的分类和不同的使用方向采取不同的材料耗用程序。

1）工程材料耗用

工程用料，包括大堆材料、主要材料及成品、半成品等的材料耗用程序是将根据领料凭证或任务书所发出的材料，对照限额领料单进行核实；由于设计变更、工序搭接等原因造成的用料增减，按实际工程进度确定实际材料耗用量并如实记入材料耗用台账。

2）暂设材料耗用

根据施工组织设计要求搭设的临时设施也视同工程用料，要单独列项进行材料耗用。按预算收入单项开支，并且按项目经理提出的用料凭证进行核算后，与领料单核实，计算出材料耗用量。如有超耗也要计算在材料成本之内，并且记入材料耗用台账。

3）行政公共设施材料耗用

行政公共设施材料，根据工程项目主管领导或材料主管批准的用料计划进行发料，一律以外调材料形式进行材料耗用，并单独记入台账。

4）调拨材料耗用

材料的调拨，是指材料在不同部门之间的调动，标志着所属权的转移。不管内调或外调都应将材料耗用记入台账。

5）施工组织材料耗用

根据各施工组织和专业施工队的领料手续，考核施工队是否按工程项目、工程量、材料规格、品种及定额数量进行材料耗用，并且记入台账，作为当月的材料移动报告，如实反映材料的收、发、存情况，为材料核算提供依据。施工过程中发生的多领材料或剩余材料，都要及时且如实地办理退料手续或补办手续，及时冲减账面，调整库存量，保证账物相符。

（3）材料耗用的方法

为了使工程收到较好的经济效益，使材料得到充分利用，保证施工生产，必须根据不同的材料种类、型号，分别进行材料耗用。

1）大堆材料

大堆材料一般露天存放，不便于随时计数。

大堆材料的材料耗用一般采取两种方法：一种是实行定额材料耗用，即按实际完成工程量计算出材料用量，并结合盘点，计算其他材料的用量，并按项目逐日计入材料方法记录，到月底累计结算，作为月度材料耗用数量。条件允许的现场，可以采取进料划拨方法，结合盘点进行材料耗用。

2）主要材料

主要材料一般都是库发材料，是根据工程进度计算实际材料耗用量。如水泥的材料耗用，按照月度实际进度、部位，以实际配合比为依据计算水泥需用量；然后根据实际使用量开具小票或实际使用量逐日登记的水泥发放记录累计计算，作为水泥的材料耗用量。

3）成品及半成品

成品及半成品一般采用按工程进度、工程部位进行材料耗用，也可按配料单或加工单进行计算，求得与当月进度相适应的数量，作为当月的材料耗用量。

4.3.2 限额领料的方法

限额领料，也称定额用料。是指施工队组在施工时必须将材料的消耗控制在该操作项目消耗定额之内，是施工企业材料消耗管理的有效办法之一。这种方法有利于建设项目加强材料核算，促进材料使用部门合理用料，降低材料成本，提高材料使用效果的经济效益。

1. 限额领料的依据

限额领料的依据主要有三个：一是当地建设行政主管部门和企业制定的施工材料定额；二是用料者所承担的工程量或工作量；三是施工中必须采取的技术措施。由于定额是在一般条件下确定的，在实际操作中应根据具体的施工方法、技术措施及不同材料的试配翻样资料来确定限额用量。

2. 限额领料的方式

（1）按分项工程实行限额领料

按分项工程限额领料是按分项工程、分工种对班组实行限额领料，如按钢筋绑扎、混凝土浇筑、墙体砌筑、墙地面抹灰等。其优点是管理范围小，便于管理，特别是对班级专用材料，见效快。但是，这种方式容易使各工种班组从自身利益出发，较少考虑工种之间的衔接和配合，易出现某分项工程节约较多，另外分项工程节约较少甚至超耗的现象。

（2）按工程部位实行限额领料

以施工部位材料总需用量为控制目标，以分承包方为对象实行限额领料。它的优点增强了整体观念，有利于工种的配合和工序衔接，有利于调动各方面积极性。但这种做法往往重视容易节约的结构部位，而对容易发生超耗的装修部位难以实施限额或影响限额效果。

（3）按单位工程实行限额领料

限额对象是项目部或分包单位，以单位工程材料总消耗量为控制目标。这种做法的优点是：可以提高项目独立核算能力，有利于产品最终效果的实现。同时各项费用捆在一起，从整体利益出发，有利于工程统筹安排，对缩短工期有明显效果，这种做法在工程面大、工期长、变化多、技术较复杂的工程上使用，容易放松现场管理，造成混乱。

3. 限额领料数量的确定

（1）限额领料数量确定的前提

1）准确的工程量。

2）定额的正确选用。

3）凡实行技术节约措施的项目，一律采用技术节约措施新规定的单方用料量。

（2）实行限额领料应具备的技术条件

1）设计概算；

2）设计预算；

3）施工组织设计；

4）施工预算；

5）施工任务书；

6）技术节约措施；

7）混凝土及砂浆的试配资料；

8）有关的技术翻样资料；

9）新的补充定额。

（3）限额领料数量的计算

限额领料数量＝计划实物工程量×材料消耗施工定额－技术组织措施节约额　(4-3)

4. 限额领料的程序

（1）限额领料单的签发

工程施工前，应根据工程的分包形式与使用单位确定限额领料的形式，然后根据有关部门编制的施工预算和施工组织设计，将所需要材料数量汇总后编制材料限额数量，经双方确认后下发。通常，限额领料单一式三份，一份交保管员作为控制发料的依据，一份交使用单位，作为领料的依据，一份由签发单位留存作为考核的依据。

（2）限额领料单的下达

将限额领料单下达到使用者生产班组，进行限额领料的交底，应讲清楚用料措施、要求及注意事项。

（3）限额领料单的应用

材料使用者凭限额领料单到指定的部门领料，材料部门在限额内发放出来，每次领发数量、时间要做好记录，并相互签认。

（4）限额领料单的检查

在材料使用过程中，对影响材料使用的因素进行检查，帮助使用者正确执行定额，合理使用材料。检查的内容包括：施工项目与限额领料要求的项目的一致性；完成工程料与限额领料单中要求的工程料的一致性；操作是否符合规程；技术措施是否完整；工程完成是否料净。

（5）限额领料单的验收

完成任务后，由施工管理、质量管理等人员，对实际完成工程量和用料情况进行测定和验收，作为结算用工、用料的依据。

（6）限额领料单的核算

根据实际完成的工程量，核对和调整应该消耗的材料数量，与实际材料使用量进行对比，计算出材料使用量的节约和超耗。

（7）限额领料单的分析

工程完工后，根据实际完成的工程量核对和调整实际材料使用量，分析发生材料节约和超耗的原因，总结经验，汲取教训，揭示存在问题，堵塞漏洞，以利进一步降低材料消耗。

4.3.3　材料的使用监督

材料使用监督就是为了保证材料在使用过程中能合理地消耗，充分发挥其最大效用。

1. 材料使用监督的内容

（1）监督材料在使用中是否按照材料使用说明和材料做法的规定操作；

（2）监督材料在使用中是否按技术部门制定的施工方案和工艺进行；

（3）监督材料在使用中操作人员有无浪费现象；

（4）监督材料在使用中操作人员是否做到工完场清、活完脚下清。

2. 材料使用监督的方法

（1）定额供料、限额领料、控制现场消耗；

（2）采用“跟踪管理”方法，将物资从出库到运输到消耗全过程跟踪管理，保证材料在各阶段均处于受控状态。

（3）通过全过程检查，查看操作者在使用过程的使用效果，进行相应的调整，并根据结果进行奖励。

4.4　现场料具和周转材料管理

4.4.1　现场料具管理

施工现场材料管理是建筑企业内部的关键环节和核心内容之一，占工程造价60%～70%的原材料、构配件均要通过施工现场消耗。因此，应做好施工前的准备工作，切实组织好材料进场的验收、保管和发放工作，实行定额用料制度。

1. 工具管理

（1）工具的概念

工具是人们用以改变劳动对象的手段，是生产要素中的重要组成部分。工具具有多次使用，在劳动生产中能长时间发挥作用的特点。

（2）工具的分类

施工工具不仅品种繁多，而且用量大。建筑企业的工具消耗，一般约占工程造价的2%，因此，搞好工具管理，对提高企业经济效益也很重要。工具分类的目的是满足某一方面管理的需要，便于分析工具管理动态，提高工具管理水平。为了便于管理将工具按不同内容进行分类。

1）按工具的价值和使用期限分类

①固定资产工具。是指使用年限1年以上，单价在规定限额（一般为1000元）以上的工具。如50t以上的千斤顶、测量用的水准仪等。

②低值易耗工具，是指使用期或价值低于固定资产标准的工具，如手电钻、灰槽、苫布、灰桶等。这类工具量大繁杂，约占企业生产总价值的60%以上。

③消耗性工具。是指价值较低（一般单价在10元以下），使用寿命很短，重复使用次数很少且无回收价值的工具，如铅笔、扫帚、油刷、锹把、锯片等。

2）按使用范围分类

①专用工具。为特殊需要或完成特定作用项目所使用的工具，如量卡具、根据需要自制或定制的非标准工具。

②通用工具。广泛使用的定性工具，如扳手、钳子等。

3）按使用方式和保管范围分类

①个人随手工具。施工中使用频繁、体积小、便于携带、交由个人保管的工具，如砖刀、抹子等。

②班组共用工具。在一定作业范围内为一个或多个施工班组所共同使用的工具，如脚轮车、水桶、水管、磅秤等。

另外，按工具的性能分类，有电动工具、手动工具两类；按使用方向划分，有木工工具、瓦工工具、油漆工具等；按工具的产权划分，有自有工具、借入工具、租赁工具。

（3）工具管理的主要任务

1）及时、齐备地向施工班组提供优良、适用的工具，积极推广和采用先进工具，保证施工生产，提高劳动效率。

2）采取有效的管理办法，加速工具的周转，延长使用寿命，最大限度地发挥工具效能。

3）做好工具的收、发、保管和维护、维修工作。

（4）工具管理的内容

工具管理主要包括储存管理、发放管理和使用管理等。

1）储存管理

工具验收后入库，按品种、质量、规格、新旧残次程度分开存放。同样，工具一般不得分存两处，并注意不同工具不叠放压存，成套工具不随意拆开存放。对损坏的工具及时修复，延长工具使用寿命，让工具随时可投入使用。同时，注重制定工具的维修保养技术规程，如防锈、防刃口碰伤、防易燃品自燃、防雨淋和日晒。

2）发放管理

按工具费定额发出的工具，要根据品种、规格、数量、金额和发出日期登记入账，以便考核班组执行工具费定额的情况。出租和临时借出的工具，要做好详细记录并办理相关租赁或借用手续，以便按质、按量、按期归还。坚持交旧领新、交旧换新和修旧利废等行之有效的制度，更要做好废旧工具的回收和修理工作。

3）使用管理

根据不同工具的性能和特点制定相应的工具使用技术规程和规则。监督、指导班组按照工具的用途和性能合理使用。

（5）工具管理的方法

由于工具具有多次使用，在劳动生产中能长时间发挥作用等特点，因此工具管理的实质是使用过程中的管理，是在保证生产使用的基础上延长使用寿命的管理。工具管理的方法主要有租赁管理、定包管理、工具津贴法、临时借用管理等方法。

1）工具租赁管理方法

工具租赁是在一定的期限内，工具的所有者在不改变所有权的条件下，有偿地向使用者提供工具的使用权，双方各自承担一定的义务的一种经济关系。工具租赁的管理方法适合于除消耗性工具和实行工具费补贴的个人随手工具以外的所有工具品种。企业对生产工具实行租赁的管理方法，需要进行的工作包括：

①建立正式的工具租赁机构，确定租赁工具的品种范围，制定规章制度，并设专人负责办理租赁业务。班组也应专人办理租用、退租和赔偿事宜。

②测算租赁单价或按照工具的日摊销费确定日租金额的计算公式是：

$$\text{某种工具的日租金(元)}=\frac{\text{该种工具的原值}+\text{采购、维修、管理费}}{\text{使用天数}} \tag{4-4}$$

式中，采购、维修、管理费——按工具原值的一定比例计算，一般为原值的1%～2%；

使用天数——按企业的历史水平计算。

③工具出租者和使用者签订租赁协议，格式见表4-14。

工具租赁合同表 **表4-14**

根据×××施工需要，租方向供方租用如下一批工具。

名称	规格	单位	需用数	始租数	备注

租用时间：自__年__月__日起至__年__月__日止，租金标准、结算方法、有关事宜均按租赁管理办法管理。

本合同一式__份（双方管理部门__份，财务部门__份），双方签字盖章后生效，退租结算清楚后失效。

租用单位　　供应单位

负责人　　负责人

_____年___月___日　　_____年___月___日

④根据租赁协议，租赁部门应将实际出租工具的有关事项登入“租金结算台账”，台账格式见表4-15。

工具租金结算明细表　　　　表 4-15

施工队建设单位＿＿＿＿＿＿＿＿　　工程名称＿＿＿＿＿＿＿＿

工具名称	规格	租用数量	计费时间		计费天数	租金计算	
			起	止		每日	合计
总计			万　千　百　拾　元　角　分				

租用单位：　　负责人：　　货单单位：　　负责人

＿＿年＿＿月＿＿日

⑤租赁期满后，租赁部门根据“租金结算台账”填写“租金及赔偿结算单”，格式见表 4-16。如发生工具的损坏和丢失，应将丢失损坏金额一并填入该单赔偿栏内。结算单中金额合计应等于租赁费和赔偿费之和。

租金及赔偿结算单表　　　　表 4-16

合同编号＿＿＿＿＿＿＿＿　　本单编号＿＿＿＿＿＿＿＿

工具名称	规格	单位	租金			赔偿费						合计金额
			租用天数	日租金	资料费	原值	损坏量	赔偿比例	丢失量	赔偿比例	金额	

制表：　　材料主管：　　财务主管：

⑥班组用于支付租金的费用来源是定包工具费收入和固定资产工具及大型低值工具的平均占用费。计算方法如下：

班组租赁费收入＝定包工具费收入＋固定资产工具和大型低值工具平均占用费　(4-5)

式中，某种固定资产工具和大型低值工具平均占用费＝该种工具摊销额×月利用率（%）

班组所付租金，从班组租赁费收入中核减，财务部门查收后，作为班组工具费支出，计入工程成本。

2）工具的定包管理办法

工具定包管理是“生产工具定额管理、包干使用”的简称。是施工企业对班组自有或个人使用的生产工具，按定额数量配给，由使用者包干使用，实行节奖超罚的管理方法。

工具定包管理一般在瓦工组、抹灰工组、木工组、油工组、电焊工组、架子工组、水暖工组、电工组实行。实行定包管理的工具品种范围，可包括除固定资产工具及实行个人工具费补贴的个人随手工具外的所有工具。

班组工具定包管理是按各工种的工具消耗定额，对班组集体实行定包。实行班组工具定包管理，需要进行以下工作：

①实行定包的工具，所有权属于企业。企业材料部门指定专人为材料定包员，专门负

责工具定包的管理工作。

②测定各种工程的工具费定额。定额的测定，由企业材料管理部门负责，具体分三步进行。

在向有关人员调查的基础上，查阅不少于2年的班组使用工具材料。确定各工种所需工具的品种、规格、数量，并以此作为各工种的标准定包工具。

分布确定各工种工具的使用年限和月摊销费，月摊销费的计算方法如下：

$$某种工具的月摊销费(元)=\frac{该种工具的单价}{该种工具的使用年限(月)} \tag{4-6}$$

式中，工具的单价采用企业内部不变价格，以避免因市场价格的经常波动，影响工具费定额，工具的使用期限，可根据本企业具体情况凭经验确定。

分别测定各工种的日工具费定额，公式为：

$$某工种人均日工具费定额=\frac{该工种标准定包工具月摊销费总额}{该工种班组定额人数\times月工作日} \tag{4-7}$$

式中，班组额定人数是由企业劳动部门核定的某工种的标准人数，月工作日按20.5天计算。

③确定班组月定包工具费收入，公式为：

某工种班组月度定包工具费收入＝班组月度实际作业工日×该工种人均日工具费定额

班组工具费收入可按季度或按月度，以现金或转账方式向班组发放，用于班组使用定包工具的开支。

④企业基层材料部门，根据工种班组标准定包工具的品种、规格、数量，向有关班组发放工具。凡因班组责任造成工具丢失和非正常使用造成损坏，由班组承担损失。班组可控标准定包数量足额领取，也可以根据实际需要少领。自领用之日起，按班组实领工具数量计算摊销，使用期满以旧换新后继续摊销。但使用期满后能延长使用时间的工具，应停止摊销收费。

⑤实行工具定包的班组需设立兼职工具员，负责保管工具，督促组内成员爱护工具和填写保管手册。

零星工具可按定额规定使用期限，由班组交给个人保管，丢失赔偿。班组因施工需要调动工作，小型工具执行搬运，不报销任何费用或增加工时，班组确实无法携带需要运输车辆时，由公司出车运送。

企业应参照有关工具修理价格，结合本单位各工种实际情况，指定工具修理取费标准及班组定包工具修理费收入，这笔收入可计入班组月度定包工具费收入，统一发放。

⑥班组定包工具费的支出与结算。此项工种也分三步进行。

首先根据“班组工具定包及结算台账”（见表4-17），按月计算班组定包工具费支出，公式为：

$$\begin{aligned}某工程班组月度定包工具费支出 &= \sum_{i=1}^{n}(第\ i\ 种工具数\times该种工具的日摊销费)\\ &\quad\times班组月度实际作业天数\end{aligned} \tag{4-8}$$

$$式中，某种工具的日摊销费=\frac{该种工具的月摊销费}{20.5\ 天}$$

班组工具定包及结算台账表　　表 4-17

班组名称＿＿＿＿＿＿＿＿　　工种＿＿＿＿＿＿＿＿

日期	工具名称	规格	单位	领用数量	工具费定额	工具费支出					盈亏金额
						小计	定包支出	租赁费	赔偿费	其他	

其次，按月或季度结算班组定包工具费收支额，公式为：

某工种班组月度定包工具费收支额＝该工种班组月度定包工具费收入

－月度定包工具费支出－月度租赁费用

－月度其他支出　　(4-9)

式中，租赁费若班组已用现金支付，则此项不计。

其他支出包括应扣减的修理费和丢失损失费。

最后，根据工具费计算结果，填制工具定包结算单，见表 4-18。

工具定包结算单表　　表 4-18

班组名称＿＿＿＿＿＿＿＿　　工种＿＿＿＿＿＿＿＿

月份	工具费收入	工具费支出					盈亏金额	奖罚金额
		小计	定包支出	租赁费	赔偿费	其他		

制表：　　班组：　　财务：　　主管：

⑦班组工具费结余若有盈余，为班组工具节约，盈余额可全部或按比例作为工具节约奖，归班组支出；若有亏损，则由班组负担。企业可将各工种班组实际定包工具费收入作为企业的工具费开支，记入工程成本。

企业每年年终应对工具定包管理效果进行总结分析，找出影响因素，提出有针对性的处理意见。

2. 工具津贴法

工具津贴法是指对于个人使用的随手工具，由个人自备，企业按实际作业的工日发给工具磨损费。

目前，施工企业对瓦工、木工、抹灰工等专业工种的本企业个人所使用的个人随手工具，实行个人工具津贴费管理办法，这种方法使工人有权自选顺手工具，有利于加强维护保养，延长工具使用寿命。凡实行个人工具津贴费的工具，单位不再发给，施工中需要的这类工具，由个人负责购买、维修和保管。丢失、损坏也由个人负责。学徒工在学徒期不享受工具津贴费，可以由企业一次性发给需用的生产工具。学徒期满后，将原领用工具按质折价卖给个人，再享受工具津贴。

工具津贴费标准的确定方法是根据一定时期的施工方法和工艺要求，确定随手工具的范围和数量，然后测算分析这部分工具的历史消耗水平，在这个基础上，制定分工种的作业工日和个人工具津贴费标准。再根据每月实际工作日，发给个人工具津贴费。

3. 劳动保护用品的管理

（1）劳动保护用品概念

劳动保护用品，是指施工生产过程中为保护职工安全和健康的必须用品。包括措施性用品：如安全网、安全带、安全帽、防毒口罩、绝缘手套、电焊面罩等；个人劳动保护用品：如工作服、雨衣、雨靴、手套等。应按省、市、区劳动条件和有关标准发放。

（2）劳动保护用品管理

1）劳动保护用品的发放管理要求

劳动保护用品的发放管理建立劳保用品领用手册，设置劳保用品临时领用牌；对损毁的措施性用品应填制报损报废单，注明损毁原因，连同残余物交回仓库。

2）劳动保护用品的发放管理

劳动保护用品的发放管理上采取全额摊销、分次摊销或一次列销等形式。一次列销主要是指单位价值很低、易耗的手套、肥皂、口罩等劳动保护用品。

4. 对外包队使用工具的管理方法

（1）凡外包队使用企业工具者，均不得无偿使用，一律执行购买和租赁的办法

外包队领用工具时，须由企业劳资部门提供有关详细资料，包括：外包队所在地区出具的证明、人数、负责人、工种、合同期限、工程结算方式及其他情况。

（2）对外包队一律按进场时申报的工种颁发工具费

施工期内变换工种的，必须在新工种连续操作 25 天，方能申请按新工种发放工具费。外包队工具费发放的数量，可参照班组工具定包管理中某工种班组月度定包工具费收入的方法确定。外包队的工具费随企业应付工程款一起发放。

（3）外包队使用企业工具的支出

采取预扣工具款的方法，并将此项内容列入承包合同。预扣工具款的数量，根据所使用工具的品种、数量、单价和使用时间进行预计。

（4）外包队向施工企业租用工具的具体程序

1）外包队进场后由所在施工队工长填写“工具租用单”，经材料员审核后，一式三份（外包队、材料部门、财务部门各一份）。

2）财务部门根据“工具租用单”签发“预扣工具款凭证”，一式三份（外包队、财务部门、劳资部门各一份）。

3）劳资部门根据“预扣工具款凭证”按月分期扣款。

4）工程结束后，外包队需按时归还所租用的工具，将材料员签发的实际工具租赁费凭证，与劳资部门结算。

5）外包队领用的小型易耗工具，领用时 1 次性计价收费。

6）外包队在使用工具期内，所发生的工具修理费，按现行标准付修理费，从预扣工程款中扣除。

7）外包队丢失和损坏所租用的工具，一律按工具的现行市场价格赔偿，并从工程款中扣除。

8）外包队退场时，料具手续不清，劳资部门不准结算工资，财务部门不得付款。

4.4.2 周转材料管理

广义上的周转材料，是指企业能够多次使用、但不符合固定资产定义的材料，如为了包装本企业产品而储备的各种包装物、各种工具、管理用具、玻璃器皿、劳动保护用品以及在经营过程中周转使用的容器等低值易耗品，包括建造承包商使用的钢模板、木模板、铝模板、脚手架等其他周转材料。狭义的周转材料是指施工企业施工生产用的周转材料，包括模板、挡板、脚手架料等周转材料。

一般对于建筑施工企业，周转材料是指狭义的周转材料，即在施工生产中可以反复使用，而又基本保持其原有形态，有助于产品形成，但不构成产品实体的各种特殊材料。

在特殊情况下，由于受施工条件限制，也有些周转材料是一次性消耗的，其价值也就一次性转移到工程成本中去，如大体积混凝土浇捣时所使用的钢支架等在浇捣完成后无法取出，钢板桩由于施工条件限制无法拔出，个别模板无法拆除等。也有些因工程的特殊要求加工制作的非规格化的特殊周转材料，只能使用一次，这些情况虽然核算要求与材料性质相同，实物也作销账处理，但也必须做好残值回收以减少损耗，降低工程成本。

周转材料的种类是否先进及其管理的水平的高低，不仅影响到该项目整体的经营成果，还关系到一个项目的施工文明和安全的程度，更直接反映出了一个企业施工技术的优劣。因此，做好周转材料的管理工作，对施工企业来讲至关重要。

1. 周转材料的特征

实际工程中，周转材料一般作为特殊材料归由材料部门设专库保管。周转材料种类繁多，而且具有通用性，价值转移方式与建筑材料有所不同，一般在安装后才能发挥其使用价值，未安装时形同普通材料。

周转材料的特征如下：

（1）与低值易耗品相类似

周转材料与低值易耗品一样，在施工过程中起着劳动手段的作用，能多次使用而逐渐转移其价值，因此与低值易耗品相类似。

（2）材料的通用性

周转材料一般都要安装后才能发挥其使用价值，未安装时形同普通材料，为了避免混淆，一般应设专库保管。

（3）列入流动资产进行管理

周转材料种类繁多，用量较大，价值较低，使用期短，收发频繁，易于损耗，经常需要补充和更换，因此还得将其列入流动资产进行管理。

（4）价值转移方式不同

建筑材料的价值一次性全部转移到建筑产品价格中，并从销售收入中得到补偿。周转材料及工具依据在使用中的磨损程度，逐步转移到产品价格中，从销售收入中逐步得到补偿。

垫支在周转材料及工具上的资金，一部分随着价值转移脱离实物形态而转化成货币形态；另一部分则继续存在于实物形态中，随着周转材料及工具的磨损，最后全部转化为货币准备金而脱离实物形态。因此周转材料及工具与一般建筑材料相比较，其价值转移方式不同。

2. 周转材料的分类

施工生产中常用的周转材料包括定型组合钢模板、滑升模板、胶合板、木模板、铝模板、竹木脚手架、钢管脚手架、整体脚手架、安全网、挡土板等。

(1) 按周转材料的自然属性分

1) 金属制品：如钢模板、铝模板、钢管脚手架等。

2) 木制品：如木脚手架、木跳板、木挡土板、木制混凝主模板等。

3) 竹制品：如竹脚手架、竹跳板等。

4) 胶合板：如竹胶合板、木制胶合板等。

(2) 按周转材料的使用对象分

1) 混凝土工程用周转材料：如钢模板、铝模板、木模板等。

2) 结构及装饰工程用周转材料：如脚手架、跳板等。

3) 安全防护用周转材料：如安全网、挡土板。

(3) 周转材料按其在施工生产过程中的用途不同，一般可分为下四类：

1) 模板：模板是指浇灌混凝土用的木模、钢模等，包括配合模板使用的支撑材料、滑膜材料和扣件等在内。

2) 挡板：挡板是指土方工程用的挡板等，包括用于挡板的支撑材料。

3) 架料：架料是指搭脚手架用的竹竿、木杆、竹木跳板、钢管及其扣件等。

4) 其他：其他是指除以上各类之外，作为流动资产管理的其他周转材料，如塔吊使用的轻轨、施工过程中使用的安全网等。

3. 周转材料的管理实施

(1) 周转材料管理的意义

1) 有利于实现同一企业之间的资源共享，避免资源重复购置形成成本重复投入。周转材料的统一管理可以实现统一协调下的全企业范围的资源调剂，供需明晰，从而保证周转材料实现全企业层面上各需求单位之间的有序流动。

2) 有利于实现与供应商之间的战略合作联盟，形成双赢的战略体系。可以通过集中采购的形式筛选和建立战略合作伙伴，形成彼此相互信任的、长期的合作关系，最终达到相互依赖、合作共赢的局面。

3) 有利于降低企业工程成本，实现企业与项目的利润最大化。通过制定合理的奖惩办法可以发挥物资管理人员的工作热情，提高他们的工作责任感，进而提高作业人员的技术水平和操作能力，提高周转材料的周转效率，降低损耗率，实现周转材料效益的最大化。

4) 有利于项目合理调配资金，降低流动资金的投入。企业内部之间周转材料的调拨调剂，可以使项目从财务管理环节避免新购置周转材料而形成大量材料成本的现金支出，从而合理地调剂生产资金，保证生产所需。

(2) 周转材料管理中存在的问题

建筑施工企业在周转材料管理中主要有以下几方面的问题。

1）周转材料管理制度不健全

无专职管理机构、人员或机构不健全，供应、财务、使用单位之间互不联系，只有财务部门有账，器材和使用单位无账、无卡，无专人负责保管，造成周转材料丢失、损坏、损失严重。材料管理人员素质偏低，材料员随意报计划，收发材料把关不严，不按规定认真盘点。

2）摊销方法单一，不利于进行正确的施工成本核算

周转材料摊销是计入工程施工中的直接材料，是施工成本的一项直接费用，其摊销方法是否合理，直接影响着各项目成本的高低。在现实工作中，一些施工企业为了会计核算简便，对所有的周转材料均采用同一种摊销方法，致使各工程项目负担的周转材料摊销额不符合权责发生制以及受益与负担配比的原则。

3）价值管理与实物管理存在脱节的现象

在实物中，有些施工企业将所有的周转材料均采用一次摊销法摊销与核算，即在领用周转材料时就将其价值一次全部计入成本，账务处理为：

借：工程施工

贷：周转材料

采用此种摊销方法进行账务处理的结果是致使那些价值较大，使用期限较长的周转材料的价值管理与实物管理相脱节。即周转材料的价值已全部转入工程成本中了，但实物仍然存在。由于这些已领用的周转材料价值已不在账上有记录了，所以使其变成了账外资产，从而使周转材料的价值管理与实物管理脱节，不利于对周转材料的管理。

4）存在闲置现象，不能充分提高使用效益

由于施工企业的生产经营属于季节性生产，受季节影响较大，因此有淡季与旺季之分。施工企业的周转材料有时紧缺不足，有时剩余闲置。有些施工企业在生产的淡季，却不能将剩余闲置的周转材料充分加以利用（如出租等），而是放入仓库储存，造成资金呆滞。有时材料信息不对称，哪里需要使用不清楚，也会造成闲置。另一方面，大型周转材料由于受项目类型所限，一旦项目施工完毕而企业同类型施工项目未有接续，易形成周转材料闲置，场地租赁、维修保管费用增加，形成项目后期二次成本。

5）周转材料积压、浪费，占用资金，工程成本上扬

施工企业的周转材料浪费现象比较常见，如有些周转材料属于专用周转材料，一项工程用完后，在短期内可能其他工程项目不需用，所以就将其报废，或以很低的价格出售；也有一些工程项目工地上的周转材料，用完后不及时收回，或没到报废程度就随意报废等。项目管理者对保有的周转材料管理认识不够，没有从企业利益全盘考虑提高管理效率，责任意识淡薄，周转料使用过程中管理粗放，损耗率极高，造成使用寿命缩短，周转率较低，不能真正实现二次效益的产生。

6）运费成本突出

一些大型周转材料本身体积较大、单位体积较轻，如远距离跨项目运输则运输成本较高，加上二次整修及吊装费用，接收项目成本较大，有时候得不偿失。

（3）周转材料的管理内容

1）周转材料的使用管理

周转材料的使用管理，是指为了保证施工生产顺利进行或有助于建筑产品的形成而对

周转材料进行拼装、支搭、运用以及拆除的作业过程的管理。

2）周转材料的养护管理

周转材料的养护管理，是指例行养护，包括除去灰垢、涂刷防锈剂或隔离剂，以保证周转材料处于随时可投入使用状态的管理。

3）周转材料的维修管理

周转材料的维修管理，是指对损坏的周转材料进行修复，使其恢复或部分恢复原有功能的管理。

4）周转材料的改制管理

周转材料的改制管理，是指对损坏或不再用的周转材料，按照新的要求改变其外形。

5）周转材料的核算

周转材料的核算包括会计核算、统计核算和业务核算三种核算方式。会计核算主要反映周转材料投入和使用的经济效益及其摊销状况，是资金（货币）的核算。统计核算主要反映数量规模、使用状况和使用趋势，是数量的核算。业务核算是材料部门等根据实际需要和业务特点而进行的核算，包括资金的核算和数量的核算两方面内容。

（4）周转材料的管理方法

为了提高周转材料的管理水平，为企业节约成本，提高经济效益，可以采用如下周转材料的管理方法。

1）周转材料的计划供应管理

周转材料的需要量由施工技术部门提出，物资部门据此编制备料计划并组织供应。因为周转材料是重复使用的，每次使用时间有长有短，且施工企业任务变化大，各工程所需周转材料品种、数量不同。如果计划不周全，将会造成因某项工程购置的材料在工程结束后大量闲置，同时资金被占用。那么如何避免这种情况，做到用最省的周转材料按期、保质、安全地完成工程，企业应注重从以下两方面入手。

①优选施工方案

工程主体材料用量是由设计图纸和定额计算出来的，而周转材料的用量，很大程度取决于施工方案。关键取决于工程技术人员在编制施工方案时，要尽量考虑在不影响工程进度和不增加施工费用条件下，选择使用周转材料最省的方案。如在组织施工时将一次支模改为分次支模就可节省大量支架和模板。在选择材料时，应尽量选用企业现有材料，减少材料闲置。对一些不常用和特殊规格材料应避免选用，以免购置后使用机会不多，造成闲置，占用资金。

②做好备料计划

物资人员必须时刻掌握企业周转材料动态，并要深入施工现场，熟悉施工方案的同时更要了解工程进度，这样才能做好备料计划，组织好供应。在做备料计划时，除遵循一般的原则外，还应注意以下几点：

做好协调工作。物资部门对各工地的材料要合理调配，以便使现有材料得到充分利用，避免出现部分工地材料闲置，而一些工地因材料不到位而窝工。

尽量代用。当现有材料的品种、规格、尺寸与原申请计划不一致时，应考虑代用。如某工程原计划用杆件支架施工，但现有杆件不够，新购尚需 5 万元，这时建议用工字梁代替，既保证了施工，又节省了资金。

适当租用。当工程规模大，现有材料不够时，除一些必备材料外，对使用时间短的和一些特殊料，应优先选择租用。

2）集中规模化管理

①成立股份制周转材料租赁公司，扩大业务范围，提供增值服务。建立专业化的周转材料租赁公司，不仅可以扩大经营规模，还可以扩大业务范围，提供增值服务。周转材料租赁在优先满足集团内部生产需求的同时，周转材料租赁公司组织人员统一标识，进行维修保养、保管并向集团内各单位和社会市场提供租赁。

②委托管理。各单位委托集团周转材料租赁公司管理经营其全部或部分周转材料。周转材料租赁公司组织人员进行整理、维修保养、保管并向集团内各单位和社会市场租赁。由周转材料租赁公司向各单位支付折旧费，租赁收益扣除必需的成本支出（含折旧）后，剩余部分按所投入周转材料数量比例进行利润分配。

③灵活回购。各单位的配件不齐，难以正常使用的部分周转材料可以冲抵部分往来款。回购的部分周转材料经维修配套后，进行租赁经营，以充分发挥该部分闲置资产的作用，满足各施工单位的需求，加强整体经济效益。

④资源、信息共享。为了各单位及时掌握周转材料租赁公司的资源情况，以及周转材料租赁公司及时了解各项目工地的需求情况，以及相互之间迅速、有效的沟通，可由集团周转材料租赁公司牵头利用现有的集团内部的物资信息网站，建立专门的周转材料信息平台，从而实现信息的共享与资源的共享。

⑤建立区域周转材料储运基地。为节省周转材料使用成本，利用各不同地区物资部门现有场地、储运设施建立起区域周转材料维修储运中心也非常必要。

4. 周转材料租赁

（1）租赁管理的概念

租赁是指在一定期限内，产权的拥有方向使用方提供材料的使用权，但不改变所有权，双方各自承担一定的义务，履行契约的一种经济关系。

实行租赁制度必须将周转材料的产权集中于企业进行统一管理，这是实行租赁制度的前提条件。

（2）租赁管理的内容

1）周转材料费用测算方法

根据周转材料的市场价格变化及推销额度要求测算租金标准，并使之与工程周转材料费用收入相适应。其测算方法是：

$$\text{日租金} = \frac{\text{月摊销费} + \text{管理费} + \text{保养费}}{\text{月度日历天数}} \tag{4-10}$$

式中，管理费和保养费均按周转材料原值的一定比例计取，一般不超过原值的2%。

2）租赁合同的签订

租赁合同签订中应明确以下内容：租赁的品种、规格、数量，附有租用品明细表以便查核；租用的起止日期、租用费用以及租金结算方式；规定使用要求、质量验收标准和赔偿办法；双方的责任和义务；违约责任的追究和处理等。

3）租赁效果的考核

租赁效果应通过考核出租率、损耗率、年周转次数等指标来评定，企业应该针对出现的问题及时采取相应措施，提升租赁管理水平。

①出租率：

$$某种周转材料的出租率 = \frac{短期内平均出租数量}{短期内平均拥有量} \times 100\% \tag{4-11}$$

式中，$期内平均出租数量 = \frac{期内租金收入(元)}{期内单位租金(元)} \times 100\%$；

期内平均拥有量是以天数为权数的各阶段拥有量的加权平均值。

②损耗率：

$$某种周转材料的损耗率(\%) = \frac{期内损耗量总金额(元)}{期内出租数量总金额(元)} \times 100\% \tag{4-12}$$

③年周转次数：

$$年周转次数(次/年) = \frac{期内模板支撑面积(m^2)}{期内模板平均拥有量(m^2)} \tag{4-13}$$

（3）租赁管理的方法

1）租用

项目确定使用周转材料后，应根据使用方案制定需要计划，由专人向租赁部门签订租赁合同，并做好周转材料进入施工现场和各项准备工程，如存放及拼装场地等。租赁部门必须按合同保证配套供应并登记“周转材料租赁台账”（见表 4-19）。

周转材料租赁台账表 **表 4-19**

租用单位＿＿＿＿＿＿＿＿ 工程名称＿＿＿＿＿＿＿＿

租用日期	名称	规格型号	计量单位	合同终止日期	合同编号

2）验收和赔偿

租用单位退租前必须清理租用物品上的灰垢等，确保租用物品干净，为验收创造条件。租赁部门应将退库周转材料进行外观质量验收，如有丢失损坏应由租用单位赔偿。验收及赔偿标准一般按以下原则掌握：对丢失或严重损坏（指不可修复的，如管体有损坏，板面严重扭曲）按原值的 50%赔偿；一般性损坏（指可修复的，如板面打孔、开焊）按原值 30%赔偿；轻微损坏（指不需使用机械，仅用手工即可修复的）按原值的 10%赔偿。

3）结算

租金的结算期限一般自提运的次日起至退租之日止，租金按日历天数逐日计取，按月结算。租用单位实际支付的租赁费用包括租金和赔偿费两项。根据计算结果由租赁部门填写“租金及赔偿结算单”（表 4-20）。

$$租赁费用(元) = \Sigma[租用数量 \times 相应日租金(元/天) \times 租用天数(天) + 丢失损坏数量 \times 相应原值(元) \times 相应赔偿率(\%)] \tag{4-14}$$

租金及赔偿结算单表 **表 4-20**

租用单位＿＿＿＿＿＿ 工程名称＿＿＿＿＿＿＿ 合同编号＿＿＿＿＿

名称	规格型号	计量单位	租用数量	租金				赔偿额		金额合计
				退库数量	租用天数	日租金	金额	赔偿数量	金额	
合计										

制表 租用单位经办人 结算日期

5. 周转材料费用承包和实物量承包

(1) 费用承包管理的概念

周转材料的费用承包是适应项目管理的一种管理模式，或者说是项目管理对周转材料管理的要求。它是指以单位工程为基础，按照预定的期限和一定的方法测定一个适当的费用额度交由承包者使用，实行节奖超罚的管理。

(2) 承包费用的确定

1) 承包费用的收入

承包费用的收入就是指承包者所接受的承包额。承包费用的确定方法有两种，一种是扣额法，另一种是加额法。扣额法是指按照单位工程周转材料的预算费用收入，扣除规定的成本较低额后的费用作为承包者的最终费用收入；加额法则是指根据施工方案所确定的费用收入，结合额定周转次数和计划工期等因素所限定的实际使用费用，加上一定的系数额作为承包者的最终费用收入。所谓系数额，是指一定历史时期的平均耗费系数与施工方案所确定的费用收入的乘积。

承包费用收入的计算公式如下：

$$\text{扣额法费用收入(元)} = \text{预算费用收入(元)} \times [1 - \text{成本降低率(\%)}] \tag{4-15}$$

$$\text{加额法费用收入(元)} = \text{施工方案确定的费用收入(元)} \times (1 + \text{平均耗费系数}) \tag{4-16}$$

式中，$\text{平均耗费系数} = \dfrac{\text{实际耗用量} - \text{定额耗用量}}{\text{实际耗用量}}$。

2) 承包费用的支出

承包费用的支出是在承包期限内所支付的周转材料使用费（租金）、赔偿费、运输费、二次搬运费及其支出的其他费用之和。

(3) 费用承包管理的内容

1) 签订承包协议

承包协议是对承、发包双方的责任和权利进行约束的内部法律文件。一般包括工程概况，应完成的工程量，需用周转材料的品种、规格、数量及承包费用、承包期限，双方的责任与权利，不可预见问题的处理及奖罚等内容。

2）承包额的分析

首先要分解承包额。承包额确定以后，应进行大概的分解，以施工用量为基础将其还原为规格品种的承包费用，例如将费用分解为钢模板、焊管等品种所占的份额。

其次要分析承包额。在实际工作中，常常是不同品种的周转材料分别进行承包，或只承包某一品种的费用，这就需要对承包效果进行预测，并根据预测结果提出有针对性的管理措施。

3）周转材料进场前的准备工作

根据承包方案和工程进度认真编制周转材料的需用计划，注意计划的配套性（品种、规格、数量及时间的配套），要留有余地，不留缺口。

根据配套数量同企业租赁部门签订租赁合同，积极组织材料进场前的各项准备工作，包括选择、平整存放和拼装场地，开通道路等，对狭窄的现场应做好分批进场的时间安排，或事先另选存放场地。

（4）费用承包效果的考核

承包期满后要对承包效果进行严肃认真的考核、结算和奖罚。

承包的考核和结算指承包费用收支对比，出现盈余为节约，反之为亏损。如实现节约应对参与承包的有关人员进行奖励，可以按节约额按金额进行奖励，也可以扣留一定比例后再予以奖励。奖励对象应包括承包班组、材料管理人员、技术人员和其他有关人员。按照各自的参与程度和贡献大小分配奖励份额。若出现亏损，则应按照与奖励对等的原则对有关人员进行罚款。费用承包管理方法是目前普遍实行项目经理责任制较为有效的方法，企业管理人员应不断探索有效管理措施，提高承包经济效果。

提高承包经济效果的基本途径有两条：

1）在使用数量既定的条件下努力提高周转次数。

2）在使用期限既定的条件下努力减少占用量。同时应减少丢失和损坏数量，积极实行和推广组合钢模的整体转移，以减少停滞、加速周转。

（5）实物承包管理

周转材料的实物承包是指项目班组或施工队伍根据使用方案定额数量对班组配备周转材料，规定损耗率，由班组承包使用，实行节奖超罚的管理办法。实物承包的主体是施工班组，也称班组定包。其实实物承包是费用承包的继续和深入，能保证费用承包目标值的实现，更是避免费用出现断层的管理措施。

1）定包数量的确定

下面以组合钢模为例，说明定包数量的确定方法。

①模板用量的确定。根据承包协议规定的混凝土工程量编制模板配模图，以此确定模板计划用量，再加上一定的损耗量即为交由班组使用的承包数量。具体公式如下：

$$模板定包数量(m^2) = 计划用量 \times [1 + 定额损耗率(\%)] \quad (4\text{-}17)$$

式中，定额损耗率一般不超过1%。

②零配件用量的确定。

零配件用量根据模板定包数量来确定，每万平方米模板零配件的用量分别为：

U形卡140000件，插销300000件，内拉杆12000件，外拉杆24000件，三形扣件36000件，勾头螺栓12000件，紧固螺栓12000件。

$$零配件定包数量(件)=计划用量(件)\times[1+定额损耗率(\%)] \quad (4\text{-}18)$$

式中，计划用量(件)=模板定包量(m^2)×相应配件用量(件)/10000。

2）定包效果的考核

定包效果的考核主要是损耗率的考核。即用定额损耗量与实际损耗量相比，如有盈余为节约，反之为亏损。如实现节约则全额奖励给定包班组，如出现亏损则由班组赔偿全部亏损金额。计算方法如下：

$$奖(+)罚(-)金额(元)=定包数量(件)\times原值(元)\times(定额损耗率-实际损耗率) \quad (4\text{-}19)$$

式中，实际损耗率(%)=定额损耗数量/定包数量×100%。

根据定包考核结果，对定包班组进行奖罚兑现。

（6）周转材料租赁、费用承包和实物承包三者之间的关系

周转材料的租赁、费用承包和实物承包是三个不同层次的管理，是有机联系的统一整体。实行租赁办法是企业对分公司或施工队所进行的费用控制和管理，实行费用承包是分公司、项目部对单位工程或承包标段所进行的费用控制和管理，实行实物承包是单位工程、承包栋号对使用班组所进行的数量控制和管理，这样便形成了既有不同层次、不同对象，又有费用和数量的综合管理体系。降低企业周转的费用消耗，应该同时搞好三个层次的管理。一般管理初期，限于企业的管理水平和各方面的条件限制，可于三者之间任选其一。如果实行费用承包则必须同时实行实物承包，否则费用承包易出现断层，出现“以包代管”的状况。

（7）几种周转材料管理

根据《企业会计准则》规定周转材料的摊销方法，一般有一次摊销法、五五摊销法、分期摊销法、分次摊销法以及定额摊销法等。施工企业的周转材料包括钢模板、木模板、脚手架及其他周转材料。不同的周转材料应根据其性能、特点等而采用不同的摊销方法。如那些价值很低、已破损的周转材料，则应采用一次摊销法；而对于那些价值较大，并且价值损耗与使用次数有关的周转材料，则应采用分次摊销法；而对于那些价值较大，并且价值损耗与使用时间有关的周转材料，则应采用分期摊销法等。这样会使个工程项目的成本负担更真实合理。

1）组合钢模板的管理

①组合钢模的组成

组合钢模是考虑模板各种结构尺寸的使用频率和装拆效率，采用模数制设计的，能与《建筑统一模数制》和《厂房建筑统一化基本规则》的规定相适应，同时还考虑了长度和宽度的配合，能任意横竖拼装，这样既可预先拼成大型模板，整体吊装，也可以按工程结构物的大小及其几何尺寸就地拼装，组合钢模具有接缝严密、灵活性好、配备标准、适用性强、自重轻和搬运方便的特点，因此在建筑业得到广泛的运用。

钢模板和配套件是组合钢模的组成内容，其中钢模板视其不同使用部位，又分为平面模板、转角模板、梁腋模板、搭接模板等。

组合钢模的配套件分为支承件（以下称“围檩支撑”）与连接件（以下称“零配件”）二部分。

围檩支撑主要用于钢模板纵横向及底部起支承拉结作用，用以增强钢模板的整体、刚

度及调整其平直度，也可将钢模板拼装成大块板，以保证在吊运过程中不致产生变形。

按其作用不同又分为围檩、支撑二个系统。

钢模的零配件，目前使用的有以下几种：U形卡（又称万能销或回形卡）、L形插销（又称穿销、穿钉）、钩头螺栓（弯钩螺栓）、对拉螺栓（模板拉杆）、扣件（是与其他配件一起将模板拼装成整体的连接件）。

②组合钢模置备量的计算及其配套要求

编制钢模需要量计划，根据企业计划期模板工程量和钢模推广面积指标计算。每立方米混凝土的模板面积见表4-21。

每立方米混凝土的模板面积参考资料 **表4-21**

构件名称	规格尺寸	模板面积	构件名称	规格尺寸	模板面积
条形基础		2.16	梁	宽0.35m以内	8.89
独立基础		1.76		宽0.45m以内	6.67
满堂基础	无梁	0.26	墙	厚10cm以内	25.00
	有梁	1.52		厚20cm以内	13.60
设备基础	$5m^3$以内	2.91		厚20cm以外	8.20
	$20m^3$以内	2.23	电梯井壁		14.80
	$100m^3$以内	1.50	挡土墙		6.80
	$100m^3$以外	0.80	有梁板	厚10cm以内	10.70
桩	周长1.2m以内	14.70		厚10cm以外	8.70
	周长1.8m以内	9.30	无梁板		4.20
	周长1.2m以外	4.80	平板	厚10cm以内	12.00
梁	宽0.25m以内	12.00		厚10cm以外	8.00

计划期计算公式如下：

$$计划期钢模板工程量 = 计划期模板工程量(m^2) \times 钢模板的推广面(\%) \quad (4\text{-}20)$$

依据计划其钢模板工程量及企业实际钢模板拥有量，参照历年来钢模的平均周转次数可决定钢模板的置备量，其计算公式如下：

$$计划期钢模板配置量 = \frac{计划期钢模板工程量}{计划期钢模板周转次数} - 计划期的钢模板用量 \quad (4\text{-}21)$$

钢模板置备量的计算由多种因素确定，要根据各企业的具体情况参照上式计算。钢模的置备量过高，购置费用就大，模板闲置积压的机会就多，不利于资金周转；置备量过小，又不能满足施工需要，因此必须全面统筹计划。

2）木模板的管理

①木模板需用量的确定

木模板的需用面积一般是根据混凝土工程量匡算模板接触面积的（或模板展开面积），再扣除使用钢模的部分，然后再依据木模的需用量计算得出计划期的木材申请数。

计算公式：

$$计划期木材申请数 = \frac{S \times r}{m} - w \quad (4\text{-}22)$$

式中 S——计划期木材需用面积（m^2）。

r——平均每平方米木模换算成木材的经验平均用量，依地区、单位、部位的不同而不同，通常取每平方米的木模需用 0.1～0.15m^3 的成材。

m——木材的周转次数，根据目前木材供应的资源及质量情况，一般是南方木材周转使用在 5 次左右，北方木材周转使用在 6 次左右。

w——计划期末企业的木材库存量。

②木模板的使用和管理形式

木模板的使用和管理形式有：

a. 集中统一管理。设立模板配制车间，负责模板的统一管理、统一配料、统一制作、统一回收。

b. 模板专业队管理。是专业承包性质的管理。它负责统一制作、管理及回收。负责安装和拆除。实行节约有奖，超耗受罚的经济包干责任制。

c. 四包管理。由班组“包制作、包衬、包拆除、包回收”，形成制作、安装、拆除相结合的统一管理形式。各道工序互创条件，做到随拆随修，随修随用。

3）脚手架的管理

脚手架由于用量大、周转搭设、拆除频繁、流动面宽，一般由公司或工程处设专业租赁站，实行统一管理，灵活调度。脚手架料采取租赁管理办法，可以加速周转，减少资金占用，实效甚好。

4.5 现场材料的计算机管理

4.5.1 管理的系统主要功能

建筑工程项目中建筑材料费占工程成本的 60%～70%，合理地组织建筑材料的计划、供应与使用，保证建筑材料从生产企业按品种、数量、质量、期限进入建筑工地，减少流转环节，防止积压浪费，对缩短建设工期，加快建设速度，降低工程成本有重要意义。目前施工项目材料管理大多停留在手工管理的状态，这种落后的管理方式必然导致工程成本高、效率低、不规范、实效差、难于控制，所以引入信息化的管理手段势在必行。一个好的材料管理软件可以合理地控制成本，提高项目利润。

目前材料管理软件比较多，绝大多数的材料管理软件都具备以下主要的管理功能：各种计划管理，材料收发管理，库存管理，成本分析管理，财务管理等功能。如图 4-3 所示。

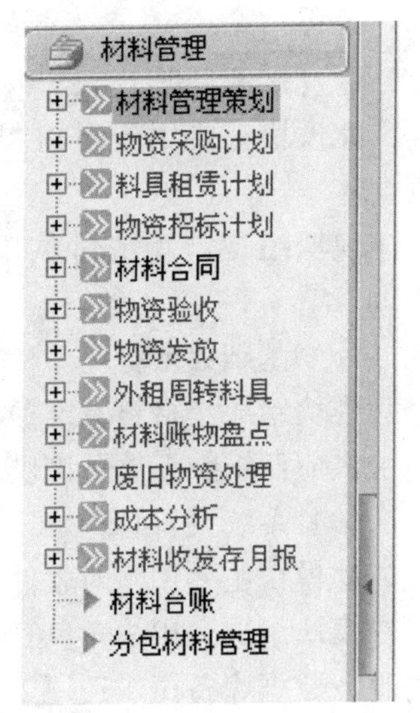

图 4-3 某材料管理系统

4.5.2 材料管理系统简介

1. 系统功能简介（本章以某材料管理系统展开介绍）

（1）预算计划管理

此模块主要用于全局控制材料的用量及指导采购的价格。

模块组成：材料预算计划，材料预算实况表。

在材料预算计划单中，录入了整个工程的所有材料的预计用量及预计单价之后，通过预算实况表可以查询，材料的预算量、采购量、实际入库量，以及各个单价之间的对比。通过对比得出的结果可以判断，材料是否超出预算量和预算价格，从而立即查找原因，并解决。

(2) 材料采购管理

此模块主要用于管理材料的申请使用及采购。

模块组成：材料申请采购，材料采购计划，材料采购计划查询，采购合同，采购合同查询，采购合同与入库对比。

材料申请采购单根据施工人员的需要记录材料的数量及施工的部位可以作为材料采购的依据，及施工部位材料用量的统计采购计划，用于记录采购材料的数量及价格。

(3) 材料应用管理

此模块主要用于管理材料的入出库，返料，调拨等管理。

模块组成：材料入库单，材料退货单，领料出库单，返料归库单，材料调出单，材料调入单，直进直出单，材料损耗单，单据分类查询，单据明细查询，材料数量警戒设置。

(4) 甲供材管理

此模块主要用于甲供材出入库管理。

模块组成：甲供材入库，甲供材退货，甲供材出库，甲供材返料归库，甲供材单据查询。

(5) 库存管理

此模块主要用于查看材料库存、流水账及盘点材料。

模块组成：库存查询，工程库存查询，库存盘点，盘点单查询，库存结算。

(6) 材料成本分析管理

此模块主要用于对材料使用情况的查询、对比，以及按类汇总。

模块组成：材料成本分析明细，材料大类成本分析，公司工程成本汇总，材料成本查询，工程结算。

(7) 财务管理

此模块主要用于对材料款的收付登记、汇总查询收付款记录、与往来单位的对账查询。

模块组成：新增付款单，新增预付款单，新增收款单，收付款单查询，往来对账查询。

(8) 基础数据管理

模块组成：材料库维护，员工维护，供应商维护。

供应商维护汇总了该供应商历次供货明细。

(9) 系统设置管理

此模块主要用于对软件提供的各种参数进行设置，及备份等辅助功能。

模块组成：用户角色管理，系统用户管理，流程通知设置，审批流程设置，修改个人密码，数据库备份、还原，系统日志，单据前缀设置，快捷键设置，清空基础数据，清空业务数据，清空材料库。

2. 系统操作简介

（1）基础数据设置

1）材料库维护

材料库维护中新增材料类别，选择左上角的增加旁边的小三角下拉菜单中选择“增加节点”，如需建立下级节点选择“增加子节点”，再在弹出的节点信息中输入节点名称，点击“确定”。如图 4-4 所示。

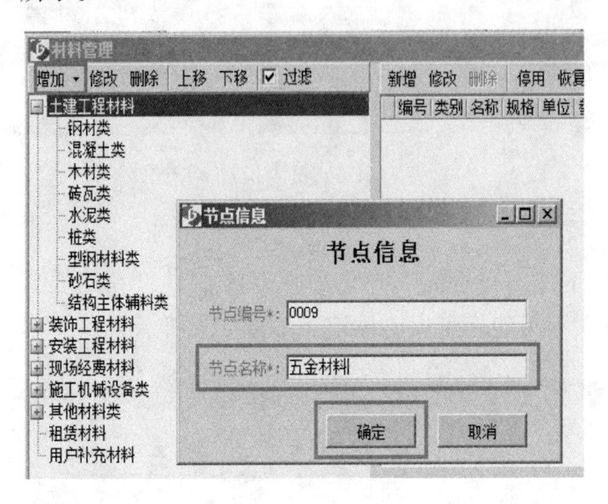

图 4-4　节点信息

材料库维护中新增材料，选择左边的材料分类，再点击右边菜单栏上的“新增”按钮。在弹出来的窗口中输入材料编号，名称，规格，单位及参考价，点击“确定”保存，如图 4-5 所示。

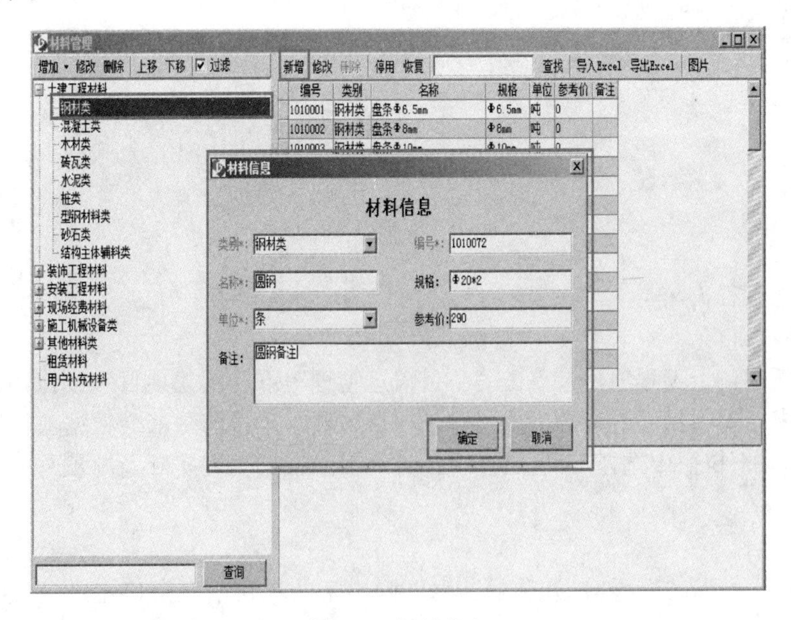

图 4-5　材料信息

2）部门员工管理

点击左上角的增加下拉框中，增加节点，增加部门名称。增加员工信息，选择一个部门，点击右边窗口中左上角的增加按钮，再在弹出来的窗口中输入相关员工信息，如图 4-6 所示。

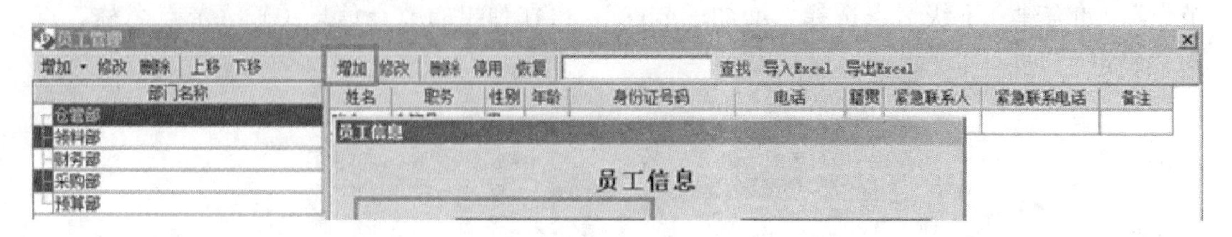

图 4-6 员工信息

3）新建仓库

“项目信息管理”下“新建仓库”弹出新建仓库信息，仓库编号系统自动生成，输入仓库名称，选择负责人等其他信息点击确定，如图 4-7 所示。

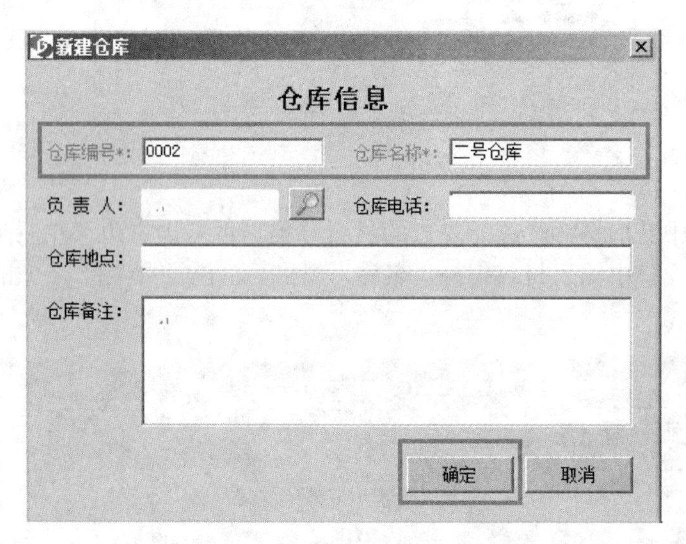

图 4-7 仓库信息

（2）新建工程

1）新建项目

首先，新建一个工程项目，点击“项目信息管理”下“新建项目”按钮，弹出新建项目窗口，在窗口中项目编号自动生成，输入项目名称，单号前缀（会根据项目名称自动生成），材料库（下拉框中选择），所属仓库，其他信息根据工程实际情况填写，点保存，如图 4-8 所示。

2）打开项目

“项目信息管理”打开“打开项目信息”弹出来的项目信息窗口左边是工程项目，右边显示工程详细信息、项目权限控制，选择某一工程可以对详细信息进行修改和删除。也可以通过项目权限控制编辑此项目的操作权限。如图 4-9 所示。

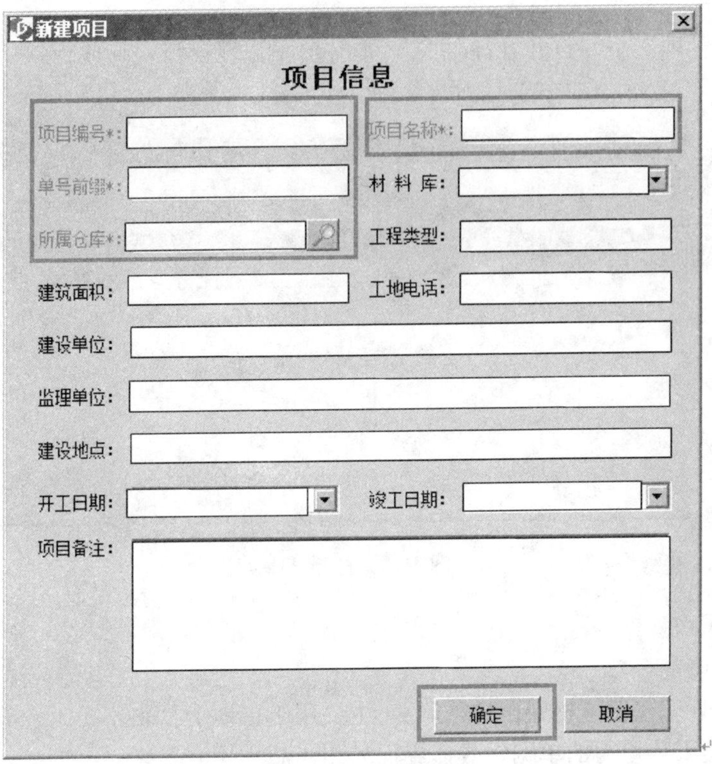

新建项目

项目信息

项目编号*：　项目名称*：

单号前缀*：　材 料 库：

所属仓库*：　工程类型：

建筑面积：　工地电话：

建设单位：

监理单位：

建设地点：

开工日期：　竣工日期：

项目备注：

确定　取消

图 4-8　项目信息

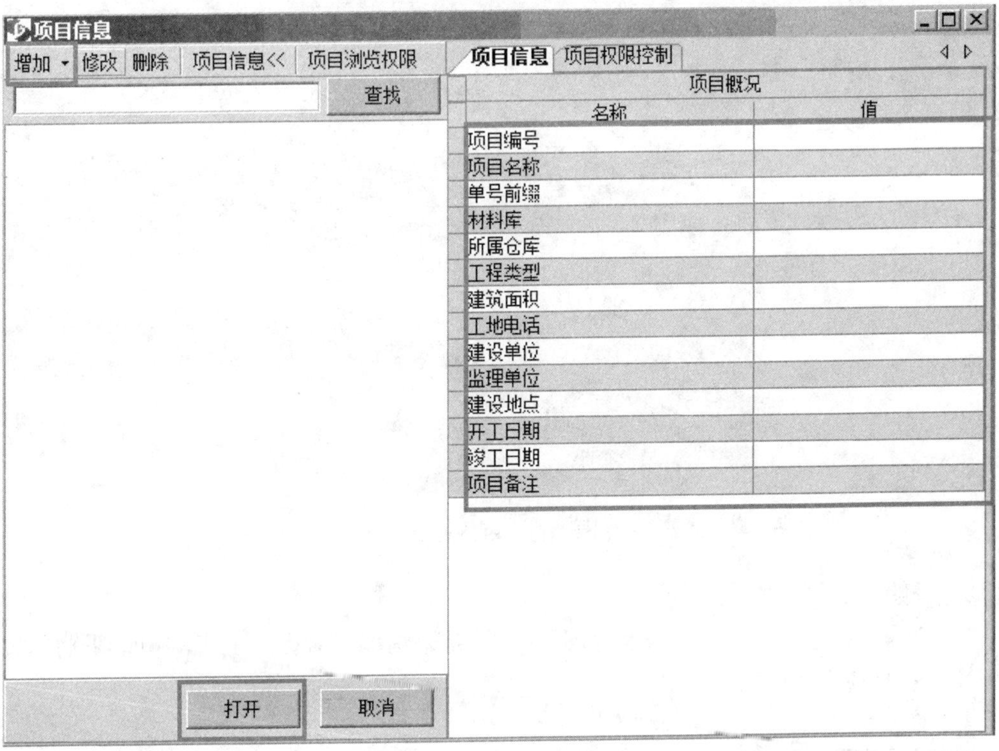

项目信息

增加 ▾ 修改 删除 项目信息<< 项目浏览权限

查找

项目信息 项目权限控制

项目概况	
名称	值
项目编号	
项目名称	
单号前缀	
材料库	
所属仓库	
工程类型	
建筑面积	
工地电话	
建设单位	
监理单位	
建设地点	
开工日期	
竣工日期	
项目备注	

打开　取消

图 4-9　项目信息

3）打开仓库

“项目信息管理”下“打开仓库信息”弹出仓库管理窗口，在此窗口中可查看仓库信息，增加修改删除仓库，如图 4-10 所示。

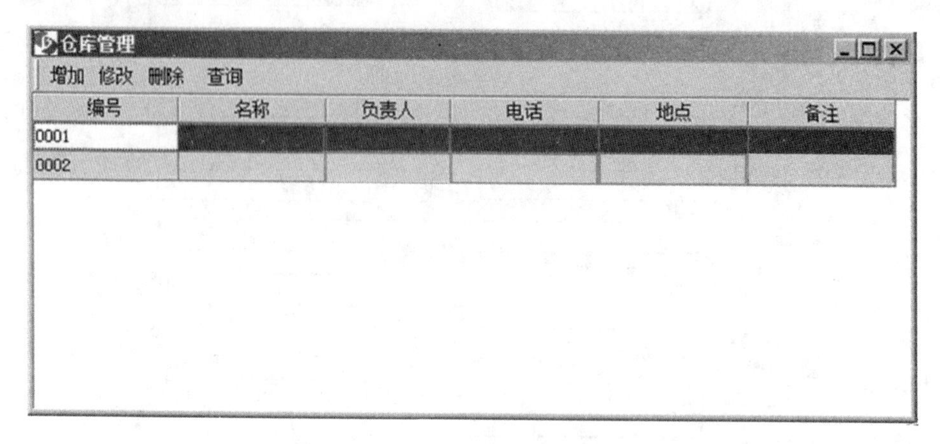

图 4-10 打开仓库

（3）材料采购管理

1）采购申请

“材料采购管理”下“材料申请采购”，主要用于工地上材料不足，仓管员或其他经办人员向公司申请采购填写的单据，具体界面如图 4-11 所示。

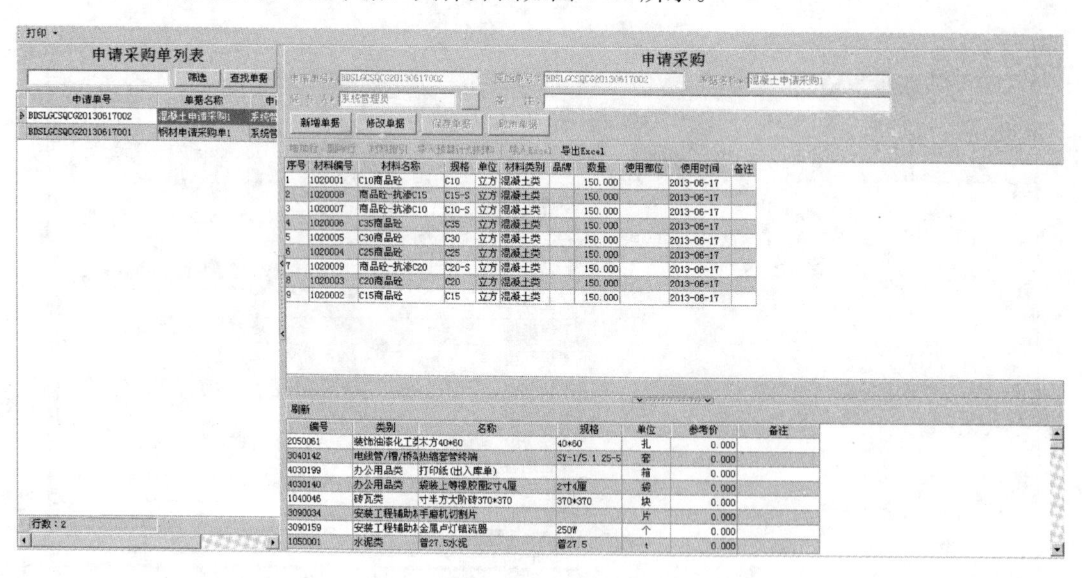

图 4-11 申请采购

2）采购计划

“材料采购管理”下“材料采购计划”，主要是采购部门对提交上来的申请采购单进行采购计划，具体界面如图 4-12 所示。

3）采购合同

“材料采购管理”下的“材料采购合同”，用于填写与供应商签订的采购合同的记录合

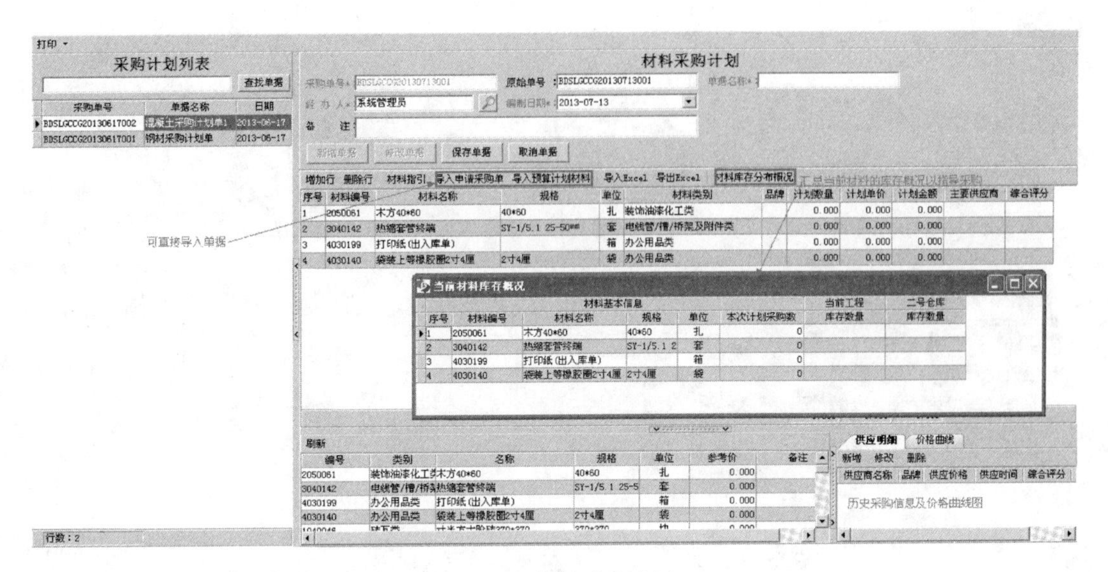

图 4-12　材料采购计划

同的材料数量和单价及合同内容的简介，如图 4-13 所示。

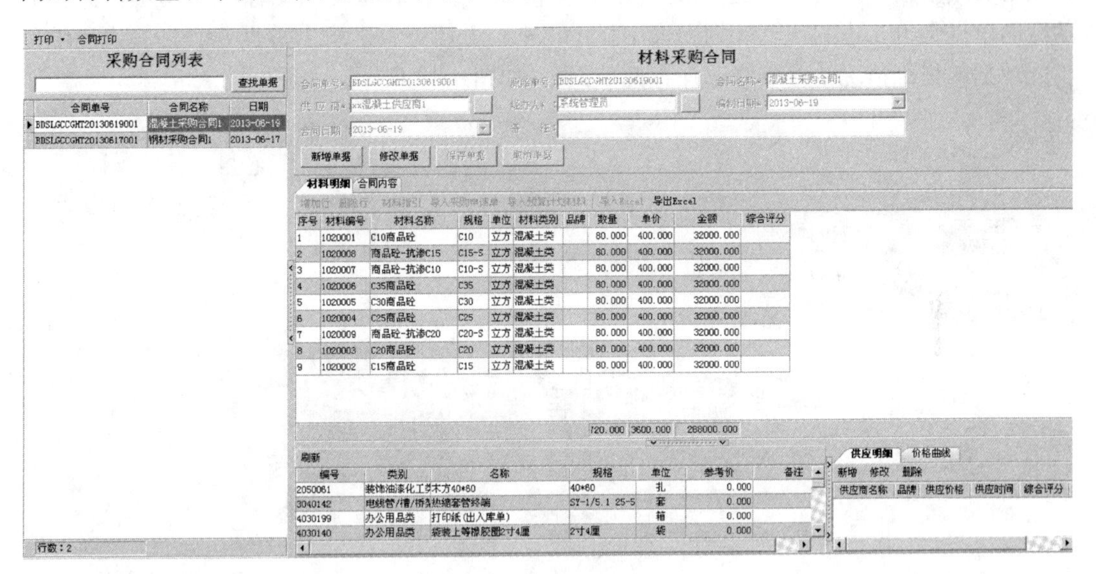

图 4-13　材料采购合同

4）采购合同查询

“材料采购管理”下的“采购合同查询”。可按条件查询已保存好的采购合同单据，如图 4-14 所示。

（4）材料应用管理

1）材料采购入库

“材料应用管理”下“材料入库单”，弹出材料入库窗口，点击“新增单据”新增单据，入库单编号由系统自动生成，输入单据名称，选择供应商、经办人等其他信息，再在下面的表单中输入材料、输入数量和单价，表单中分两页材料明细（录入入库材料明细）

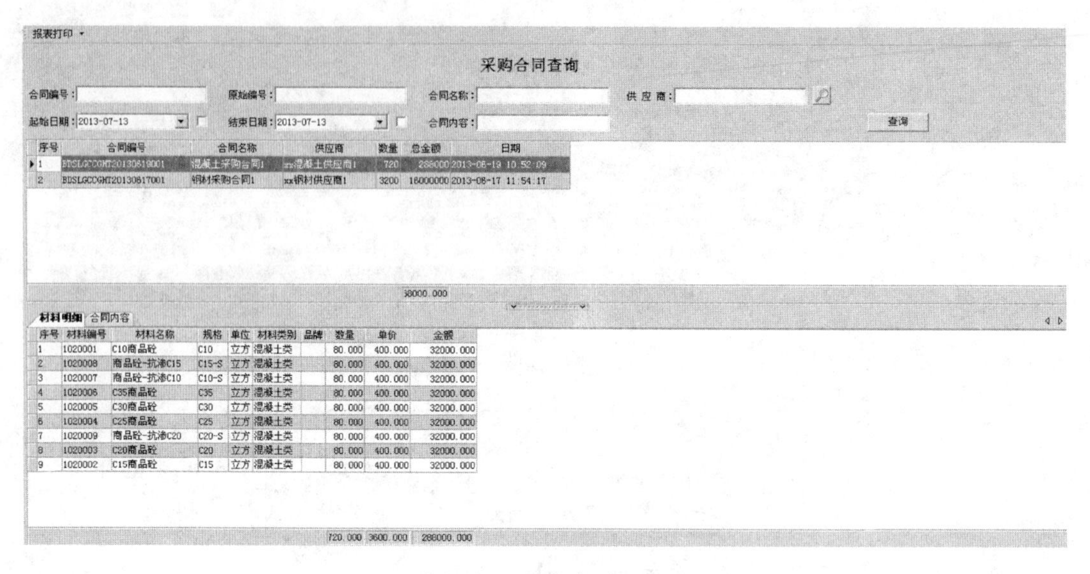

图 4-14　采购合同查询

和其他费用（输入运费及其他附加费用），点击保存单据就将此单据保存成功了，保存成功后的单据会再左边的预算计划列表中显示出来，方便查看（双击单据，会在右边表中显示此单据的详细情况，可以修改保存此单据），如图 4-15 所示。

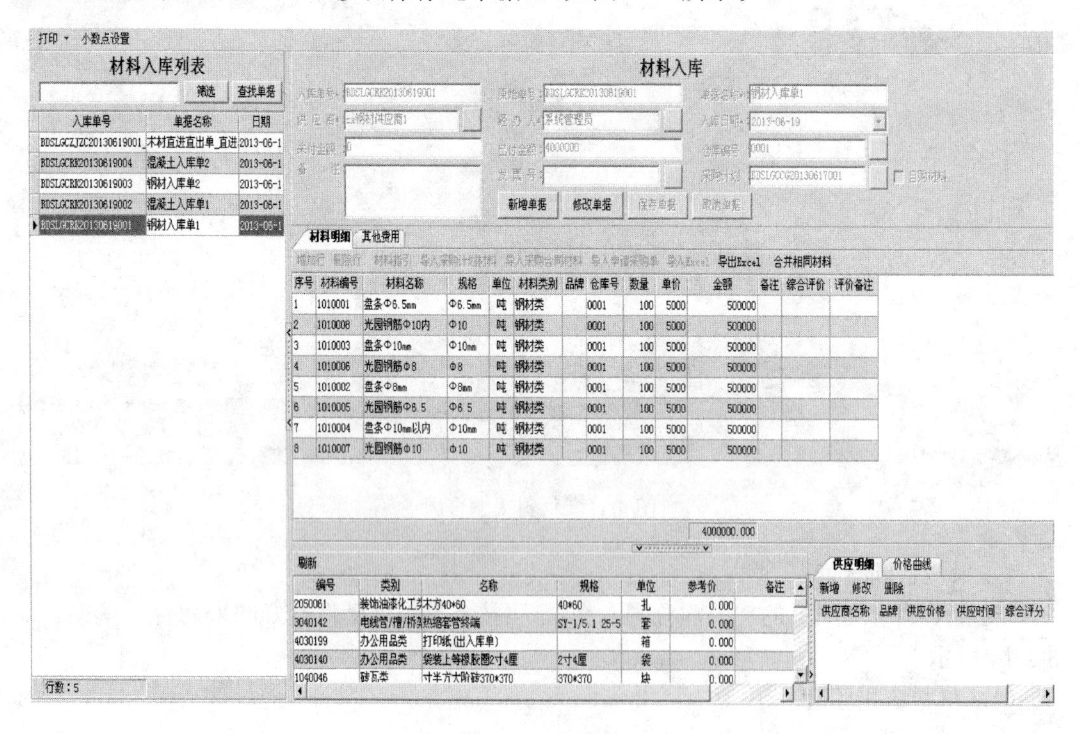

图 4-15　入库单

2）材料退货

“材料应用管理”下“材料退货单”，其中有一个退货折扣，如需要打折的材料在折扣栏中小数表示（例：九折就输入 0.9），其他基本操作与入库单操作类似，具体界面如图 4-16 所示。

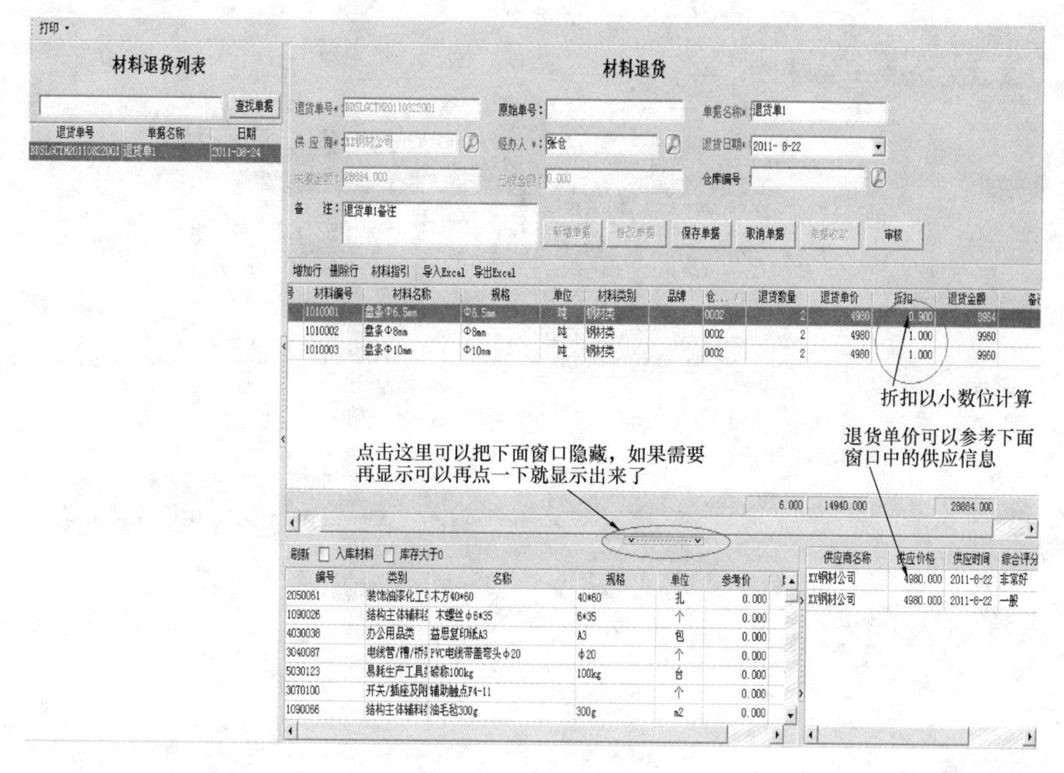

图 4-16　材料退货

3）领料出库

“材料应用管理”下“领料出库单”，具体界面如图 4-17 所示。

4）返料归库

“材料应用管理”下“返料归库单”，具体界面如图 4-18 所示。

5）材料调出

“材料应用管理”下“材料调出单”，可以是工程与工程之间的调拨，也可以是仓库与仓库之间的调拨。选择好调入工程、调出仓库和调入仓号，具体界面如图 4-19 所示。

6）材料调入

“材料应用管理”下“材料调入单”，与调出单相反，但操作基本一样，如图 4-20 所示。

7）直进直出

“材料应用管理”下“直进直出单”，填写单据名称、供应商、领料人、经办人等信息，其他操作与入库单操作相同，具体界面如图 4-21 所示。

8）损耗单

“材料应用管理”下“损耗单”，填写单据名称、经办人等信息，其他操作与入库单操作相同，具体界面如图 4-22 所示。

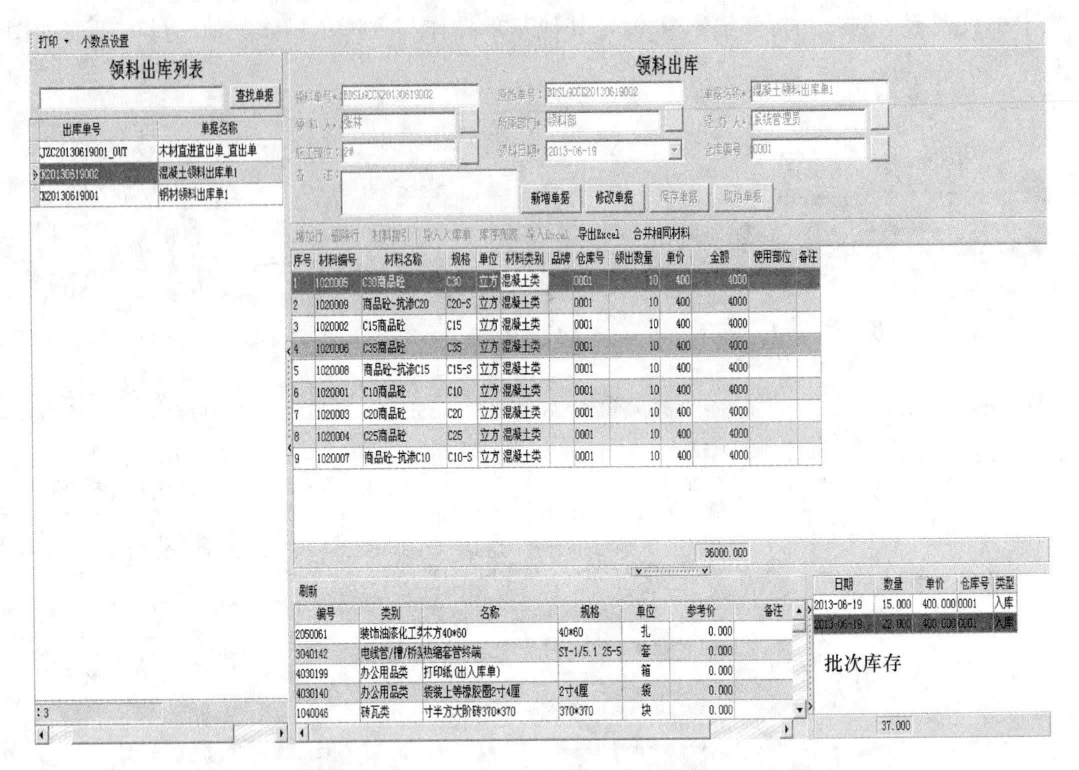

图 4-17 领料出库

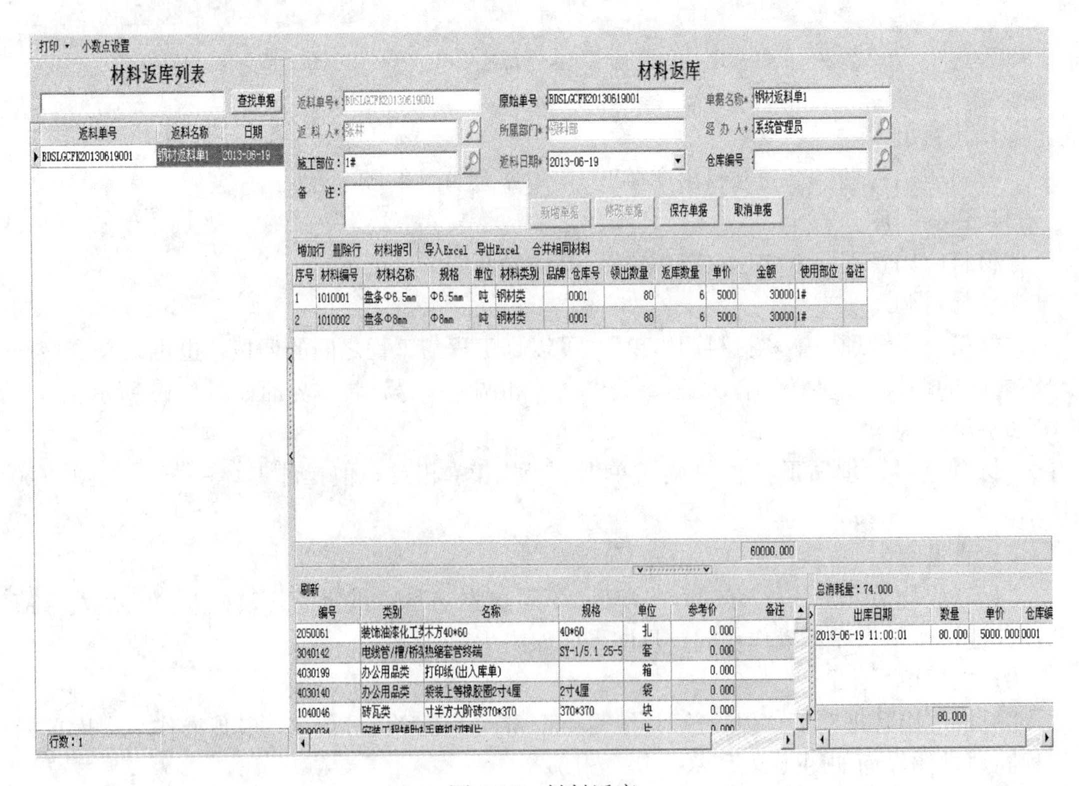

图 4-18 材料返库

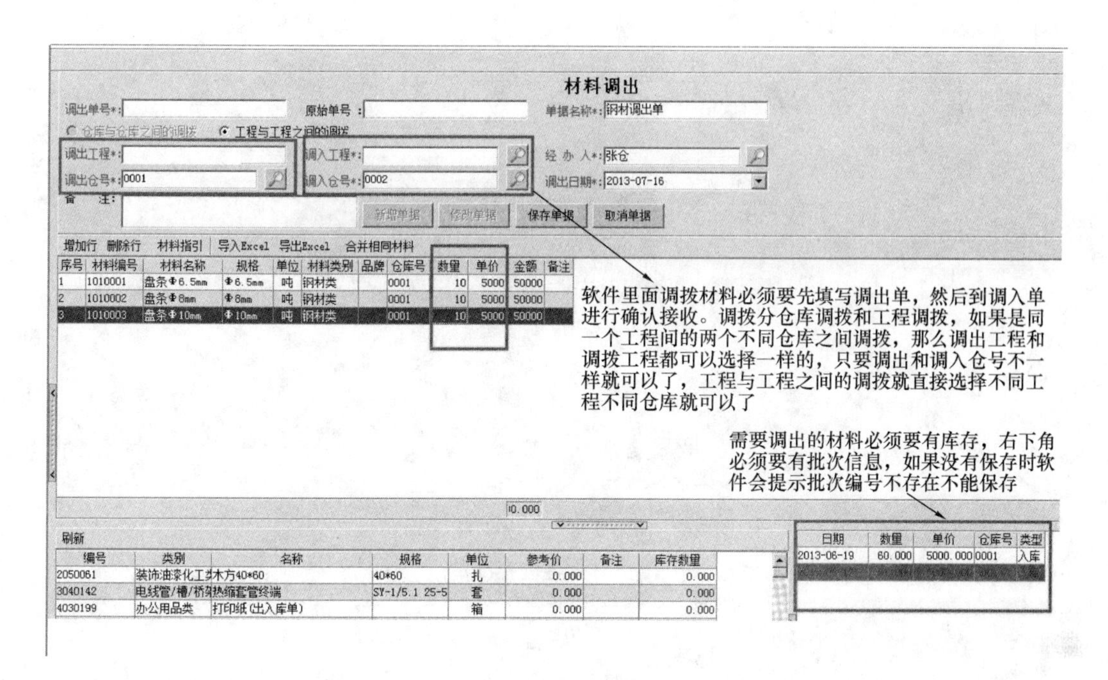

图 4-19　材料调出

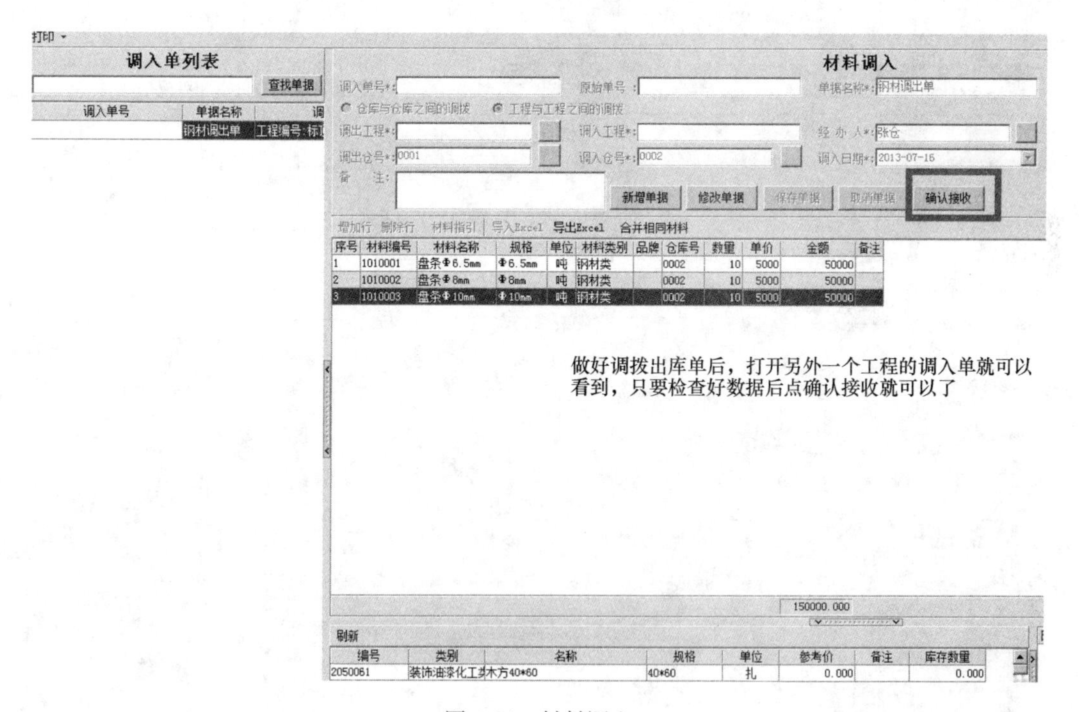

图 4-20　材料调入

9）单据明细查询

“材料应用管理”下“单据明细查询”，查某类单据的所有明细。选择“项目名称”和“单据类型”，点击查询，就可以查询出符合条件的材料明细。如图 4-23 所示。

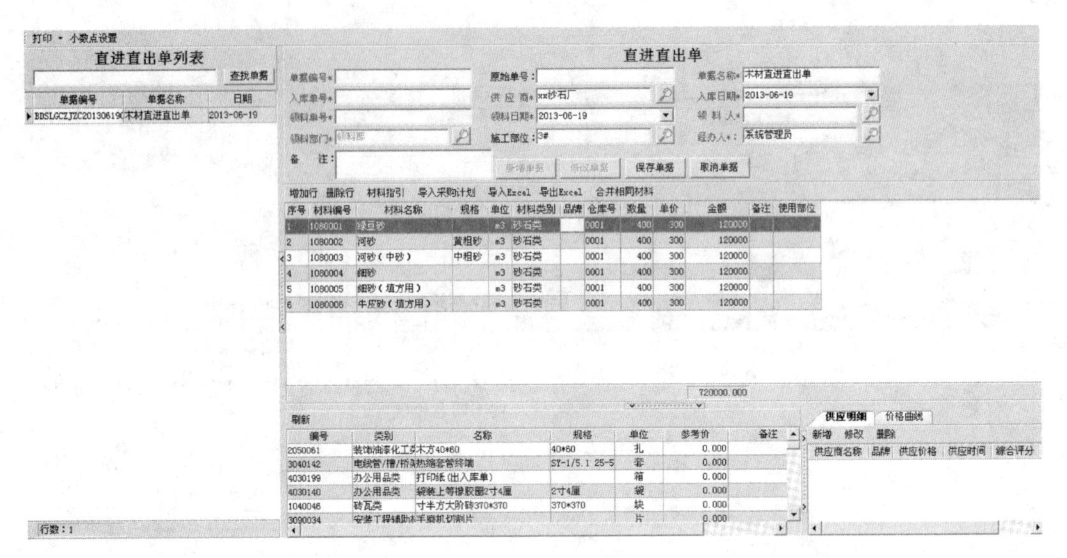

图 4-21　直进直出单

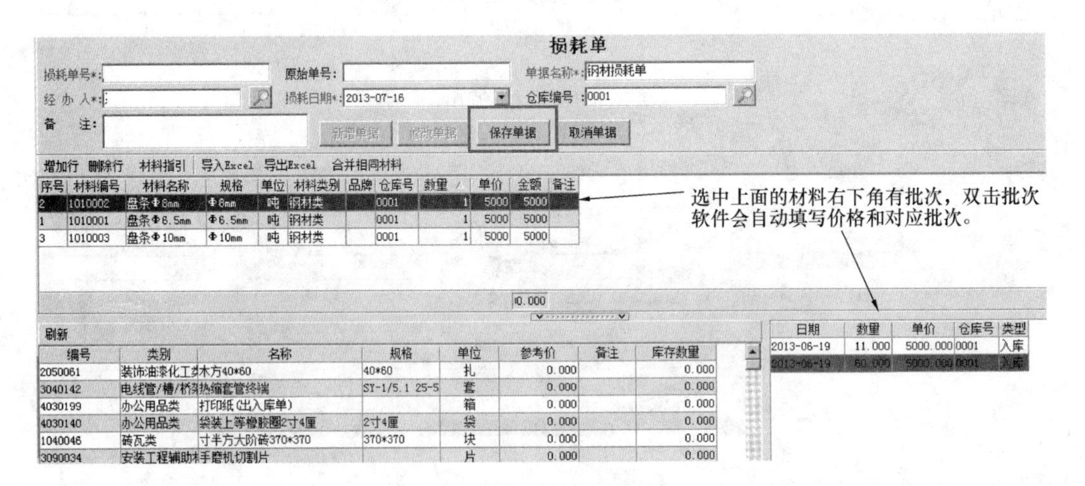

图 4-22　损耗单

单据明细查询

项目名称：　仓库编号：　起始时间：2013-05-19　终止时间：2013-06-19　□时间过滤

单据编号：　单据名称：　单据类型：材料入库　原始单号：

材料编号：　材料名称：　材料大类：　备注：

供 应 商：xx混凝土供应商1　经 办 人：　编 制 人：

施工部位：　领 料 人：　领料部门：　查询　导出Excel

序号	单据类型	单据编号	原始单号	单据名称	材料编号	材料名称	规格	单位	材料类别	数量	单价	金额	品牌	仓库号	供应商	领料人	领料部门	经办人	编制人	日期
1	材料入库			混凝土入库单1	1020009	商品砼-抗渗C20	C20-S	立方	混凝土类	40.000	400.000	16000.000		0001	xx混凝土供应商1			系统管理员	系统管理员	
2	材料入库			混凝土入库单2	1020009	商品砼-抗渗C20	C20-S	立方	混凝土类	15.000	400.000	6000.000		0001	xx混凝土供应商1			系统管理员	系统管理员	
3	材料入库			混凝土入库单2	1020007	商品砼-抗渗C10	C10-S	立方	混凝土类	15.000	400.000	6000.000		0001	xx混凝土供应商1			系统管理员	系统管理员	
4	材料入库			混凝土入库单1	1020007	商品砼-抗渗C10	C10-S	立方	混凝土类	40.000	400.000	16000.000		0001	xx混凝土供应商1			系统管理员	系统管理员	
5	材料入库			混凝土入库单1	1020005	C30商品砼	C30	立方	混凝土类	40.000	400.000	16000.000		0001	xx混凝土供应商1			系统管理员	系统管理员	
6	材料入库			混凝土入库单2	1020005	C30商品砼	C30	立方	混凝土类	15.000	400.000	6000.000		0001	xx混凝土供应商1			系统管理员	系统管理员	
7	材料入库			混凝土入库单2	1020004	C25商品砼	C25	立方	混凝土类	15.000	400.000	6000.000		0001	xx混凝土供应商1			系统管理员	系统管理员	
8	材料入库			混凝土入库单1	1020004	C25商品砼	C25	立方	混凝土类	40.000	400.000	16000.000		0001	xx混凝土供应商1			系统管理员	系统管理员	
9	材料入库			混凝土入库单2	1020006	C35商品砼	C35	立方	混凝土类	15.000	400.000	6000.000		0001	xx混凝土供应商1			系统管理员	系统管理员	
10	材料入库			混凝土入库单1	1020006	C35商品砼	C35	立方	混凝土类	40.000	400.000	16000.000		0001	xx混凝土供应商1			系统管理员	系统管理员	
11	材料入库			混凝土入库单1	1020001	C10商品砼	C10	立方	混凝土类	40.000	400.000	16000.000		0001	xx混凝土供应商1			系统管理员	系统管理员	
12	材料入库			混凝土入库单2	1020001	C10商品砼	C10	立方	混凝土类	15.000	400.000	6000.000		0001	xx混凝土供应商1			系统管理员	系统管理员	
13	材料入库			混凝土入库单2	1020003	C20商品砼	C20	立方	混凝土类	15.000	400.000	6000.000		0001	xx混凝土供应商1			系统管理员	系统管理员	
14	材料入库			混凝土入库单1	1020003	C20商品砼	C20	立方	混凝土类	40.000	400.000	16000.000		0001	xx混凝土供应商1			系统管理员	系统管理员	
15	材料入库			混凝土入库单2	1020008	商品砼-抗渗C15	C15-S	立方	混凝土类	15.000	400.000	6000.000		0001	xx混凝土供应商1			系统管理员	系统管理员	
16	材料入库			混凝土入库单1	1020008	商品砼-抗渗C15	C15-S	立方	混凝土类	40.000	400.000	16000.000		0001	xx混凝土供应商1			系统管理员	系统管理员	
17	材料入库			混凝土入库单2	1020002	C15商品砼	C15	立方	混凝土类	15.000	400.000	6000.000		0001	xx混凝土供应商1			系统管理员	系统管理员	
18	材料入库			混凝土入库单1	1020002	C15商品砼	C15	立方	混凝土类	40.000	400.000	16000.000		0001	xx混凝土供应商1			系统管理员	系统管理员	

图 4-23　单据明细查询

(5) 库存管理

1) 库存查询

“库存管理”下“库存查询”弹出库存信息，左侧选择仓库，右边显示此仓库的材料库存，如图 4-24 所示，分页还有材料流水账，双击某材料就可以查看此材料的流水账，如图 4-25 所示。

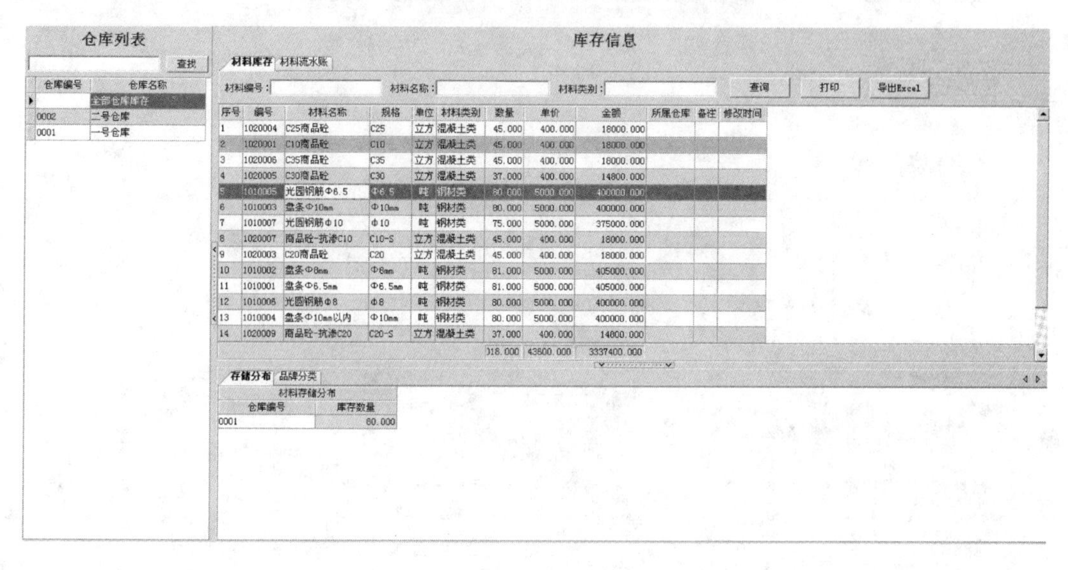

图 4-24 库存信息

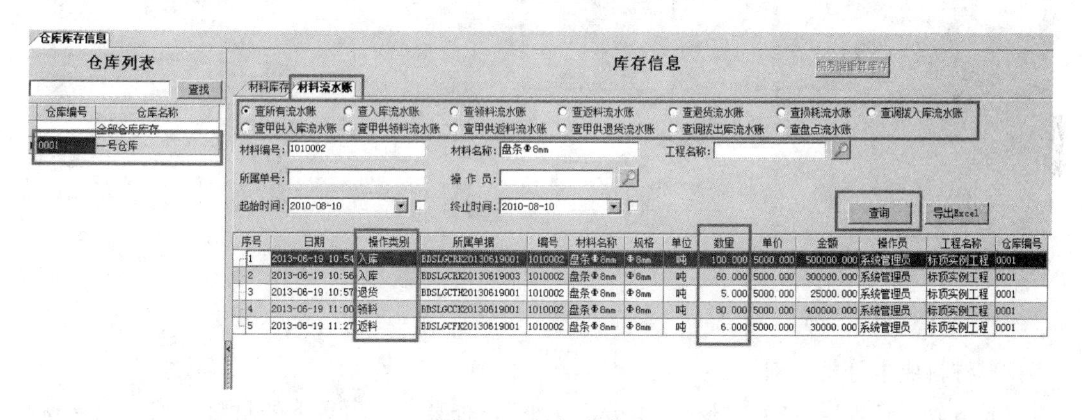

图 4-25 材料流水账

2) 库存盘点

“库存管理”下“库存盘点”，点击“新增”按钮选择盘点人，盘点仓库或者盘点项目，在表中添加行或者双击下面的材料库，在表中输入实际的盘点数量后再点击“保存”，如图 4-26 所示。

3) 仓库结算

“库存管理”下“仓库结算”，选择一个仓库名称，设置起始时间，系统自动汇总结算时间段内的材料。可以保存好，下次需要查看的时候在左边列表中选择查看，如图 4-27 所示。

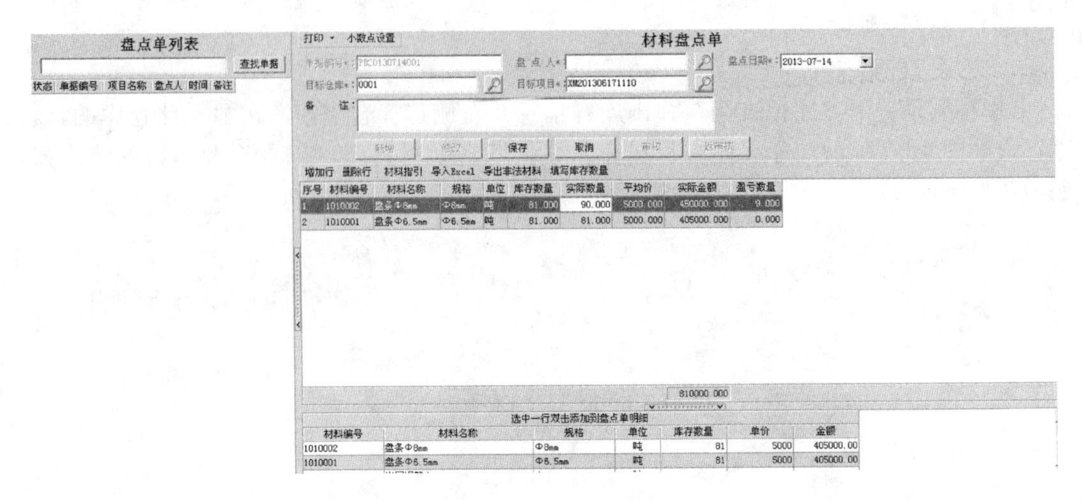

图 4-26 材料盘点单

打印 ·

仓库结算

仓库名称: 一号仓库　材料类别:　起始时间: 2013-05-19　终止时间: 2013-06-19

查询　保存　导出Excel

序号	材料编号	材料名称	规格	单位	材料类别	入库数量	出库数量	退货数量	返料数量	调入数量	调出数量	损耗数量	盘盈数量	盘亏数量	上期结存	本期结存	现有库存
1	1010008	光园钢筋Φ10内	Φ10	吨	钢材类	160.000	80.000	0.000	0.000	0.000	0.000	0.000	0.000	0.000	0.000	80.000	80.000
2	1010005	光园钢筋Φ6.5	Φ6.5	吨	钢材类	160.000	80.000	0.000	0.000	0.000	0.000	0.000	0.000	0.000	0.000	80.000	80.000
3	1010007	光圆钢筋φ10	φ10	吨	钢材类	160.000	80.000	5.000	0.000	0.000	0.000	0.000	0.000	0.000	0.000	75.000	75.000
4	1010003	盘条Φ10mm	Φ10mm	吨	钢材类	160.000	80.000	0.000	0.000	0.000	0.000	0.000	0.000	0.000	0.000	80.000	80.000
5	1010004	盘条Φ10mm以内	Φ10mm	吨	钢材类	160.000	80.000	0.000	0.000	0.000	0.000	0.000	0.000	0.000	0.000	80.000	80.000
6	1010006	光圆钢筋φ8	φ8	吨	钢材类	160.000	80.000	0.000	0.000	0.000	0.000	0.000	0.000	0.000	0.000	80.000	80.000
7	1010001	盘条Φ6.5mm	Φ6.5mm	吨	钢材类	160.000	80.000	5.000	6.000	0.000	0.000	0.000	0.000	0.000	0.000	81.000	81.000
8	1010002	盘条Φ8mm	Φ8mm	吨	钢材类	160.000	80.000	5.000	6.000	0.000	0.000	0.000	0.000	0.000	0.000	81.000	81.000
9	1080006	牛皮砂（填方用）		m3	砂石类	400.000	400.000	0.000	0.000	0.000	0.000	0.000	0.000	0.000	0.000	0.000	0.000
10	1080004	细砂		m3	砂石类	400.000	400.000	0.000	0.000	0.000	0.000	0.000	0.000	0.000	0.000	0.000	0.000
11	1080002	河砂	黄粗砂	m3	砂石类	400.000	400.000	0.000	0.000	0.000	0.000	0.000	0.000	0.000	0.000	0.000	0.000
12	1080001	绿豆砂		m3	砂石类	400.000	400.000	0.000	0.000	0.000	0.000	0.000	0.000	0.000	0.000	0.000	0.000
13	1080003	河砂（中砂）	中粗砂	m3	砂石类	400.000	400.000	0.000	0.000	0.000	0.000	0.000	0.000	0.000	0.000	0.000	0.000
14	1080005	细砂（填方用）		m3	砂石类	400.000	400.000	0.000	0.000	0.000	0.000	0.000	0.000	0.000	0.000	0.000	0.000
15	1020002	C15商品砼	C15	立方	混凝土类	55.000	10.000	8.000	0.000	0.000	0.000	0.000	0.000	0.000	0.000	37.000	37.000
16	1020008	商品砼-抗渗C15	C15-S	立方	混凝土类	55.000	10.000	0.000	0.000	0.000	0.000	0.000	0.000	0.000	0.000	45.000	45.000
17	1020003	C20商品砼	C20	立方	混凝土类	55.000	10.000	0.000	0.000	0.000	0.000	0.000	0.000	0.000	0.000	45.000	45.000
18	1020001	C10商品砼	C10	立方	混凝土类	55.000	10.000	0.000	0.000	0.000	0.000	0.000	0.000	0.000	0.000	45.000	45.000
19	1020006	C35商品砼	C35	立方	混凝土类	55.000	10.000	0.000	0.000	0.000	0.000	0.000	0.000	0.000	0.000	45.000	45.000
20	1020004	C25商品砼	C25	立方	混凝土类	55.000	10.000	0.000	0.000	0.000	0.000	0.000	0.000	0.000	0.000	45.000	45.000
21	1020005	C30商品砼	C30	立方	混凝土类	55.000	10.000	8.000	0.000	0.000	0.000	0.000	0.000	0.000	0.000	37.000	37.000
22	1020007	商品砼-抗渗C10	C10-S	立方	混凝土类	55.000	10.000	0.000	0.000	0.000	0.000	0.000	0.000	0.000	0.000	45.000	45.000
23	1020009	商品砼-抗渗C20	C20-S	立方	混凝土类	55.000	10.000	8.000	0.000	0.000	0.000	0.000	0.000	0.000	0.000	37.000	37.000

图 4-27 仓库结算

（6）成本分析管理

1）材料成本分析明细

“成本分析管理”下的“材料成本分析明细”，查某一个项目下的材料明细，包含材料的预算、采购、入库、领料、退货、返料、调入、调出、损耗和库存的数量和金额的汇总以及预算完成的数量百分比和金额百分比。其中，超出预算计划的标记成红色，方便控制成本，具体如图 4-28 所示。

2）材料大类成本分析

“成本分析管理”下的“材料大类成本分析”，汇总一个工程下的各大类材料的各项总金额，包括预算、采购、入库、出库、退货、返料、损耗、调入、调出、库存、实际使用金额等。如图 4-29 所示。

3）公司工程成本汇总

“成本分析管理”下的“公司工程成本汇总”，汇总各个工程的各项总金额，包含预算

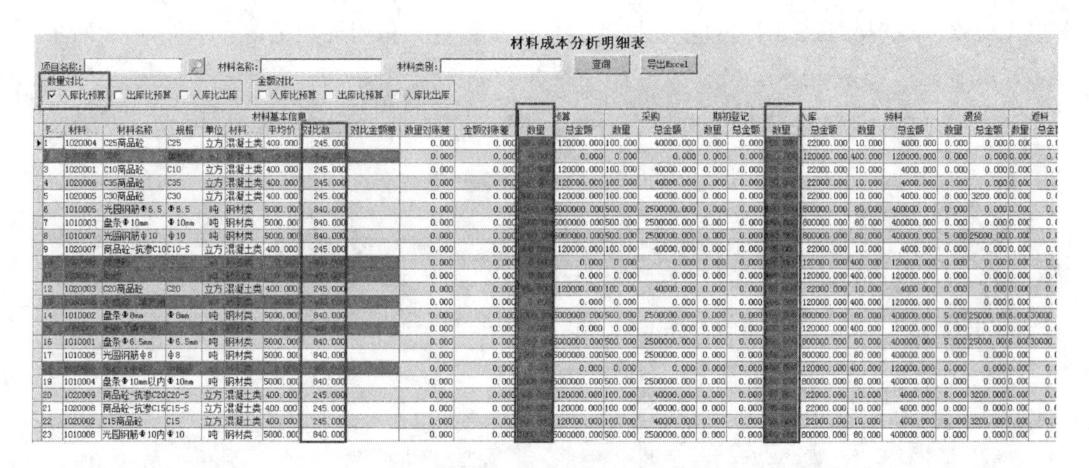

材料成本分析明细表

项目名称: 材料名称: 材料类别: 查询 导出Excel

数量对比 ☑入库比预算 □出库比预算 □入库比出库

金额对比 □入库比预算 □出库比预算 □入库比出库

材料基本信息											预算		采购		期初登记		入库		领料		退货		返料	
序	材料	材料名称	规格	单位	材料	平均价	对比数	对比金额差	数量对账差	金额对账差	数量	总金额	数量	总金额	数量	总金额	数量	总金额	数量	总金额	数量	总金额	数量	总金
1	1020004	C25商品砼	C25	立方	混凝土类	400.000	245.000		0.000	0.000	[illegible]	120000.000	100.000	40000.000	0.000	0.000	[illegible]	22000.000	10.000	4000.000	0.000	0.000	0.000	0.0
[illegible]	[illegible]	[illegible]	[illegible]	[illegible]	[illegible]	[illegible]	[illegible]	[illegible]	0.000	0.000	[illegible]	0.000	0.000	0.000	0.000	0.000	[illegible]	120000.000	400.000	120000.000	0.000	0.000	0.000	0.0
3	1020001	C10商品砼	C10	立方	混凝土类	400.000	245.000		0.000	0.000	[illegible]	120000.000	100.000	40000.000	0.000	0.000	[illegible]	22000.000	10.000	4000.000	0.000	0.000	0.000	0.0
4	1020006	C35商品砼	C35	立方	混凝土类	400.000	245.000		0.000	0.000	[illegible]	120000.000	100.000	40000.000	0.000	0.000	[illegible]	22000.000	10.000	4000.000	0.000	0.000	0.000	0.0
5	1020005	C30商品砼	C30	立方	混凝土类	400.000	245.000		0.000	0.000	[illegible]	120000.000	100.000	40000.000	0.000	0.000	[illegible]	22000.000	10.000	4000.000	8.000	3200.000	0.000	0.0
6	1010005	光园钢筋Φ8.5	Φ8.5	吨	钢材类	5000.000	840.000		0.000	0.000	[illegible]	5000000.000	500.000	2500000.000	0.000	0.000	[illegible]	800000.000	80.000	400000.000	0.000	0.000	0.000	0.0
7	1010003	盘条Φ10mm	Φ10mm	吨	钢材类	5000.000	840.000		0.000	0.000	[illegible]	5000000.000	500.000	2500000.000	0.000	0.000	[illegible]	800000.000	80.000	400000.000	0.000	0.000	0.000	0.0
8	1010007	光圆钢筋φ10	φ10	吨	钢材类	5000.000	840.000		0.000	0.000	[illegible]	5000000.000	500.000	2500000.000	0.000	0.000	[illegible]	800000.000	80.000	400000.000	5.000	25000.000	0.000	0.0
9	1020007	商品砼-抗渗C10	C10-S	立方	混凝土类	400.000	245.000		0.000	0.000	[illegible]	120000.000	100.000	40000.000	0.000	0.000	[illegible]	22000.000	10.000	4000.000	0.000	0.000	0.000	0.0
[illegible]	[illegible]	[illegible]	[illegible]	[illegible]	[illegible]	[illegible]	[illegible]	[illegible]	0.000	0.000	[illegible]	0.000	0.000	0.000	0.000	0.000	[illegible]	120000.000	400.000	120000.000	0.000	0.000	0.000	0.0
[illegible]	[illegible]	[illegible]	[illegible]	[illegible]	[illegible]	[illegible]	[illegible]	[illegible]	0.000	0.000	[illegible]	0.000	0.000	0.000	0.000	0.000	[illegible]	120000.000	400.000	120000.000	0.000	0.000	0.000	0.0
12	1020003	C20商品砼	C20	立方	混凝土类	400.000	245.000		0.000	0.000	[illegible]	120000.000	100.000	40000.000	0.000	0.000	[illegible]	22000.000	10.000	4000.000	0.000	0.000	0.000	0.0
[illegible]	[illegible]	[illegible]	[illegible]	[illegible]	[illegible]	[illegible]	[illegible]	[illegible]	0.000	0.000	[illegible]	0.000	0.000	0.000	0.000	0.000	[illegible]	120000.000	400.000	120000.000	0.000	0.000	0.000	0.0
14	1010002	盘条Φ8mm	Φ8mm	吨	钢材类	5000.000	840.000		0.000	0.000	[illegible]	5000000.000	500.000	2500000.000	0.000	0.000	[illegible]	800000.000	80.000	400000.000	5.000	25000.000	6.000	30000.
[illegible]	[illegible]	[illegible]	[illegible]	[illegible]	[illegible]	[illegible]	[illegible]	[illegible]	0.000	0.000	[illegible]	0.000	0.000	0.000	0.000	0.000	[illegible]	120000.000	400.000	120000.000	0.000	0.000	0.000	0.0
16	1010001	盘条Φ6.5mm	Φ6.5mm	吨	钢材类	5000.000	840.000		0.000	0.000	[illegible]	5000000.000	500.000	2500000.000	0.000	0.000	[illegible]	800000.000	80.000	400000.000	5.000	25000.000	6.000	30000.
17	1010006	光圆钢筋φ8	φ8	吨	钢材类	5000.000	840.000		0.000	0.000	[illegible]	5000000.000	500.000	2500000.000	0.000	0.000	[illegible]	800000.000	80.000	400000.000	0.000	0.000	0.000	0.0
[illegible]	[illegible]	[illegible]	[illegible]	[illegible]	[illegible]	[illegible]	[illegible]	[illegible]	0.000	0.000	[illegible]	0.000	0.000	0.000	0.000	0.000	[illegible]	120000.000	400.000	120000.000	0.000	0.000	0.000	0.0
19	1010004	盘条Φ10mm以内	Φ10mm	吨	钢材类	5000.000	840.000		0.000	0.000	[illegible]	5000000.000	500.000	2500000.000	0.000	0.000	[illegible]	800000.000	80.000	400000.000	0.000	0.000	0.000	0.0
20	1020009	商品砼-抗渗C20	C20-S	立方	混凝土类	400.000	245.000		0.000	0.000	[illegible]	120000.000	100.000	40000.000	0.000	0.000	[illegible]	22000.000	10.000	4000.000	8.000	3200.000	0.000	0.0
21	1020008	商品砼-抗渗C15	C15-S	立方	混凝土类	400.000	245.000		0.000	0.000	[illegible]	120000.000	100.000	40000.000	0.000	0.000	[illegible]	22000.000	10.000	4000.000	0.000	0.000	0.000	0.0
22	1020002	C15商品砼	C15	立方	混凝土类	400.000	245.000		0.000	0.000	[illegible]	120000.000	100.000	40000.000	0.000	0.000	[illegible]	22000.000	10.000	4000.000	8.000	3200.000	0.000	0.0
23	1010008	光园钢筋Φ10内	Φ10	吨	钢材类	5000.000	840.000		0.000	0.000	[illegible]	5000000.000	500.000	2500000.000	0.000	0.000	[illegible]	800000.000	80.000	400000.000	0.000	0.000	0.000	0.0

图 4-28　材料成本分析明细表

材料成本大类分析表

项目名称: 材料类别: 起始时间: 2010-08-10 终止时间: 2010-08-10 查询 导出Excel

序号	材料类别	预算金额	采购计划金额	期初登记金额	入库金额	出库金额	退货金额	返料金额	损耗金额	调入金额	调出金额	盘点盈/亏	库存金额	实际使用金额	对账值
1	钢材类	40000000.000	20000000.000	0.000	6400000.000	3200000.000	75000.000	60000.000	0.000	0.000	0.000	0.000	3185000.000	3140000.000	0.000
2	混凝土类	1080000.000	360000.000	0.000	198000.000	36000.000	9600.000	0.000	0.000	0.000	0.000	0.000	152400.000	36000.000	0.000
3	砂石类	0.000	0.000	0.000	720000.000	720000.000	0.000	0.000	0.000	0.000	0.000	0.000	0.000	720000.000	0.000

图 4-29　材料大类成本分析

总金额、采购计划总金额、入库总金额、出库总金额、退货总金额、返料总金额、损耗总金额、调入总金额、调出总金额、工程库存总金额和实际使用总金额等。下面会有一个汇总，即把公司的所有工程的数据都汇总到一起了，如图 4-30 所示。

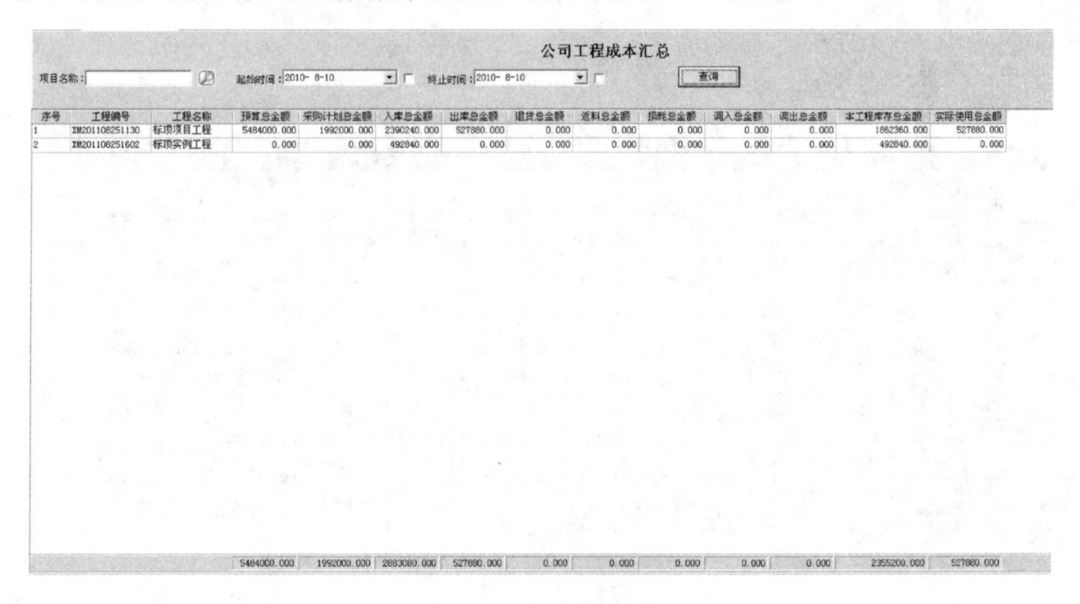

公司工程成本汇总

项目名称: 起始时间: 2010- 8-10 终止时间: 2010- 8-10 查询

序号	工程编号	工程名称	预算总金额	采购计划总金额	入库总金额	出库总金额	退货总金额	返料总金额	损耗总金额	调入总金额	调出总金额	本工程库存总金额	实际使用总金额
1	XM201108251130	标项项目工程	5484000.000	1992000.000	2390240.000	527880.000	0.000	0.000	0.000	0.000	0.000	1862360.000	527880.000
2	XM201108251602	标项实例工程	0.000	0.000	492840.000	0.000	0.000	0.000	0.000	0.000	0.000	492840.000	0.000
			5484000.000	1992000.000	2883080.000	527880.000	0.000	0.000	0.000	0.000	0.000	2355200.000	527880.000

图 4-30　公司成本汇总

4）材料成本查询

“成本分析管理”下的“材料成本查询”，查询一个工程某一段时间内的工程耗料，包含出库数量、返料数量、调出数量、损耗数量盘亏数量、总消耗数量等，如图 4-31 所示。

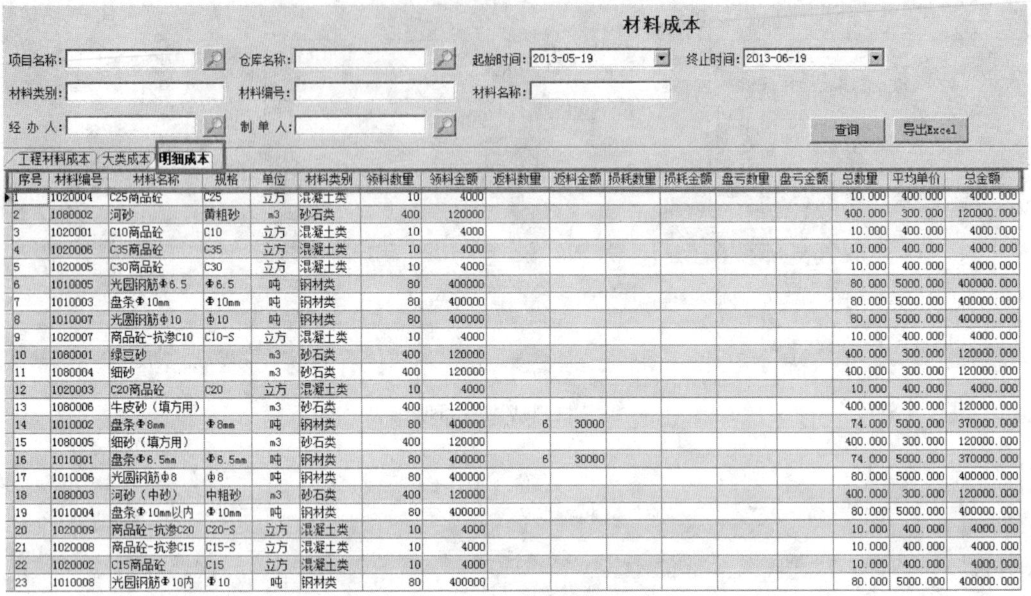

材料成本

项目名称： 仓库名称： 起始时间：2013-05-19 终止时间：2013-06-19

材料类别： 材料编号： 材料名称：

经 办 人： 制 单 人： 查询 导出Excel

工程材料成本 大类成本 明细成本

序号	材料编号	材料名称	规格	单位	材料类别	领料数量	领料金额	返料数量	返料金额	损耗数量	损耗金额	盘亏数量	盘亏金额	总数量	平均单价	总金额
1	1020004	C25商品砼	C25	立方	混凝土类	10	4000							10.000	400.000	4000.000
2	1080002	河砂	黄粗砂	m3	砂石类	400	120000							400.000	300.000	120000.000
3	1020001	C10商品砼	C10	立方	混凝土类	10	4000							10.000	400.000	4000.000
4	1020006	C35商品砼	C35	立方	混凝土类	10	4000							10.000	400.000	4000.000
5	1020005	C30商品砼	C30	立方	混凝土类	10	4000							10.000	400.000	4000.000
6	1010005	光园钢筋Φ6.5	Φ6.5	吨	钢材类	80	400000							80.000	5000.000	400000.000
7	1010003	盘条Φ10mm	Φ10mm	吨	钢材类	80	400000							80.000	5000.000	400000.000
8	1010007	光圆钢筋φ10	φ10	吨	钢材类	80	400000							80.000	5000.000	400000.000
9	1020007	商品砼-抗渗C10	C10-S	立方	混凝土类	10	4000							10.000	400.000	4000.000
10	1080001	绿豆砂		m3	砂石类	400	120000							400.000	300.000	120000.000
11	1080004	细砂		m3	砂石类	400	120000							400.000	300.000	120000.000
12	1020003	C20商品砼	C20	立方	混凝土类	10	4000							10.000	400.000	4000.000
13	1080006	牛皮砂（填方用）		m3	砂石类	400	120000							400.000	300.000	120000.000
14	1010002	盘条Φ8mm	Φ8mm	吨	钢材类	80	400000	6	30000					74.000	5000.000	370000.000
15	1080005	细砂（填方用）		m3	砂石类	400	120000							400.000	300.000	120000.000
16	1010001	盘条Φ6.5mm	Φ6.5mm	吨	钢材类	80	400000	6	30000					74.000	5000.000	370000.000
17	1010006	光圆钢筋φ8	φ8	吨	钢材类	80	400000							80.000	5000.000	400000.000
18	1080003	河砂（中砂）	中粗砂	m3	砂石类	400	120000							400.000	300.000	120000.000
19	1010004	盘条Φ10mm以内	Φ10mm	吨	钢材类	80	400000							80.000	5000.000	400000.000
20	1020009	商品砼-抗渗C20	C20-S	立方	混凝土类	10	4000							10.000	400.000	4000.000
21	1020008	商品砼-抗渗C15	C15-S	立方	混凝土类	10	4000							10.000	400.000	4000.000
22	1020002	C15商品砼	C15	立方	混凝土类	10	4000							10.000	400.000	4000.000
23	1010008	光园钢筋Φ10内	Φ10	吨	钢材类	80	400000							80.000	5000.000	400000.000

图 4-31　材料成本

5）工程结算

“成本分析管理”下的“工程结算”，选择一个工程名称，设置起始时间，系统自动汇总结算时间段内的材料。可以保存好，下次需要查看的时候在左边列表中选择查看，如图 4-32 所示。

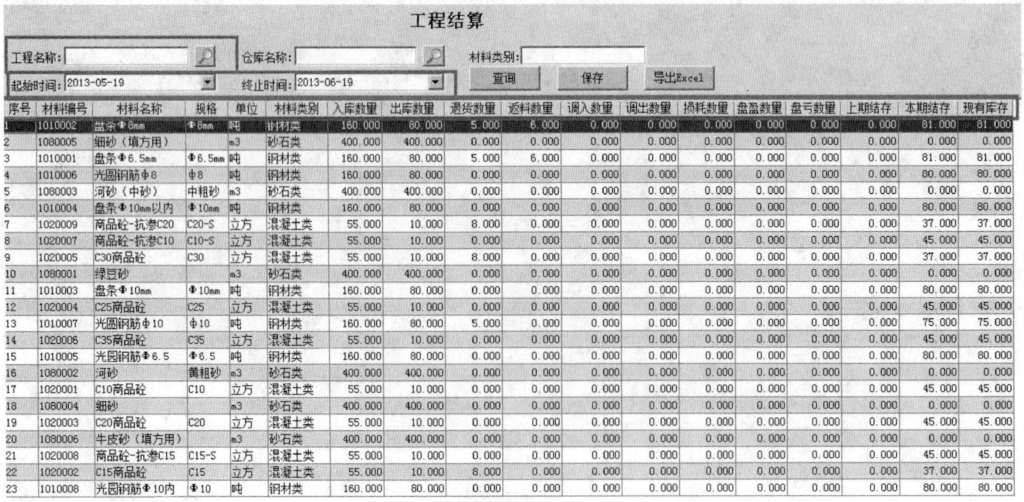

工程结算

工程名称： 仓库名称： 材料类别：

起始时间：2013-05-19 终止时间：2013-06-19 查询 保存 导出Excel

序号	材料编号	材料名称	规格	单位	材料类别	入库数量	出库数量	退货数量	返料数量	调入数量	调出数量	损耗数量	盘盈数量	盘亏数量	上期结存	本期结存	现有库存
1	1010002	盘条Φ8mm	Φ8mm	吨	钢材类	160.000	80.000	5.000	6.000	0.000	0.000	0.000	0.000	0.000	0.000	81.000	81.000
2	1080005	细砂（填方用）		m3	砂石类	400.000	400.000	0.000	0.000	0.000	0.000	0.000	0.000	0.000	0.000	0.000	0.000
3	1010001	盘条Φ6.5mm	Φ6.5mm	吨	钢材类	160.000	80.000	5.000	6.000	0.000	0.000	0.000	0.000	0.000	0.000	81.000	81.000
4	1010006	光圆钢筋φ8	φ8	吨	钢材类	160.000	80.000	0.000	0.000	0.000	0.000	0.000	0.000	0.000	0.000	80.000	80.000
5	1080003	河砂（中砂）	中粗砂	m3	砂石类	400.000	400.000	0.000	0.000	0.000	0.000	0.000	0.000	0.000	0.000	0.000	0.000
6	1010004	盘条Φ10mm以内	Φ10mm	吨	钢材类	160.000	80.000	0.000	0.000	0.000	0.000	0.000	0.000	0.000	0.000	80.000	80.000
7	1020009	商品砼-抗渗C20	C20-S	立方	混凝土类	55.000	10.000	8.000	0.000	0.000	0.000	0.000	0.000	0.000	0.000	37.000	37.000
8	1020007	商品砼-抗渗C10	C10-S	立方	混凝土类	55.000	10.000	0.000	0.000	0.000	0.000	0.000	0.000	0.000	0.000	45.000	45.000
9	1020005	C30商品砼	C30	立方	混凝土类	55.000	10.000	8.000	0.000	0.000	0.000	0.000	0.000	0.000	0.000	37.000	37.000
10	1080001	绿豆砂		m3	砂石类	400.000	400.000	0.000	0.000	0.000	0.000	0.000	0.000	0.000	0.000	0.000	0.000
11	1010003	盘条Φ10mm	Φ10mm	吨	钢材类	160.000	80.000	0.000	0.000	0.000	0.000	0.000	0.000	0.000	0.000	80.000	80.000
12	1020004	C25商品砼	C25	立方	混凝土类	55.000	10.000	0.000	0.000	0.000	0.000	0.000	0.000	0.000	0.000	45.000	45.000
13	1010007	光圆钢筋φ10	φ10	吨	钢材类	160.000	80.000	5.000	0.000	0.000	0.000	0.000	0.000	0.000	0.000	75.000	75.000
14	1020006	C35商品砼	C35	立方	混凝土类	55.000	10.000	0.000	0.000	0.000	0.000	0.000	0.000	0.000	0.000	45.000	45.000
15	1010005	光园钢筋Φ6.5	Φ6.5	吨	钢材类	160.000	80.000	0.000	0.000	0.000	0.000	0.000	0.000	0.000	0.000	80.000	80.000
16	1080002	河砂	黄粗砂	m3	砂石类	400.000	400.000	0.000	0.000	0.000	0.000	0.000	0.000	0.000	0.000	0.000	0.000
17	1020001	C10商品砼	C10	立方	混凝土类	55.000	10.000	0.000	0.000	0.000	0.000	0.000	0.000	0.000	0.000	45.000	45.000
18	1080004	细砂		m3	砂石类	400.000	400.000	0.000	0.000	0.000	0.000	0.000	0.000	0.000	0.000	0.000	0.000
19	1020003	C20商品砼	C20	立方	混凝土类	55.000	10.000	0.000	0.000	0.000	0.000	0.000	0.000	0.000	0.000	45.000	45.000
20	1080006	牛皮砂（填方用）		m3	砂石类	400.000	400.000	0.000	0.000	0.000	0.000	0.000	0.000	0.000	0.000	0.000	0.000
21	1020008	商品砼-抗渗C15	C15-S	立方	混凝土类	55.000	10.000	0.000	0.000	0.000	0.000	0.000	0.000	0.000	0.000	45.000	45.000
22	1020002	C15商品砼	C15	立方	混凝土类	55.000	10.000	8.000	0.000	0.000	0.000	0.000	0.000	0.000	0.000	37.000	37.000
23	1010008	光园钢筋Φ10内	Φ10	吨	钢材类	160.000	80.000	0.000	0.000	0.000	0.000	0.000	0.000	0.000	0.000	80.000	80.000

图 4-32　工程结算

（7）财务管理

1）付款单

“财务管理”下的“新增付款单”，弹出付款单，选择项目名称、供应商、发生日期、经办人、付款方式，然后在下面的窗口中点击增加行，在对应单据里面的靠右边点击小按钮。弹出单据信息，选择需付的单据，双击就能选中。然后，关闭窗口。再把本次付款总金额填写上点击保存就可以了，如图 4-33 所示。

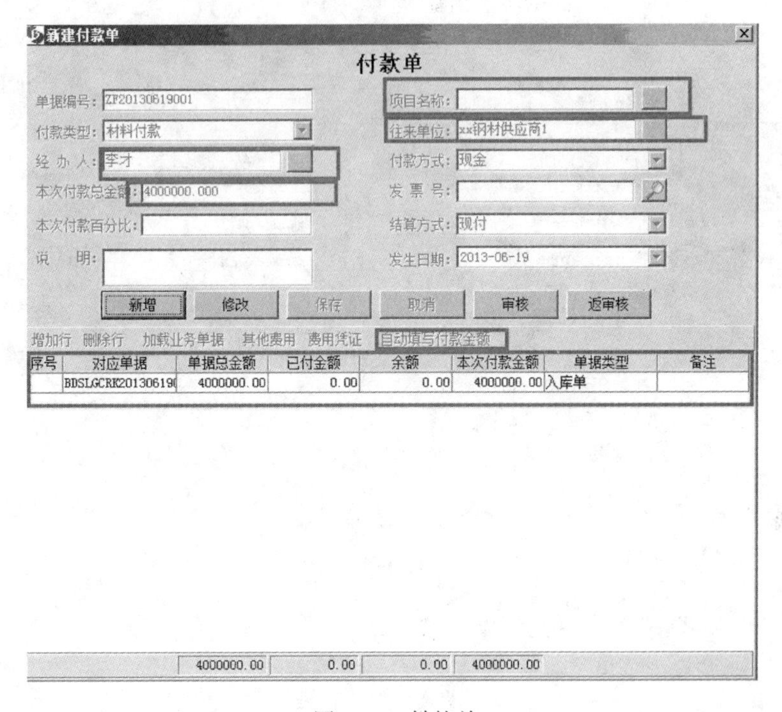
新建付款单

付款单

单据编号：ZF20130619001　项目名称：

付款类型：材料付款　往来单位：xx钢材供应商1

经 办 人：李才　付款方式：现金

本次付款总金额：4000000.000　发 票 号：

本次付款百分比：　结算方式：现付

说　明：　发生日期：2013-06-19

新增　修改　保存　取消　审核　返审核

增加行　删除行　加载业务单据　其他费用　费用凭证　自动填写付款金额

序号	对应单据	单据总金额	已付金额	余额	本次付款金额	单据类型	备注
	BDSLGCRK20130619(	4000000.00	0.00	0.00	4000000.00	入库单	
		4000000.00	0.00	0.00	4000000.00		

图 4-33　付款单

2）预付款单

“财务管理”下的“新增预付款单”，选择项目名称、往来单位、发生日期、经办人、付款方式、预付总金额等信息，然后保存。在付款单中可以直接调用预付款单进行冲销，如图 4-34 所示。

新建预付款单

预付款单

单据编号：YFK20130714001　项目名称：

往来单位：　发生日期：2013-07-14

经 办 人：　付款方式：

预付总金额：　剩余金额：

说　明：　结算方式：

新增　修改　保存　取消　审核　返审核

图 4-34　预付款单

3）收款单

“财务管理”下的“新增收款单”，操作与付款单一样。功能与付款单相反。

4）往来对账查询

“财务管理”下的“往来对账查询”，是针对某一供应商查询与之所有的对应单据。应收/付款，已收/付款，未收/付款，方便查询对账。如图 4-35 所示。

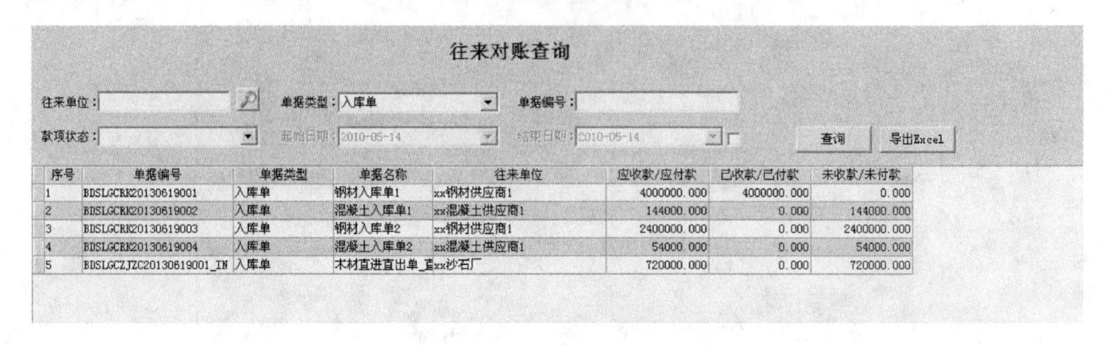

序号	单据编号	单据类型	单据名称	往来单位	应收款/应付款	已收款/已付款	未收款/未付款
1	BDSLGCRK20130619001	入库单	钢材入库单1	xx钢材供应商1	4000000.000	4000000.000	0.000
2	BDSLGCRK20130619002	入库单	混凝土入库单1	xx混凝土供应商1	144000.000	0.000	144000.000
3	BDSLGCRK20130619003	入库单	钢材入库单2	xx钢材供应商1	2400000.000	0.000	2400000.000
4	BDSLGCRK20130619004	入库单	混凝土入库单2	xx混凝土供应商1	54000.000	0.000	54000.000
5	BDSLGCZJZC20130619001_IN	入库单	木材直进直出单_直	xx沙石厂	720000.000	0.000	720000.000

图 4-35　往来对账查询

第 5 章　建筑材料核算的内容和方法

5.1　工程费用及成本核算

5.1.1　工程费用的组成

1. 建筑安装工程费用

建筑安装工程费用由人工费、材料（包括工程设备）费、施工机具使用费、企业管理费、利润、规费和税金组成。其中，人工费、材料费、施工机具使用费、企业管理费和利润包含在分部分项工程费、措施项目费、其他项目费中。如图 5-1 所示。

（1）人工费

人工费是指按工资总额构成规定，支付给从事建筑安装工程施工的生产工人和附属生产单位工人的各项费用。内容包括：计时工资或计件工资、奖金、津贴补贴、加班加点工资、特殊情况下支付的工资。

（2）材料费（包括工程设备）

材料费是施工过程中耗费的原材料、辅助材料、构配件、零件、半成品或成品、工程设备的费用。内容包括：材料原价、运杂费、运输损耗费、采购及保管费。

工程设备是指构成或计划构成永久工程一部分的机电设备、金属结构设备、仪器装置及其他类似的设备和装置。

（3）施工机具使用费

施工机具使用费是指施工作业所发生的施工机械、仪器仪表使用费或其租赁费。

1）施工机械使用费：以施工机械台班耗用量乘以施工机械台班单价表示，施工机械台班单价应由折旧费、大修理费、经常修理费、安拆费及场外运费、人工费、燃料动力费、税费七项费用组成。

2）仪器仪表使用费：是指工程施工所需使用的仪器仪表的摊销及维修费用。

（4）企业管理费

企业管理费是指建筑安装企业组织施工生产和经营管理所需的费用。内容包括管理人员工资、办公费、差旅交通费、固定资产使用费、工具用具使用费、劳动保险和职工福利费、劳动保护费、检验试验费、工会经费、职工教育经费、财产保险费、财务费、税金、其他 14 项费用。

其他：包括技术转让费、技术开发费、投标费、业务招待费、绿化费、广告费、公证费、法律顾问费、审计费、咨询费、保险费等。

（5）利润

利润是指施工企业完成所承包工程获得的盈利。

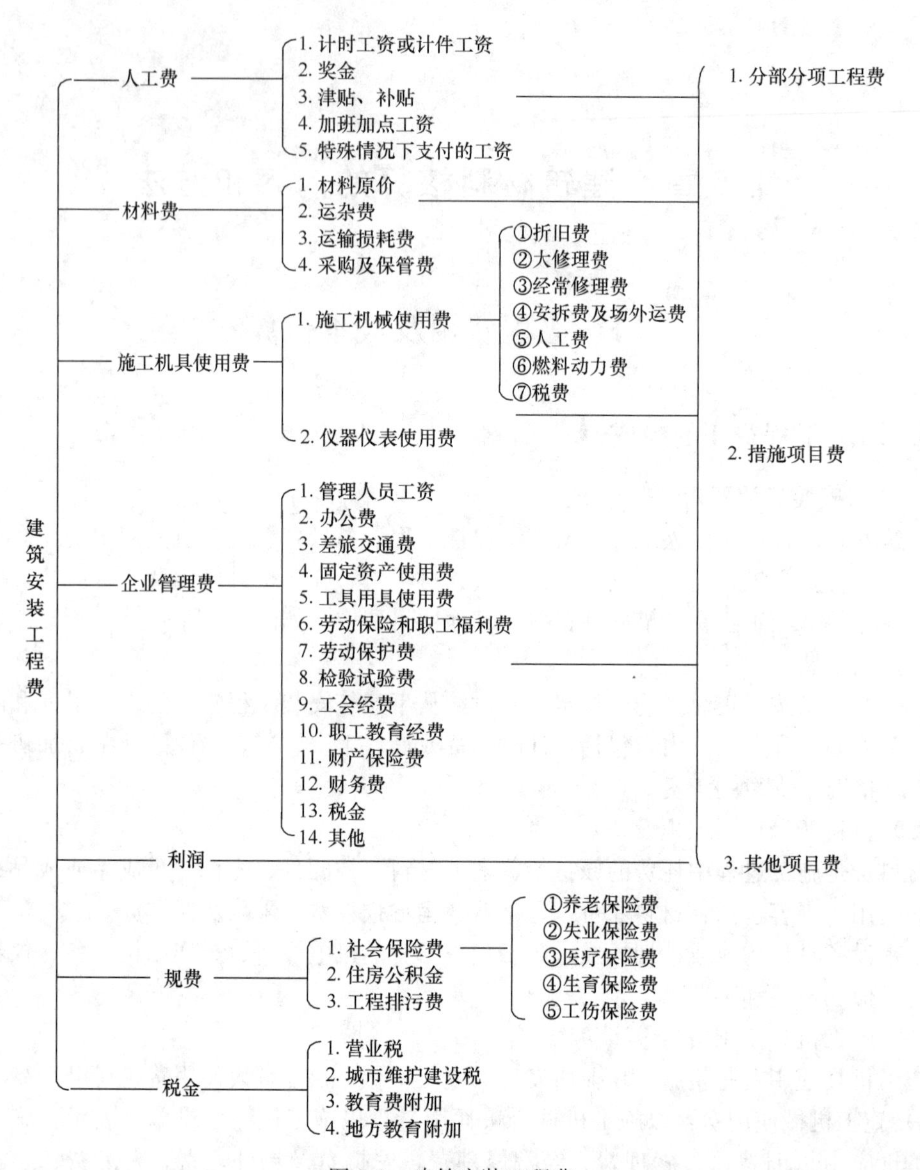

图 5-1 建筑安装工程费

（6）规费

规费是指按国家法律、法规规定，由省级政府和省级有关权力部门规定必须缴纳或计取的费用。包括社会保险费、住房公积金、工程排污费。

社会保险费：包括养老保险费、失业保险费、医疗保险费、生育保险费、工伤保险费。

住房公积金：是指企业按规定标准为职工缴纳的住房公积金。

工程排污费：是指按规定缴纳的施工现场工程排污费。

其他应列而未列入的规费，按实际发生计取。

（7）税金

税金是指国家税法规定的应计入建筑安装工程造价内的营业税、城市维护建设税、教育费附加以及地方教育附加。

2. 工程成本的核算

（1）工程成本核算的依据

1）会计核算

会计核算主要是价值核算。会计是对一定单位的经济业务进行计量、记录、分析和检查，做出预测，参与决策，实行监督，旨在实现最优经济效益的一种管理活动。它通过设置账户、复式记账、填制和审核凭证、登记账簿、成本计算、财产清查和编制会计报表等一系列有组织有系统的方法，来记录企业的一切生产经营活动，然后据以提出一些用货币来反映的各种有关综合性经济指标的数据。资产、负债、所有者权益、营业收入、成本、利润等会计六要素指标，主要是通过会计来核算。由于会计记录具有连续性、系统性、综合性等特点，所以它是施工成本分析的重要依据。

2）业务核算

业务核算是各业务部门根据业务工作的需要而建立的核算制度，它包括原始记录和计算登记表，如单位工程及分部分项工程进度登记，质量登记，工效、定额计算登记，物资消耗定额记录，测试记录等。业务核算的范围比会计、统计核算要广，不但可以对已经发生的，而且还可以对尚未发生或正在发生的经济活动进行核算，看是否可以做，是否有经济效果。它的特点是，对个别的经济业务进行单独核算。例如各种技术措施、新工艺等项目，可以核算已经完成的项目是否达到原定的目的，取得预期的效果，也可以对准备采取措施的项目进行核算和审查，看是否有效果，值不值得采纳，随时都可以进行。业务核算的目的，在于迅速取得资料，在经济活动中及时采取措施进行调整。

3）统计核算

统计核算是利用会计核算资料和业务核算资料，把企业生产经营活动中客观现状的大量数据，按统计方法加以系统整理，表明其规律性。它的计量尺度比会计宽泛，可以用货币计算，也可以用用实物或劳动量计量。它通过全面调查和抽样调查等特有的方法，不仅能提供绝对数指标，还能提供相对数和平均数指标，可以计算当前的实际水平，确定变动速度，可以预测发展的趋势。

（2）工程成本的核算方法

工程成本核算是指对已完工程的成本水平、执行成本计划的情况进行比较，是一种既全面而又概略的分析。工程成本按其在成本管理中的作用有三种表现形式：

1）预算成本

预算成本是根据构成工程成本的各个要素，按编制施工图预算的方法确定的工程成本，是考核企业成本水平的主要标尺，也是结算工程价款、计算工程收入的重要依据。

2）计划成本

计划成本企业为了加强成本管理，在施工生产过程中有效地控制生产耗费，所确定的工程成本目标值。计划成本应根据施工图预算，结合单位工程的施工组织设计和技术组织措施计划、管理费用计划确定。它是结合企业实际情况确定的工程成本控制额，是企业降低消耗的奋斗目标，是控制和检查成本计划执行情况的依据。

3）实际成本

实际成本即企业完成工程实际应计入工程成本的各项费用之和。它是企业生产耗费在工程上的综合反映，是影响企业经济效益高低的重要因素。

工程成本核算，首先是将工程的实际成本同预算成本比较，检查工程成本是节约还是超支。其次是将工程实际成本同计划成本比较，检查企业执行成本计划的情况，考察实际成本是否控制在计划成本之内。无论是预算成本还是计划成本，都要从工程成本总额和成本项目两个方面进行考核。

在考核成本变动时，要借助成本降低额（预算成本降低额和计划成本降低额）和成本降低率（预算成本降低率、计划成本降低率）两个指标。前者用以反映成本节超的绝对额，后者反映成本节超的幅度。

5.1.2 工程成本的分析

工程成本核算的分析：

工程成本核算的分析，就是根据会计核算、业务核算和统计核算提供的资料，在工程成本核算的基础上进一步对形成过程和影响成本升降的因素进行分析，以便及时纠偏和寻求进一步降低成本的途径；另一方面，通过成本分析，可从账簿、报表反映的成本现象看清成本的实质，从而增强工程项目成本的透明度和可控性，为加强成本控制，实现项目成本目标创造条件。

工程成本核算的分析方法一般有比较法、因素分析法、差额计算法、比率法等。其中比较法和因素分析法是常用的两种方法。

（1）比较法

比较法又称"指标对比分析法"，就是通过技术经济指标的对比，检查目标的完成情况，分析产生偏差的原因，进而挖掘内部潜力的方法。这种方法具有通俗易懂、简单易行、便于掌握的特点，因而得到了广泛应用，但在应用时必须注意各技术经济指标的可比性。比较法的应用通常有以下形式：

1）将实际指标与目标指标对比

以此检查目标完成情况，分析影响目标完成的积极因素和消极因素，以便及时采取措施，保证成本目标的实现。在进行实际指标与目标指标（一般取计划指标）对比时，还应注意目标本身有无问题。如果目标本身出现问题，则应调整目标，重新正确评价实际工作的成绩。

2）本期实际指标与上期实际指标对比

通过本期实际指标与上期实际指标对比，可以看出各项技术经济指标的变动情况，反映施工管理水平的提高程度。

3）与本行业平均水平、先进水平对比

通过这种对比，可以反映本项目的技术管理和经济管理与行业的平均水平和先进水平的差距，进而采取措施赶超先进水平。

（2）因素分析法

因素分析法又称连环置换法。这种方法可用来分析各种因素对成本的影响程度。在进行分析时，首先要假定众多因素中的一个因素发生了变化，而其他因素则不变，然后逐个替换，分别比较其计算结果，以确定各个因素的变化对成本的影响程度。因素分析法的计算步骤如下：

1）确定分析对象，并计算出实际与目标数的差异。

2）确定该指标是由哪几个因素组成的，并按其相互关系进行排序（排序规则是：先实物量，后价值量；先绝对值，后相对值）。

3）以目标数为基础，将各因素的目标数相乘，作为分析替代的基数。

4）将各个因素的实际数按照上面的排列顺序进行替换计算，并将替换后的实际数保留下来。

5）将每次替换计算所得的结果，与前一次的计算结果相比较，两者的差异即为该因素对成本的影响程度。

6）各个因素的影响程度之和，应与分析对象的总差异相等。

5.1.3 工程材料费的核算

工程材料费的核算：

工程材料费的核算，主要依据是建筑安装工程（概）预算定额和地区材料预算价格。因而在工程材料费的核算管理上，也反映在这两个方面：一是建筑安装工程（概）预算定额规定的材料定额消耗量与施工生产过程中材料实际消耗量之间的“量差”；二是地区材料预算价格规定的材料价格与实际采购供应材料价格之间的“价差”。工程材料成本的盈亏主要核算这两个方面。

（1）材料的量差

材料部门应按照定额供料，分单位工程记账，分析节约与超支，促进材料的合理使用，降低材料消耗水平。做到对工程用料、临时设施用料和非生产性其他用料，区别对象划清成本项目。对于属于费用性开支的非生产性用料，要按规定掌握，不得记入工程成本。对供应两个以上工程同时使用的大宗材料，可按定额及完成的工程量进行比例分配，分别记人单位工程成本。

为了抓住重点，简化基层实物量的核算，根据各类工程用料特点，结合班组核算情况，选定占工程材料费用比重较大的主要材料，如建筑和市政工程中的钢材、木材、水泥、砖瓦、砂、石、石灰等品种核算分析，施工项目应建立实物台账，一般材料则按类核算，掌握队、组用料节超情况，从而找出定额与实耗的量差，为企业和项目进行经济活动分析提供资料。

（2）材料的价差

材料价差的发生与供料方式有关，供料方式不同，价差的处理方法也不同。由建设单位供料，按地区预算价格向施工单位结算，价格差异则发生在建设单位，由建设单位负责核算。施工单位包料、按施工图预算包干的，价格差异发生在施工单位，由施工单位材料部门进行核算，所发生的材料价格差异，按合同的规定记入工程成本。其他耗用材料，如属机械使用费、施工管理费、其他直接费开支用料，也由材料部门负责采购、供应、管理和核算。

5.2 材料核算的内容和方法

5.2.1 材料、设备成本核算的内容

1. 材料、设备成本核算概述

材料、设备成本核算是以货币或实物数量的形式，对建筑企业材料、设备管理工作中

的采购、供应、储备、消耗等项业务活动进行记录、计算、比较和分析，总结管理经验，找出存在问题，从而提高材料供应、设备管理水平的活动。材料、设备成本核算是企业经济核算的重要组成部分，包括材料采购核算、材料供应核算、材料储备核算、材料消耗量核算、周转材料的核算和设备工具的核算等。

进行材料核算的基础工作如下：

（1）要建立和健全材料核算的管理体制，使用材料核算的原则贯穿于材料供应和使用的全过程，做到干什么、算什么，全员讲求经济效果，积极参加材料核算和分析活动。

（2）要建立健全核算管理制度。

（3）要有扎实的经营管理基础工作。

2. 材料成本分析

在建筑企业材料物资流转过程中，普遍存在着数量、数量关系和数量界限。某个相关因素的变化，都会引起材料管理过程中的成本变化。要搞好材料的管理与核算，需要掌握和处理各种数量关系和数量界限，包括做好材料的成本分析。

（1）材料成本分析的概念

成本分析就是利用成本数据按期间与目标成本进行比较，找出成本升降的原因，总结经营管理的经验，制定切实可行的措施，加以改进，不断地提高企业经营管理水平和经济效益。

成本分析可能在经济活动的事先、事中或事后进行。在经济活动开展之前，通过成本预测分析，可以选择达到最佳经济效益的成本水平，确定目标成本，为编制成本计划提供可靠依据。

（2）成本分析方法

成本分析方法很多。如技术经济分析法、比重分析法、因素分析法、成本分析会议等。材料成本分析通常采用的有指标对比法、因素分析法、趋势分析法。

1）指标对比法

这是一种以数字资料为依据进行对比的方法。通过指标对比，确定存在差异，然后分析形成差异的原因。

2）因素分析法

成本指标往往由很多的因素构成，因素分析法是通过分析材料成本各构成因素的变动对材料成本影响程度，找出材料成本节约或超支的原因的一种方法。

3）趋势分析法

趋势分析法是将一定时期内连续各期有关数据列表反映并借以观察其增减变动基本趋势的一种方法。

3. 消耗材料成本核算方法

（1）实际成本法

实际成本法是将材料的收、发、结存等均按实际成本计算的一种核算方法。由于实际成本有据可查，具有一定的客观性，故该方法简单可行，但会在一定程度上使提供产品或劳务的部门的成绩或不足全部转移给使用部门，不利于责任中心的考核。

企业按实际成本计价法核算材料收发时，对于发出材料的成本应采用先进先出法、加权平均法、个别计价法等方法计算确定。

(2) 计划成本法

计划成本法是指材料的收、发、结存等均按预先制定的计划成本计价，另设“材料成本差异”核算实际成本与计划成本之间的差额，按期结转材料成本差异，将计划成本调整为实际成本的一种核算方法。这种方法适用于存货品种繁多、收发频繁的情况。

(3) 实际成本法和计划成本法的区别

1) 账户使用的不同

实际成本法下，购买的尚未验收入库材料的实际成本记入“在途物资”科目，计划成本法下，购买的尚未验收入库材料的实际成本记入“材料采购”科目，同时实际成本和计划成本之间的差额计入“材料成本差异”科目。

2) 计入成本费用时，实际成本可以直接转入，但是计划成本法首先要将计划成本转入，然后将“材料成本差异”转入到相关的成本费用中去。

4. 材料消耗数量的计算方法

材料消耗数量计算方法主要有永续盘存制和实地盘存制两种。

(1) 永续盘存制

永续盘存制也叫账面盘存制或连续记录法，它是指每次收入、发出材料时，都根据有关收发材料的原始凭证将材料收入和发出的数量逐笔记入材料明细账，随时计算材料消耗数量和结存数量。

材料消耗的原始记录主要有：企业记录生产过程中材料消耗的原始记录主要有“领料单”、“限额领料单”和“领料登记表”等发料凭证。生产所剩余料，应该填制退料单。

对于已领未用、下月需要继续耗用的材料，一般可以采用“假退料”办法，材料实物不动，只是填制一份本月的退料单，同时填制一份下月的领料单。

期末，企业应当根据全部领退料凭证汇总编制“发出（耗用）材料汇总表”，确定材料消耗量。发出（耗用）材料汇总表应按照领料用途和材料类别分别汇总。凡能分清某一成本计算对象的材料消耗，应当单独列示，以便直接计入该成本计算对象；凡属于几个成本计算对象共同耗用的材料，应当选择适当的分配方法，分别计入有关成本计算对象的材料费用项目。

(2) 实地盘存制

实地盘存制也叫定期盘存制或盘存计算法，它是指每次发出材料时不做记录，材料发出（消耗）数量是根据期末实地盘点结存数量，倒计出来的。采用实地盘存法计算材料消耗量相对粗略，不能获得准确数据。

计算公式为：

$$本期消耗材料数量=期初结存材料数量+本期收入材料数量-期末结存材料数量 \tag{5-1}$$

5.2.2 材料采购的实际价格

1. 材料的采购核算

材料核算是以材料采购预算成本为基础，与实际采购成本相比较，核算其成本，降低或超耗程度。

（1）材料采购实际价格

材料采购实际成本是材料在采购和保管过程中所发生的各项费用的总和。它由材料原价、供销部门手续费、包装费、运杂费、采购保管费构成。

通常市场供应的材料由于产地不同，造成产品成本不一致，运输距离不等，质量也不同。因此，在材料采购或加工订货时，要注意材料实际成本的核算，做到在采购材料时作各种比较，即同样的材料比质量，同样的质量比价格，同样的价格比运距，最后核算材料成本。尤其是地方大宗材料的价格组成，运费占较大比重，尽量做到就地取材，以减少运输费用和管理费。

材料实际价格，是按采购（或委托加工、自制）过程中所发生的实际成本计算的单价。通常按实际成本计算价格可采用以下两种方法：

1）先进先出法

指同一种材料每批进货的实际成本如各不相同时，按各批不同的数量及价格分别记入账册。在发生领用时，以先购入的材料数及价格先计价核算工程成本，按先后顺序依次类推。

2）加权平均法

指同一种材料在发生不同实际成本时，按加权平均法求得平均单价。当下批进货时，又以余额的数量和价格与新购入材料的数量与价格作新的加权平均计算，得出新的平均价格。

（2）材料预算价格

材料预算价格是由地区建筑主管部门颁布的，以历史水平为基础，并考虑当前和今后的变动因素，预先编制的一种计划价格。

材料预算价格是地区性的，是根据本地区工程分布、投资数额、材料用量、材料来源地、运输方法等因素综合考虑，采用加权平均的计算方法确定的。同时对其使用范围也有明确规定，在地区范围以外的工程，则应按规定增加远距离的运费差价。材料预算价格由材料原价、供销部门手续费、包装费、运杂费、采购及保管费五项费用组成。

（3）材料采购成本的核算

材料采购成本可以从实物量和价值量两方面进行考核。单项品种的材料在考核材料采购成本时，可以从实物量形态考核其数量上的差异。但企业实际进行采购成本考核时，往往是分类或按品种综合考核“节”与“超”。通常有如下两项考核指标：

1）材料采购成本降低（超耗）额

$$\text{材料采购成本降低(超耗)额} = \text{材料采购预算成本} - \text{材料采购实际成本} \tag{5-2}$$

式中材料采购预算成本为按预算价格事先计算的计划成本支出；材料采购实际成本是按实际价格事后计算的实际成本支出。

2）材料采购成本降低（超耗）率

$$\text{材料采购成本降低(超耗)率} = \frac{\text{材料采购成本降低(超耗)额}}{\text{材料采购预算成本}} \times 100\% \tag{5-3}$$

5.2.3 材料的供应核算

材料供应计划是组织材料供应的依据，它是根据施工生产进度计划、材料消耗定额等编制的。施工生产进度计划确定了一定时间内应完成的工作量，而材料供应量是根据工程量乘以材料消耗定额，并考虑库存、合理储备、综合利用等因素，经平衡后确定的。因此，按质、按量、按时、配套供应各种材料，是保证施工生产正常进行的基本条件之一。所以，检查考核材料供应计划的执行情况，主要是检查材料的收入执行情况，它反映了材料对生产的保证程度。

1. 检查材料收入量是否充足

这是用于考核材料在某一时期供应计划的完成情况，计算公式如下：

$$材料供应计划完成率 = \frac{实际收入量}{计划收入量} \times 100\% \tag{5-4}$$

检查材料的供应量是保证生产完成和施工顺利进行的重要条件，如果供应不足，就会一定程度上造成施工生产的中断，影响施工生产的正常进行。

2. 检查材料供应的及时性

在检查考核材料供应计划的执行情况时，还可能出现材料供应数量充足，而因材料供应不及时而影响施工生产正常进行的情况。所以还应检查材料供应的及时性，需要把时间、数量、平均每天需用量和期初库存量等资料联系起来考查。

5.2.4 材料的储备核算

为了防止材料积压或不足，保证生产的需要，加速资金周转，企业必须经常检查储备定额的执行情况，分析是否超储或不足。

1. 储备实物量的核算

储备实物量的核算是对事物周转速度的核算。核算材料储备对生产的保证天数及在规定期限的周转次数和每周转一次所需天数。计算公式如下：

$$材料储备对生产的保证天数 = \frac{期末库存量}{每日平均消耗材料量} \tag{5-5}$$

$$材料周转次数 = \frac{某种材料的年度耗用量}{平均库存量} \tag{5-6}$$

$$材料周转天数(即储备天数) = \frac{平均库存量 \times 日历天数(年)}{年度材料耗用量} \tag{5-7}$$

2. 储备价值量的核算

价值形态检查的考核，是把实物数量乘以材料单价，用货币单位进行综合计算。其优点是能将不同质量、不同价格的各类材料进行最大限度的综合，它的计算方法除上述的有关周转速度（周转次数、周转天数）均适用外，还可以从百万元产值占用材料储备资金情况及节约使用材料资金方面进行计算考核。计算公式如下：

$$百元产值占用材料储备资金 = \frac{定额流动资金中材料储备资金平均数}{年度建筑企业总产值} \times 100 \tag{5-8}$$

$$流动资金中材料资金节约使用额 = (计划周转天数 - 实际周转天数) \times \frac{年度耗用材料总额}{360} \tag{5-9}$$

5.2.5 材料消耗量的核算

检查材料消耗情况，主要用材料的实际消耗量与定额消耗量进行对比，反映材料节约或浪费情况。

(1) 核算某项工程某种材料的定额消耗量与实际消耗量，按如下公式计算材料节约(超耗量)：

$$\text{某种材料节约(超耗量)} = \text{某种材料定额耗用量} - \text{该项材料实际耗用量} \tag{5-10}$$

上式计算结果为正数时，表示节约；反之，计算结果为负数时，则表示超耗。

$$\text{某种材料节约(超耗)率} = \frac{\text{材料节约(超耗)量}}{\text{材料定额耗用量}} \times 100\% \tag{5-11}$$

同样，式中正百分数为节约率；负百分数为超耗率。

(2) 核算多项工程某种材料节约或超耗的计算式同前。

某种材料的定额耗用量的计算式为：

$$\text{某种材料定额耗用量} = \Sigma(\text{材料消耗定额} \times \text{实际完成的工程量}) \tag{5-12}$$

核算一项工程使用多种材料的消耗情况时，由于使用价值不同，计量单位各异，不能直接相加进行考核。因此需要利用材料价格作同步计量，用消耗量乘以材料价格，然后求和对比。公式如下：

$$\text{材料节约}(+)\text{或超支}(-)\text{额} = \Sigma\text{材料价格} \times (\text{材料实耗量} - \text{材料定额消耗量}) \tag{5-13}$$

(3) 周转材料的核算

由于周转材料可多次反复使用于施工过程，因此其价值的转移方式也不同于材料一次转移，而是分多次转移，通常称摊销。周转材料的核算是以价值量核算为主要内容，核算其周转材料的费用收入与支出的差异。

1) 费用收入

周转材料的费用收入是以施工图为基础，以概（预）算定额为标准，随工程款结算而取得的资金收入。

在概算定额中，周转材料的取费标准是根据不同材质综合编制的，在施工生产中无论实际使用何种材质，取费标准均不予调整（主要指模板）。

2) 费用支出

周转材料的费用支出是根据施工工程的实际投入量计算的。在对周转材料实行租赁的企业，费用支出表现为实际支付的租赁费用；在不实行租赁制度的企业，费用支出表现为按照上级规定的摊销率所提取的摊销额。计算摊销额的基数为全部拥有量。

3) 费用摊销

费用摊销的方法有如下几种：一次摊销法、“五五”摊销法、期限摊销法等。

① 一次摊销法

一次摊销法是指一经使用，其价值即全部转入工程成本的摊销方法。它适用于与主件配套使用并独立计价的零配件等。

②“五五”摊销法

“五五”摊销法指投入使用时，先将其价值的一半摊入工程成本，待报废后再将另一半价值摊入工程成本的摊销方法。它适用于价值偏高，不宜一次摊销的周转材料。

③ 期限摊销法

期限摊销法是根据使用期限和单价来确定摊销额度的摊销方法。它适用于价值较高、使用期限较长的材料。计算方法如下：

先计算各种周转材料的月摊销额：

$$\text{某种周转材料的月摊销额}=\frac{\text{该种周转材料的采购原价}-\text{预计残余价值}}{\text{该种周转材料预计使用年限}\times 12(\text{月})} \tag{5-14}$$

然后计算各种周转材料月摊销率：

$$\text{某种周转材料的月摊销率}=\frac{\text{该种周转材料的月摊销额}}{\text{该种周转材料的采购价}}\times 100\% \tag{5-15}$$

最后计算月度周转材料总摊销额：

$$\text{月度周转材料的总摊销额}=\Sigma(\text{周转材料的采购原价}\times\text{该种周转材料的摊销率}) \tag{5-16}$$

（4）工具的核算

在施工生产中，生产工具费用约占工程直接费2%。工具费用摊销常用一次摊销法、“五五”摊销法和期限摊销法三种。

1）一次性摊销法

一次性摊销法指工具一经使用其价值即全部转入工程成本，并通过工程款收入得到一次性补偿的核算方法。它适用于消耗性工具。

2）“五五”摊销法

“五五”摊销法同周转材料核算中的“五五”摊销法。

3）期限摊销法

期限摊销法指按工具使用年限和单价确定每次摊销额度，多次摊销的核算方法。在每个核算期内，工具的价值只是部分地进入工程成本并得到部分补偿。它适用于固定资产工具及价值较高的低值易耗工具。

（5）财务部门对材料核算的职责

1）财务部门对材料采购人员送交的供货方发票、购物清单、材料“材料验收单”、物资采购申请表等原始凭证，经审核无误后，及时记账。如供货方材料为分批发出的，即材料先到，发票后到，则由材料采购负责部门提供材料的清单和市场价（或已有材料的单价），财务部门根据市场价（或已有材料单价）暂估入账，等收到发票时，再进行账务调整。

2）财务部门对必须发生的材料采购预付款，要根据审批后的订货合同、签订的协议，办理支付业务。

3）企业内部材料的发出成本，财务部门要依据“材料出库单”按成本项目分配材料费用；施工单位领用材料的发出成本，财务部先挂往来账，待工程竣工决算之后，由施工单位编制工程决算书，报企业责任部门审核，之后财务部进行再次审核，最后根据项目结转固定资产或分配成本费用。

4）若施工单位领用材料有剩余的情况，必须先办理退库手续（即用红字填写“材料出库单”进行冲销），财务部门根据其办理退库后的实际使用材料办理材料核销。应杜绝其将所剩材料挪用到另一工程，如出现此情况，财务部有权拒绝办理材料核销手续。

5.2.6 材料成本核算综合分析

【例题 5-1】“三材”节约指标的分析（比较法）

某施工项目2013年度节约“三材”［钢材、木材、水泥（商品混凝土）］的目标为120万元。实际节约130万元，而2012年节约100万元。本企业先进水平节约150万元，用比较法编制分析表。

【分析】根据所给资料，目标指标分别2013年计划节约数，2012年实际节约数和本企业先进水平节约数，编制分析表见表5-1所示。

实际指标与目标指标、上期指标、先进水平对比分析表（万元） **表 5-1**

指 标	2013年计划数	2012实际数	企业先进水平	2013年实际数	差异数		
					2013年与计划比	2013年与2012年比	2013年与先进比
“三材”节约额	120	100	150	130	10	30	−20

【例题 5-2】商品混凝土的成本分析（因素分析法）

某钢筋混凝土框-剪结构工程，采购C45商品混凝土，标准层一层目标成本（取计划成本）为166860元，实际成本为176715元，比目标成本增加了9855元，其他有关资料见表5-2所列，用因素分析法分析其成本增加的原因。

目标成本与实际成本对比表 **表 5-2**

项 目	单 位	计 划	实 际	
产量	m^2	600	630	+30
单位	元/m^2	270	275	+5
损耗率	1%	3	2	−1
成本	元	166860	176715	9855

【分析】

① 分析对象是一层结构浇筑商品混凝土的成本，实际成本与目标成本的差额为9855元。

② 该指标是由产量、单价、损耗率三个因素组成的，其排序见表5-2所列。

③ 目标数166860(600×270×1.03）为分析替代的基础。

④ 替换：

第一次替换：产量因素，以630替代600，得630×270×1.03=175203元。

第二次替换：单价因素，以275替代270，并保留上次替换后的值得：

630×275×1.03=178447.5 元。

第三次替换：损耗率因素，以 1.02 替代 1.03。并保留上两次替换后的值得：

630×275×1.02=176715 元。

⑤ 计算差额：

第一次替换与目标数的差额=175203−166860=8343 元。

第二次替换与第一次替换的差额= 178447.5−175293=3244.5 元。

第三次替换与第二次替换的差额=176715−178447.5=−1732.5 元。

产量增加使成本增加了 8343 元，单价提高使成本增加了 3244.5 元，损耗率下降使成本减少了 1732.5 元。

⑥ 各因素和影响程度之和：8343+3244.5 −1732.5 = 9855 元，与实际成本和目标成本的总差额相等。

为了使用方便，也可以通过运用因素分析表求出各因素的变动对实际成本的影响度，其具体形式见表 5-3 所列。

商品混凝土成本变动因素分析（元） **表 5-3**

顺 序	循环转换计算	差 异	因素分析
计划数	600×270×1.03=166860		
第一次替换	630×270×1.03=175203	8343	由于产量增加 30m^2，成本增加 8343 元
第二次替换	630×275×1.03=178447.5	3244.5	由于单价提高 5 元/m^2，成本增加 3244.5 元
第三次替换	630×275×1.02=176715	−1732.5	由于损耗率下降 1%，成本减少了 1732.5 元
合计	8343+3244.5−1732.5 = 9855	9855	

第6章 参与编制材料、设备配置管理计划

6.1 材料计划管理概述

材料管理应确定一定时期内所能达到的目标，材料计划就是为实现材料工作目标所做的具体部署和安排，是对建筑企业所需材料的质量、品种、规格、数量等在时间和空间上作出的统筹安排。材料计划是企业材料部门的行动纲领，对组织材料资源，满足施工生产需要，提高企业经济效益，具有十分重要的作用。

6.1.1 材料计划管理的概念

（1）材料计划在广义上是指在材料流通过程中所编制的各种宏观和微观计划的总称。具体地说，材料计划是指从查明材料的需要和资源开始，经过对材料的供需综合平衡所编制的各种计划。

（2）材料计划管理是指用计划来组织、指挥、监督、调节材料的订货、采购、运输、分配、供应、储备、使用等经济活动的管理工作。工程材料计划管理是企业组织施工生产的必要保证条件，是企业全面计划管理的重要组成部分，也是企业保证供应、降低成本、减少浪费、加速资金周转的主要因素。

材料计划管理首先应确立材料供求平衡的观念。供求平衡是材料计划管理的首要目标，宏观上供求平衡，使基本建设投资规模建立在社会资源条件允许的前提下，才有材料市场的供求平衡，才有企业内部的供求平衡。材料部门应积极组织资源，在供应计划上不留缺口，使企业具有坚实的物质保证，以完成施工生产任务。

其次，材料计划管理应确立指令性计划、指导性计划和市场调节相结合的观念。市场的作用在材料计划管理中所占的份额越来越大，编制和执行计划，均应在这种观念指导下进行，这样才能让材料管理工作切实可行。

第三，材料计划管理还应确立多渠道、多层次筹措和开发资源的观念。多渠道、少环节是物资管理体制的一贯方针，企业一方面应充分利用和占有市场，开发资源，另一方面应狠抓企业管理，依靠技术进步，提高材料使用效能，降低材料消耗。

6.1.2 材料计划管理的任务

材料计划管理的基本任务是：

1. 为实现企业经济目标做好物质准备

建筑企业的经营和发展，需要材料部门提供物质保障。材料部门必须适应企业发展的规模、速度和要求，才能保证企业顺利运行。因此，材料部门应做到经济采购、合理运输、降低消耗、加速周转，以最少的资金获得最积极效果。

2. 做好平衡协调工作

材料计划的平衡是施工生产各部门协调工作的基础，材料部门一方面应掌握施工任务，确定需用情况，另一方面要查清内外资源，了解供需状况，掌握市场信息，确定周转储备量，搞好材料品种，规格与项目的平衡配套，保证生产顺利进行。

3. 采取措施，促进材料的合理使用

露天作业、操作条件差等施工环境使得浪费材料的问题长期存在，必须加强材料的计划管理，通过计划目标、消耗定额等措施控制材料使用，具体可通过检查、考核、奖励等手段，加强材料的计划管理，提高材料的使用效率。

4. 建立健全材料计划管理制度

材料计划的作用是建立在高质量材料计划的基础之上的，建立科学、连续、稳定和严肃的计划指标体系，是保证计划制度良好运行的基础，健全流转程序和制度，可以保证施工有秩序、高效率运行。

主要应做好以下工作：

（1）根据建筑施工生产经营对材料的需求，核实材料用量，了解企业内外资源情况，做好综合平衡，正确编制材料计划，保证按期、按质、按量、配套组织供应。

（2）贯彻节约原则，有效利用材料资源，减少库存积压和各种浪费现象，组织合理运输，加速材料周转，发挥现有材料的经济利益。

（3）经常检查材料计划的执行情况，即时采取措施调整计划，组织新的平衡，发挥计划的组织、指导、调节作用。

（4）了解实际供应和消耗情况，积累定额资料，总结经验教训，不断提高材料计划管理水平。

（5）建立健全供应台账和资料管理档案制度。这些制度的建立健全，有利于及时了解、核实实际供应和消耗情况，积累定额资料，总结经验教训，不断提高材料计划的管理水平。

6.1.3　材料计划管理要点

为了完成材料计划管理的任务，建筑企业材料计划管理一般分为两个层次，即基层组织材料计划管理与企业一般材料计划管理，不同层次在材料计划编制、执行过程中的分工责任是：

单位工程施工生产用料计划以及脚手架、模板、施工工具、辅助生产用料计划由基层施工组织编制。机械制造、维修、配件用料计划由制造维修单位编制。技术革新、技术措施用料计划由技术部门编制。企业一级材料部门负责整个企业用料计划的汇总和编制。

1. 基层组织材料计划员管理要点

为了正确核定、编制和执行用料计划，基层组织材料计划员要做到“五核实、四查清、三依据、两制度、一落实”，即：

（1）五核实：核实计划用料；核实单位工程项目材料节约和超支；核实周转材料需用量；核实地方材料计划执行情况；核实基层材料消耗情况及统计报表数据。

（2）四查清：查耗用量是否超计划供应；查需用量与预算数量是否相符；查内部调度平衡材料的落实；查需要采购、储备材料的库存情况。

（3）三依据：工作量及工程量；施工进度；套用定额。

（4）两制度：严格计划供应制度；坚持定期碰头会制度。

（5）一落实：计划需用量落实到单位工程和个人（施工班组）。

2. 企业一级材料部门材料计划管理要点

企业一级的材料部门，在汇总基层组织用料计划，并与内外资源进行综合平衡的基础上，编制材料供应、申请、订货、采购等计划。为了与基层组织的材料计划工作相配合，适应施工多变性的需要，企业一级材料计划员在编制和执行计划中应做到“把两关、三对口、四核算、五勤、六有数”，即

（1）把两关：按预（决）算督促各建设单位（或主管部门）给足指标；按预（决）算用料量控制基层用料，掌握项目节约和超支情况。

（2）三对口：与建设单位（或供料单位）备料对口；需用计划与施工项目对口；月度需用计划与项目总用量对口。

（3）四核算：核算分部、分项工程材料需用量；核算单位工程材料需用量；核算大、小厂水泥需用量；核算木材（分为正材、副材）需用量。

（4）五勤：勤联系；勤整理；勤登记；勤催料；勤核对。

（5）六有数：三大构件（金属、木材、混凝土）加工地点及原材料供应情况；建设单位备料、交料及余、缺情况；单位工程主要材料、特殊材料的总需用数量；月度计划供应情况；合同规定有关供料责任分工；重点工程、竣工项目材料缺口情况。

6.1.4 材料计划管理工作流程

（1）依据年度/季度/月度生产经营计划，收集有关原材料的相关资料。

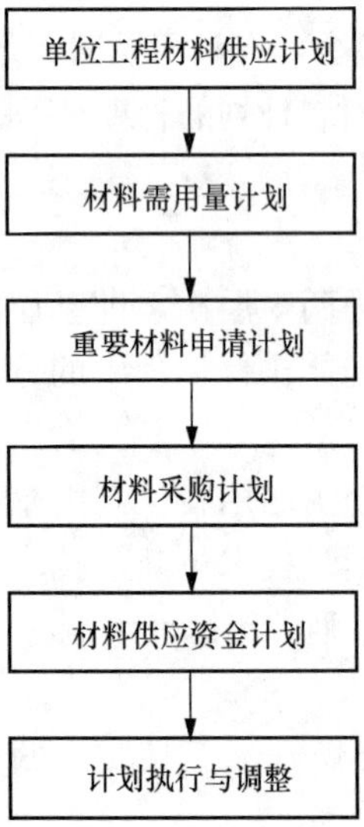

（2）收集编制供应计划的依据（产量、品种、生产时间等）。

（3）根据年度/季度/月度生产经营计划、材料消耗定额、配套定额及历年材料消耗量的统计资料，确定年度/季度/月度计划的材料品种与数量。

（4）根据编制计划时的实际库存，订货合同欠交量以及到期末的预计消耗量的统计资料，确定期初库存的储备量。

（5）根据材料储备定额及往期生产计划安排的规律，预计计划末材料储备量。

（6）根据上述各项数据计算出年度/季度/月度各种材料计划和采购的总量所需的资金额，将计划草案上报审核。

（7）按供应系统规定，将计划报企业采购部采购或备案。

（8）严格执行已确定的材料计划，提前做好防偏措施，定期检查计划执行情况，及时分析并采取纠偏措施。

材料计划管理流程如图 6-1 所示。

单位工程材料供应计划
↓
材料需用量计划
↓
重要材料申请计划
↓
材料采购计划
↓
材料供应资金计划
↓
计划执行与调整

图 6-1　材料计划管理流程简图

6.1.5 材料计划种类

建筑材料计划按照材料的使用方向分为生产材料计划和基本建设材料计划等。按照材料计划的用途分为材料需用计划、供应计划、申请计划、订货计划、采购计划、用款计划、储备计划、周转材料租赁计划、主要材料节约计划等。

按照计划期限分为年度计划、季度计划、月（旬）计划、一次性用料计划、临时追加材料计划等。按供货渠道分为物资企业供料计划、建设单位供料计划、施工企业自供料计划等。

1. 按照材料的使用方向分类

（1）生产材料计划

生产材料计划是指为完成生产任务而布置的材料计划，包括附属辅助生产用材料计划、经营维修用材料计划、建材产品生产用材料计划等。所需材料的数量按生产的产品数量和该产品的消耗定额计划确定。

（2）基本建设材料计划

基本建设材料计划是指为完成基本建设任务而编制的材料计划。包括对外承包工程用材料计划、企业自身基本建设用材料计划等，通常应根据承包协议和分工范围及供应方式编制。

2. 按照材料计划的用途分类

（1）材料需用计划

材料需用量计划是指完成计划期内工程任务所必需的物资用量，一般由最终使用处理的施工项目部门编制，是处理计划中最基本的计划，是编制其他计划的基础。处理需用计划应根据不同的使用方向，以单位工程为对象，结合材料消耗定额，逐项计算需用材料的品种、规格、质量、数量、最终汇总成实际需用数量。材料需用量计划的准确与否，决定了材料供应计划和材料采购计划保证生产需求的程度。

（2）材料申请计划

材料申请计划是根据需用计划，经过项目或部门内部平衡后，分别向有关供应部门提出的材料计划。

（3）材料供应计划

材料供应计划是负责材料供应的部门为完成材料供应任务，组织供需衔接的实施计划，也是进行材料供应的依据。除包括供应材料的品种、规格、质量、数量、使用项目外，还应包括供应时间。材料供应计划按保证时间分为年度、季度和月度供应计划等。

$$物资供应量 = 需用量 - 库存量 + 储备量 \tag{6-1}$$

（4）材料加工订货计划

材料加工订货计划是项目或供应部门为获得材料或产品资源而编制的计划。包括所需材料或产品的名称、规格、型号、质量及技术要求和交货时间等，其中若属于非定型产品还应附有加工图纸、技术资料或提供样品。

（5）材料采购计划

材料采购计划是企业为向各种材料市场采购材料而编制的计划。计划中应包括材料的品种、规格、数量、质量，预计采购厂商名称及需用资金。材料采购计划应在材料需用计划前提下，结合施工工艺和采购过程加以调整，需要考虑材料储备量、材料损耗量和材料采购过程损耗量等。

（6）材料运输计划

材料运输计划是指为组织材料运输而编制的计划。

（7）材料用款计划

材料用款计划为尽可能少的占用资金、合理使用有限的备料资金，而制定的材料用款计划，资金是材料物资供应的保证。对施工企业来说，备料资金是有限的，如何合理地使用有限资金，既保证施工的材料供应又少占资金，应是企业材料部门努力追求的目标。根据采购计划编制材料用款计划，把备料控制在资金能承受的范围内，急用先备，快用多备，迅速周转，是编制物资用款计划的主要思路。

3. 按照材料计划期限分类

（1）年度材料计划

按建筑企业保证全年施工生产任务所需用料的主要材料计划。它是企业向国家或地方计划部门、经营单位申请分配、组织订货、安排采购和储备提出的计划，也是指导全年材料供应与管理活动的重要依据。因此，年度计划必须与年度施工生产计划任务密切结合，计划质量（施工生产任务落实的准确程度）的好坏与全年施工生产的各项指标能否实现存在着密切的关系。

（2）季度材料计划

是根据企业施工任务的落实和安排情况编制的季度计划。用以调节年度计划，具体组织订货、采购、供应，落实各项材料资源，为完成本季度施工生产任务提供保证。季度材料品种、数量一般需与年度计划相结合，有增或减的，要采取有效的措施，争取资源平衡或报请上级和主管部门调整。如果采取季度计划分月编制的方法，则需要可靠的依据，这种方法可以简化月度计划。

（3）月度材料计划

是基层单位根据当月施工生产进度安排编制的需用材料计划，比年度、季度计划更细致，内容要求更全面、及时和准确。它以单位工程为对象，按形象进度实物工程量逐项分析计算汇总使用项目及材料名称、规格、型号、质量、数量等，是供应部门组织配套供料、安排运输，基层安排收料的具体行动计划。它对材料供应与管理活动的重要环节完成月度施工生产任务有更直接的影响。凡列入月计划的施工项目需用材料，都要进行逐项落实，如个别品种、规格有缺口，要采用紧急措施，如采用借、调、改、代、加工、利库等办法进行平衡，以保证材料按计划供应。

（4）一次性用料计划

也叫单位工程材料计划，是根据承包合同或协议，按规定时间要求完成的施工生产计划或单位工程施工任务而编制的需用材料计划。它的用料时间与季度、月度材料几乎不一定吻合，但在月度计划中应列为重点，专项平衡安排。因此，这部分材料需用计划，要提前编制交予供应部门，并对需用材料的品种、规格、型号、颜色、时间等作详细说明，供应部门应保证供应。内保工程科采取签订供需合同的办法。

（5）临时追加材料计划

由于涉及修改或任务调整，原计划品种、规格、数量的错漏，施工中采取临时技术措施，机械设备发生故障需及时修理等原因，主要采取临时措施解决的材料计划，称为临时追加材料计划。列入临时追加材料计划的一般是急用错漏，要作为重点供应。如费用超支和错漏超用，应查明原因，分清责任，办理签证，由责任方承担经济损失。

6.2 材料消耗定额

材料消耗的量和产品的量之间，有着密切的比例关系，材料消耗定额就是研究材料消耗和生产产品之间数量的比例关系。材料消耗定额是施工企业申请材料、供应材料和考核节约与浪费的依据。制定材料消耗定额，主要就是为了利用定额这个经济杠杆，对材料消耗进行控制和监督，达到降低材料成本和工程成本的目的。

6.2.1 材料消耗定额的概念

材料消耗定额是指在一定的生产技术和生产组织的条件下，生产单位合格产品或完成单位工作量，合理地消耗材料的标准数量。

材料，是工程建设中使用的原材料、成品、半成品，构配件、燃料以及水、电等动力资源的统称，包括材料的使用量和必要的工艺性损耗及废料数量。

材料消耗定额，是一定条件下的定额，这些条件也是影响材料消耗水平的因素，主要包括以下几方面：工人的操作技术水平和负责程序；施工工艺水平；材料质量和规格品种的适用程度；施工现场和施工准备的完备程度；企业管理水平特别是材料管理水平；自然条件。

“生产单位合格产品或完成单位工作量”，指的是按实物单位表示的一个产品，如砌 $1m^3$ 砖墙；加工 $1m^3$ 混凝土；抹 $1m^2$ 砂浆等。有的工作量很难用实物单位计量，但可按工作所完成的价值即工作量来反映，如加工维修按价值量衡量为 1 元、100 元工作量；工作一个台班等。

材料消耗定额又可分为单项定额和综合定额。单项定额一般是指制造某一种零件的材料消耗定额；综合定额实际上是单项定额的汇总，一般是指整机产品（如电视机、机床等）的材料消耗定额。这两种定额既互有联系，又各有不同的作用。单项定额主要作用于为小生产车间发送材料的依据，又可以用来核算和分析实际消耗与定额消耗的差异，综合定额主要用于编制材料物资的供应计划。

6.2.2 材料消耗定额的作用

材料消耗伴随着施工生产过程，材料成本占工程成本的 70%～80%，如何合理、节约、高效地使用材料，降低材料消耗，是材料管理的主要内容。材料消耗定额则成为上述材料管理内容的基本标准和基本依据。它的主要作用表现在以下几个方面：

1. 材料消耗定额是正确地核算各类材料需要量、编制材料计划的基础

企业生产经营都是有计划地进行，为了组织与管理施工生产所需材料，必须按照定额编制各种计划，例如施工生产使用的材料，必须按材料消耗施工定额进行材料分析，项目施工班组依此编制材料需用计划。材料需用量的计算方法是：用建筑安装实物工程量乘以该项工程量某种材料消耗定额。

【例题 6-1】某项目砌墙班组，需砌筑 $100m^3$ 墙厚 240 的砖内墙。

【分析】

操作项目需用材料包括砖、水泥、砂子、石灰等，应分别查定各种材料消耗定额，并计算材料需用量。设经查定砖的消耗定额为 512 块/ m^3，则该项工作砖的需用量为：

需用量＝建筑安装实物工程量×材料消耗定额＝100 m^3×512 块/ m^3＝51200 块

用同样的方法，按查定的水泥、砂子、石灰的消耗定额，可分别计算各自的需用量，并可依此作为编制材料需用计划的依据。

2. 材料消耗定额是确定工程造价的主要依据

项目投资的多少，是依据概算定额与对不同设计方案进行技术经济分析而定的。工程造价中的材料造价，是根据设计规定的工程标准和工程量，并根据材料消耗定额计算的各种材料数量，再按预算价格计算出材料金额。

【例题 6-2】上述砖墙例子中，计算出砖的需用量为 51200 块，根据预算定额，普通黏土砖（240×115×53mm）预算价格为 367 元/千块，该项工作中砖的造价为 51.2×367＝18790.4 元。依此方法，可计算出该项工作中各种材料造价及整个项目的材料造价。

注：也可通过造价管理部门公布的建设材料市场指导价格查询材料单价。

3. 材料消耗定额是搞好经济核算的基础

材料管理工作既包括材料供应，也包括材料使用和材料节约。有了材料消耗定额，就能按照施工生产进度计算材料需用量，组织材料供应，并按材料消耗定额检查、督促，做到合理使用。以材料消耗定额为标准，可以核算、分析和比较工程材料计划消耗和实际消耗水平，为加强材料成本管理、降低材料消耗、提高企业经济效益打下基础。

4. 材料消耗定额是企业推行经济责任制，提高生产管理水平的手段

经济责任制是用经济手段管理经济的有效措施。无论是实行材料按预算包干，还是投标中的材料报价及企业内部各种形式的经济责任制，都必须以材料消耗定额为主要依据确定经济责任水平和标准。

制定先进合理的材料消耗定额，必须以先进的实用技术和科学管理为前提，随着生产技术的进步和管理水平的提高，必须定期修订材料消耗定额，使它保持在先进合理的水平上。较好的材料消耗定额管理方法，有利于提高企业素质和经济效益，有利于企业开展增产节约活动，有利于组织材料的供需平衡。

5. 材料消耗定额是有效地组织限额发料，监督材料物资有效使用的工作标准

有了先进合理的消耗定额，才能使企业供应部门按照生产进度、定时、定量地组织材料供应，实行严格的限额发料制度。并在生产过程中，对消耗情况进行有效的控制，监督材料消耗定额的贯彻执行，千方百计地节约使用材料，同一切浪费材料的现象做斗争。

6. 材料消耗定额是制订储备定额和核定流动资金定额的计算尺度

企业在计算材料储备定额和流动资金的储备资金定额中，应考虑平均工作进度和材料消耗定额两个因素，材料消耗定额的高低，直接关系到材料储备定额和储备资金的数量。因此要制订切实可行的材料储备定额和储备资金定额，必须要采用先进合理的材料消耗定额。

6.2.3 材料消耗定额的构成

1. 材料消耗的构成

（1）净用量

净用量又称有效消耗，是指直接构成工程实体或产品实体的有效消耗量，是材料消耗中的主要内容。这部分最终进入工程实体的材料数量，在一定技术条件下，在一定时期内是相对稳定的，它随着建筑施工技术和建筑工业化发展及新材料、新工艺、新结构的采用而逐渐降低。

（2）操作损耗

操作损耗也称工艺损耗，是指在施工操作中没有进入工程实体而在实体形成中损耗掉的那部分材料，如砌墙中的碎砖损耗、落地灰损耗、浇捣混凝土时的混凝土浆撒落；也包括材料使用前加工准备过程中的损耗，如边角余料、端头短料。这种损耗是在现阶段不可避免的，但可以控制在一定程度内。操作损耗将随着材料生产品种的不断更新、工人操作水平的提高和劳动工具的改善而不断减少。

（3）非操作损耗

非操作损耗在很多地区和企业习惯称为管理损耗，是指在施工生产操作以外所发生的损耗。如保管损耗，运输损耗，垛底损耗，以及材料供应中出现的以大代小、以优代劣造成的损耗。这种损耗在目前的管理手段、管理设施条件下很难完全避免。但应使其降低到最低损耗水平，并应逐步改善材料管理条件，提高供应水平，从而降低非操作损耗。

2. 材料消耗定额的构成

材料消耗定额是对材料消耗过程进行分析、提炼的结果，又是对材料消耗过程进行监督检查的标准。在材料消耗过程中出现的两种损耗，即操作损耗和非操作损耗，均可分为两种情况下的损耗：

第一，在目前的施工技术、生产工艺、管理设施、运输设备、操作工具条件下不可避免的损耗，如桶底剩灰、砂浆散落、水泥破袋、边料角料、溶液挥发等；

第二，在目前的上述条件下可以避免、可以减少的情况下而没有避免或者超过了不可避免的损耗量如散落较多砂浆而没有及时回收、不合理下料造成短料废料过多过长、保管不善造成材料丢失或过期或损耗超量等。

由上述分析可以看出，制定材料消耗定额时必须对那些不可避免的、不可回收的合理损耗在定额中予以考虑，而那些本可以避免或可以再利用回收而没有避免、没有利用回收的超量损耗，不能作为损耗标准记入定额。所以材料消耗定额的构成包括以下几个因素：

1）净用量

净用量既是构成材料消耗的重要因素，也是构成材料消耗定额的主要内容。

2）合理的操作损耗

合理操作损耗又称操作损耗定额，是指在工程施工操作或产品生产操作过程中不可避免的、不可回收的合理损耗量，该损耗量随着操作技术和施工工艺的提高而降低。

3）合理的非操作损耗

合理的非操作损耗又称管理损耗定额，是指在材料的采购、供应、运输、储备等非生产操作过程中出现的不可避免的、不可回收的合理损耗。这部分损耗随着材料流通的发展和装载储存水平的提高而降低。

材料消耗和材料消耗定额是两个既有联系又有区别的概念。二者共同包含了进入工程实体的有效消耗和施工操作及采购、供应、运输、储备中的合理损耗，但材料消耗定额剔除了材料消耗中各种不合理损耗而成为材料消耗的标准。

建筑工程常用的材料消耗概算定额和施工定额，按照上述构成因素分析，可用下式表示：

$$材料消耗施工定额 = 净用量 + 合理操作损耗 \quad (6\text{-}2)$$

$$材料消耗概算定额 = 净用量 + 合理操作损耗 + 合理非操作损耗 \quad (6\text{-}3)$$

6.2.4 制定材料消耗定额的原则

1. 降低消耗的原则

降低消耗原则是编制材料消耗定额的基本原则，在满足生产需要的前提下，厉行节约，降低消耗，以取得最佳经济效益。

2. 实事求是的原则

材料消耗定额的制定是一项经济、技术性很强的工作，影响材料消耗的因素很多，涉及企业生产的全过程和各个管理职能部门，应先了解生产和材料消耗规律，了解管理者和使用者的行为规律，以获得真实、全面、准确的材料消耗信息，作为材料消耗定额的制定的依据，使定额切合实际、符合当地消耗水平。

3. 合理先进性原则

材料消耗定额要具有先进性和合理性：

所谓先进性，就是材料消耗定额水平在整个历史阶段，不断下降，逐步向先进发展。所谓合理性，是指材料消耗定额应是平均先进定额，即在当前的技术水平、装备条件及管理水平的状况下，大多数经过努力能够达到的平均先进水平。

4. 综合经济效益原则

材料消耗定额水平不能一味下降，消耗定额的先进性不是指定额高不可攀，不能单纯强调节约材料，应在确保生产正常开展、保证工程质量、提高劳动生产率、改善劳动条件的前提下进行。所谓综合经济效益原则，简而言之就是优质、高产与低耗相统一原则。

6.2.5 材料消耗定额的制定方法

做好材料消耗定额的制定工作，还要根据不同条件和情况采取不同的方法。比较常采用的有计算法、统计分析法和经验估计法三种。

1. 计算法

计算法是根据施工图纸、工艺规格、材料利用等有关技术资料，用理论公式计算出产品的材料净用量，从而制定出材料的消耗定额的一种办法。该方法主要适用于块状、板状、和卷筒状产品（如砖、钢材、玻璃、油毡等）的材料消耗定额。

这种方法的特点是，在研究分析产品设计图纸和生产工艺的改革，以及企业经营管理水平提高的可能性的基础之上，根据有关技术资料，经过严密、细致地计算来确定的消耗定额。例如，根据施工图纸和工艺文件，对产品的形状、尺寸、材料进行分析，先计算工程自重部分，然后，对各道工序进行技术分析确定其施工损耗部分，最后，将这两部分相加，得出产品的材料消耗定额。

运用这种方法计算出来的定额，一般比较准确，但工作量较大，技术性较强，并不是每一个企业每一种材料都能做得到的。因为用技术分析法计算消耗定额的先决条件，要具有比较齐全的各种技术资料，而且计算过程比较复杂，所以，在使用上受到一定的限制，不能要求企业的所有材料都用这种方法计算消耗定额，凡是产量较大、技术资料比较齐全的产品，制订消耗定额应以技术分析法为主。随着企业技术管理水平的不断提高，这一方法的使用范围也将不断扩大。

2. 标准试验法

标准试验是对各项工程的内在品质进行施工前的数据采集。它是控制和指导施工的科学依据，包括原料进场前的验证试验，进场后的各种指标试验、集料级配试验、混合料配合比试验、强度试验等。标准试验测试项目主要依据的是现行施工技术规范、标准中的技术指标和要求。

标准试验通常是在试验室内利用专门仪器和设备进行。通过试验求得完成单位工程量或生产单位产品的消耗数量，再按试验条件修正后，制定出材料消耗定额。如混凝土、砂浆的配合比、沥青玛琋脂油、冷底子油等。

【例题 6-3】求混凝土各组分的消耗定额。

【分析】先测定出混凝土的配合比，然后计算出每 $1m^3$ 混凝土中的水泥、砂、石、水的消耗量，再根据需要求得相应消耗定额。

标准试验应承担对原材料、构配件、成品、半成品以及工程实体进行试验检测，为工程质量提供数据证明，涵盖从原材料进场验收到工程实体检测试验的施工全过程，涵盖从取样到试验检测再到资料管理的全过程。

标准试验法应贯彻执行三大标准：

(1) 技术标准：各级部门统一发布的工程质量试验检测标准、施工技术规范、标准等。

(2) 管理标准：包括各级建设行政主管部门发布的有关管理文件、地方性管理规定。

(3) 作业标准：国家、建设行政主管部门、地方管理部门发布的各种试验检测规程、流程。

3. 统计分析法

统计分析法是指在施工过程中，对分部分项工程所拨发的各种材料数量、完成的产品数量和竣工后的材料剩余数量，进行统计、分析、计算，来确定材料消耗定额的方法。也可以根据某一产品原材料消耗的历史资料与相应的产量统计数据，计算出单位产品的材料平均消耗量，在这个基础上考虑到计划期的有关因素，确定材料的消耗定额。计算公式如下：

单位产品的材料平均消耗量＝一定时期某种产品的材料消耗总量/相应时期的某种产品产量　　(6-4)

这种方法简便易行，不需组织专人观测和试验。但应注意统计资料的真实性和系统性，要有准确的领退料统计数字和完成工程量的统计资料。统计对象也应加以认真选择，并注意和其他方法结合使用，以提高所拟定额的准确程度。用这个公式计算出来的材料平均消耗量，必须注意材料消耗总量与产品产量计算期的一致性。如果材料消耗总量的计算期为一年，那么产品产量的计算期必须也是一年。根据以上公式计算的平均消耗量，还应进行必要的调整，才能作为消耗定额。计划期的调整因素，主要是指通过一定的技术措施可以节约材料消耗的某些因素，这些因素应在上述计算公式的基础上作适当调整。

【例题 6-4】进行某项工作所耗用的甲材料，按上述公式计算的平均消耗量为 $10m^3$，考虑到计划期内某先进的节约措施将推广应用，应用后可以节约材料 10%，则计划期的消

耗定额应为 $9m^3$。

用统计分析法来制订消耗定额的情况下，为了求得定额的先进性，通常可按以往实际消耗的平均先进数（或称先进平均数）作为计划定额。求平均先进数通常有两种方法：第一，将一定量时期内比总平均数先进的各个消耗数再求一个平均数，这个新的平均数即为平均先进数；第二，从同类型结构工程的若干个单位工程消耗量中，扣除上、下几个最低和最高值后，取中间几个消耗量的平均值。

【例题 6-5】 已知 7～12 月份某过程消耗的材料：

某过程消耗的材料表 **表 6-1**

月份 / 项目	7月	8月	9月	10月	11月	12月	合计
产量	80	80	80	90	110	100	540
材料消耗量	960	880	800	891	1045	824	5400
单耗（kg/月）	12	11	10	9.9	9.5	8.24	10

从表 6-1 中看出，7～12 月份每月用料的平均单耗为 10kg，其中 7、8 两月单耗大于平均单耗，9 月与平均单耗相等，10、11、12 三个月低于平均单耗，这三个月的单耗为先进数。再将这三个月的材料消耗数计算出平均单耗，即为平均先进数。计算式为：

$$\frac{891+1045+824}{90+110+100}=\frac{2760}{300}=9.2(\text{kg/月})$$

上述平均先进数的计算，是按加权算术平均法计算的，当各月产量比较平衡时，也可用简单算术平均法求得，即：

$$\frac{9.9+9.5+8.24}{3}=\frac{27.60}{3}\approx 9.213(\text{kg/月})$$

这种统计分析的方法，符合先进、合理的要求，常被各企业采用，但其准确性随统计资料的准确程度而定。若能在统计资料的基础上，调整计划期的变化因素，就更能接近实际。

4. 经验估算法

经验估算法主要是根据定额制定专业人员、操作人员、技术人员的经验，或已有资料，同时参考同类产品的材料消耗定额，通过专业人员、技术人员和操作人员相结合的方式，通过估算制定各种材料消耗定额的方法。估算法具有实践性强、简便易行、制定迅速等优点，缺点是缺乏科学计算依据、因人而异、准确度和普遍适用性较差。

经验估算法常用在急需临时估一个概算，或无统计资料或虽有消耗量统计但不易计算（如某些辅助材料、工具、低值易耗品等）的情况。此法亦称“估工估料”，在实际工作中仍有较普遍的应用。

5. 现场测定法

现场测定法是组织有经验的施工人员、操作人员、专业人员，在现场实际操作过程中对完成单一产品或单一生产过程的材料消耗进行实地观察和查定、写实记录，用以制定定额的方法。

现场测定法的结果受测定对象的选择和参测人员的素质影响较大，因此，首先要求所选单项施工对象具有普遍性和代表性；其次，要求参测人员的思想、技术素质好，责任心强。

现场测定法的优点是目睹现实、真实可靠、易发现问题、利于消除一部分消耗不合理的浪费因素，可提供较为可靠的数据和资料；缺点是工作量大，在具体施工操作中实测难度较大，不可避免地受工艺技术条件、施工环境因素和参测人员水平等的限制。

综上所述，在制定材料消耗定额时，根据具体条件通常以一种方法为主，并通过必要的实测、分析、研究与计算，制定出具有平均先进水平的定额来。一般地说，主要原材料的消耗定额可以用技术分析法计算，同时参照必要的统计资料和生产实践中的工作经验来制定。辅助材料等的消耗定额，大多可采用经验估计法或统计分析法来制定。

6.2.6 常用材料消耗定额的应用

1. 材料消耗施工定额

材料消耗施工定额是由建筑企业自行编制的材料消耗定额，故又称企业内部定额，是施工班组实行限额领料，进行分部分项工程核算和班组核算的依据。施工定额既接近于预算定额，但又不同于预算定额。其相同之处在于它基本上采用概算定额的分部分项方法，不同之处在于它结合企业现有条件下可能达到的平均先进水平，是企业管理水平的标志。

材料消耗施工定额是建筑施工中最细的定额，它能详细反映各种材料的品种、规格、材质和消耗数量。材料消耗施工定额只能作为企业内部编制材料需用计划、组织现场定额供料的依据。

2. 材料消耗概算定额

材料消耗概算定额是由地方主管基建部门统一组织制定的，是地区性的预计建筑工程材料需用量的定额，是建筑施工企业常用的材料消耗定额，一般合并编制在建筑工程概算定额内。

材料消耗定额是编制建筑安装施工图预算的法定依据，是确定工程造价、办理工程拨款、划拨主要材料指标的依据，是计算招标标底和投标报价的基础，也是选择设计方案、进行企业经济活动分析的基础，在材料采购供应活动中是编制材料分析、控制材料消耗进行两算对比的依据。

3. 材料消耗估算指标

材料消耗估算指标是在材料消耗概算定额基础上以扩大的结构项目形式表示的一种定额，一般以整幢、整批建筑物为对象，用平方米、立方米、万元为单位，表明某建筑物每平方米建筑面积某种材料消耗量；或每完成 1 万元建筑安装工作量某种材料消耗量。

材料消耗估算指标一般是根据企业历年统计资料和某类型工程结构预算材料需用量，在考虑企业现有管理水平条件下，经过整理、分析而制定的一种经验定额，材料消耗估算指标的表现形式通常为：材料消耗量/万元工作量、材料消耗量/m^2建筑面积。

材料消耗估算定额的构成内容较粗，不能用于指导施工生产，只能用于材料管理中编制初步概算，在图纸不全、技术措施尚未落实条件下，估算主要材料需用量，编制年度备料计划及确定订货计划的基本依据。

6.3　材料、设备配置计划的编制

6.3.1　编制材料计划的步骤

施工企业常用的材料计划，是按照计划的用途和执行时间编制的年、季、月的材料需用计划、申请计划、供应计划、加工订货计划和采购计划。

在编制材料计划时，应遵循以下步骤：

（1）各建设项目及生产部门按照材料使用方向，分单位工程，作工程用料分析，根据计划期内应完成的生产任务量及下一步生产中需提前加工准备的材料数量，编制材料需用计划。材料需用计划编制程序如图 6-2 所示。

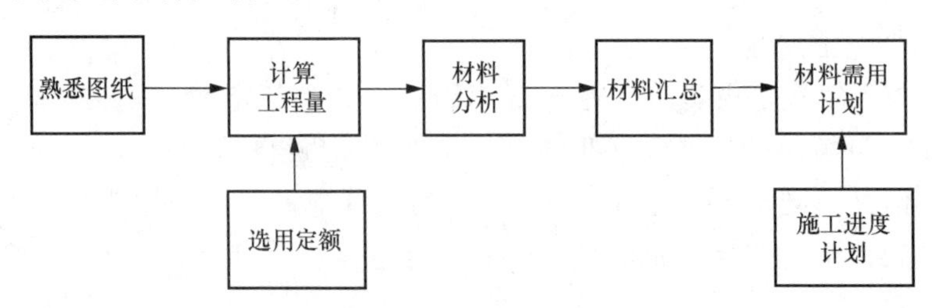

图 6-2　材料需用计划编制程序图

（2）根据项目或生产部门现有材料库存情况，结合材料需用计划，并适当考虑计划期末周转储备量，按照采购供应分工，编制项目材料申请计划，分报各供应部门。

（3）负责某项材料供应的部门，汇总各项目及生产部门提报的申请计划，结合供应部门现有资源，全面考虑企业周转储备，进行综合平衡，确定对各项目及生产部门的供应品种、规格、数量及时间，并具体落实供应措施，编制供应计划。

（4）按照供应计划所确定的措施，如：采购、加工订货等，分别编制措施落实计划，即采购计划和加工订货计划，确保供应计划的实现。

6.3.2　材料需用计划的编制准备工作

材料需用计划是根据工程项目设计文件、施工方案及施工措施编制的，反映构成工程项目实体的各种材料的品种、规格、数量和时间要求，是编制其他各项计划的基础。

编制材料计划前，要有正确的指导思想，收集相关资料（施工生产任务量、材料消耗定额、库存情况、报告材料计划执行情况、施工现场的实际情况等），了解市场信息，做到有的放矢。

6.3.3　材料需用计划的编制过程

1. 计算需用量

（1）计划期内工程材料需用量计算

1）直接计算法

直接计算法也称预算法，要求按施工图预算的编制程序分析工程材料需用量，即按施工图纸和定额规定计算工程量后，套用材料消耗定额分析各分项工程材料需用量，汇总各分项工程材料需用量形成单位工程材料需用计划，最后按施工进度计划确定各计划期的需用量等。

直接计算法的公式如下：

某种材料计划需用量＝计划建筑安装实物工程量×某种材料消耗定额（分预算定额和施工定额）　　(6-5)

施工定额直接应用于施工管理；预算定额应用于编制估算表、确定工程造价的依据。

2）间接计算法

间接计算法即概算法，是当工程任务已经落实，但设计尚未完成，技术资料不全，有的工程甚至初步设计还没有确定，只有投资金额和建筑面积指标，不具备直接计算的条件，为提前备料提供依据，可采用间接计算法，凡采用间接计算法编制备料计划的，在施工图到达后，应立即用直接计算法核算材料实际需用量进行调整。

间接计算法的具体做法如下：

① 已知工程类型、结构特征及建筑面积的项目，选用同类型按建筑面积平方米消耗定额计算，其计算公式：

某材料计划需用量＝同类型工程建筑面积×同类型工程每平方米某材料消耗定额×调整系数　　(6-6)

② 工程任务不具体，如企业的施工任务只有计划总投资，则采用万元定额计算。其计算公式如下：（由于材料价格浮动较大，因此，计算时必须查清单价及其浮动幅度，拆成系数调整，否则误差较大）

某材料计划需用量＝各类工程任务计划总投资×同类型工程每万元工作量某材料消耗定额×调整系数　　(6-7)

注：由于材料价格浮动较大，因此计算时必须查清单价及其浮动幅度，折成调整系数，否则误差较大。

③ 当材料消耗的历史统计资料比较齐全时，可采用动态分析法，通过分析变化规律和计划任务量估算材料计划需用量。一般按简单的比例法推算，其计算公式如下：

$$\text{某种材料计划需用量}=\frac{\text{计划期任务量}}{\text{上期完成任务量}}\times\text{上期该种材料消耗量}\times\text{调整系数} \quad (6\text{-}8)$$

④ 当既无消耗定额，又无历史统计资料时，可采用类比分析法用类似工程的消耗定额进行间接推算。其计算公式如下：

某种材料计划需用量＝计划工程量×类似工程材料消耗定额×调整系数　　(6-9)

（2）周转材料需用量计算

周转材料的特点在于周转，首先根据计划期内的材料分析确定周转材料总需用量，然后结合工程特点，确定计划期内周转次数，再算出周转材料的实际需用量。

【例题 6-6】 今年二季度某建筑工程公司，按材料分析，钢模总用量为 5000m^2，计划周转次数为 2.5 次/季，则钢模实际需用量为：5000÷2.5＝2000 m^2。

（3）施工设备和机械制造的材料需用量计算

建筑企业自制施工设备，一般没有健全的定额消耗管理制度，而且产品也是非定型的多，可按各项具体产品，采用直接计算法，计算材料需用量。

这部分材料用量较小，有关统计和材料定额资料也不齐全，其需用量可采用间接计算法计算。

$$需用量=(报告期实际消费量\div报告期实际完成工程量)\times本期计划工程量\times增减系数 \tag{6-10}$$

(4) 辅助材料及生产维修用料的需用量计算

有消耗定额的辅助材料，其需用量可以按直接计算法计算：

$$\begin{matrix}某种辅助材料\\需用量\end{matrix}=\left(\begin{matrix}计划\\产量\end{matrix}+废品量\right)\times\begin{matrix}某种辅助材料\\的消耗定额\end{matrix} \tag{6-11}$$

没有消耗定额的辅助材料，其需用量可采用间接计算法：

$$某种辅助材料用量=\frac{上年实际消耗量}{上年产值(千元)}\times计划年度产值(千元)\times(1-可能降低百分比) \tag{6-12}$$

(5) 工具需用量的计算

工具需用量一般按照不同种类、规格和不同用途分别计算。在大批生产条件下，工具需用量可按计划产量和工具消耗定额来计算；在成批生产条件下，可按设备计划工作台时数和设备每台时的工具消耗定额计算，在单件小批生产条件下，通常按每千元产值的工具消耗来计算。

(6) 相关表式

1) 材料分析表

根据计算出的工程量，套用材料消耗定额分析出各分部分项工程的材料用量及规格，见表6-2。

材料分析表 **表6-2**

工程名称：

编制单位： 编制日期：

序号	分部（分项）工程名称	工程量		材料名称、规格、数量						
		单位	数量							

审核： 编制： 共 页 第 页

2) 材料汇总表

将材料分析表中的各种材料按建设项目和单位工程汇总得到材料汇总表，见表6-3。

材料汇总表 **表6-3**

工程名称：

编制单位： 编制日期：

序号	建设项目	单位工程	材料汇总				
			水泥		红砖	钢筋	……
			p. o42.5	p. o52.5	标砖	$\phi8$	……

审核： 编制： 共 页 第 页

3）材料需用量表

将材料汇总表中各项目材料按进度计划的要求分摊到各使用期，得到材料需用量表，见表6-4。

材料需用量表　　表6-4

工程名称：

编制单位：　　编制日期：

序号	项目名称	材料计划				各期用量			
		名称	规格	单位	数量				
	××工程								
	××工程								
	××工程								

审核：　　编制：　　共　页　第　页

2. 确定实际需用量，编制材料需用计划

根据工程项目计算的需用量，进一步核算实际需用量。

（1）对于一些通用性材料，在工程进行初期阶段，考虑到可能出现的施工进度超额因素，一般都略加大储备，其实际需用量就略大于计划需用量。

（2）在工程竣工阶段，因考虑到工完料清场地净，防止工程竣工材料积压，一般是利用库存控制进料，这样实际需用量略小于计划需用量。

（3）对于一些特殊材料，为保证工程质量，往往要求一批进料，所以计划需用量虽只是一部分，但在申请采购中往往是一次购进，这样实际需用量就要大大增加。

实际需用量的计算公式如下：

$$实际需用量=计划需用量\pm调整因素 \tag{6-13}$$

3. 编制材料申请计划

材料申请计划是依据材料供应计划中应向上级主管部门或材料管理部门申请计划分配材料而编制的计划。它是企业向上取得计划分配材料的手段，是材料分配部门进行材料计划分配的主要依据，也是项目向企业获得材料的手段。

材料申请计划的基本指标是：材料需用量、计划期末储备量、计划期初预计库存量、其他内部资源量和材料计划申请量。

材料计划申请量的计算公式如下：

$$材料计划申请量=计划期需用量+计划期末储备量-期初库存量-其他内部资源量 \tag{6-14}$$

材料申请计划一般由三部分构成：材料申请计划表、材料核算表和文字说明。材料申请计划表是材料申请计划的主体。材料核算表是材料申请计划表的附表，是企业编制申请计划的考核表，又是材料分配主管部门审核材料申请计划的依据。文字说明是材料申请计划的附件，主要说明申请表和核算表中无法用数字表明又必须说明的情况和问题。

4. 编制供应计划

材料供应计划是建筑企业计划的一个重要组成部分，是材料计划的实施计划，它与施工生产计划、成本计划、财务计划等有着密切的联系，正确编制材料供应计划，不仅是建筑企业原计划地组织生产的客观要求，也是影响整个建筑企业计划工作质量的重要因素。

建筑企业的材料供应计划，是企业通过申请、订货、采购、加工等各种渠道，按品种、质量、数量、期限、成套齐备地满足施工所需的各种材料的依据，也是促使建筑企业合理使用材料、节约资金、降低成本的重要保证。它对改进材料的供、管、用三个方面的工作和保证施工生产顺利进行具有重要作用。

材料供应部门根据用料单位提报的申请计划及各种资源渠道的供货情况、储备情况，进行总需用量与总供应量的平衡，并在此基础上编制对各用料单位或项目的供应计划，并明确供应措施，如利用库存、市场采购、加工订货等。

（1）编制材料供应目录

1）材料供应目录是编制材料供应计划和组织物资采购的重要依据。

2）材料供应目录的编制。编制物资供应目录就是要把企业需用的各种不同规格的材料，按照分类的顺序，有系统地整理汇总，并详细列明各种材料的类别、名称、规格、型号、技术标准、计量标准、价格以及供应来源等。

3）材料供应目录的修订。企业的材料供应目录不是一成不变的，建筑企业生产经营中所需的材料，随着生产任务，技术条件，供应条件的变化而发生变化。因此，材料供应目录要及时地审核和修订。

（2）确定供应量

按材料需用计划、计划期初库存量、计划期末库存量（周转储备量），用平衡原理计算材料实际供应量。正确地计算材料供应量，是编制材料供应计划的重要环节。

材料计划是在需用计划的基础上，根据库存资源及储备要求，经综合平衡计算材料实际供应量的计划，它是企业组织材料采购、加工订货、运输的指南。

（3）材料供应量计算公式

材料计划供应量＝计划需用量－期初库存量＋期末储备量　　(6-15)

期初库存量＝编制计划时的实际库存量＋至期初的预计进货量－至期初的预计消耗量　　(6-16)

期末储备量＝经常储备＋保险储备　　(6-17)

或　　期末储备量＝经常储备＋保险储备＋季节储备

（4）制定材料供应计划

在供应计划中所明确的供应措施，必须有相应的实施计划。如市场采购，须相应编制采购计划；加工订货，须有加工订货合同及进货安排计划，以确保供应工作的完成。

1）划分供应渠道

按材料管理体制，将所需供应的材料分为物资企业供应材料、建筑企业自供材料，以及公司企业内部挖潜、自制、改、代的材料。划分供应渠道的目的，是为编制订货、采购等计划提供依据。

2）确定供应进度

计划期供应的材料，不可能一次进货。应根据施工进度与合理的储备定额，确定进货的批量及具体时间。

（5）材料供应保证措施

在保证工程施工工期、质量的前提下，为保证材料供应，应采取相关措施：

① 管理组织措施

实行岗位责任制，明确材料员为项目材料供应的直接责任人，公司材料部门负责人为公司材料供应的管理责任人。实行严格的项目经理责任制，明确项目经理为项目材料供应的项目责任人。

建立专业工长责任制，各工种设专业工长，与项目部签订责任书，明确每个专业队伍、每个人的责、权、利。

② 供应渠道保证措施

在相应工序施工前，提前了解市场、熟悉市场行情，把握需采购材料的市场行情和合理价格区间。提前联系供货商，当出现材料供应紧张时，可联系多家供货商，保证工程进度。

材料供应保证还包括保证所采购的材料质量要符合要求，应优选供货商，掌握其所供材料质量、价格、供货能力信息，以获得质量好、价格低的材料资源，从而确保工程质量，降低工程造价。

③ 资金保证措施

公司应统一调度，保证项目资金充足。施工现场应保证专款专用，不挪为他用。

④ 材料储备措施

为保证施工的连续性，现场应留存一定数量的材料储备，以防止材料供应脱节。材料储备量公式如下：

$$材料储备=材料正常储备+材料保险储备 \quad (6\text{-}18)$$

其中：正常储备是施工现场在前后两批材料运送的间隔期中，为满足正常施工而建立的储备。

保险储备是施工现场为了防备材料运送误期或材料规格品种不符合需要等情况而建立的储备。

在供应计划中所明确的供应措施，必须有相应的实施计划。如市场采购，须相应编制采购计划；加工订货，须有加工订货合同及进货安排计划，以确保供应工作的完成。

5. 编制加工订货、采购计划

材料采购计划是材料供应计划中，为向市场采购而编制的计划，是材料采购人员据以向生产厂家、材料生产企业、商业企业或材料供销机构直接采购的依据。材料供应计划所列各种材料，需按订购方式分别编制加工订货计划、采购计划。

1）材料采购计划的编制

凡可在市场直接采购的材料，均应编制采购计划，以指导采购工作的进行。这部分材料品种多，数量大，规格杂，供应渠道多，价格不稳定，没有固定的编制方法。主要通过计划控制采购材料的数量、规格、时间等。

2）材料加工订货计划的编制

凡需与供货单位签订加工订货合同的材料，都应编制加工订货计划。

加工订货计划的具体形式是订货明细表，它由供货单位根据材料的特性确定，计划内容主要有：材料名称、规格、型号、技术要求、质量标准、数量、交货时间、供货方式、到地点及收货单位的地址、账号等，有时还包括必要的技术图纸或说明资料。有的供货单位以订货合同代替订货明细表。

3）材料采购计划的编制

项目月度材料采购计划的编制如图 6-3 所示。

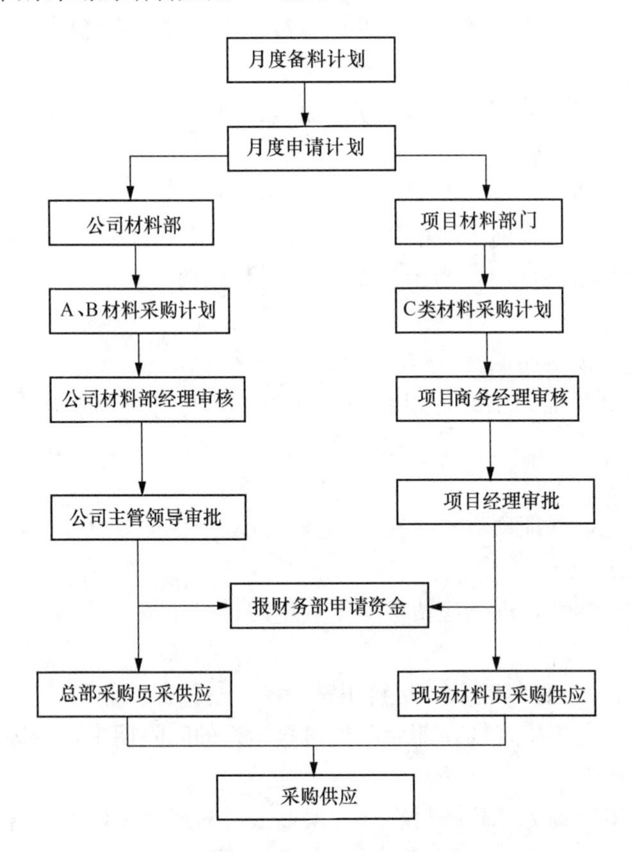

图 6-3　项目月度材料采购计划的编制

6.3.4　项目材料计划编制程序

（1）材料部门应与生产、技术部门积极配合，掌握施工工艺，了解施工技术组织方案，仔细阅读施工图纸；

（2）根据生产作业计划下达合理的工作量；

（3）查材料消耗定额，计算完成生产任务所需材料品种、规格、数量、质量，完成材料分析。

（4）汇总各操作项目材料分析中材料需用量，编制材料需用计划；

（5）结合项目库存量，计划周转储备量，提出项目用料申请计划（详见表 6-5 材料申请计划表），报材料供应部门。

材料申请计划表 表 6-5

<table>
<tr><td rowspan="3">××（公司标志）</td><td colspan="7">__________项目管理表格</td></tr>
<tr><td colspan="5" rowspan="2">主要材料（工具设备）需求计划表</td><td colspan="2">表格编号</td></tr>
<tr><td colspan="2"></td></tr>
<tr><td>项目名称及编码</td><td colspan="7">__________项目部</td></tr>
<tr><td>联系人</td><td></td><td>电话</td><td></td><td>计划时间</td><td></td><td>编号 NO</td><td></td></tr>
</table>

序号	材料（工具设备）名称	规格型号	单位	计划数量	计划进场日期	备注

申请人：	工程部负责人：	技术部门负责人：	经济部门负责人：	生产经理：
年 月 日	年 月 日	年 月 日	年 月 日	年 月 日

注：在工程开工前制定总需求计划表，工程实施过程中制定月、周计划表。

6.3.5 常用材料需用量估算参考

1. 基础数据

(1) 混凝土重量 2500kg/m^3;

(2) 钢筋每延米重量 0.00617×d×d;

(3) 干砂子重量 1500kg/m^3;

(4) 湿砂重量 1700kg/m^3;

(5) 石子重量 2200kg/m^3;

(6) 一立方米红砖 525 块左右(分墙厚);

(7) 一立方米空心砖 175 块左右;

(8) 筛一方干净砂需 1.3 立方米普通砂。

2. 砌体工程

(1) 砖用量=墙体体积×每立方米用砖量×(1+1%)(块)　　(6-18)

(2) 砂浆用量=墙体体积×每立方米砂浆净用量×(1+1%)(m^3)　　(6-19)

每立方米砖砌体砖和砂浆的净用量见表 6-6。

每立方米砖砌体砖和砂浆的净用量表　　表 6-6

墙体类别	半砖墙	一砖墙	一砖半墙	二砖墙
K 值	0.5	1.0	1.5	2.0
墙厚(m)	0.115	0.240	0.365	0.490
砖用量(块)	552	529	522	518
砂浆用量(m^3)	0.193	0.226	0.236	0.242

3. 混凝土工程

混凝土工程混凝土用量和钢用量见表 6-7。

混凝土工程混凝土用量和钢用量参考表　　表 6-7

序号	建筑类型	层数	钢筋用量(kg/m^2)	混凝土用量(m^3/m^{2}建筑面积)
1	多层砌体住宅		30	0.30~0.33
2	多层框架		38~42	0.33~0.35
3	小高层	≈12 层	50~52	0.35
4	高层	≈18 层	54~60	0.36
5	高层	≈30 层,H<100m	65~75	0.42~0.47
6	高层酒店式公寓	≈30 层,H<100m	65~70	0.38~0.42
7	别墅		30~50	0.30~0.35

注:以上数据根据抗震设防 7 度地区建筑设计资料统计。

4. 抹灰、饰面工程

(1) 外墙抹灰面积=0.7~1 倍建筑面积;

(2) 内墙抹灰面积=1.7 倍建筑面积;

(3) 室内抹灰面积＝3～3.4倍建筑面积；

(4) 外墙瓷砖面积＝0.3～0.33倍建筑面积。

6.4 材料、设备配置计划实施管理

材料计划的编制只是计划工作的开始，而更重要的工作还是在计划编制以后，就是材料计划的实施，材料计划的实施是材料计划工作的关键。

6.4.1 组织材料计划的实施

材料计划工作是以材料需用计划为基础的材料供应计划，也是企业材料经济活动的主导计划，可使企业材料系统的各部门不仅了解本系统的总目标和本部门的具体任务，而促进部门在完成任务中的相互关系，组织各部门从满足施工需要总体出发，采取有效措施，保证各自任务的完成，从而保证材料计划的实施。

6.4.2 协调材料计划实施中出现的问题

材料计划在实施中常因内部或外部的各种因素的干扰，影响材料计划的实现，一般有以下几种因素：

1. 施工任务的改变

计划实施中施工任务改变主要是指临时增加或临时削减任务等，一般是由于国家基建投资计划的改变、建设单位计划的改变或施工力量的改变引起的。任务改变后，材料计划就应作相应调整，否则就要影响材料计划的实现。

2. 设计变更

设计变更施工准备阶段或施工过程中，往往会遇到设计变更，影响材料的需用数量和品种规格，必须及时采取措施，进行协调，尽可能减少影响，以保证材料计划的执行。

3. 供货情况变化

材料到货延误、生产厂家的生产情况发生了变化、市场供货量下降等，使材料的供货价格、供货进度等产生变化，影响材料的及时供应。

4. 施工进度变化

施工进度计划的提前或推迟也会影响到材料计划的正确执行，在材料计划发生变化时，要加强材料计划的协调作用，做好以下几项工作：

(1) 挖掘内部潜力，利用库存储备以解决临时供应不及时的矛盾。

(2) 利用市场调节的有利因素，及时向市场采购。

(3) 与有关单位进行余缺调剂。

(4) 在企业内部有关部门之间进行协商，对施工生产计划和材料计划进行必要的修改。

为了做好协调工作，必须掌握动态，链接材料系统各个环节的工作进程，一般通过统计检查、实地调查、信息交流等方法，检查各部门对材料计划的执行情况，及时进行协调，以保证材料计划工作的实现。

6.4.3 建立材料计划分析和检查制度

为了及时发现计划执行中的问题，保证计划的全面完成，建筑企业应从上到下按照计划的分级管理职责，在计划实施反馈信息的基础上，进行计划的检查与分析，一般应建立以下几种计划检查和分析制度：

1. 现场检查制度

基层领导应该经常深入施工现场，实施掌握生产过程中的实际情况，了解工程形象进度是否正常，资源供应是否协调，各专业队组是否达到定额及完成任务的好坏，做到及时发现问题、及时加以处理解决，并按实际向上一级反映情况。

2. 定期检查制度

建筑企业各级组织机构应有定期的生产会议制度，检查与分析计划的完成情况，通过会议检查分析工程形象进度，资源供应、各专业队组完成定额的情况等，做到统一思想、统一目标，及时解决各种问题。

3. 统计检查制度

统计是检查企业计划完成情况的有力工具，是企业经营活动的各个方面在时间和数量方面的计算与反映，它为各级计划部门了解情况、决策、指导工作、制定和稽查计划提供可靠的数据以及情况。通过统计报表和文字分析，及时准确地反映计划完成的程度和计划执行中的问题，反映基层施工中的薄弱环节，为揭露矛盾、研究措施、跟踪计划和分析施工动态提供依据。

6.4.4 计划的变更和修订

实践证明，材料计划的变更为常见的、正常的。材料计划的变化，也是由它本身的性质决定的。计划总是在人们认识客观世界的基础上制定出来的，它受到人们的认识能力和客观条件的制约，编制出来的计划质量就会有差异。计划和实际脱节往往是不可避免的，重要的是一经发现，就应调整原计划；自然灾害、战争等突发事件一般不易被认识；一旦发生就会引起材料资源和需求量的重大变化。材料计划涉及面广，与各部门、各地区、各企业都有关系，一方有变，牵动他方，也让材料资源和需求发生变化，这些主客观条件的变化，必然引起原计划地变更，为了使计划更加符合实际，维护计划的严肃性，就需要对计划及时变更和修订。

1. 变更或修订材料计划的一般情况

1）任务量变化

任务量是确定材料需求量的主要依据之一，任务量的增加或减少，将引起材料需求量的增加或减少，在编制材料计划时，不可能将计划任务变动的各种因素都考虑在内，只有待问题出现后，通过调整原计划来解决。

（1）在项目实施过程中，由于技术革新，增加了新的材料品种，原计划需要的材料出现多余，就要缩减需要；或者根据用户的意见对原设计方案进行修订，与此同时所需的材料品种和数量就会发生变化。

（2）在基本建设中，由于布置材料计划时，图纸和技术资料尚不齐全，原计划实属概算需要，待图纸和资料到齐后，材料实际需要常与原概算情况有出入，这时也需要调整材料计划。同时，由于现场地质条件及施工中可能出现的变化因素，需要改变结构、改变设备型号，材料计划调整不可避免。

(3) 在工具和设备修理中，编制计划时很难预计修理所需的材料，实际修理所用的材料与原计划中申请的材料常常有出入，调整计划完全有必要。

2) 工艺变更

设计变更必然引起工艺变更，需要的当然就不一样；设计未变，但工艺变了，加工方法、操作方法变了，材料消耗可能与原来不一样，材料计划也要相应调整。

3) 其他原因。

计划初期预计库存不正确，材料消耗定额变了、计划有误等，都可能引起材料计划的变更，需要对原材料计划进行调整和修订。

根据我国多年的实践，材料计划变更主要是由生产建设任务的变更引起的，其他变更当然对材料计划也会产生一定的影响，但变更的数量远比生产和基建计划变更少。

由于上述原因，必须对材料计划进行合理的调整和修订，如不及时修订，将使企业发生停工待料的危险，或使企业材料大量闲置积压，这不仅使生产建设受到影响，而且直接影响企业的财务状况。

2. 材料计划的变更及修订主要方法

1) 全面调整或修订

主要是指材料资源和需要发生大的变化时的调整，如自然灾害、战争或经济调整等，都可能是资源和需要发生重大变化，这时需要全面调整计划。

2) 专案调整或修订

主要指由于某项任务的突然增减；或由于某种原因，工程提前或延后施工；或生产建设中出现突发情况等，使局部资源和需要发生较大变化，一般用待分配材料安排或当年储备解决，必要时调整供应计划。

3) 临时调整或修订

如生产和施工中，临时发生变化，就必须临时调整，这种调整也属于局部调整，主要是通过调整材料供应计划来解决。

3. 材料计划的调整及修订中应注意的问题

1) 维护计划的严肃性和实事求是地调整计划

在执行材料计划的过程中，根据实际情况的变化，对计划作相应的调整也是完全必要的，但是要注意避免轻易地调整计划，无视计划的严肃性，认为有无计划都得保证供应，甚至违反计划，用计划内材料搞计划外项目，也通过变更计划来满足。当然不能把计划看成是一成不变的，在任何情况下都机械地强调维持原来的计划，明明计划已经不符合客观实际，仍不去调整、修订、解决，这也和事物的发展规律相违背。正确的态度和做法是，在维护计划严肃性的同时，坚持计划的原则性和灵活性的统一，实事求是的调整和修订计划。

2) 权衡利弊和尽可能把调整计划压缩到最小限度

调整计划虽然是完全必要的，但许多时候调整计划总要或多或少地造成影响和损失，所以在调整计划时，一定要权衡利弊，把调整的范围压缩到最小限度，使损失尽可能减少到最小。

3) 及时掌握情况

材料部门必须主动和各方面加强联系，掌握计划任务的安排落实情况，如了解生产建设任务和基本建设的安排与进度，了解主要设备和关键材料的准备情况，对一般材料也应该按需要逐项检查落实，如发现偏差，迅速反馈，采取措施，加以调整。

掌握材料的消耗情况，找出材料消耗升降的原因，加强定额供料，控制发料，防止超定额用料而调整申请量。

掌握资源供应情况，不仅要掌握库存和在途材料的动态，还要掌握供方能否按时交货等情况。

掌握上述三方面的情况，实际上就是要做到需用清楚、消耗清楚和资源清楚，以利于材料计划的调整和修订。

4）应妥善处理，解决调整和修订材料计划中的相关问题

材料计划的调整或修订，追加或减少的材料，一般以内部平衡调剂为原则，减少部门或追加部分内部处理不了或不能解决的，又负责采购或供应的部门协调解决。特别要注意的是，要防止在调整计划中拆东墙补西墙、冲击原计划的做法，没有特殊的原因，处理应通过机动资源和增产解决。

4. 考评执行材料计划的经济效果

材料计划的执行效果，应该有一个科学的考评方法，一个重要内容就是建立材料计划指标体系，通过指标考核，激励各部门认真实施材料计划。通常包括下列指标：

1）采购量和到货率；

2）供应量及配套率；

3）自有运输设备的运输量；

4）占用流动资金及资金周转次数；

5）材料成本的降低率；

6）主要材料的节约率和节约额。

6.5 工程施工工艺和方法综合分析

【例题 6-7】

【背景】已知：某宿舍工程某月计划完成基础工程部分工程量，其中 M5 混合砂浆砌砖 200m^3，C10 碎石垫层混凝土 100m^3。

【要求】：计算材料需用量。

【分析】：

其各种材料需用量计算如下：

第一步：查砌砖、混凝土相对应的材料消耗定额得到：

第立方米砌砖用标准砖 512 块，砂浆 0.26m^3；

每立方米混凝土的用量为 1.01m^3。

第二步：计算混凝土、砂浆及砖需用量：

砌砖工程：标准砖 512 块/m^3 × 200m^3 = 102400 块；

砂浆：0.26m^3 × 200m^3 = 52m^3；

混凝土工程混凝土量 1.01m^3/m^3 × 100m^3 = 101m^3。

第三步：查砂浆、混凝土配合比表得：

每立方米 C10 混凝土用水泥 198kg，砂 777 kg，碎石 1360kg；

每立方米 M5 砂浆用水泥 320kg，白灰 0.06kg，砂 1599kg。

则砌砖砂浆中各种材料需用量为：

水泥：$320kg/m^3 \times 52m^3 = 16640kg$；

白灰：$0.06kg/m^3 \times 52m^3 = 3.12kg$；

砂：$1599kg/m^3 \times 52m^3 = 83148kg$。

混凝土中各种材料需用量为：

水泥：$198kg/m^3 \times 101m^3 = 19998kg$；

砂：$777kg/m^3 \times 101m^3 = 78477kg$；

碎石：$1360kg/m^3 \times 101m^3 = 137360kg$。

以上材料分析的过程可以列表 6-8。

分项工程材料分析表 **表 6-8**

单位工程名称：某宿舍

计算部位：基础工程

定额编号	工程名称	单位	工程数量	32.5 级水泥（kg）	砂子（kg）	白灰（kg）	砖（块）	砂石（kg）
×-×	M5 混合砂浆砌砖	m^3	200	83.2×200 =16640	415.74×200 =83148	0.0156×200 =3.12	512×200 =102400	
×-×	C10 碎石混凝土垫层	m^3	100	199.98×100 =19998	784.77×100 =78477			1373.6×100 =137360
-	基础工程小计		36638		161625	3.12	102400	137360

【例题 6-8】

【背景】已知：某工程队下个月的施工任务及相关的定额见表 6-9。

求：

（1）各种材料的合计需用量

（2）根据上述资料编制下个计划材料需用计划表

分部分项工程材料用量审核表 **表 6-9**

单位工程	项目施工任务	工程量	定额编号	砖（千块）		水泥（kg）		黄砂（kg）		石灰（kg）	
				定额	用量	定额	定额	定额	用量	定额	用量
某校学生楼	M5 砂浆砖基础	$63m^3$	略	0.528		43		358		19	
	M2.5 砂浆砌砖外墙	$156m^3$		0.53		33		369		20	
	M2.5 砂浆砌砖内墙	$200m^3$		0.528		32		361		20	
某 2 号工程车间	水泥地坪	$200m^3$				12		35			
某 2 号工程宿舍	砖墙面抹灰	$500m^3$				4.3		32.7		2.7	

【分析】:

（1）各种材料合计需用量见表 6-10。

（2）表 6-11 为下个计划期材料需用计划表。

各种材料合计需用量表 **表 6-10**

单位工程	项目	砖（千块）	水泥（kg）	黄砂（kg）	石灰（kg）
校学生楼	M5 砂浆砖基础	33.26	2709	22554	1197
	M2.5 砂浆砌砖外墙	82.68	5148	57564	3120
	M2.5 砂浆砌砖内墙	105.6	6400	72200	4000
某 2 号工程车间	水泥地坪		2400	7000	
某 2 号工程宿舍	砖墙面抹灰		2150	16350	1350
合计		221.54	18807	175668	9667

下个计划期材料需用计划表 **表 6-11**

序号	材料名称	规格	本月合计（t）	单位工程需用量	
				某校工程	某 2 号工程
1	砖	标准砖	22.2	22.2	
2	水泥	32.5 级普通水泥	19	14.4	4.6
3	黄砂	中粗	176	152.5	23.5
4	石灰	三七灰	10	8.5	1.5

【例题 6-9】

【背景】某施工单位全年计划进货水泥 257000t，其中合同进货 192750t，市场采购 38550t，建设单位来料 25700t. 最终实际到货的情况是：合同到货 183115t，市场采购 32768t，建设单位来料 15420t。

问题：

（1）分析全年水泥进货计划完成情况。

（2）激励各部门实施材料计划的手段是什么，指标有哪些？

【分析】

（1）水泥进货计划完成情况分析：

1）总计划完成率 $=\dfrac{183115+32768+15420}{257000}\times100\%=90\%$；

2）合同到货完成率 $=\dfrac{183115}{192750}\times100\%=95\%$；

3）市场采购完成率 $=\dfrac{32768}{38550}\times100\%=85\%$；

4）建设单位来料完成率 $=\dfrac{15420}{25700}\times100\%=60\%$。

(2) 激励各部门实施材料计划的手段是考核各部门实施材料计划的经济效果，主要指标有：

1) 采购量及到货率；

2) 供应量及配套率；

3) 自有运输设备的运输量；

4) 占用流动资金及资金周转次数；

5) 材料成本降低率；

6) 三大材料的节约额和节约率。

第7章　分析建筑材料市场信息并进行材料、设备的采购

7.1　材料、设备采购市场信息

7.1.1　建筑市场基本知识

材料采购信息按内容可分为资源信息、供应信息、价格信息、市场信息、新技术信息、新产品信息、政策信息。

1. 建筑市场的概念

建筑市场分为狭义和广义两种。

狭义的建筑市场概念是指建筑商品交易的场所，即供需双方买卖商品的地方，即通常所说的有形市场。

广义的建筑市场概念是指建筑商品供求关系的总和，包括交易场所和交易关系双重含义。其包含的内容有：

（1）广义的建筑市场不仅指交易最终建筑产品的市场，还包括与之关联的勘察设计市场、建筑劳务市场、建筑物质市场等；

（2）广义建筑市场包含了建筑市场的主题和相关机构，以及在交易活动中所形成的各种经济关系；

（3）广义建筑市场的客体不仅指房屋建筑工程，还包括装饰装修工程、设备安装工程、道路桥梁工程、市政公用工程以及各种专业工程。

2. 建筑市场的构成要素

建筑市场的构成要素与一般意义上的市场一样，包括市场主体、市场客体、市场价格和市场环境四类：

（1）市场主体指在市场从事交易活动的组织和个人。

（2）市场客体是市场主体在市场活动中的交易对象，即市场上交易的商品。

（3）市场价格是商品价值在一定交易条件下的货币表现，其功能有：传递信息、配置资源、促进技术进步。

（4）市场环境是指满足商品交易的各种条件，主要有：市场规则、市场机制和市场物质条件。

3. 建筑市场的特点

（1）建筑市场采取订货方式进行交易。

（2）建筑市场有独特的竞争和定价方式。

（3）建筑市场的交易过程长。

（4）建筑市场具有显著的区域性。

（5）建筑市场的风险大。

4. 建筑市场的需求与供给

（1）建筑市场需求

建筑市场需求是指消费者在某一时期内和一定的价格水平下，愿意而且能够购买的建筑产品的数量。

建筑市场需求应具备两个基本条件：一是消费者要对购买建筑商品有欲望，即愿意购买；二是消费者要有购买建筑商品的支付能力，即能够购买。

影响建筑市场需求的因素主要有需求价格、可替代产品的价格、可支配资金、利率、需求方的价格预期、国家政策、偏好程度等。

（2）建筑市场供给

建筑市场供给是指生产者或供应商在一定时期内在各种可能的价格下愿意而且能够提供出售的建筑商品数量。供给是生产者或供应商的出售欲望和出售能力的统一。

影响建筑市场供给的因素主要有建筑产品自身价格、成本、技术水平、建筑企业数量、建筑企业发展目标、国家政策、供给方的价格预期等。

（3）建筑市场的供需平衡

供需平衡是指产品的供给方愿意提供的产品数量，恰好等于需求方愿意并且能够购买的产品数量时的一种平衡。建筑市场需求与供给平衡的主要内容包括供需价格的平衡、供需量的平衡、供需总量的平衡、供需结构的平衡。

7.1.2 采购信息的种类

采购信息是建筑施工企业材料管理决策的依据，是制定采购计划的基础资料，是进行资源配置和扩大资源渠道的条件。材料采购信息按内容可分为资源信息、供应信息、价格信息、市场信息、新技术信息、新产品信息、政策信息。

1. 资源信息

资源信息提供材料的资源方向。包括资源的分布、生产企业的生产能力、产品结构、销售动态、产品质量、生产关系技术发展，甚至原材料基地，生产用燃料和动力的保证能力，生产工艺水平，生产设备等。

2. 供应信息

供应信息提供材料的供求关系、供货能力和供货方式。包括基本建设信息，建筑施工管理体制变化，项目管理方式，材料储备运输情况，供求动态，紧缺及呆滞材料情况。

3. 价格信息

价格信息提供材料的准确价格和变化趋势。包括现行国家价格政策，市场交易价格及专业公司牌价，地区建筑主管部门颁布的预算价格，国家公布的外汇交易价格等。

4. 市场信息

市场信息提供材料市场运作的有关政策和市场走向。包括生产资料市场及物资贸易中心的建立、发展及其市场占有率，国家有关生产资料市场的政策等。

5. 新技术、新产品信息

新技术、新产品信息提供新技术、新材料的材料的特征、指标和可靠性。包括新技术、新产品的品种，性能指标，应用性能及可靠性等。

6. 政策信息

政策信息提供与材料相关的一切国家政策调整情况。包括国家和地方颁布的各种方针、政策、规定、国民经济计划安排，材料的生产、销售、运输、管理办法，银行贷款、资金政策，以及对材料采购发生影响的其他信息。

7.1.3 信息的来源

材料、设备采购信息，首先应具有及时性，能及时采集最新的材料信息；第二是具有可靠性，有可靠的原始数据支撑；第三是具有深度性，反映或代表一定的倾向性，提出符合实际需要的建议。因此，在收集信息时，应力求广泛深入。采购信息获取的主要途径有：

（1）各报刊、网络等媒体和专业性商业情报刊载的资料。

（2）有关学术、技术交流会提供的资料。

（3）各种供货会、展销会、交流会提供的资料。

（4）广告资料。

（5）政府部门发布的计划、通报及情况报告。

（6）采购人员提供的资料及自行调查取得的信息资料等。

7.1.4 信息的整理

为了有效高速地采撷信息、利用信息，企业应建立信息员制度和信息网络，应用电子计算机等管理工具，随时进行检索、查询和定量分析。采购信息整理常用的方法有：

（1）运用统计报表的形式进行整理。

（2）对某些较重要的，经常变化的信息建立台账，做好动态记录，以反映该信息的发展状况。

（3）以调查报告的形式就某一类信息进行全面的调查、分析、预测，为企业经营决策提供依据。

7.1.5 信息的使用

搜集、整理信息是为了使用信息，为企业采购业务服务。信息经过整理后，应迅速反馈有关部门，以便进行比较分析和综合研究，制定合理的采购策略和方案。

7.2 材料、设备采购基本知识

企业材料管理的四大业务环节是采购、运输、储备和供应，采购是首要环节。材料采购就是通过各种渠道，把建筑施工所需用的各种材料购买进来，保证施工生产的顺利进行。

经济合理地选择采购对象和采购批量，并按质、按量、按时运入企业，对于保证施工生产，充分发挥材料使用效能，提高工程质量，降低工程成本，提高企业的经济效益，都具有重要的意义。

7.2.1 工程材料采购应遵循的原则

1. 遵守法律法规的原则

材料采购，必须遵守国家、地方的有关法律和法规，以物资管理政策和经济管理法令指导采购。熟悉合同法、财会制度及工商行政管理部门的有关规定。

2. 按计划采购的原则

采购计划的依据是施工生产需要，按照生产进度安排采购时间、品种、规格和数量，可以减少资金占用，避免盲目采购而造成积压，发挥资金最大效益。

3. 择优采购的原则

通过对材料供应的了解、分析和研究，掌握各种材料的供应信息，包括品种、品牌、性能、质量、价格、寿命周期、供应渠道等，在众多的产品和服务中找到最符合自身需要、成本又低的材料，以实现其优良的采购目标。

4. 坚持“三比一算”的原则

比质量、比价格、比运距，算成本是对采购环节加强核算和管理的基本要求。在满足工程质量要求经济条件下，选用价格低、距离近的采购对象，从而降低采购成本。

7.2.2 建筑材料采购的范围

建筑材料采购的范围包括建设工程所需的大量建材、工具用具、机械设备和电气设备等，这些材料设备约占工程合同总价的60%以上，大致可以划分为以下几点：

1. 工程用料

包括土建、水电设施及其他一切专业工程的用料，如钢材、水泥、砂、石、管材等，此类材料直接构成工程实体，成为工程实体的一部分。此类材料在建筑材料采购中占比最大。

2. 暂设工程用料

包括工地的活动房屋或固定房屋的材料、临时水电和道路工程及临时生产设施的用料。

3. 周转材料和消耗性用料

周转材料主要包括模板、脚手架、支撑、扣件等可以在施工中多次周转利用、但不构成工程实体的工具性材料；消耗性材料主要指在施工过程中有损耗的辅助性用料。

4. 机电设备

包括工程本身的设备和施工机械设备。

5. 其他

如施工用零星工具、器具、仪器、零星材料等，此类材料采购品种多，单种材料的用量小，不便于计算。

7.2.3 影响材料采购的因素

1. 企业外部因素

（1）资源渠道因素

建筑材料采购渠道是指与建筑材料供应和销售相关的各种建筑产品的来源，即到哪里去采购，向谁去采购。由于材料来自国内生产、国外进口、国家储备、以及社会潜在物资的利用等若干方面，因此材料采购必然反映出多渠道、多方面的特点。随着中国社会主义市场经济的发展和完善，市场采购渠道是当前建筑材料采购的主要渠道。

（2）供方因素

供方因素，即材料供方提供资源能力的影响。材料供应商的生产能力、成品储备能力、生产稳定性、材料质量的好坏、价格的高低、供货地点的远近、运输条件的好坏、管理水平的高低均对建筑企业的施工成本和质量造成影响。建筑企业在进行材料采购时，均应对各渠道、各供应单位进行充分的了解，并结合企业自身的经营特点，对材料供应商进行对比分析和经济比较，从中对材料采购渠道进行选择。

（3）供求因素

供求因素决定着采购价格的变动和采购的难易程度。当企业所采购的材料供大于求时，采购方处于主动地位，可以获得较优惠的价格；反之，供方处于主动地位，将会趁机抬高价格或者增加有利于供货商的交货条件、支付条件。

当然，建筑材料的采购并不是单纯的市场运作，还受到政策、经济技术水平等多方制约和调控，在建筑材料采购过程中也应根据政策动向进行预判，提前或及时对企业和项目的材料采购进行相应调整。

2. 企业内部因素

（1）施工生产因素

由于建筑施工生产受到诸多因素影响，施工变化较频繁，宜采用批量采购与零星采购交叉进行的方式，以提高材料采购的灵活性和机动性。

（2）储存能力因素

采购批量受料场、仓库的堆放能力限制。应在考虑采购间隔时间、验收时间和施工准备时间、材料施工耗用时间的基础上，确定采购批量及采购批数等。

（3）资金的限制

虽然建筑施工生产的需要是确定采购数量和采购批数的主要因素，但由于资金的限制也同样需要改变或调整批量或增减采购批数，缩短采购间隔，减少资金占用。当资金缺口较大时，可根据施工需用的缓急程度调整采购方式。

7.2.4 材料采购决策

对从事采购工作的人来说，挑战之一就是所遇到的决策种类繁多而且性质不一。例如：

（1）要储存材料吗？

（2）储存多少？

（3）应该支付什么价格？

（4）在哪里下订单？

（5）订货规模多大？

（6）什么时候需要这种材料？

（7）有没有更好的替代方案？

（8）应该使用何种运输方式和运输工具？
（9）应该签订长期合同还是短期合同？
（10）应该取消合同吗？
（11）怎样处置多余的商品？
（12）由谁来组织谈判团队？
（13）应该采用什么样的谈判战略？
（14）如何保护未来的利益？
（15）应该改变运作体系吗？
（16）应该等待还是现在就行动？
（17）在考虑各种利弊得失后，什么才是最佳决策？
（18）应该采取什么态度对待那些希望供货的客户？
（19）应不应该标准化？
（20）现在签订合同有没有意义？
（21）应该用一个供应商还是多个供应商？

诸如此类的问题会对企业以及企业的最终顾客产生重要影响。同时，这些决策几乎都是在不确定条件下做出的。

近些年来，管理知识的进步已经大大拓展了供应决策的分析方法。基本的供应商选择决策是一个决策树模型。这是一种风险条件下的选择决策。不确定性与我们自身的需求有关，我们不能确定它是高、中还是低。最终结果与价格和供应能力有关。如果决策者宁愿付出更高的价格也要确保供应，那么，由于很难对所有的结果进行估量，所以就更需要在关键性决策中做出准确判断。它还意味着，决策者认为，涉及的风险是一个关键变量。这样，运用从经验和培训中获得的管理决策能力，再加上适当的决策概念和技术，决策者就有机会做出最佳选择。

在进行采购决策时，都应该对品种、规格、质量、数量、谁采购、何时供货、什么价格、供货商在哪里、如何采购以及为什么选择这种方式等问题作出决定和确认。通常要按以下步骤开展工作：

1. 确定采购材料信息

将需要采购材料的材料名称、品种、规格、型号、需求数量、质量要求等罗列成表。特殊材料要另加技术说明、材料用途等。

2. 确定计划期的采购总量

材料采购量分为不同材料需用量和材料申请量，除考虑实际需用量和储备量外，还要与施工工艺、采购过程相结合，估算施工损耗和采购过程中的损耗。

3. 选择供应渠道及供应商

建筑施工企业的采购合同通常针对某个项目签订，其供应渠道的有效选择，应结合具体项目材料采购需求数据和不同要求，从当前项目角度进行衡量和决策。同时，因为企业经营行为的持续性，应对供应渠道的供货能力、供货及时性有一个中长期考察，进行必要的评估，为中长期合作打好基础。

从选择供应商角度看，除了衡量其生产能力、供应能力、质量水平等，还应考虑供应商所供材料与实际需求材料的匹配程度、价格水平和支付方式等，总之，选择供应商，要对其进行综合衡量。对供应商作评估的最基本指标应该包括以下几项：

（1）技术水平；

（2）产品质量；

（3）供应能力；

（4）价格；

（5）地理位置；

（6）可靠性（信誉）；

（7）售后服务；

（8）提前期；

（9）交货准确率；

（10）快速响应能力。

供应商的评估与选择是一个多对象多因素（指标）的综合评价问题，有关此类问题的决策已经建立了几种数学模型。它们的基本思路是相似的，先对各个评估指标确定权重，权重可用数字1～10之间的某个数值表示，可以是小数（也可取0～1的一个数值，并且规定全部的权重之和为1）；然后对每个评估指标打分，也可用1～10之间的一个数表示（或0～1的一个数值）；再对所得分数乘以该指标的权重，进行综合处理后得到一个总分；最后根据每个供应商的总得分进行排序、比较和选择。

【例题】见本章例题7-1。

4. 确定采购方式

建筑材料、设备采购人员可以用多种方式进行采购，经常采用的采购方式主要有招标采购和非招标采购。其中，招标采购主要分为公开招标采购和邀请招标采购两种方式，非招标方式分为询价、比价、议价等方式。

（1）招标采购

根据《招标投标法》第三条规定：在中华人民共和国境内进行下列工程建设项目包括项目的勘察、设计、施工、监理以及与工程建设有关的重要设备、材料等的采购，必须进行招标：

（一）大型基础设施、公用事业等关系社会公共利益、公众安全的项目；

（二）全部或者部分使用国有资金投资或者国家融资的项目；

（三）使用国际组织或者外国政府贷款、援助资金的项目。

所列项目的具体范围和规模标准，由国务院发展计划部门会同国务院有关部门制订，报国务院批准。

招标采购主要包括公开招标采购、邀请招标采购、两阶段招标采购等，通常用于上述项目中大宗材料的采购，由采购企业名义组织招标。

1）公开招标（Open Tendering）采购

又称竞争性采购，即由招标人在报刊和电子媒体上公开刊登招标广告，吸引众多供应商或承包商参加投标竞争，招标人从中选择中标者的招标方式。

2）邀请招标（Selective Tendering）采购

即由招标单位选择一定数量的供应商或承包商，向其发出投标邀请书，邀请他们参加招标竞争。

3）两阶段招标采购

即同一采购项目进行两次招标，第一阶段采购机构就采购货物的技术、质量或其他方面，以及就合同条款（合同价款除外）和供货条件等广泛地征求意见，并同投标商进行谈判以确定拟采购货物的技术规范，供应商应提供不含价格的技术标；第二阶段采购机构依据第一阶段所确定的技术规范进行正常的公开招标程序，邀请合格的投标商就包括合同价款在内的所有条件进行投标，采购机构依据一般的招标程序进行评审和比较，以确定符合招标文件规定的中选投标。

（2）谈判采购

是指企业或项目为采购商品作为买方，与供应商就业务有关事项，如商品的品种、规格、技术标准、质量保证、订购数量、包装要求、售后服务、价格、交货日期与地点、运输方式、付款条件等进行反复磋商，谋求达成协议，建立双方都满意的购销关系。采购谈判的程序可分为计划和准备阶段、开局阶段、正式洽谈阶段和成交阶段。

谈判采购存在如下特点：

1）合作性与冲突性：合作性表明双方的利益有共同的一面，冲突性表明双方利益又有分歧的一面。

2）原则性和可调整性：原则性指谈判双方在谈判中最后退让的界限，即谈判的底线。可调整性是指谈判双方在坚持彼此基本原则的基础上可以向对方做出一定让步和妥协的方面。

3）经济利益中心性：谈判过程围绕综合经济利益进行。

（3）询价采购

询价采购是指向多个供货商（通常至少三家）发出询价单让其报价，然后在报价的基础上进行比较以确保价格具有竞争性的一种采购方式，又称为选购。

谈判采购存在如下特点：

1）邀请报价的数量至少为三个。

2）只允许供应商提供一个报价。每一供应商或承包商只许提出一个报价，而且不许改变其报价。不得同某一供应商或承包商就其报价进行谈判。报价的提交形式，可以采用电传或传真形式。

3）在没有特殊说明的情况下，报价的评审应按照社会常规做法或采购方惯例进行。采购合同一般授予符合采购方需求的最低报价的供应商或承包商。

（4）单一来源采购

单一来源采购是指只能从唯一供应商处采购、不可预见的紧急情况、为了保证一致或配套服务从原供应商添购的采购，是一种没有竞争的采购方式，也称直接采购或直接签订合同采购。

该采购方式的最主要特点是没有竞争性。由于单一来源采购只同唯一的供应商、承包商签订合同，所以就竞争态势而言，采购方处于不利的地位，有可能增加采购成本；并且在谈判过程中容易滋生索贿受贿现象，所以对这种采购方法的使用，国际规则都规定了严格的适用条件。

（5）征求建议采购

是由采购机构通过发布通告（征求建议书）的方式与少数的供应商接洽，征求各方提交建议书的方式，并与他们谈判有无可能对初始建议书的实质内容做出更改，再从中要求提出“最佳和最后建议”，然后，按照原先公开的评价标准，以及根据原先向供应商公开透露的相对比重和方式，对那些最佳和最后的建议进行评价和比较，选出最能满足采购实体需求的供应商。

5. 决定采购批量

材料采购批量是指一次采购材料的数量，经济批量的确定受多方因素影响，按照所考虑主要因素的不同一般有以下几种方法。

（1）按照商品流通环节最少的原则选择最优批量；

（2）按照运输方式选择经济批量；

（3）按照采购费用和保管费用支出最低的原则选择经济批量。

6. 决定采购时机和进货时间

商品采购时机是指企业可以获得较大收益的采购时间和机会。商战变幻莫测，时机稍纵即逝，采购工作必须把握好时机，这样才会给企业带来最佳效益。把握采购时机应从以下几个方面入手：

（1）根据材料、设备供需波动规律，确定采购时间

在生产强度季节性波动基础上，结合社会、经济、政策综合因素，通过对市场的调查、研究和预测，寻找和发现材料、设备的价格规律，作为采购时机决策的一个重要依据。

（2）根据市场竞争状况，确定采购时间

在决定材料、设备采购时间时，还必须考虑市场供需情况和竞争状况。某些材料、设备生产厂家只有一家，产量少，供应紧张，需提前采购。有些材料、设备货源充足，可以洽谈价格，也可以推迟采购。

（3）根据现场库存情况，确定采购时间

选择采购时间，还必须考虑现场库存能力和库存情况，采购时间既要保证有足够的材料以供生产消耗，又不能使材料过多以致在现场发生积压。这方面最常用的方法是最低订购点法。最低订购点法是指预先确定一个最低订购点，当某一材料的库存量低于该点时，就必须去进货。

以上各项，主要由材料计划部门，以施工生产的需要为基础，根据市场反馈信息，进行比较分析，综合决策，会同采购人员制定采购计划，及时展开采购工作。

【例题】见本章例题 7-2 和例题 7-3。

7.2.5 材料采购管理工作流程

工程项目主要材料采购管理工作流程图如图 7-1 所示。

7.2.6 材料采购管理模式

材料采购业务的分工，应根据企业机构设置、业务分工及经济核算体制确定，目前，一般都按核算单位分别进行采购。在一些实行项目承包或项目经理负责制的企业，都存在着不分材料品种、不分市场情况而盲目采购产品的问题。企业内部、工区（处）、施工队、施工项目以及零散维修用料、工具用料均自行采购。这种做法既有调动各部门积极性等有

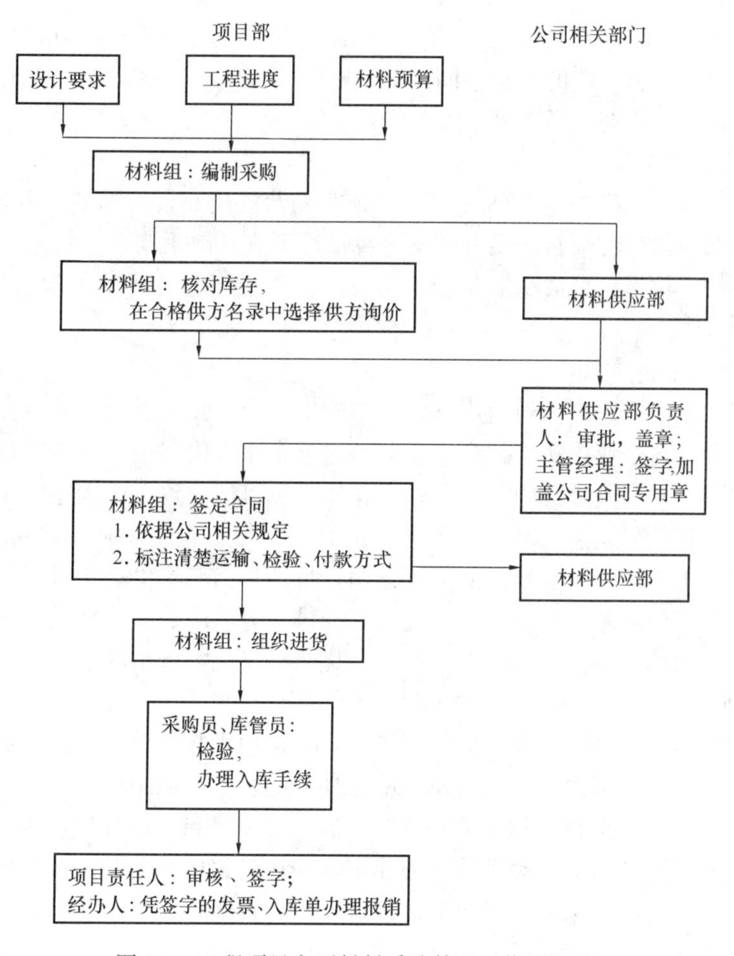

图 7-1　工程项目主要材料采购管理工作流程图

利的一面，也存在着影响企业发展的不利一面，其主要利弊有：

1. 分散采购的有利方面

（1）分散采购可以调动各部门积极性，有利于各部门各项经济指标的完成。可结合施工对采购工作直接控制，减少控制点。

（2）可以及时满足施工需要，采购工作效率较高。

（3）就某一采购部门内来说，流动资金量小，有利于各部门内资金管理。

（4）减少了管理费用，采购价格一般低于多级多层次的价格。

2. 分散采购的不利方面

（1）分散采购难以采购批量，不易形成企业经营规模，从而影响企业整体经济效益。

（2）局部资金占用少，但资金分散，其总体占用额度往往高于集中采购资金占用，资金总体效益和利用率下降。

（3）机构人员重叠，采购队伍素质相对较弱，不利于建筑企业材料采购供应业务水平的提高。

3. 材料采购管理模式的选择

一定时期内，是分散采购还是集中采购，是由国家物资管理体制和社会经济形势及企业内部管理机械决定的，既没有统一固定的模式，也非一成不变。不同的企业类型，不同的生产经营规模，甚至承揽的工程不同，其采购管理模式均应根据具体情况而确定。

我国建筑企业主要有三种类型：

1）现场型施工企业

这类企业一般是规模相对较小或相对于企业经营规模而言承揽的工程任务相对较大。企业材料采购部门与建设项目联系密切，这种情况不宜分散采购而应采取集中采购。一方面减少项目采购工作量，形成采购批量；另一方面有利于企业对施工项目的管理的控制，提高企业管理水平。

2）城市型施工企业

是指在某一城市或地区内经营规模较大，施工力量较强，承揽任务较多的企业。我国最初建立的国营建筑企业多属于城市型企业。这类企业机构健全，企业管理水平较高，且施工项目多在一个城市或地区内分布，企业整体经营目标一致，比较适宜采用统一领导分级采购，形成较强的采购能力和开发能力，适宜与大型材料生产企业协作，对稳定资源、稳定价格、保证工程用料，有较强的保证作用。特别是当市场供小于求时尤其显著。一般材料由基层材料部门或施工项目部视情况自行安排，分散采购。这样做既调动了各部门积极性，又保证了整体经济利益；既能发挥各自优势，又能抵御市场带来的冲击。

3）区域型施工企业

这类企业一般经营规模庞大，能够承揽跨省、跨地区甚至跨国项目，如中国建筑工程总公司。也有从事某区域内专业项目建设施工任务的企业，如中国铁路建设总公司、中国水利建设总公司等。这类企业技术力量雄厚，但施工项目和人员分散，因此其采购模式要视其所在地区承揽的项目类型和采购任务而定。往往是集中采购与分散采购配合进行，分散采购和联合采购并存，采购方式灵活多样。

由此可见，采购管理模式的确定绝非唯一的、不变的，应根据具体情况分析，以保证企业整体利益为目标而确定。

7.3 材料采购和加工业务管理

建筑企业采购及加工业务，是有计划、有组织地进行的。其内容有决策、计划、洽谈、签订合同、验收、调运和付款等工作，其业务过程，可分为准备、谈判、成效、执行和结算五个环节。

7.3.1 材料、设备采购方式

1. 材料、设备采购的类型

（1）按采购制度划分

集中采购：由公司总部采购部门统一进行采购，如医药连锁药店、连锁超市等由总部进行统一采购。

分散采购：由各门店或各商品部独立进行采购。

（2）按采购方式划分

直接渠道采购：直接向商品生产厂商进行采购。

间接渠道采购：通过代理商或批发商向商品生产厂商进行采购。

（3）按采购地区划分

国内采购：当国内商品的价格、品质、性能与国外同类商品相差无几时，应选择国内采购。国内采购机动性强，手续简单方便。

国外采购：当国外商品价格低、品质高、性能好、综合成本比国内采购低时，可考虑国外采购。但在某些关系到民族前途的企业，如信息产业、通信产业等等，应当不仅仅考虑当前利益，还应为长远着想，尽量在国内采购或支持有能力的供应商共同开发。

（4）按采购批量大小划分

大量采购：一次采购数量多的采购行为。

零星采购：一次采购数量少的采购行为。

（5）按采购时间划分

长期固定性采购：采购行为长期固定性的采购。

非固定性采购：采购行为不固定，需要时就采购的临时性采购。

紧急采购：毫无计划的紧急采购行为。

（6）按采购订约方式划分

订约采购：买卖双方根据订立合约的方式进行的采购。

口头电话采购：买卖双方不经过订约方式，而是以口头或电话洽谈方式进行的采购行为。

书信电报采购：买卖双方借书信或电报的往返而进行的采购行为。

网络采购：指利用国际互联网 Internet 等网络工具进行的现代化采购方式。

（7）按采购价格方式划分

招标采购：将采购商品的所有条件详细列明，刊登公告。投标供应商按公告的条件，在规定时间内，交纳投标押金，参加投标。招标采购按规定必须至少三家以上供应商报价，投标才可以开标，开标后原则上以报价最低的供应商中标，若中标的报价仍高过标底时，采购人员有权宣布废标，或征得监办人员的同意，以议价方式办理。

询价现购：采购人员选取信用可靠的供应商将采购条件讲明，询问价格或寄询价单并促请对方报价，比较后现价采购。

比价采购：采购人员请数家供应商提供价格并从中加以比较后，决定向哪家供应商进行采购。

议价采购：采购人员与供应商经讨价还价后，议定价格进行采购。

一般来说，询价、比价和议价是结合使用的，很少单独进行。

（8）按采购主体的不同划分

个人采购：主要是指个人生活用品的采购。个人采购一般特征是单一品种、单次采购、单一决策，带有较大的主观性和随意性。

企业采购：是以企业为主体的采购。企业采购主要是为生产或转售等目的而进行的采购。企业是以营利为目的的实体，企业为了生产产品或转售产品，必须进行大量的采购。

政府采购：是以政府为主体，为满足社会公共需要而进行的采购。政府采购包括政府机关采购、公共事业单位采购、社会团体采购和军事采购。政府采购与其他主体的采购最根本的区别在于，政府采购实质上是社会公众的采购，是一种社会公众行为。

（9）建筑工程项目材料、设备采购

建筑工程材料、设备采购是为工程项目采购材料、设备而选择供货商并与其签订物资购销合同或加工订购合同的一系列活动，多采用如下三种方式之一：

1）市场采购方式，包括招标采购等方法。

2）加工订货方式。

3）协作采购等方式。

2. 市场采购

市场采购是从材料经销部门、物资贸易中心、材料市场等地购买工程所需的各种材料。

（1）市场采购的特点

1）材料品种、规格复杂，采购工作量大，配套供应难度大

2）市场采购材料由于生产分散，经营网点多，质量、价格不统一，采购成本不易控制和比较

3）受社会经济状况影响，资源、价格波动较大

（2）市场采购的程序

1）根据材料供应计划中确定的供应措施，确定材料采购数量及品种规格；

2）确定材料采购批量；

3）确定采购时间和进货时间；

4）选择和比较可供材料的企业或经营部门，确定采购对象。当同一种材料，可供资源部门较多且价、质量、服务差异较少时，要进行比较判断。常用的方法有以下几种：

① 经验判断法；

② 采购成本比较法；

③ 综合评分法；

④ 采购招标法。

3. 加工订货方式

材料加工订货是按照施工图纸要求将工程所需的制品、零件及配件委托加工制作，满足施工生产需求。进行加工订货的材料和制品，一般按照其组成材料的品种不同分为金属制品、木制品和混凝土制品。

4. 其他方式

（1）与建设单位协作采购

该方式通常在采购力量不足、资金缺乏的情况下采用。

（2）补偿贸易

指建筑施工企业与材料生产企业建立补偿贸易关系。该方式主要用于大型、工期较长的工程。

（3）联合开发

指建筑施工企业与材料生产企业建立联合体甚至形成集团公司，共同开发项目。如：合资经营、联合生产、产销联合、技术协作等。

（4）调剂与协作组织资源。

常用于企业间对短缺材料的品种规格进行调剂和串换，或处理临时、急需和特殊用

料。一般通过以下几种形式进行：

1）全国性的物资调剂会；

2）地区性的物资调剂会；

3）系统内的物资串换；

4）各部门设立的积压物资处理门市；

5）委托商业部门代为处理和销售；

6）企业间相互调剂、串换及支援。

7.3.2 材料采购和加工业务准备

（1）按照材料分类，确定各种材料采购和加工的总数量计划。

（2）按照需要采购的材料（如一般的产需衔接材料），了解有关厂商的供货资源，选定供应单位，提出采购点的要货计划。

（3）选择和确定采购和加工企业，这是做好采购和加工业务的基础。必须选择设备齐全、加工能力强、产品质量好和技术经验丰富的企业。此外，如企业的生产规模、经营信誉，在选择中均应摸清情况。在采购和加工大量材料时，还可采用招标和投标的方法，以便择优落实供应单位和承揽加工企业。

（4）按照需要编制市场采购和加工计划，报请领导审批。该工作用于确定材料采购过程中谈判的目标和底线。

7.3.3 材料采购和加工业务的谈判

业务谈判就是材料采购人员与生产、物资和商业等部门进行具体的协商和洽谈。

1. 采购业务谈判的主要内容

（1）明确采购材料的名称、品种、规格和型号；

（2）确定采购材料的数量和价格；

（3）确定采购材料的质量标准（国家标准、部颁标准、企业专业标准和双方协商确定的质量标准）和验收方法；

（4）确定采购材料的交货地点、方式、办法、交货代送或供方送货等；

（5）确定采购计划的运输办法，如需方自理、供方代送或供方送货等。

2. 加工业务谈判的主要内容

（1）明确加工品的名称、品种和规格。

（2）确定加工品的数量。

（3）确定供料方式，如由定作单位提供原材料的带料加工或承揽单位自筹材料的包工包料，以及所需原材料的品种、规格、质量、定额、数量和提供日期。

（4）确定加工品的技术性能和质量要求，以及技术鉴定和验收方法。

（5）确定定作单位提供加工样品的，承揽单位按样品复制；定作单位提供设计图纸资料的，承揽单位应按设计图纸加工；生产技术比较复杂的，应先试制，经鉴定合格后成批生产。

（6）确定加工品的加工费用和自筹材料的材料费用，以及结算办法。

（7）确定原材料的运输办法及其费用负担。

(8) 确定加工品的交货地点、方式、办法，以及交货日期及其包装要求。

(9) 确定加工品的运输办法。

(10) 确定双方应承担的责任。

如承揽单位对定作单位提供原材料应负保管的责任，按规定质量、时间和数量完成加工品的责任；不得擅自更换定作单位提供的原材料的责任；不得把加工品任务转让给第三方的责任；定作单位按时、按质、按量提供原材料的责任；按规定期限付款的责任等。

业务谈判还应注意明确违约的赔偿额度和方式。一般要经过多次反复协商。在没有成交之前，应控制双方情绪，留有一定余地，避免出现谈判僵局。成交之后一定要有书面合同和协议，条款一定要清楚，文字不能含糊不清，避免产生歧义和不必要的争议。

3. 材料采购加工的成交

材料采购加工业务，经过与供应单位反复酝酿和协商，取得一致意见时，达成采购、销售协议，称为成交。材料采购加工的成交一般应注意几个方面：

(1) 订货形式：签订合同，按合同交货期交货。

(2) 提供形式：按规定期限内提供，凭提货单提货。

(3) 现货现购：货款付清或手续办理后，当场取回货物。

(4) 加工形式：签订合同，按合同逐步实施。

4. 材料采购和加工业务执行

材料采购和加工，经供需双方协商达成协议签订合同后，由供方交货，需方收货。这个交货和收货过程，就是采购和加工的执行过程。主要有以下几个方面：

(1) 交货日期：按双方合同规定的日期履行各自义务。

(2) 材料验收：包括数量验收、质量验收等。

(3) 材料交货地点：按合同规定的地点进行交接。

(4) 材料交货方式：按合同规定的方式执行。

(5) 材料运输：按合同规定的办法执行。

5. 材料采购和加工经济结算

详见第13章材料、设备的成本核算。

7.3.4 建设工程材料、设备采购的询价

对于大型机械设备和成套设备，为了确保产品质量，获得合理报价，一般选用竞争性的招投标作为采购的常用方式。而对于小批量建筑材料或价值较小的标准规格产品，则可以简化采购方式，用询价的方式进行采购。

1. 材料、设备采购来源

材料设备的采购来源可分为两大类：国内采购和国外进口。按照采购货物的特点又可分为标准设备（或标准规格材料）和非标准设备（或非标准规格材料）。

2. 材料、设备采购的询价步骤

(1) 根据“竞争择优”的原则，选择可能成交的供应商

(2) 向供应厂商询价

(3) 卖方的报价

(4) 还价、拒绝和接受

3. 材料、设备采购的询价方法和技巧

（1）充分做好询价准备工作

1）询价项目的准备。

特别重要的是，要整理出这些拟询价物资的技术规格要求，并向专家请教，搞清楚其技术规格要求的重要性和确切含义。

2）对供应商进行必要和适当的调查

3）拟定自己的成交条件预案

（2）注意询价技巧

1）为避免物价上涨，对于同类大宗物资最好一次将全工程的需用汇总提出，作为询价中的拟购数量。

2）在向多家供应商询价时，应当相互保密，避免供应商相互串通，一起提高报价，但也可适当分别暗示各供应商，他可能会面临其他供应商竞争，应当以其优质低价和良好的售后服务为原则作出发盘。

3）多采用卖方的“销售报价”方式询价。

4）承包商应当根据其对项目的管理职责的分工，由总部、地区办事处和项目管理组分别对其物资管理范围内材料设备进行询价活动。

7.3.5 招标采购

1. 建设工程物资采购招投标概述

在市场竞争中，为了保证产品质量、缩短建设工期、降低工程造价、提高投资效益，对建设工程中使用的金额巨大的大型机电设备和大宗材料等均采用招标的方式进行采购。

（1）设备、材料招标的范围

设备、材料招标的范围大体包含以下 3 种情况：

1）以政府投资为主的公益性、政策性项目需采购的设备、材料，应委托有资格的招标机构进行招标；

2）国家规定必须招标的进口机电产品等货物，应委托国家指定的有资格的招标机构进行招标；

3）竞争性项目等采购的设备、材料招标，其招标范围另行规定。

（2）招标方式

招标方式有多种多样，招标的方式不同，其工作程序也随之不同，当前最常见的具体招标方式有国际竞争性招标、国际有限竞争性招标和国内竞争性招标 3 种。

（3）招标程序

招标的一般程序如下：

1）办理招标委托；

2）确定招标类型和方式；

3）编制实施计划筹建项目评标委员会；

4）编制招标文件；

5）刊登招标公告或寄发投标邀请函；

6）资格预审；

7）发售招标文件；

8）投标；

9）公开开标；

10）阅标、询标；

11）评标、定标；

12）发中标或落标通知书；

13）组织签订合同；

14）项目总结归档、标后跟踪服务。

（4）招标单位应具备的条件

目前建设工程中的设备采购，有的是建设单位负责，有的是施工单位负责，还有的是委托中介机构（或称代理机构）负责。招标单位一般应具备如下条件：

1）具有法人资格，招标活动是法人之间的经济活动，招标单位必须具有合法身份；

2）具有与承担招标业务和物资供应工作相适应的技术经济管理人员；

3）有编制招标文件、标底文件和组织开标、评标、决标的能力；

4）有对所承担的招标设备、材料进行协调服务的人员和设施。

（5）投标单位应具备的条件

凡实行独立核算、自负盈亏、持有营业执照的国内生产制造厂家、设备公司（集团）及设备成套（承包）公司，具备投标的基本条件，均可参加投标或联合投标，但与招标单位或设备需方有直接经济关系（财务隶属关系或股份关系）的单位及项目设计单位不能参加投标。采用联合投标，必须明确一个总牵头单位承担全部责任，联合各方的责任和义务应以协议形式加以确定，并在投标文件中予以说明。

2. 建设工程物资采购招投标工作内容

（1）招标前的准备工作

1）作为招标机构，要了解与掌握本建设项目立项的进展情况、项目的目的和要求，了解国家关于招投标的具体规定。

2）根据招标的需要，要对项目中涉及的设备、工程和服务等的一系列的要求，开展信息咨询，收集各方面的有关资料，做好准备工作。这种工作一是要做早，二是要做细。

（2）招标前的分标工作

由于材料、设备的种类繁多，不可能有一个能够完全生产或供应工程所用材料、设备的制造商或供货商存在，所以，不管是以询价、直接订购还是以公开招标方式采购材料设备，都不可避免地要遇到分标的问题。

分标的原则是：有利于吸引更多的投标者参加投标，以发挥各个供货商的专长，降低机电设备价格，保证供货时间和质量，同时，要考虑便于招标工作的管理。

机电设备采购分标时需要考虑的因素主要有：

1）招标项目的规模；

2）机电设备性质的质量要求；

3）工程进度与供货时间；

4）供货地点；

5）市场供应情况；

6）货款来源。

（3）招标文件的编制

1）我国设备、材料采购的招标文件

招标文件由招标书、投标须知、招标货物清单和技术要求及图纸、投标书格式、合同条款、其他需要说明的问题等内容组成。

① 招标书；

② 投标须知书；

③ 招标货物清单和技术要求及图纸；

④ 主要合同条款；

⑤ 投标书格式、投标货物及价目表格式；

⑥ 其他需要说明的事项。

2）国际货物的招标文件

① 投标邀请书；

② 投标须知；

③ 货物需求一览表；

④ 技术规格；

⑤ 合同条件、合同格式；

⑥ 各类附件。

（4）标底文件的编制

标底文件由招标单位编制，非标准设备招标的标底文件应报招标管理机构审查，其他设备、材料招标的标底文件报招标管理机构备案。

（5）资格预审

设备、材料采购的招标程序中，对投标人的资格审查，包括投标人资质的合格性审查和所提供货物的合格性审查两个方面。

（6）解答标书疑问，发放补充文件

（7）投标单位编报投标书

投标书是评标的主要依据之一，其内容和形式都应符合招标文件的要求，基本内容包括：

1）投标书；

2）投标设备、材料数量及价目表；

3）偏差说明书（对招标文件某些要求有不同意见的说明）；

4）证明投标单位资格的有关文件；

5）投标企业法人代表授权书；

6）投标保证金（根据需要）；

7）招标文件要求的其他需要说明的事项。

（8）评标和定标

评标工作由招标单位组织的评标委员会秘密进行。为了保证评标的科学性和公正性，评标委员会由 5 人以上的单数人员组成，其中的技术经济专家不得少于总人数的三分之二。

1）评标主要考虑的因素

① 投标价；

② 运输费；

③ 交付期；

④ 备件要求；

⑤ 支付要求；

⑥ 售后服务；

⑦ 其他与招标文件偏离或不符合的因素等。

2）评标方法

① 低投标价法；

② 综合评标价法；

③ 以寿命同期成本为基础的评标价法；

④ 打分法。

（9）签订合同

中标单位从接到中标通知之日起，一般应在30日内，供需方签订设备、材料供货合同。如果中标单位拒签合同，则投标保证金不予退还；招标单位拒签合同，则按中标报价的2%的款额赔偿中标单位的经济损失。

合同签订后10日内，由招标单位将一份合同副本报招投标管理部门备案，以便实施监督。

7.4 物资采购合同管理

7.4.1 建设工程物资采购合同

1. 建设工程物资采购合同管理的重要性

物资采购合同是供需双方为了有偿转让一定数量、质量的物资而明确双方权利义务关系，依照法律规定而达成的协议。建设工程物资采购合同一般分为材料采购合同和设备采购合同，两者的区别主要在于标的不同。建设工程物资采购在建设工程项目实施中具有举足轻重的地位，是建设工程项目建设成败的关键因素之一。从某种意义上讲，采购工作是项目的物质基础，这是因为在一个项目中，设备、材料等费用占整个项目费用的主要部分。

物资采购对工程项目的重要性可概括为以下几个方面：

（1）能否经济有效地进行采购，直接影响到能否降低项目成本，也关系到项目建成后的经济效益。

（2）良好的采购工作可以通过招标方式，保证合同的实施，使供货方按时、按质交货。

（3）健全的物资采购工作，要求采购前对市场情况进行认真调查分析，充分掌握市场的趋势与动态，因而制定的采购计划切合实际，预算符合市场情况并留有一定的余地，可以有效地避免费用超支。

（4）由于工程项目的物资采购涉及巨额资金和复杂的横向关系，如果没有一套严密而周全的程序的制度，可能会出现浪费、受贿等现象，而严格周密的采购程序可以从制度上最大限度的抑制贪污、浪费等现象的发生。

2. 建设工程物资采购合同的特征

（1）买卖合同的特征

1）买卖合同以转移财产的所有权为目的；

2）买卖合同中的买受人取得财产所有权，必须支付相应的价款；

3）买卖合同是双务、有偿合同；

4）买卖合同是诺成合同。

（2）建设工程物资采购合同的特征

1）建设工程物资采购合同应依据施工合同订立；

2）建设工程物资采购合同以转移财物和支付价款为基本内容；

3）建设工程物资采购合同的标的品种繁多，供货条件复杂；

4）建设工程物资采购合同应实际履行；

5）建设工程物资采购合同采用书面形式。

7.4.2 建设工程物资采购合同的订立及履行

1. 合同管理的原则

（1）合同当事人的法律地位平等，一方不得将自己的意志强加给另一方；

（2）当事人依法享有自愿订立合同的权利，任何单位和个人不得非法干预；

（3）当事人确定各方的权利与义务应当遵守公平原则；

（4）当事人行使权利、履行义务应当遵循诚实信用原则；

（5）当事人应当遵守法律、行政法规和社会公德，不得扰乱社会经济秩序，不得损害社会公共利益。

2. 材料采购合同的主要条款

依据《合同法》规定，材料采购合同的主要条款如下：

（1）双方当事人的名称、地址，法定代表人的姓名，委托代理订立合同的，应有授权委托书并注明委托代理人的姓名、职务等。

（2）合同标的。它是供应合同的主要条款，主要包括购销材料的名称（注明牌号、商标）、品种、型号、规格、等级、花色、技术标准等，这些内容应符合施工合同的规定。

（3）技术标准和质量要求，质量条款应明确各类材料的技术要求、试验项目、试验方法、试验频率以及国家法律规定的国家强制性标准和行业强制性标准。

（4）材料数量及计量方法。

（5）材料的包装。

（6）材料交付方式。

（7）材料的交货期限。

（8）材料的价格。

（9）结算。

（10）违约责任。

（11）特殊条款。

（12）争议的解决方式。

3. 材料采购合同的履行

（1）按约定的标的履行；

（2）按合同规定的期限；

（3）按合同规定的数量和质量交付货物；

（4）买方的义务；

（5）违约责任。

4. 标的物的风险承担

所谓风险，是指标的物因不可归责于任何一方当事人的事由而遭受的意外损失。一般情况下，标的物损毁、灭失的风险，在标的物交付之前由卖方承担，交付之后由买方承担。

5. 不当履行合同的处理

买方多交标的物的，买方可以接收或者拒绝接收多交部分，买方接收多交部分的，按照合同的价格支付价款；买方拒绝接收多交部分的，应当及时通知出卖人。

6. 监理工程师对材料采购合同的管理

（1）对材料采购合同及时进行统一编号管理；

（2）监督材料采购合同的订立；

（3）检查材料采购合同的履行；

（4）分析合同的执行。

7.4.3 国际工程货物采购合同

1. 国际货物采购合同的种类

（1）从一方当事人或一个国家的观点看，可分为进口合同和出口合同，一个国家往往对进口合同规定不同的法律和政策。

（2）从交易货物的种类分，有大宗商品买卖合同、一般商品买卖合同和成套设备买卖合同。

（3）按交货地点的不同，可分为内陆交货合同（指在原产地或货源地交货合同）、目的地交货合同和启运地交货合同（如装运港交货合同）。

（4）从货物的价格构成和当事人的责任分，装运港交货合同又可分为离岸价合同（FOB合同）、到岸价合同（CIF合同）、成本加运费合同（C&F合同）、到岸和佣金价合同（CIFC合同）等。

2. 调整国际货物采购合同关系的法律和惯例

（1）国内立法

包括国内判例法和制定法。判例法是基于法院的判决而形成的具有法律效力的判定，这种判定对以后的判决具有法律规范效力，能够作为法院判案的法律依据。制定法又称成文法，指国家机关依照一定的程序制定和颁布的，表现为条文形式的规范性法律文件。

不是所有的国内立法都具有域外效力。通常，一国的法律只具有域内效力，当某种国际法律关系与该国具有属人或属地的密切联系时，或者法律关系的当事人采纳了某种国内法作为调整国际交易的准确法时，该国的国内法才具有域外效力，该国内法才具有国际约束力。

（2）国际条约

国际条约包括双边和多边协议。这是国家在经济交往时，利益相互冲突和一致的产物。国家通过双边和多边协定建立和协调各国之间在某一经济领域的法律关系，建立统一的行为规则。正式的国际条约、协议具有国际法的效力，对于参加国有约束力，经过一定的转化程序成为国内法的一部分，国际条约按照其内容不同，有些可以直接在司法中适用，有些不能直接适用。

主要介绍两个条约：

1）1980 年 3 月 10 日～4 月 11 日，在维也纳外交会议上通过了《联合国国际货物销售合同公约》，简称《公约》。该公约只适用于国际货物买卖合同，即营业地在不同国家的双方当事人之间所订立的货物买卖合同，但对某些货物的国际买卖不能适用该公约作了明确规定。

我国于 1986 年 12 月 11 日加入该条约，并对其中合同形式条款提出两项保留意见：

① 不同意扩大《公约》的适用范围，只同意《公约》适用于缔约国的当事人之间签订的合同。

② 不同意用书面以外的其他形式订立、修改和终止合同。

2）1985 年《国际货物销售合同法律适应性公约》。该公约适用于货物销售合同的法律：

① 营业场所设在不同国家的当事人之间签订的合同。

② 所有涉及在不同国家的法律之间进行选择的其他情况，除非这种选择仅仅是根据当事人对适用法律作出的规定，甚至对法院或仲裁庭也一并作出了选择。

（3）国际贸易惯例

国际贸易惯例是由国际组织制定的，以正式文件形式颁发的规范化的贸易惯例，不同于一般的商业习惯和习惯做法，本身不具有强制性，但是由于有关的国际条约和国内立法承认其具有一定的法律效力，也由于许多商业合同中直接并入了贸易惯例，承认其约束力，致使国际贸易惯例成为调整商事交易的事实上具有法律效力的依据。如：《国际商事合同惯例》、《跟单信用证统一惯例》。

国际工程货物采购不同于一般意义上的货物采购，它具有复杂性及自身的特点，是一项复杂的系统工程，它不但应遵守一定的采购程序，还要求采购人员或机构了解国际市场的价格情况和供求关系、所需货物的供求来源、外汇市场情况、国际贸易支付方式、保险、运输等与采购有关的国际贸易惯例与商务知识。

1）国际贸易惯例的形成。

2）国际贸易惯例与法律及合同条款的关系。

3）运用国际惯例应遵循的原则。

【例题】见本章例题 7-4 和例题 7-5。

7.5 材料采购与供应管理

材料供应管理是指及时、配套、按质按量地为建筑企业施工生产提供材料的经济活动。材料供应管理是保证施工生产顺利进行的重要环节，是实现生产计划和项目投资效益的重要保证。

材料供应管理是材料业务管理的重要组成部分，没有良好的材料供应，就不可能形成有实力的建筑企业。随着现代工业技术的发展，建筑企业所需材料数量更大，品种更多，规格更复杂，性能指标要求更高，再加上资源渠道的不断扩大，市场价格波动频繁，资金限制等诸多因素影响，对材料供应管理工作的要求更高。

7.5.1 材料供应管理的特点

建筑企业是具有独特生产和经营方式的企业。由于建筑产品形体大，且由若干分部分项工程组成，并直接建造在土地上，每一产品都有特定的使用方向。这就决定了建筑产品生产的许多特点，如流动性施工，露天操作，多工种混合作业等。这些特点都会给施工生产紧密相连的材料供应带来一定的特殊性和复杂性。

1. 建筑供应管理的复杂性

建筑用料既有大宗材料，又有零星材料，来源复杂。建筑产品的固定性，造成了施工生产的流动性，决定了材料供应管理必须随生产而转移，每一次转移必然形成一套新的供应、运输、贮存工作。再加之每一产品功能不同，施工工艺不同，施工管理体制不同，即使是同一个小区中的同一份设计图纸的两个栋号，也因地势，因人员，因进度而产生较大差异。一般工程中，常用的材料品种均有上千种，若细分到规格，可达上万种。在材料供应管理过程中，要根据施工进度要求，按照各部位、各分项工程、各操作内容供应这上万种规格的材料，就形成了材料部门日常大量的复杂的业务工作。

2. 建筑供应管理的大量性

建筑产品形体大使得材料需用数量大、品种规格多，由此带来运输量必然大。一般建筑物中，将所用各种材料以总量计算，每平方米建筑面积平均重量达 $2 \sim 2.5 t/m^2$，由此可见材料的运输、验收、保管、发放工作量之大，因此要求材料人员应具有较宽的知识面，了解各种材料的性能特点、功用和保管方法。我国货物运输的主要方式是铁路运输，全国铁路运输中近 1/4 是运输建筑施工所用的各种材料，部分材料的价格组成因素上甚至绝大多数是运输费用。因此说建筑企业中的材料供应涉及各行各业，部门广、内容多、工作量大，形成了材料供应管理的大量性。

3. 材料供应必须满足需求多样性的要求

建设项目是由多个分项工程组成的，每个分项工程都有各自的生产特点和材料需求特点。要求材料供应管理能按施工部位预计材料需用品种、规格而进行备料，按照施工程序分期分批组织材料进场。企业中同一时期常有处于不同施工部位的多个建设项目，即使是处于同一施工阶段的项目，其内部也会因多工种连续和交叉作业造成材料需用的多样性，材料供应必然要满足需求多样性的要求。

4. 材料供应受气候和季节的影响大

施工操作的露天作业，最易受时间和季节性影响，由此形成了某种材料的季节性消耗和阶段性消耗，形成了材料供应不均衡的特点。要求材料供应管理要有科学的预测、严密的计划和措施。

5. 材料供应受社会经济状况影响较大

生产资料是商品，因此社会生产资料市场的资源、价格、供求及与其紧密相关的投资、融资、利税等因素，都随时影响着材料供应工作。一定时期内基本建设投资回升，必然带来建筑施工项目增加，材料需求旺盛、市场资源相对趋紧，价格上扬，材料供应矛盾突出。反之，压缩基本建设投资或调整生产资料价格或国家税收、贷款政策的变化，都可能带来材料市场疲软，材料需求相对弱小，材料供应松动。另外，要防止盲目采购、盲目储备而造成经济损失。

6. 施工中各种因素多变

如设计变更，施工任务调整或其他因素变化，必然带来材料需求变化，使材料供应数量增减，规格变更频繁，极易造成材料积压，资金超占。若材料采购发生困难则影响生产进度。为适应这些变化因素，材料供应部门必须具有较强的应变能力，且保证材料供应有可调余地，这无形中增加了材料供应管理难度。

7. 供应材料质量的高要求，使材料供应工作要求提高

建筑产品的质量，影响着建筑产品功能的发挥，建筑产品的生产是本着“百年大计、质量第一”的原则进行的。建筑材料的供应，必须了解每一种材料的质量、性能、技术指标，并通过严格的验收、测试，保证施工部位的质量要求。建筑产品是社会科学技术和艺术水平的综合体现，其施工中的专业性、配套性，都对材料供应管理提出了较高要求。

建筑企业材料供应管理除上述特点外，还因企业管理水平、施工管理体制、施工队伍和材料人员素质不同而形成不同的供求特点。因此应充分了解这些因素，掌握变化规律，主动、有效地实施材料供应管理，保证施工生产的用料需求。

7.5.2 材料供应管理应遵循的原则

1. “有利生产，方便施工”原则。

材料供应必须从“有利生产，方便施工”的原则出发，建立和健全材料供应制度和方法。

材料供应工作要全心全意为生产第一线服务，想生产所想，急生产所急，送生产所需。应发扬“宁愿自己千辛万苦，不让前线一时为难”的精神，深入到生产第一线去，既为生产需用积极寻找短线急需材料，又要努力利用长线积压材料，千方百计为生产服务，当好生产建设的后勤。

2. “统筹兼顾、综合平衡、保证重点、兼顾一般”原则

建筑业在材料供应中经常出现供需脱节，品种、规格不配套等各种矛盾，往往使供应工作处于被动应付局面，这就要求我们从全局出发，对各工程项目的需用情况，统筹兼顾，综合平衡，搞好合理调度。同时要深入基层，切实掌握施工生产进度、资源情况和供货时间，只有对资源和需求摸准吃透，才能分清主次和轻重缓急，保证重点，兼顾一般，把有限的物资用到最需要的地方去。

3. 加强横向经济联系，合理组织资源，提高物资配套供应能力原则

随着指令性计划的减小，指导性计划和市场调节范围的扩大，由施工企业自行组织配套的物资范围相应扩大，这就要求加强对各种资源渠道的联系，切实掌握市场信息，合理地组织配套供应，满足施工需要。

4. 坚持勤俭节约原则

充分发挥材料的效用，使有限的材料发挥最大的经济效果。在材料供应中，要“管供、管用、管节约”，采取各种有效的经济管理措施，技术节约措施，努力降低材料消耗。在保证工程质量的前提下，广泛寻找代用品，化废为宝，搞好修旧利废和综合回收利用，做到好材精用、废材利用、缺材代用、努力降低消耗，提高经济效益。

7.5.3 材料供应管理的基本任务

建筑企业材料供应工作的基本任务是：围绕施工生产这个中心环节，按质、按量、按品种、按时间、成套齐备，经济合理地满足企业所需的各种材料，通过有效的组织形式和科学的管理方法，充分发挥材料的最大效用，以较少的材料占用和劳动消耗，完成更多的供应任务，获得最佳的经济效果。其具体任务包括：

1. 编制材料供应计划

供应计划是组织各项材料供应业务协调展开的指导性文件，编制材料供应计划是材料供应工作的首要环节。为提高供应计划的质量，必须掌握施工生产和材料资源情况，运用综合平衡的方法，使施工需求和材料资源衔接起来，同时发挥指挥、协调等职能，切实保证计划的实施。

2. 组织资源

组织资源是为保证供应、满足需求创造充分的物质条件，是材料供应工作的中心环节。搞好资源的组织，必须掌握各种材料的供应渠道和市场信息，根据国家政策、法规和企业的供应计划，办理订货、采购、加工、开发等项业务，为施工生产提供物质保证。

3. 组织材料运输

运输是实现材料供应的必要环节和手段，只有通过运输才能把组织到的材料资源运到工地，从而满足施工生产的需要。根据材料供应目标要求，材料运输必须体现快速、安全、节约的原则，正确选择运输方式，实现合理运输。

4. 材料储备

由于材料供求之间存在着时间差，为保证材料供应必须适当储备。否则，不是造成生产中断，就是造成材料积压。材料储备必须适当、合理，一是掌握施工需求，二是了解社会资源，采用科学的方法确定各种材料储备量，以保证材料供应的连续性。

5. 平衡调度

施工生产和社会资源是在不断地变动的，经常会出现新的矛盾，这就要求我们及时地组织新的供求平衡，才能保证施工生产的顺利进行。平衡调度是实现材料供应的重要手段，企业要建立材料供应指挥调度体系，掌握动态，排除障碍，完成供应任务。

6. 选择供料方式

合理选择供料方式是材料供应工作的重要环节，通过一定的供料方式可以快速、高效、经济合理地将材料供应到需用单位。选择供料方式必须体现减少环节、方便用户、节省费用和提高效率的原则。

7. 提高成品、半成品供应程度

提高施工成品、半成品的规模化生产和机械化制作，有利于将建筑制品、建筑构配件和组合件实现工业化大规模生产，提高施工质量和效率，降低建筑造价。提高供应过程中的初加工程度，有利于提高材料的利用率、减少现场作业。充分利用机械设备，有利于新工艺的应用。

8. 材料供应的分析和考核

在会计核算、业务核算、统计核算的基础上，运用定量分析的方法，对材料供应的（经济）效果进行评价和考核。

7.5.4 材料供应的责任制和承包制

1. 建立健全材料供应责任制

为保证既定供应方式的实施，应面向建设项目开展材料供应优质服务和建立健全材料供应责任制。材料供应部门对施工生产用料单位实行“三包”和“三保”，凡实行送料制的还应实行“三定”，即定送料分工、定送料地点、定接料人员。

（1）材料供应“三包”

1）包供应：实行材料供应承包制和材料配送服务，提高材料供应效率，满足材料使用需求。

2）包退换：材料供货商在合同规定的时间和前提下对材料进行退换处理。

3）包回收：实行余料回收制度，多余材料返还供货商。

（2）材料供应“三保”

1）保质：材料供货商对材料质量承担供货责任，应提供符合合同要求的材料。

2）保量：确保供货数量满足施工需要。

3）保进度：根据施工进度调整供货节奏，配合施工。

2. 实行材料供应承包制

所谓供应承包，就是建筑企业在工程项目投标中，由各种材料的供应单位，根据招标项目的资源情况（计划分配还是市场调节）和市场行情报价，作为编制投标报价的依据，建筑企业中标后，由报价的材料供应单位包价供应，承担价格变动的风险。

7.6 材料、设备采购与供应管理综合分析

【例题 7-1】

【背景】某种物品可有三家供应商提供，试进行供应商选择。

【分析】

（1）分析主要评估指标，确定每项指标权重，填入表 7-1。

（2）分别收集三家供应商的信息。

（3）分析三家供应商的信息获得各指标值，填入表 7-1。

（4）计算三家供应商总得分，进行最终评估。

供应商评估表　　　　表 7-1

评估指标（1）	指标权重（2）	评估数值（3）		
		A 供应商	B 供应商	C 供应商
技术水平	8	7	8	5
产品质量	9	8	9	7
供应能力	7	10	7	8
价格	7	7	6	8
地理位置	2	3	6	9
可靠性	6	4	7	8
售后服务	3	4	6	7
综合得分 （2）×（3）后累加		289	308	302

注：由于各项指标的重要性程度是不同的，所以需要确定权重，这是一项既需要经验又需要技术的工作，确定权重的方法不作为材料员考核要求，可要求企业相关技术管理人员协助提供。

【结论】

选择 B 供应商作为该物资供应商。

【例题 7-2】

【背景】某施工企业正在进行一高层住宅项目的基础工程施工，根据材料采购计划，该项目普通硅酸盐水泥的年订货总量 $S=18000$t，并与业主约定由一个指定供货商供货。参考本企业其他类似工程历史资料：一次采购费用 $C=50$ 元；水泥的单价 $P=75$ 元/t，仓库年保管费率 $A=0.04$，合同规定按季平均交货，供货商可按每次催货要求时间发货。现有两种方案可供选择：方案甲按每月交货一次，方案乙按每 20d 交货一次。

问题：（1）应选择哪一种方案比较合适？

（2）计算最优采购经济批量和供应间隔期。

【分析】

经济订购批量控制模型知识：

经济订购批量是最经济的一次订购物资的数量，也就是存储总费用最低的一次定购数量。研究经济订购批量，首先要分析物资存储系统的各种费用，包括：（1）订购物资总价，由物资单价和订购数量所决定；（2）订购费用；（3）保管费用（存储费用）；（4）缺货损失费用。

综上所述，库存系统的存储总费用就是指订购费用、保管费用、缺货损失费用的总和。

假定在控制过程中所涉及的物资品种单一，不允许出现缺货现象，采购条件中不规定商业折扣条款，每批订货均能一次到货。在这种条件下建立的经济订购批量控制模型为基本模型。此时控制的存储总费用只包括订购费用和保管费用两项。在物资总需要量一定的条件下，由于订购次数多，每次订购数量就小，订购费用就大，而保管费用则小；反之，每次订购数量就大，订购费用就小，而保管费用则大。因此，订购费用和保管费用两者是相互矛盾的，确定简单条件下的经济定购批量，就是要选择一个最适当的订购批量，使有关的订购费用和保管费用两者的总和为最低。

在实际工作中，可建立数学模型来计算经济订购批量。

设以 F 代表简单条件下的存储总费用，S 代表物资年需要量，P 代表物资单价，C 代表一次订购费用，A 代表年保管费率，Q 代表一次订购量。则：

年订购费用$=S/Q\times C$

年保管费用$=Q/2\times PA$

其中，S/Q 代表订购次数，$Q/2$ 代表平均库存量。

因为每次订购到货时，库存量到下一次订购到货前，库存量为 0，则平均库存量为 $(0+Q)/2=Q/2$

由于经济定购批量控制基本模型，存储费用为订购费用和保管费用之和，所以

$$F=S/Q\times C+Q/2\times PA$$

要求总费用 T 为最小，可用导数求解，并设求导后的公式等于零，即：

设 $F'(Q)=-SC/Q^2+PA/2=0$

此时求得的 Q 值即为最优经济订购批量。

【解答】

(1) 比较甲、乙两种方案的采购费和储存费：

方案甲：

设 $Q_{甲}$ 为方案甲的订购批量，$Q_{甲}=18000/12=1500$t，则采购费和储存费

$F_{甲}=S/Q_{甲}\times C+Q_{甲}/2\times P\times A=18000/1500\times 50+1500/2\times 75\times 0.04=2850$ 元。

方案乙：

设 $Q_{乙}$ 为方案乙的订购批量，$Q_{乙}=18000/18=1000$t，则采购费和储存费 $F_{乙}=S/Q_{乙}\times C+Q_{乙}/2\times P\times A=18000/1000\times 50+1000/2\times 75\times 0.04=2400$ 元。

因此，方案乙的总费用较小，选择方案乙比较合适。

(2) 求最优采购经济批量和供应间隔期：

最优采购经济批量计算：

$F'_0(Q)=-SC/Q_0{}^2+PA/2=-18000\times 50/Q_0{}^2+75\times 0.04/2=0$，$18000\times 50/Q_0{}^2=75\times 0.04/2$，

最优采购经济批量 $Q_0=774.60\text{t}\approx 775\text{t}$。

最优供应间隔期计算：

最优供应间隔期 $T_0=360\times 950/18000=19$d。

根据上述计算，最经济总费用 $F_{总费用}$ (含采购费、储存费和材料费)：

$F_{总费用}=S/Q\times C+Q_0/2\times P\times A+S\times P=18000/950\times 50+950/2\times 75\times 0.04+18000\times 75=947.4+1500+1350000=1352447$ 元。

【例题 7-3】

【背景】某企业安装公司有一项装饰工程，企业物资部门制定了本工程的材料采购计划，并列出了所需材料品种，数量和单价等信息见表 7-2。

材料采购信息表 表 7-2

序号	材料名称	材料数量	计量单位	材料单价（元）	材料价款（元）	所占比例（%）
1	细木工板	12		930.0	11160	15.39
2	砂	32		24.0	768	1.06
3	实木装饰门扇	120		200.0	24000	33.09
4	铝合金窗	100		130.0	13000	17.92
5	白水泥	9000	kg	0.4	3600	4.96
6	乳白胶	220	kg	5.6	1232	1.70
7	石膏板	150	m	12.0	1800	2.48
8	地板	93		62.0	5766	7.95
9	醇酸磁漆	80	kg	17.08	1366	1.88
10	瓷砖	266		37.0	9842	13.57
合计					72534	100

问题：（1）项目材料采购应注意哪些问题？

（2）简述用 ABC 分类法作材料分析的步骤。

（3）用 ABC 分类法进行材料分类，并指出材料管理的重点。

【分析】

ABC 分类法知识：

ABC 分类法又称帕雷托分析法，也叫主次因素分析法，是项目管理中常用的一种方法。

它是根据事物在技术或经济方面的主要特征，进行分类排队，分清重点和一般，从而有区别地确定管理方式的一种分析方法。由于它把被分析的对象分成 A、B、C 三类，所以又称为 ABC 分类法。

ABC 分类法是用数理统计的方法，对事物进行分类排队，以抓住事物的主要矛盾的一种定量的科学管理方法。物资管理中的 ABC 分类法，主要考虑两个因素：一种因素是所用的物资；另一种因素是占用的资金，即市场价格。

在 ABC 分类法的分析图中，有两个纵坐标，一个横坐标，几个长方形，一条曲线。左边纵坐标表示频数，右边纵坐标表示频率，以百分数表示。横坐标表示影响质量的各项因素，按影响大小从左向右排列，曲线表示各种影响因素大小的累计百分数。一般地，是将曲线的累计频率分为三级，与之相对应的因素分为三类。ABC 分类法用于材料采购分析时的基本分类原理：

A 类因素，累计频率属于 0%～80%区间的因素（即发生频率为 70%～80%），是主要因素，应进行重点管理；

B 类因素，累计频率属于 80%～90%区间的因素（即发生频率为 10%～20%），是次要因素，应进行次要问题的管理；

C 类因素，将 90%～100%区间的因素（即发生频率为 0～10%），是一般因素，按照常规方法应适当加强管理。

这种方法有利于人们找出主次矛盾，有针对性地采取对策。

项目管理中ABC分类法大致可以分五个步骤：

(1) 收集数据。针对不同的分析对象和分析内容，收集有关数据。

(2) 统计汇总。

(3) 编制ABC分析表。

(4) 绘制ABC分析图。

(5) 确定重点管理方式。

【解答】

(1) 材料采购应注意以下几点：

① 项目经理部所需主要材料、大宗材料（A类材料）应编制材料需要计划，由材料企划部门订货或从市场中采购。

② 采购必须按照企业质量管理体系和环境管理体系的要求，依据项目经理部提出的材料计划进行采购。

③ 材料采购要注意采购周期、批量、存量，满足使用要求，并使采购费和储存费综合最低。

(2) ABC分类法步骤：

① 求出每种材料的合价，计算每一种库存物资在一定时间内的资金占用量。

② 按占用资金数额的大小排列品种序列，计算出每一种物资品种占总金额的比例。

③ 计算累计品种数、累计品种百分数、累计占用资金数和累计占用资金百分数，绘制ABC分析表，按ABC比例进行分类。

(3) 按照材料占总价款的百分比从大到小进行排序，并计算出累计百分比，见表7-3。

材料价款占比表 **表7-3**

序号	材料名称	材料数量	材料单价	材料价款	所占比例	累计百分比
1	实木装饰门扇	120	200.0	24000	33.09	33.09
2	铝合金窗	100	130.0	13000	17.92	51.01
3	细木工板	12	930.0	11160	15.39	66.40
4	瓷砖	266	37.0	9842	13.57	79.97
5	地板	93	62.0	5766	7.95	87.92
6	白水泥	9000	0.4	3600	4.96	92.88
7	石膏板	150	12.0	1800	2.48	95.36
8	醇酸磁漆	80	17.08	1366	1.88	97.24
9	乳白胶	220	5.6	1232	1.70	98.94
10	砂	32	24.0	768	1.06	100.00
合计				72534	100	

判断：依据ABC分类法，确定本工程中实木装饰门扇、铝合金窗、细木工板、瓷砖重点进行管理；本工程中的地板材料应进行次要管理；本工程中的白水泥、石膏板、醇酸

磁漆、乳白胶、砂等材料作为一般管理的内容。

【例题 7-4】

【背景】某工程建筑面积 3300m²，计划每平方米需用的主要材料的名称、数量、单价如下：水泥：0.21t，350 元/t；钢材 0.36t，3200 元/t；砖：130 块，0.28 元/块；黄砂：0.54t，35 元/t；石子：0.61t，33 元/t；木材：0.005m³，1500 元/ m³；另外需用石灰、玻璃等其他材料，金额共约 92500 元。

问题：

（1）估算该工程所需的材料费。

（2）提出材料采购资金的管理方法及各种方法的适用条件。

【分析】

（1）工程材料费预测：

水泥资金额＝3300×0.21×350＝242550 元

钢材资金额＝3300×0.036×3200＝380160 元

砖资金额＝3300×130×0.28＝120120 元

黄砂资金额＝3300×0.54×35＝62370 元

木材资金额＝3300×0.005×1500＝24750 元

工程材料费＝24225＋380160＋120120＋62370＋66429＋24750＋92500＝1081079 元

（2）材料采购资金管理方法：

1）品种采购量管理法，适用于分工明确、采购任务量确定的企业或部门。

2）采购金额管理法，一般综合性采购部门采取这种方法。

3）费用指标管理法，为鼓励采购人员负责完成采购业务的同时，注意采购资金使用，降低采购成本的方法。

【例题 7-5】

【背景】某工程建设单位委托工程总承包单位按业主的要求招标采购工程所需的机电设备，业主提出的招标要求的主要内容有：

（1）由工程总承包单位作为机电设备招标的代理机构；

（2）采用公开招标方式；

（3）评标采用低投标价法，由评标委员会负责评标，推荐中标候选人；

（4）评标委员会由建设单位派 1 人，总承包单位派 2 人，另外聘请技术、经济专家各 1 人，共由 5 人组成；

（5）投标应提交设备投标价的 3%作为投标保证金。

问题：

（1）业主的招标要求中，有哪些不妥？为什么？

（2）总承包单位是否可以作为招标代理机构？

（3）设备评标主要应考虑哪些因素？

【分析】

（1）业主提出的招标要求中，下列内容与法律法规的规定不符：

1）采用低投标价法评标不妥，这种方法只适用于简单商品、原材料等的评标，机电设备采购招标宜采用综合评标价法的方法。

2）评标委员会的组成不妥，招投标法规定评标委员会中，技术、经济专家人数不得少于评标委员会总人数的三分之二。

3）投标保证金要求3%不妥，应为2%，并且最高不得超过80万元。

（2）总承包单位具备下列条件的可以进行工程所需的设备招标采购。

1）具有法人资格；

2）具有与承担招标业务和设备配套工作相适应的技术经济管理人员；

3）有编制招标文件、标底和组织开标、评标、决标的能力；

4）有对所承担的招标设备进行协调服务的人员和设施。

（3）设备评标主要考虑下列因素：

1）投标价；

2）运输费；

3）交付期；

4）设备的性能和质量；

5）备件的性能和质量；

6）支付要求；

7）售后服务；

8）其他与招标文件偏离或不符合的因素。

第 8 章　对进场材料、设备进行符合性判断

建筑材料是施工项目的主要物资，是建筑工程构成实体的组成要素，其质量的保证直接关系建筑物各种功能的实现。因此，材料的质量必须在生产和工程应用各阶段加强控制。

而工程项目的材料进场验收是施工企业物资由生产流通领域向流通领域转移的中间重要环节，为了保证物资满足工程预定的质量标准，要求施工企业加强对建筑材料的进场验收与管理，按规范应复验的必须复验，无相应检测报告或复验不合格的应予退货，更严禁使用有害物质含量不符合国家规定的建筑材料，同时使用国家明令淘汰的建筑材料和使用没有出厂检验报告的建筑材料，尤其不按规定对建筑材料的有害物质含量指标进行复验的，对施工单位和有关人员进行处罚。

应该注意的是，建筑材料的出厂检验报告和进场复试报告有本质的不同，不能替代。这主要是因为出厂检验报告为厂家在完成此批次货物的情况下厂方自身内部的检测，一旦发生问题和偏离，不具有权威性；其二，进场复验报告为用货单位在监理及业主方的监督下由本地质检权威部门出具的检验报告，具有法律效力；其三，出厂检验报告是每种型号、每种规格都出具的，而进场报告是施工部门在使用的型号规格内随机抽取的。

由此可见进场验收和复验的重要意义。材料设备的验收必须要做到认真、及时、准确、公正、合理。

8.1　水泥的进场验收与复验

8.1.1　对水泥按验收批进行进场验收及记录

1. 通用硅酸盐水泥

（1）通用硅酸盐水泥类型

通用硅酸盐水泥包括硅酸盐水泥（P·Ⅰ、P·Ⅱ）、普通硅酸盐水泥（P·O）、矿渣硅酸盐水泥（P·S·A、P·S·B）、火山灰质硅酸盐水泥（P·P）、粉煤灰硅酸盐水泥（P·F）、复合硅酸盐水泥（P·C）。

（2）通用硅酸盐水泥的技术要求

1）化学指标

通用硅酸盐水泥的化学指标见表 8-1。

不溶物是指水泥经酸和碱处理后，不能被溶解的残余物。它是水泥中非活性组分的反映，主要由生料、混合材和石膏中的杂质产生。

烧失量是指水泥经高温灼烧以后的质量损失率，主要由水泥中未煅烧组分产生，如未烧透的生料、石膏带人的杂质、掺合料及存放过程中的风化物等。当样品在高温下灼烧

时，会发生氧化、还原、分解及化合等一系列反应并放出气体。

通用硅酸盐水泥的化学指标（%）（GB 175—2007/XG1—2009） **表 8-1**

<table>
<tr><th>品　种</th><th>代号</th><th>不溶物（质量分数）</th><th>烧失量（质量分数）</th><th>三氧化硫（质量分数）</th><th>氧化镁（质量分数）</th><th>氯离子（质量分数）</th></tr>
<tr><td rowspan="2">硅酸盐水泥</td><td>P·I</td><td>≤0.75</td><td>≤3.0</td><td rowspan="3">≤3.5</td><td rowspan="3">≤5.0[a]</td><td rowspan="8">≤0.06[c]</td></tr>
<tr><td>P·II</td><td>≤1.50</td><td>≤3.5</td></tr>
<tr><td>普通硅酸盐水泥</td><td>P·O</td><td>—</td><td>≤5.0</td></tr>
<tr><td rowspan="2">矿渣硅酸盐水泥</td><td>P·S·A</td><td>—</td><td>—</td><td rowspan="2">≤4.0</td><td>≤6.0[b]</td></tr>
<tr><td>P·S·B</td><td>—</td><td>—</td><td>—</td></tr>
<tr><td>火山灰质硅酸盐水泥</td><td>P·P</td><td>—</td><td>—</td><td rowspan="3">≤3.5</td><td>—</td></tr>
<tr><td>粉煤灰硅酸盐水泥</td><td>P·F</td><td>—</td><td>—</td><td rowspan="2">≤6.0[b]</td></tr>
<tr><td>复合硅酸盐水泥</td><td>P·C</td><td>—</td><td>—</td></tr>
</table>

注：[a] 如果水泥压蒸试验合格，则水泥中氧化镁的含量（质量分数）允许放宽至 60%。

[b] 如果水泥中氧化镁的含量（质量分数）大于 6.0 时，需进行水泥压蒸安定性试验并合格。

[c] 当有更低要求时，该指标由买卖双方协商确定。

2）碱含量

通用硅酸盐水泥除主要矿物成分以外，还含有少量其他化学成分，如钠和钾的化合物。碱含量按 $Na_2O+0.658K_2O$ 的计算值来表示。当用于混凝土中的水泥碱含量过高，骨料又具有一定的活性时，会发生有害的碱集料反应。因此，国家标准规定：若使用活性骨料，用户要求提供低碱水泥时，水泥中碱含量不得大于 0.6%或由买卖双方商定。

3）物理指标

① 凝结时间

硅酸盐水泥初凝时间不小于 45min，终凝时间不大于 390min。

普通硅酸盐水泥、矿渣硅酸盐水泥、火山灰质硅酸盐水泥、粉煤灰硅酸盐水泥和复合硅酸盐水泥初凝不小于 45min，终凝不大于 600min

② 安定性

沸煮法合格。

③ 细度

硅酸盐水泥和普通硅酸盐水泥的细度以比表面积表示，其比表面积不小于 $300m^3/kg$；矿渣硅酸盐水泥、火山灰质硅酸盐水泥、粉煤灰硅酸盐水泥和复合硅酸盐水泥的细度以筛余表示，其 80μm 方孔筛筛余不大于 10%或 45μm 方孔筛筛余不大于 30%。

④ 强度

不同品种不同强度等级的通用硅酸盐水泥，其不同龄期的强度应符合 6-2 的规定。

硅酸盐水泥按 3d 和 28d 龄期的抗折和抗压强度分为 42.5、42.5R、52.5、52.5R、62.5、62.5R 六个强度等级。

普通硅酸盐水泥按 3d 和 28d 龄期的抗折和抗压强度分为 42.5、42.5R、52.5、52.5R 四个强度等级。

矿渣硅酸盐水泥、火山灰质硅酸盐水泥、粉煤灰硅酸盐水泥、复合硅酸盐水泥按 3d，

28d 龄期抗压强度及抗折强度分为 32.5、32.5R、42.5，42.5R、52.5、52.5R6 个强度等级。各强度等级各龄期的强度不得低于表 8-2 中的数值。

通用硅酸盐水泥各强度等级各龄期强度值（GB 175—2007/XG1—2009）　　**表 8-2**

<table>
<tr><th rowspan="2">品　种</th><th rowspan="2">强度等级</th><th colspan="2">抗压强度（MPa）</th><th colspan="2">抗折强度（MPa）</th></tr>
<tr><th>3d</th><th>28d</th><th>3d</th><th>28d</th></tr>
<tr><td rowspan="6">硅酸盐水泥</td><td>42.5</td><td>≥17.0</td><td>≥42.5</td><td>≥3.5</td><td>≥6.5</td></tr>
<tr><td>42.5R</td><td>≥22.0</td><td>≥42.5</td><td>≥4.0</td><td>≥6.5</td></tr>
<tr><td>52.5</td><td>≥23.0</td><td>≥52.5</td><td>≥4.0</td><td>≥7.0</td></tr>
<tr><td>52.5R</td><td>≥27.0</td><td>≥52.5</td><td>≥5.0</td><td>≥7.0</td></tr>
<tr><td>62.5</td><td>≥28.0</td><td>≥62.5</td><td>≥5.0</td><td>≥8.0</td></tr>
<tr><td>62.5R</td><td>≥32.0</td><td>≥62.5</td><td>≥5.5</td><td>≥8.0</td></tr>
<tr><td rowspan="4">普通硅酸盐水泥</td><td>42.5</td><td>≥17.0</td><td rowspan="2">≥42.5</td><td>≥3.5</td><td rowspan="2">≥6.5</td></tr>
<tr><td>42.5R</td><td>≥22.0</td><td>≥4.0</td></tr>
<tr><td>52.5</td><td>≥23.0</td><td rowspan="2">≥52.5</td><td>≥4.0</td><td rowspan="2">≥7.0</td></tr>
<tr><td>52.5R</td><td>≥27.0</td><td>≥5.0</td></tr>
<tr><td rowspan="6">矿渣硅酸盐水泥、火山灰质硅酸盐水泥、粉煤灰硅酸盐水泥、复合硅酸盐水泥</td><td>32.5</td><td>≥10.0</td><td rowspan="2">≥32.5</td><td>≥2.5</td><td rowspan="2">≥5.5</td></tr>
<tr><td>32.5R</td><td>≥15.0</td><td>≥3.5</td></tr>
<tr><td>42.5</td><td>≥15.0</td><td rowspan="2">≥42.5</td><td>≥3.5</td><td rowspan="2">≥6.5</td></tr>
<tr><td>42.5R</td><td>≥19.0</td><td>≥4.0</td></tr>
<tr><td>52.5</td><td>≥21.0</td><td rowspan="2">≥52.5</td><td>≥4.0</td><td rowspan="2">≥7.0</td></tr>
<tr><td>52.5R</td><td>≥23.0</td><td>≥4.5</td></tr>
</table>

注：R—早强型。

2. 其他水泥

（1）铝酸盐水泥

铝酸盐水泥是由铝酸盐水泥熟料磨细制成的水硬性胶凝材料，代号 CA。

按水泥中 Al_2O_3 含量（质量分数）分为 CA50、CA60、CA70 和 CA80 四个品种，各品种作如下规定：

1）CA50 50%≤w（Al_2O_3）<60%，该品种根据强度分为 CA50-Ⅰ、CA50-Ⅱ、CA50-Ⅲ和 CA50-Ⅳ；

2）CA60 60%≤w（Al_2O_3）<68%，该品种根据主要矿物组成分为 CA60-Ⅰ（以铝酸一钙为主）和 CA60・Ⅱ（以铝酸二钙为主）；

3）CA70 68%≤w（Al_2O_3）<77%；

4）CA80 w（Al_2O_3）≥77%。

各类型铝酸盐水泥各龄期强度指标应符合表 8-3 的规定。

（2）特性水泥

所谓特性水泥是指具有特殊性能的水泥和用于某种工程的专用水泥，特性水泥有快硬硅酸盐水泥、低热和中热水泥、油井水泥、膨胀水泥、防辐射水泥、防火水泥、抗菌水泥、彩色硅酸盐水泥、白色硅酸盐水泥等。

水泥胶砂强度（MPa） **表 8-3**

类型		抗压强度				抗折强度			
		6h	1d	3d	28d	6h	1d	3d	28d
CA50	CA50・Ⅰ	≥20*	≥40	≥50	—	≥3*	≥5.5	≥6.5	—
	CA50・Ⅱ		≥50	≥60	—		≥6.5	≥7.5	—
	CA50・Ⅲ		≥60	≥70	—		≥7.5	≥8.5	—
	CA50・Ⅳ		≥70	≥80	—		≥8.5	≥9.5	—
CA60	CA60・Ⅰ	—	≥65	≥85	—	—	≥7.0	≥10.0	—
	CA60・Ⅱ	—	≥20	≥45	≥85	—	≥2.5	≥5.0	≥10.0
CA70		—	≥30	≥40			≥5.0	≥6.0	—
CA80		—	≥25	≥30	—	—	≥4.0	≥5.0	

* 用户要求时，生产厂家应提供试验结果。

1）道路硅酸盐水泥：是由道路硅酸盐水泥熟料，0～10％标准规定的活性混合材料和适量石膏磨细制成的水硬性胶凝材料，代号 P・R。道路硅酸盐水泥熟料是以硅酸钙为主要成分和较多量的铁铝酸钙的硅酸盐水泥熟料。根据《道路硅酸盐水泥》GB 13693—2005 的规定，比表面为 300～450m^2/kg，28d 干缩率不得大于 0.10％，其初凝时间不得早于 1.5h，终凝时间不得迟于 10h。

道路硅酸盐水泥主要用于公路路面、机场跑道等工程结构，也可用于要求较高的工厂地面和停车场等工程。

2）快硬硅酸盐水泥

快硬硅酸盐水泥的初凝不得早于 45min，终凝不得迟于 10h。安定性（沸煮法检验）必须合格。强度等级以 3d 抗压强度表示，分为 32.5、37.5、42.5 三个等级，28d 强度作为供需双方参考指标。

快硬硅酸盐水泥的特点是凝结硬化快，早期强度增长率高，适用于早期强度要求高的工程。可用于紧急抢修工程、低温施工工程、高等级混凝土等。

快硬水泥易受潮变质，在运输和储存时，必须注意防潮，并应及时使用，不宜久存，出厂一月后，应重新检验强度，合格后方可使用。

3）低碱度硫铝酸盐水泥（代号 L-SAC）

低碱度硫铝酸盐水泥细度为比表面积不得低于 450m^2/kg；初凝不得早于 25min，终凝不得迟于 3h；碱度要求为：灰水比为 1∶10 的水泥浆液，1h 的 pH 值不得大于 10.5；28d 自由膨胀率 0～0.15％；低碱度硫酸盐的强度以 7d 抗压强度表示，分为 42.5 及 52.5 两个强度等级。

出厂水泥应保证 7d 强度、28d 自由膨胀率合格，凡比表面积、凝结时间、强度中任一项不符合规定要求时为不合格品。凡碱度和自由膨胀率中任一项不符合规定要求时为废品。该水泥不得与其他品种水泥混用。运输与储存时，不得受潮和混入杂物，应与其他水泥分别储运，不得混杂。水泥储存期为 3 个月，逾期水泥应重新检验，合格后方可使用。

8.1.2　按检验批进行复验及记录

1. 水泥的取样

（1）检验批取样规则

水泥进场时应对其品种、级别、包装或散装仓号、出厂日期进行检查，并应对其强度、安定性及其他必要的性能指标进行复验。

当使用中对水泥质量有怀疑或水泥出厂超过三个月（快硬硅酸盐水泥超过一个月）时，应进行复验，并按复验结果使用。

（2）检查数量

检查数量按同一个生产厂家、同一强度等级（标号）、同一品种、同一批号且连续进场的水泥，袋装水泥不超过200t为一批，散装水泥以不超过500t为一批，每批抽样不少于一次。

2. 取样方法

（1）袋装水泥取样

对进场的袋装水泥，每批随机选择20个以上不同的部分，将取样管插入水泥适当深度，用大拇指按住气孔，小心抽出样管，将所取样品放入洁净、干燥、不易污染的容器中。

（2）散装水泥取样

对于散装水泥，当所取水泥深度不超过2m时，采用槽形管式取样器，通过转动取样器内管控制开关，在适当位置插入水泥一定深度，关闭后小心抽出，将所取样品放入洁净、干燥、不易受污染的容器中。取样总量至少12kg。

8.2　商品混凝土的进场验收与复验

8.2.1　对商品混凝土按检验批进行复验及记录

1. 粗骨料

（1）分类

粗骨料是指粒径大于4.75mm的岩石颗粒。常将人工破碎而成的石子称为碎石，即人工石子。而将天然形成的石子称为卵石，按其产源特点，也可分为河卵石、海卵石和山卵石。其各自的特点与相应的天然砂类似，虽各有其优缺点，但因用量大，故应按就地取材的原则给予选用。卵石的表面光滑，拌合混凝土比碎石流动性要好，但与水泥砂浆粘结差，故强度较低。卵石和碎石按技术要求分为Ⅰ类、Ⅱ类、Ⅲ类三个等级。Ⅰ类用于强度等级大于C60级的混凝土；Ⅱ类用于强度等级C30～C60级及抗冻、抗渗或有其他要求的混凝土；Ⅲ类适用于强度等级小于C30级的混凝土。

（2）粗骨料的技术要求

1）颗粒级配

碎石和卵石的颗粒级配的范围见表8-4。

粗骨料的颗粒级配按供应情况分为连续级配和单粒级。按实际使用情况分为连续级配和间断级配两种。

碎石和卵石的颗粒级配的范围（JGJ 52—2006）　　**表 8-4**

公称粒径(mm) \ 累计筛余(%) \ 筛孔(mm)		2.36	4.75	9.50	16.0	19.0	26.5	31.5	37.5	53.0	63.0	75.0
连续粒级	5～10	95～100	80～100	0～15	0							
	5～16	95～100	85～100	30～60	0～10	0						
	5～20	95～100	90～100	40～80	—	0～10	0					
	5～25	95～100	90～100	—	30～70	—	0～5	0				
	5～31.5	95～100	90～100	70～90	—	15～45	—	0～5	0			
	5～40	—	95～100	70～90	—	30～65	—	—	0～5	0		
单粒粒级	10～20		95～100	85～100		0～15	0					
	16～31.5		95～100		85～100			0～10	0			
	20～40			95～100		80～100			0～10	0		
	31.5～63				95～100			75～100	45～75		0～10	0
	40～80					95～100			70～100		30～60	0～10

2）强度及坚固性

① 强度

粗骨料在混凝土中要形成结实的骨架，故其强度要满足一定的要求。粗骨料的强度有立方体抗压强度和压碎指标值两种，碎石和卵石的压碎值指标见表 8-5。

碎石和卵石的压碎值指标（JGJ 52—2006）　　**表 8-5**

石类型	岩石品种	混凝土强度等级	压碎指标值（%）
碎石	沉积岩	C40～C60	≤10
		≤C35	≤16
	变质岩或深成的火成岩	C40～C60	≤12
		≤C35	≤20
	喷出的火成岩	C40～C60	≤13
		≤C35	≤30
卵石		C40～C60	≤12
		≤C35	≤16

注：沉积岩包括石灰岩、砂岩等；变质岩包括片麻岩、石英岩等；深成的火成岩花岗岩、正长岩、闪长岩和橄榄岩等；喷出的火成岩包括玄武岩和辉绿岩等。

② 坚固性

砂、碎石和卵石的坚固性指标见表 8-6。

砂、碎石和卵石的坚固性指标（JGJ 52—2006）　　**表 8-6**

混凝土所处的环境条件及其性能要求	砂石类型	5次循环后的质量损失（%）
在严寒及寒冷地区室外使用，并经常处于潮湿或干湿交替状态下的混凝土； 对于有抗疲劳、耐磨、抗冲击要求的混凝土； 有腐蚀介质作用或经营处于水位变化区的地下结构混凝土	砂	≤8
	碎石、卵石	≤8
	砂	≤10
	碎石、卵石	≤12

③ 针片状颗粒

骨料颗粒的理想形状应为立方体，但实际骨料产品中常会出现颗粒长度大于平均粒径 4 倍的针状颗粒和厚度小于平均粒径的 0.4 倍的片状颗粒。针、片状颗粒的外形和较低的抗折能力，会降低混凝土的密实度和强度，并使其工作性变差，故其含量应予控制，见表 8-7。

针、片状颗粒含量（JGJ 52—2006）　　**表 8-7**

混凝土强度等级	≥C60	C30～C55	≤C25
针、片状颗粒含量（按质量计，%）	≤8	≤15	≤25

④ 含泥量和泥块含量

卵石、碎石的含泥量和泥块含量应符合表 8-8 的规定。

碎石或卵石中的含泥量和泥块含量（JGJ 52—2006）　　**表 8-8**

混凝土强度等级	≥C60	C30～C55	≤C25
含泥量（按质量计，%）	≤0.5	≤1.0	≤2.0
泥块含量（按质量计，%）	≤0.2	≤0.5	≤0.7

⑤ 有害物质

与砂相同，卵石和碎石中不应混有草根、树叶、树枝、塑料、煤块和炉渣等杂物且其中的有害物质（有机物、硫化物和硫酸盐）的含量应控制。当粗细骨料中含有活性二氧化硅（如蛋白石、凝灰岩、鳞石英等岩石）时，可与水泥中的碱性氧化物 Na_2O 或 K_2O 发生化学反应，生成体积膨胀的碱-硅酸凝胶体，该种物质吸水会体积膨胀，从而造成硬化混凝土的严重开裂，甚至造成工程事故，这种有害作用称为碱骨料反应。国标《建筑用卵石、碎石》GB/T 14685—2011 规定当骨料中含有活性二氧化硅，而水泥含碱量超过 0.6% 时，需进行专门试验，以确定骨料的可用性。

2. 细骨料

（1）分类

细骨料是指粒径小于 4.75mm 的岩石颗粒，通常按砂的生成过程特点，可将砂分为天然砂和人工砂。天然砂根据产地特征，分为河砂、湖砂、山砂和海砂。人工砂是经除土处理的机制砂和混合砂的统称。机制砂是由机械破碎、筛分而得的岩石颗粒，但不包括软质岩、风化岩石的颗粒。混合砂是由机制砂和天然砂混合而成的砂。

（2）细骨料的技术要求

1）细度模数

根据行业标准《普通混凝土用砂、石质量及检验方法标准》JGJ 52—2006 按细度模数将砂分为粗砂（μ_f=3.1～3.7）、中砂（μ_f=2.3～3.0）、细砂（μ_f=1.6～2.2）、特细砂（μ_f=0.7～1.5）四级。普通混凝土在可能情况下应选用粗砂或中砂，以节约水泥。

2）颗粒级配

砂颗粒级配见表 8-9 所列。

砂颗粒级配区（JGJ 52—2006） **表 8-9**

累计筛余（%）级配区 / 筛孔尺寸	Ⅰ区	Ⅱ区	Ⅲ区
9.50mm	0	0	0
4.75mm	0～10	0～10	0～10
2.36mm	5～35	0～25	0～15
1.18mm	35～65	10～50	0～25
600μm	71～85	41～70	16～40
300μm	80～95	70～92	55～85
150μm	90～100	90～100	90～100

注：Ⅰ区人工砂中 150μm 筛孔的累计筛余率可以放宽至 85%～100%，Ⅱ区人工砂中 150μm 筛孔的累计筛余率可以放运至 80%～100%，Ⅲ区人工砂 150μm 筛孔的累计筛余率可以放宽至 75%～100%。

如果砂的自然级配不符合级配的要求，可采用人工调整级配来改善，即将粗细不同的砂进行掺配或将砂筛除过粗、过细的颗粒。

3）含泥量、泥块含量和石粉含量

天然砂的含泥量、泥块含量应符合规定，人工砂和混合砂中的石粉含量也应符合规定。

4）砂的有害物质

砂中不应混有草根、树叶、树枝、塑料、煤块、炉渣等杂物。其他有害物质，包括云母、轻物质、有机物、硫化物和硫酸盐、氯盐的含量应控制。

3. 轻骨料

堆积密度不大于 1100kg/m³ 时的轻粗骨料和堆积密度不大于 1200kg/m³ 时的轻细骨料总称为轻骨料。

（1）分类

轻粗骨料按其性能分为三类：堆积密度不大于 500kg/m³ 时的保温用或结构保温用超轻骨料；堆积密度大于 510kg/m³ 的轻骨料；强度等级不小于 25MPa 的结构用高强轻骨料。轻骨料按来源不同可分为天然轻骨料、人造轻骨料、工业废料轻骨料三类。

按颗粒形状不同，轻骨料可分为圆球形（粉煤灰陶粒、勃土陶粒）、普通型（页岩陶粒和膨胀珍珠岩等）及碎石型（浮石、火山渣、煤渣等）。轻骨料的生产方法有烧结法和烧胀法。烧结法是将原料加工成球，经高强烧结而获得多孔骨料，如粉煤灰陶粒。烧胀法是将原料加工制粒，经高温熔烧使原料膨胀形成多孔结构，如勃土陶粒和页岩陶粒等。

轻骨料按其技术指标，分为优等品（A）、一等品（B）和合格品（C）三类。

（2）轻骨料的技术要求

轻骨料的技术要求主要有颗粒级配（细度模数）、堆积密度、粒型系数、筒压强度（高强轻粗骨料尚应检测强度等级）和吸水率等，此外软化系数、烧失量、有毒物质含量等也应符合有关规定。

1）颗粒级配和细度模数

轻骨料与普通骨料同样也是通过筛分试验而得的累计筛余率来评定和计算颗粒级配及细轻骨料的细度模数。

各种轻骨料的颗粒级配应符合规范的要求，但人造轻粗骨料的最大粒径不宜大于20.0mm。轻细骨料的细度模数宜在2.3～4.0范围内。

2）堆积密度

轻骨料的堆积密度变化范围较普通混凝土要大。直接影响到配制而成的轻骨料混凝土的强度、导热系数等主要技术性能。轻骨料按堆积密度划分不同的密度等级，轻细骨料以由堆积密度计算而得的变异系数作为其均匀性指标，不应大于0.10。

3）强度

轻粗骨料的强度可由筒压强度和强度等级两种指标表示。

筒压强度是间接评定骨料颗粒本身强度的。它是将轻粗骨料按标准方法置于承压筒（ϕ115×100）内，在压力机上将置于承压筒上的冲压模以每秒300～500N的速度匀速加荷压人，当压人深度为20mm时，测其压力值（MPa）即为该轻粗骨料的筒压强度。不同品种、密度级别和质量等级的轻粗骨料筒压强度要求，见表8-10。

轻粗骨料筒压强度（MPa）（GB/T 17431.1—2010） **表8-10**

轻骨料品种		密度等级	筒压强度		
			优等品	一等品	合格品
超轻骨料	黏土陶粒 页岩陶粒 粉煤灰陶粒	200	0.3	0.2	
		300	0.7	0.5	
		400	1.3	1.0	
		500	2.0	1.5	
	其他超轻粗集料	≤500	—		
普通轻骨料	黏土陶粒	600	3.0	2.0	
		700	4.0	3.0	
		800	5.0	4.0	
		900	6.0	5.0	
	浮石 火山渣 煤渣	600	—	1.0	0.8
		700	—	1.2	1.0
		800	—	1.5	1.2
		900	—	1.8	1.5
	自然煤矸石 膨胀矿渣珠	900	—	3.5	3.0
		1000	—	4.0	3.5

筒压强度只能间接表示轻骨料的强度，因轻粗骨料颗粒在承压筒内为点接触，受应力集中的影响，其强度远小于它在混凝土中的真实强度。故国家标准规定，高强轻粗骨料还应检验强度等级指标。

4）粒型系数

颗粒形状对轻粗骨料在混凝土中的强度起着重要作用，轻粗骨料理想的外形应是球状。颗粒的形状越呈细长，其在混凝土中的强度越低，故要控制轻粗骨料的颗粒外形的偏差。粒型系数是用以反映轻粗骨料中的软弱颗粒情况的一个指标，它是随机选用 50 粒轻粗骨料颗粒，用游标卡尺测量每个颗粒的长向最大值 D_{max} 和中间截面处的最小尺寸 D_{min}，然后计算每颗的粒型系数 K'_e，再计算该种轻粗骨料的平均粒型系数 k_e，如式（8-1）所示，以两次试验的平均值作为测定值。

$$k'_e=\frac{D_{max}}{D_{min}}\quad k_e=\frac{\sum_{i=1}^{50}k'_e}{n} \tag{8-1}$$

不同粒型轻粗骨料的粒型系数应符合表 8-11 的规定。

轻粗骨料粒型系数（GB/T 17431.1—2010） **表 8-11**

轻骨料粒型	平均粒型系数		
	优等品	一等品	合格品
圆球型≤	1.2	1.4	1.6
普通型≤	1.4	1.6	2.0
碎石型≤	—	2.0	2.5

4. 混凝土强度的评定

混凝土强度的评定可分为统计方法评定和非统计方法评定。

（1）统计方法评定

根据混凝土强度质量控制的稳定性，《混凝土强度检验评定标准》GB/T 50107—2010 将评定混凝土强度的统计法分为两种：标准差已知方案和标准差未知方案。

1）标准差已知方案

指同一品种的混凝土生产，有可能在较长的时期内，通过质量管理，维持基本相同的生产条件，即维持原材料、设备、工艺以及人员配备的稳定性，即使有所变化，也能很快予以调整而恢复正常。能使同一品种、同一强度等级混凝土的强度变异性保持稳定。对于这类状况，每检验批混凝土的强度标准差已知方案。一般来说，预制构件生产可以采用标准差已知方案。

采用该种方案，按《混凝土强度检验评定标准》GB/T 50107—2010 要求，一检验批的样本容量应为连续的 3 组试件，其强度应符合式（8-2）和式（8-3）。

$$m_{f_{cu}}\geqslant f_{cu,k}+0.7\sigma_0 \tag{8-2}$$

$$f_{cu,min}\geqslant f_{cu,k}-0.7\sigma_0 \tag{8-3}$$

当混凝土强度等级高于 C20 时，其强度的最小值尚需满足式（8-4）和式（8-5）的要求：

$$f_{cu,min} \geqslant 0.90 f_{cu,k} \tag{8-4}$$

$$\sigma_0 = \sqrt{\frac{\sum_{i=1}^{n} f_{cu,i}^2 - n m_{f_{cu}}^2}{n-1}} \tag{8-5}$$

式中 $m_{f_{cu}}$——同一检验批混凝土立方体抗压强度的平均值（N/mm^2），精确至 $0.1N/mm^2$；

$f_{cu,k}$——混凝土立方体抗压强度标准值（N/mm^2），精确至 $0.1N/mm^2$；

σ_0——检验批混凝土立方体抗压强度的标准差（N/mm^2），精确至 $0.01N/mm^2$ 时，当计算值小于 $2.5N/mm^2$ 时，应取 $2.5N/mm^2$。由前一时期（生产周期不少于 60d 且不宜超过 90d）的同类混凝土，样本容量不少于 45 组的强度数据计算确定。假定其值延续在一个检验期内保持不变。3 个月后，重新按上一个检验期的强度数据来计算 σ_0 值；

$f_{cu,i}$——前一检验期内同一品种、同一强度等级的第 i 组混凝土试件的立方体抗压强度的代表值（N/mm^2），精确到 $0.1N/mm^2$，该检验期不应少于 60d，也不得大于 90d；

$f_{cu,min}$——同一检验批混凝土立方体抗压强度的最小值（N/mm^2），精确到 $0.1N/mm^2$；

n——前一检验期内的样本容量，在该期间内样本容量不应少于 45 组。

2）标准差未知方案

指生产连续性较差，即在生产中无法维持基本相同的生产条件，或生产周期较短，无法积累强度数据以计算可靠的标准差参数，此时检验评定只能直接根据每个检验批的样本强度数据确定。为了提高检验的可靠性《混凝土强度检验评定标准》（GB/T 50107—2010）要求每批样本组数不少于 10 组，其强度应符合式（8-7）～式（8-9）所示要求。

$$m_{f_{cu}} \geqslant f_{cu,k} + \lambda_1 \cdot S_{f_{cu}} \tag{8-6}$$

$$f_{cu,min} \geqslant \lambda_2 \cdot f_{cu,k} \tag{8-7}$$

$$S_{f_{cu}} = \sqrt{\frac{\sum_{i=1}^{n} f_{cu,i}^2 - n m_{f_{cu}}^2}{n-1}} \tag{8-8}$$

式中 $S_{f_{cu}}$——同一检验批混凝土立方体抗压强度的标准差（N/mm^2）精确至 $0.01N/mm^2$，当检验批混凝土强度标准差 $S_{f_{cu}}$ 的计算值小于 $2.5N/mm^2$ 时，取 $2.5N/mm^2$。

λ_1，λ_2——合格评定系数，按表 8-12 取用；

n——本检验期（为确定检验批强度标准差而规定的统计时段）内的样本容量。

混凝土强度的合格评定系数（GB/T 50107—2010）　表 8-12

试件组数	10～14	15～19	≥20
λ_1	1.15	1.05	0.95
λ_2	0.90	0.85	

（2）非统计方法评定

对用于评定的样本容量小于 10 组时，应采用非统计方法评定混凝土强度，其强度按《混凝土强度检验评定标准》（GB/T 50107—2010）规定，应同时符合式（8-9）和式（8-10）所示要求。

$$m_{f_{cu}} \geqslant \lambda_3 \cdot f_{cu,k} \tag{8-9}$$

$$f_{cu,min} \geqslant \lambda_4 \cdot f_{cu,k} \tag{8-10}$$

式中　λ_3，λ_4——合格评定系数，按表 8-13 取用；

混凝土强度的非统计方法合格判定系数（GB/T 50107—2010）　表 8-13

混凝土强度等级	C60	≥C60
λ_3	1.15	1.10
λ_4	0.95	

（3）混凝土强度的合格性判断

混凝土强度应分批进行检验评定，当检验结果能满足以上评定强度公式的规定时，则该批混凝土判为合格；当不能满足上述规定时，该批混凝土强度判为不合格。对不合格批混凝土可按国家现行有关标准进行处理。

当对混凝土试件强度的代表性有怀疑时，可采用从结构或构件中钻取试件的方法或采用非破损检验方法，按有关标准对结构或构件中混凝土的强度进行推定。

结构或构件拆模、出池、出厂、吊装、预应力筋张拉或放张，以及施工期间需短暂负荷时的混凝土强度，应满足设计要求或现行国家标准的有关规定。

8.2.2　按检验批进行复验及记录

1. 普通混凝土用砂、石的取样

（1）砂、石的验收

砂、石的验收按《普通混凝土用砂、石质量及检验方法标准》JGJ 52—2006 中的规定进行。购货单位应按同产地同规格分批验收。

（2）取样规定

每验收批取样方法应按下列规定执行：

1）在料堆上取样时，取样部位应均匀分布。取样前先将取样部位表层铲除。然后对于砂子由各部位抽取大致相等的 8 份，组成一组样品。对于石子由各部位抽取大致相等的 15 份（在料堆的顶部、中部和底部各由均匀分布的 5 个不同部分取得）组成一组样品。

2）从皮带运输机上取样时，应从机尾的出料处用接料器定时抽取，砂为 4 份，石子为 8 份，分别组成一组样品。

3）从火车、汽车、货船上取样时，应从不同部位和深度抽取大致相等的砂为 8 份，石子16份，分别组成一组样品。

4）若检验不合格时，应重新取样。对不合格项进行加倍复验，若仍有一个试样不能满足标准要求，应按不合格处理。

5）取样数量对于砂子，一般30kg，对于石子一般100～120kg。

6）对所取样品应妥善包装，避免细料散失及防止污染。并附样品卡片，标明样品的编号、名称、取样时间、产地、规格、样品量、要求检验的项目取样方式等。

（3）样品的缩分方法

1）砂子的缩分方法

采用人工四分法缩分：将所取每组样品置于平板上，在潮湿状态下拌和均匀，并堆成厚度约为200mm的“圆饼”。然后沿互相垂直的两条直径把“圆饼”分成大致相等四份，取其对角的两份重新拌匀，再堆成“圆饼”。重复上述过程，直至缩分后的材料量略多于进行试验所必需的量为止。对较少的砂样品（如作单项试验室），可采用较干原砂样，但应该仔细拌匀后缩分。砂的堆积密度和紧密密度及含水率检验所用的砂样可不经缩分，在拌匀后直接进行试验。

2）石子的缩分

将每组样品置于平板上，在自然状态下拌和均匀，并堆成锥体，然后沿互相垂直的两条直径把锥体分成大致相等的四份，取其对角的两份重新拌匀，再堆成锥体，重复上述过程，直至缩分的材料量略多于试验所必需的量为止。石子的含水率、堆积密度、紧密密度检验所用的试样，不经缩分，拌匀后直接进行试验。

2. 混凝土试件的取样和制作

（1）试件制作

根据《普通混凝土力学性能试验方法标准》GB/T 50081—2002的要求，混凝土试件的制作和养护按下列规定：

1）混凝土试件的制作应符合下列规定：

① 成型前，应检查试模尺寸并符合GB/T 50081—2002的规定；试模内表面应涂一薄层矿物油或其他不与混凝土发生反应的脱模剂。

② 在试验室拌制混凝土时，其材料用量应以质量计，称量的精度：水泥、掺合料、水和外加剂为±0.5%；骨料为±1%。

③ 取样或试验室拌制的混凝土应在拌制后尽可能短的时间内成型，一般不宜超过15min。

④ 根据混凝土拌合物的稠度确定混凝土成型方法，坍落度不大于70mm的混凝土宜用振动振实；大于70mm的宜用捣棒人工捣实；检验现浇混凝土或预制构件的混凝土，试件成型方法宜与实际采用的方法相同。

⑤ 圆柱体试件的制作按有关规定执行。

2）混凝土试件制作应按下列步骤进行：

第一步，取样或拌制好的混凝土拌合物应至少用铁锹再来回拌合三次。

第二步，根据混凝土拌合物的稠度，选择混凝土成型方法成型。

① 用振动台振实制作试件应按下述方法进行：

a. 将混凝土拌合物一次装入试模，装料时应用抹刀沿各试模壁插捣，并使混凝土拌合物高出试模口；

b. 试模应附着或固定在符合有关要求的振动台上，振动时试模不得有任何跳动，振动应持续到表面出浆为止；不得过振。

② 用人工插捣制作试件应按下述方法进行：

a. 混凝土拌合物应分两层装入模内，每层的装料厚度大致相等；

b. 插捣应按螺旋方向从边缘向中心均匀进行。在插捣底层混凝土时，捣棒应达到试模底部；插捣上层时，捣棒应贯穿上层后插入下层 20～30mm；插捣时捣棒应保持垂直，不得倾斜。然后应用抹刀沿试模内壁插拔数次；

c. 每层插捣次数按在 10000mm^2 截面积内不得少于 12 次；

d. 插捣后应用橡皮锤轻轻敲击试模四周，直至插捣棒留下的空洞消失为止。

③ 用插入式振捣棒振实制作试件应按下述方法进行：

a. 将混凝土拌合物一次装入试模，装料时应用抹刀沿各试模壁插捣，并使混凝土拌合物高出试模口；

b. 宜用直径为 ϕ25mm 的插入式振捣棒，插入试模振捣时，振捣棒距试模底板 10～20mm 且不得触及试模底板，振动应持续到表面出浆为止，且应避免过振，以防止混凝土离析；一般振捣时间为 20s。振捣棒拔出时要缓慢，拔出后不得留有孔洞；

c. 刮除试模上口多余的混凝土，待混凝土临近初凝时，用抹刀抹平。

(2) 试件的养护

1) 试件成型后应立即用不透水的薄膜覆盖表面。

2) 采用标准养护的试件，应在温度为 20±5℃的环境中静置一昼夜至二昼夜，然后编号、拆模。拆模后应立即放入温度为 20±2℃，相对湿度为 95%以上的标准养护室中养护，或在温度为 20±2℃的不流动的氢氧化钙饱和溶液中养护。标准养护室内的试件应放在支架上，彼此间隔 10～20mm，试件表面应保持潮湿，并不得被水直接冲淋。

3) 同条件养护试件的拆模时间可与实际构件的拆模时间相同，拆模后，试件仍需保持同条件养护。

4) 标准养护龄期为 28d（从搅拌加水开始计时）。

另外试件制作和养护的试验记录内容应符合相关规定。

8.3 砂浆的进场验收与复验

8.3.1 对砂浆按检验批进行复验及记录

1. 砌筑砂浆

砌筑砂浆可分为水泥砌筑砂浆、水泥混合砌筑砂浆和预拌砌筑砂浆。砌筑砂浆的技术性能有工作性、强度、抗冻性等。

(1) 工作性

1) 流动性

砂浆的流动性技术指标为稠度，由砂浆的沉入度试验确定。砌筑砂浆的施工稠度见表 8-14。

砌筑砂浆的施工稠度（JGJ/T 98—2010） **表 8-14**

砌 体 种 类	施工稠度（mm）
烧结普通砖砌体、粉煤灰砖砌体	70～90
烧结多孔砖砌体、烧结空心砖砌体、轻集料混凝土小型空心砌块砌体、蒸压加气混凝土砌块砌体	60～80
混凝土砖砌体、普通混凝土小型空心砌块砌体、灰砂砖砌体	50～70
石砌体	30～50

2）保水性

砂浆的保水性用“保水率”表示。保水性试验应按下列步骤进行：将砂浆拌合物装入圆环试模（底部有不透水片或自身密封性良好），称量试模与砂浆总质量，在砂浆表面覆盖棉纱及滤纸，并在上面加盖不透水片，以 2kg 的重物把上部不透水片压住；静止 2min 后移走重物及上部不透水片，取出滤纸（不包括棉纱），迅速称量滤纸质量。

（2）强度

砂浆的强度等级是以边长为 70.7mm 的立方体试块，在标准养护条件（温 20±2℃，相对湿度为 90%以上）标准试验方法测得 28d 龄期的抗压强度来确定。

水泥混合砂浆的强度等级可分为 M5、M7.5、M10、M15；水泥砂浆及预拌砂浆的强度等级分为 M5、M7.5、M10、M15、M20、M25、M30。

（3）抗冻性

有抗冻性要求的砌体工程，砌筑砂浆应进行冻融试验。

2. 预拌砂浆

预拌砂浆，是指专业生产厂家生产的温拌或干混砂浆。湿拌砂浆是指水泥、细骨料、矿物掺合料、外加剂、添加剂和水，按一定比例，在搅拌站经计量、拌制后，运至使用地点，并在规定时间内使用的拌合物。干混砂浆是指水泥、干燥骨料或粉料、添加剂以及根据性能确定的其他组分，按一定比例，在专业生产厂经计量、混合而成的混合物，在使用地点按规定比例加水或配套组分拌合使用。

（1）预拌砂浆的分类和标记

1）预拌砂浆的分类

① 湿拌砂浆

湿拌砂浆按用途分为湿拌砌筑砂浆、湿拌抹灰砂浆、湿拌地面砂浆和湿拌防水砂浆，并采用表 8-15 的代号。湿拌砂浆按强度等级、抗渗等级、稠度和凝结时间的分类。

湿拌砂浆代号（GB/T 25181—2010） **表 8-15**

品种	湿拌砌筑砂浆	湿拌抹灰砂浆	湿拌地面砂浆	湿拌防水砂浆
代号	WM	WP	WS	WW

② 干混砂浆

干混砂浆的分类也称干拌砂浆或干粉砂浆，是主要的供应形式，按用途可以分为两大类：一是普通干混砂浆，包括干混砌筑砂浆、干混抹灰砂浆、干混地面砂浆和干混普通防水砂浆；二是特种干混砂浆，包括干混陶瓷砖粘结砂浆、干混界面砂浆、干混保温板粘结砂浆、干混保温板抹面砂浆、干混耐磨地坪砂浆和干混饰面砂浆等。

2）预拌砂浆的标记

① 湿拌砂浆的标记

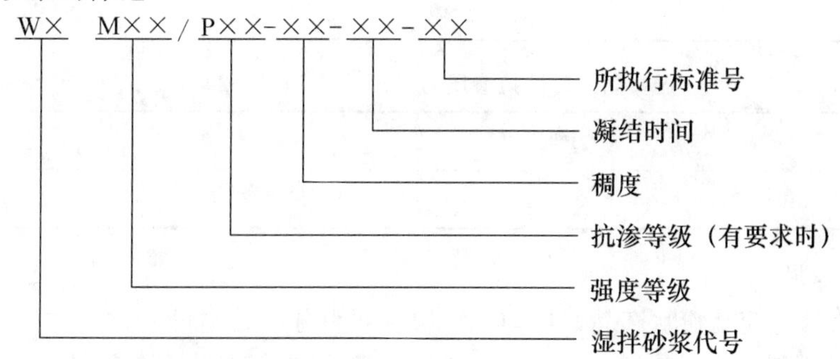

标记示例：

湿拌砌筑砂浆的强度等级为 M10，稠度为 70mm，凝结时间为 12h，其标记为：WM10-70-12-GB/T 25181—2010；

湿拌防水砂浆的强度等级为 M15，抗渗等级为 P8，稠度为 70mm，凝结时间为 12h。其标记为：WW M15/P8-70-12-GB/T 25181—2010。

②干混砂浆的标记

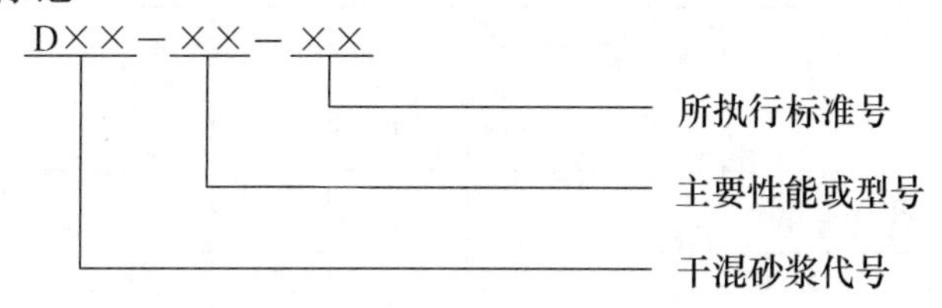

标记示例：

干混砌筑砂浆的强度等级为 M10，其标记为：DM-M10-GB/T 25181—2010；

用于混凝土界面处理的干混界面砂浆的标记为：DIT-C-GB/T 25181—2010。

（2）预拌砂浆的技术性能

1）湿拌砂浆

湿拌砌筑砂浆拌合物的体积密度不小于 1800kg/ m³，湿拌砂浆的性能应符合表 8-16 的规定，湿拌砂浆的抗压强度应符合表 8-17 的规定，湿拌防水砂浆抗渗压力应符合表 8-18 的规定。

湿拌砂浆的性能指标（GB/T 25181—2010） **表 8-16**

项目		湿拌砌筑砂浆	湿拌抹灰砂浆	湿拌地面砂浆	湿拌防水砂浆
保水率（%）		≥88	≥88	≥88	≥88
14d 拉伸粘结强度（MPa）		—	≥0.20	—	≥0.20
28d 收缩率（%）		—	≥0.20	—	≤0.15
抗冻性 X	强度损失率（%）	≤25			
	质量损失率（%）	≤5			

湿拌砂浆抗压强度（GB/T 25181—2010）　　**表 8-17**

强度等级	M5	M7.5	M10	M15	M20	M25	M30
28d 抗压强度	≥5.0	≥7.5	≥10.0	≥15.0	≥20.0	≥25.0	≥30.0

湿拌防水砂浆抗渗压力（GB/T 25181—2010）　　**表 8-18**

抗渗等级	P6	P8	P10
28d 抗渗压力（MPa）	≥0.6	≥0.8	≥1.0

2）干混砂浆

干混砂浆外观应是粉状产品，均匀无结块。双组分产品液料组分经搅拌后应呈均匀状态、无沉淀；粉料组分应均匀、无结块。干混普通砌筑砂浆拌合物的体积密度不小于 $1800kg/m^3$。干混砌筑砂浆、干混抹灰砂浆、干混地面砂浆、干混普通防水砂浆的性能应符合表 8-19 的规定。

干混砂浆性能指标（GB/T 25181—2010）　　**表 8-19**

项目	干混砌筑砂浆		干混抹灰砂浆		干混地面砂浆	干混普通防水砂浆
	普通砌筑砂浆	薄层砌筑砂浆[a]	普通抹灰砂浆	薄层抹灰砂浆[a]		
保水率（%）	≥88	≥99	≥88	≥99	≥88	≥88
凝结时间（h）	3～9	—	3～9	—	3～9	3～9
2h 稠度损失率（%）	≤30	—	≤30	—	≤30	≤30
14d 拉伸粘结强度（MPa）	—	—	M5：≥0.15 >M5：≥0.20	≥0.30	—	≥0.20
28d 收缩率（%）	—	—	≤0.20	≤0.20	—	≤0.15
抗冻性[b]	强度损失率（%）	≤25				
	质量损失率（%）	≤5				

[a]干混薄层砌筑砂浆宜用于灰缝厚度不大于 5mm 的砌筑；干混薄层抹灰砂浆宜用于砂浆层厚度不大于 5mm 的抹灰。

[b]有抗冻性要求时，应进行抗冻性试验。

8.3.2 按检验批进行复验及记录

1. 砌筑砂浆试件的取样

（1）抽样频率

每一楼层或 $250m^3$ 砌体中的各种强度等级的砂浆，每台搅拌机应至少检查一次，每次至少应制作一组试块。如果砂浆强度等级或配合比变更时，还应制作试块。基础砌体可按一个楼层计。

（2）试件制作

1）砂浆试验用料可以从同一盘搅拌或同一车运送的砂浆中取出。施工中取样，应在使用地点的砂浆槽、砂浆运送车或搅拌机出料口，至少从三个不同部位采取。所取试样的数量应多于试验用量的1～2倍。砂浆拌合物取样后，应尽快进行试验。现场取来的试样，在试验前应经人工再翻拌，以保证其质量均匀。

2）砂浆立方体抗压试件每组三块。其尺寸为70.7mm×70.7mm×70.7mm。试模用铸铁或钢制成。试模应具有足够的刚度、拆装方便。试模内表面应机械加工，其不平度为每100mm不超过0.05mm，组装后各相邻面的不垂直度不应超过±0.5°。制作试件的捣棒为直径10mm，长350mm的钢棒，其端头应磨圆。

3）砂浆立方体抗压试块的制作：

① 将有底试模放在预先铺有吸水较好的纸的普通黏土砖上（砖的吸水率不小于10%，含水率不大于20%），试模内壁事先涂刷薄层机油或脱模剂。

② 放于砖上的湿纸，应用新闻纸（或其他未粘过胶凝材料的纸）。纸的大小要以能盖过砖的四边为准，砖的使用面要求平整，凡砖的四个垂直面粘过水泥或其他胶结材料后，不允许再使用。

③ 向试模内一次注满砂浆，用捣棒均匀地由外向里按螺旋方向插捣25次，为了防止低稠度砂浆插捣后，可能留下孔洞，允许用油灰刀沿模壁插捣数次。插捣完后砂浆应高出试模顶面6～8mm；当砂浆表面开始出现麻斑状态时（约15～30min），将高出部分的砂浆沿试模顶面削去抹平。

2. 试件养护

（1）试件制作后应在20±5℃温度环境下停置一昼夜（24h±2h），当气温较低时，可适当延长时间，但不应超过两昼夜，然后对试件进行编号并拆模。试件拆模后，应在标准养护条件下继续养护至28d，然后进行试压。

（2）标准养护的条件是：

1）水泥混合砂浆应为：温度（20±3)℃，相对湿度60%～80%。

2）水泥砂浆和微沫砂浆应为：温度（20±3)℃，相对湿度90%以上。

3）养护期间，试件彼此间隔不少于10mm。

（3）当无标准养护条件时，可采用自然养护。

1）水泥混合砂浆应在正温度、相对湿度为60%～80%的条件下（如养护箱中或不通风的室内）养护。

2）水泥砂浆和微沫砂浆应在正温度并保持试块表面湿润的状态下（如湿砂堆中）养护。

3）养护期间必须作好温度记录。在有争议时，以标准养护为准。

8.4 线材与型材的进场验收与复验

8.4.1 对线材与型材按验收批进行进场验收及记录

1. 碳素结构钢

碳素结构钢包括一般结构钢和工程用热轧钢板、钢带、型钢等。现行国家标准具体规定了它的牌号表示方法、代号和符号、技术要求、试验验方法、检验规则等。碳素结构钢的技术要求包括化学成分、力学性能、冶炼方法、交货状态及表面质量等，碳素结构钢的冷弯试验指标应符合表 8-20 要求。

碳素结构钢的冷弯性能（GB/T 700—2006）　　**表 8-20**

牌　号	试样方向	冷弯试验 180°　$B=2a$[a]	
		钢材厚度或直径[b]（mm）	
		≤60	>60～100
		弯心直径 d	
Q195	纵	0	—
	横	0.5a	
Q215	纵	0.5a	1.5a
	横	a	2a
Q235	纵	a	2a
	横	1.5a	2.5a
Q275	纵	1.5a	2.5a
	横	2a	3a

2. 低合金高强度结构钢

低合金高强度结构钢是在碳素结构钢的基础上，添加少量的一种或几种合金元素（总含量小于 5%）的一种结构钢。其目的是为了提高钢的屈服强度、抗拉强度、耐磨性、耐蚀性及耐低温性能等。因此，它是综合性较为理想的建筑钢材，尤其在大跨度、承受动荷载和冲击荷载的结构中更适用。另外，与使用碳素钢相比，可节约钢材 20%～30%，而成本并不很高。低合金高强度结构钢的技术要求符合规范要求。

3. 钢筋混凝土结构用钢材

钢筋混凝土结构用的钢筋和钢丝，主要由碳素结构钢或低合金结构钢轧制而成。主要品种有热轧钢筋、热加工钢筋、热处理钢筋、预应力混凝土用钢丝和钢绞线。按直条或盘条（也称盘圆）供货。

（1）热轧钢筋

用加热钢坯轧制成的条形成品钢筋，称为热轧钢筋。它是建筑工程中用量最大的钢材品种之一，主要用于钢筋混凝土和预应力混凝土结构的配筋。热轧钢筋按其轧制外形分为：热轧光圆钢筋（HPB）和热轧带肋钢筋（HRB），带肋钢筋按带肋纹的形状分为月牙肋和等高肋。热轧钢筋的力学性能及工艺性能应符合表 8-21 的规定。

热轧钢筋的性能（GB 1499.1—2008，GB 1499.2—2007）　　**表 8-21**

强度等级代号	外形	钢种	公称直径（mm）	屈服强度（N/mm²）	抗拉强度（N/mm²）	断后伸长率（%）	冷弯试验	
							角度	弯心直径
HPB235	光圆	低碳钢	6～22	235	370	25	180°	$d=a$
HPB300				300	420			
HRB335	月牙肋	低碳钢 合金钢	6～25	335	455	17	180°	$d=3a$
HRBF335			28～40					$d=4a$
			>40～50					$d=5a$
HRB400			6～25	400	540	16	180°	$d=4a$
HRBF400			28～40					$d=5a$
			>40～50					$d=6a$
HRB500	等高肋	中碳钢 合金钢	6～25	500	630	15	180°	$d=6a$
HRBF500			28～40					$d=7a$
			>40～50					$d=8a$

低碳钢热轧圆盘条的力学性能和工艺性能根据《低碳钢热轧圆盘条》（GB/T 701—2008）规定，盘条分为建筑用盘条和拉丝用盘条两类，牌号有 Q195、Q215、Q235、Q275，其力学性能和工艺性能见表 8-22 所列。

低碳热轧圆盘条力学性能和工艺性能（GB/T 701—2008）　　**表 8-22**

牌号	力学性能		冷弯试验 180° d：弯心直径 a：试样直径
	抗拉强度（MPa），不大于	断后伸长率（%），不小于	
Q195	410	30	$d=0$
Q215	435	28	$d=0$
Q235	500	23	$d=0.5a$
Q275	540	21	$d=1.5a$

（2）预应力混凝土用热处理钢筋预应力混凝土用热处理钢筋，是用热轧带肋钢筋经淬火和回火调质处理后的钢筋。通常，有直径为 6、8、10（mm）三种规格，其条件屈服强度不小于 1325MPa，抗拉强度不小于 1470MPa，伸长率（δ10）不小于 6%，1000h 应力松弛不大于 3.5%。按外形分为有纵肋和无纵肋两种，但都有横肋。钢筋热处理后卷成盘，使用时开盘钢筋自行伸直，按要求的长度切断。不能用电焊切断，也不能焊接，以免引起强度下降或脆断。热处理钢筋在预应力结构中使用，具有与混凝土粘结性好、应力松弛率低、施工方便等优点。

（3）冷轧带肋钢筋

热轧圆盘经冷轧后，在其表面带有沿长度方向均分布的三面或两面横肋，即成为冷轧带肋钢筋，钢筋冷轧后允许进行低温回头处理。根据《冷轧带肋钢筋》GB 13788—2008 规定，冷轧带肋钢筋按抗拉强度分为五个牌号，分别为 CRB500、CRB650、CRB800、CRB970、CRB1170。C、R、B 分别为冷轧、带肋、钢筋三个词的英文首位字母，数值为抗拉强度的最小值。与冷拔低碳钢丝相比较，冷轧带肋钢筋具有强度高、塑性好、与混凝土粘结牢固，节约钢材、质量稳定等优点。CRB550 宜用作普通钢筋混凝土结构，其他牌号宜用在预应力混凝土结构中。

（4）冷轧扭钢筋

冷轧扭钢筋是用低碳钢热轧圆盘条专用钢筋经冷轧扭机调直、冷轧并冷扭一次成型，规定截面形状和节距的连接螺旋状钢筋。冷轧扭钢筋有两种类型。Ⅰ型（矩形截面），Φ6.5、Φ8、Φ10、Φ12、Φ14；Ⅱ型（菱形截面）Φ12，标记符号 Φ 原材料（母材）轧制前的公称直径（mm）。

（5）预应力混凝土用钢丝

预应力混凝土用钢丝适用于预应力混凝土用冷拉或消除应力的低松弛光圆、螺旋肋和刻痕钢丝，其中冷拉钢丝仅用于压力管道。钢丝按加工状态分为冷拉钢丝和消除应力钢丝两类，其代号为：冷拉钢丝（WCD）、低松弛钢丝（WLR）。钢丝按外形分为光圆钢丝（P）、螺旋肋钢丝（H）、刻痕钢丝（I）三种。

压力管道用无涂（镀）层冷拉钢丝的力学性能应符合表 8-23 规定。0.2%屈服力 $F_{p0.2}$ 应不小于最大的特征值 F_m 的 75%。

压力管道用冷拉钢丝的力学性能 **表 8-23**

公称直径 d_n（mm）	公称抗拉强度 R_m（MPa）	最大力的特征值 F_m（kN）	最大力的最大值 $F_{m,max}$（kN）	0.2%屈服力 $F_{p0.2}$（kN）≥	每 210mm 扭矩的扭转次数 N ≥	断面收缩率 Z（%）≥	氢脆敏感性能负载为 70%最大力时，断裂时间 t（h）≥	应力松弛性能初始力为最大力 70%时，1000h 应力松弛率 r（%）≤
4.00	1470	18.48	20.99	13.86	10	35	75	7.5
5.00		28.86	32.79	21.65	10	35		
6.00		41.56	47.21	31.17	8	30		
7.00		56.57	64.27	42.42	8	30		
8.00		73.88	83.93	55.41	7	30		
4.00	1570	19.73	22.24	14.80	10	35		
5.00		30.82	34.75	23.11	10	35		
6.00		44.38	50.03	33.29	8	30		
7.00		60.41	68.11	45.31	8	30		
8.00		78.91	88.96	59.18	7	30		
4.00	1670	20.99	23.50	15.74	10	35		
5.00		32.78	36.71	24.59	10	35		
6.00		47.21	52.86	35.41	8	30		
7.00		64.26	71.96	48.20	8	30		
8.00		83.93	93.99	62.95	6	30		
4.00	1770	22.25	24.76	16.69	10	35		
5.00		34.75	38.68	26.06	10	35		
6.00		50.04	55.69	37.53	8	30		
7.00		68.11	75.81	51.08	6	30		

消除应力的光圆及螺旋肋钢丝的力学性能应符合表8-24的规定。0.2%屈服力 $F_{p0.2}$ 应不小于最大力的特征值 F_m 的88%。

消除应力光圆及螺旋肋钢丝的力学性能　　表8-24

公称直径 d_n(mm)	公称抗拉强度 R_m(MPa)	最大力的特征值 F_m(kN)	最大力的最大值 $F_{m,max}$(kN)	0.2%屈服力 $F_{p0.2}$(kN) ≥	最大力总伸长率(L_0=200mm) A_{gt}(%)≥	反复弯曲性能		应力松弛性能	
						弯曲次数/[次(180)] ≥	弯曲半径 R(mm)	初始力相当于实际最大力的百分数(%)	1000h应力松弛率 r(%)≤
4.00		18.48	20.99	16.22		3	10		
4.80		26.61	30.23	23.35		4	15		
5.00		28.86	32.78	25.32		4	15		
6.00		41.56	47.21	36.47		4	15		
6.25		45.10	51.24	39.58		4	20		
7.00		56.57	64.26	49.64		4	20		
7.50	1470	64.94	73.78	56.99		4	20		
8.00		73.88	83.93	64.84		4	20		
9.00		93.52	106.25	82.07		4	25		
9.50		104.19	118.37	91.44		4	25		
10.00		115.45	131.16	101.32		4	25		
11.00		139.69	158.70	122.50		—	—		
12.00		166.26	188.88	145.90		—	—		
4.00		19.73	22.24	17.37		3	10		
4.80		28.41	32.03	25.00		4	15		
5.00		30.82	34.75	27.12		4	15		
6.00		44.38	50.03	39.06		4	15		
6.25		48.17	54.31	42.39		4	20		
7.00		60.41	68.11	53.61		4	20		
7.50	1570	69.36	78.20	61.04		4	20		2.5
8.00		78.91	88.96	69.44		4	20	70	
9.00		99.88	112.60	87.89	3.5	4	25		
9.50		111.28	125.46	97.93		4	25		4.5
10.00		123.31	139.02	108.51		4	25	80	
11.00		149.20	168.21	131.30		—	—		
12.00		177.57	200.19	156.26		—	—		
4.00		20.99	23.50	18.47		3	10		
5.00		32.78	36.71	28.85		4	15		
6.00		47.21	52.86	41.54		4	15		
6.25	1670	51.24	57.38	45.09		4	20		
7.00		64.26	71.96	56.55		4	20		
7.50		73.78	82.62	64.93		4	20		
8.00		83.93	93.98	73.86		4	20		
9.00		106.25	118.97	93.50		4	25		
4.00		22.25	24.76	19.58		3	10		
5.00		34.75	38.68	30.58		4	15		
6.00	1770	50.04	55.69	44.03		4	15		
7.00		68.11	75.81	59.94		4	20		
7.50		78.20	87.04	68.81		4	20		
4.00		23.38	25.89	20.57		3	10		
5.00	1860	36.51	40.44	32.13		4	15		
6.00		52.58	58.23	46.27		4	15		
7.00		71.57	79.27	62.98		4	20		

4. 钢结构用钢材

（1）热轧型钢

常用的热轧型钢有工字钢、槽钢、角钢、L型钢、H型钢及T型钢等，根据现行标准《热轧型钢》GB/T 706—2008对热轧工字钢、热轧槽钢、热轧等边角钢、热轧不等边角钢、L型钢的尺寸、外形、重量及允许偏差以及技术要求等做了相应的规定。《热轧H型钢和部分T型钢》GB/T 11263—2010对H型钢和T型钢的尺寸、外形、重量及允许偏差以及技术要求等作了相应的规定。处于低温环境的结构，应选择韧性好、脆性临界温度低、疲劳极限较高的钢材。

（2）冷弯薄壁型钢

冷弯薄壁型钢通常采用2～6mm厚度的薄钢板经冷弯和模压而成，有空心薄壁型钢和开口薄壁型钢。冷弯薄壁型钢由于壁薄，刚度好，能高效地发挥材料的作用，在同样的负荷下，可减轻构件质量、节约材料，通常用于轻型钢结构，其构件和连接应符合《冷弯薄壁型钢结构技术规范》GB 50018—2002的规定。

（3）钢板材

钢板材包括钢板、花纹钢板、建筑用压型钢板和彩色涂层钢板等。建筑用压型钢板是用于建筑物围护结构（屋面、墙面）及组合楼盖并独立使用的压型钢板。《建筑用压型钢板》GB/T 12755—2008给出了有关建筑用压型钢板的技术性质。彩色涂层钢板按用途可分为建筑外用、建筑内用和家用电器等；按表面状态分为涂层板、压花板和印花板。《彩色涂层钢板及钢带》GB/T 12754—2006给出了有关彩色涂层板的技术性质。用彩色涂层钢板型材加工制作的平开门窗、推拉门窗、固定门窗称为彩色涂层钢板门窗。

（4）钢管和棒材

钢管有轧制无缝钢管及冷弯成型的高频焊接钢管。由于表面的流线型使其承受的风压较小，因此十分适用于高耸结构。钢管大多用于制作桁架、塔桅等构件，也可以用于网架、网壳结构和制作光管混凝土。热轧六角钢和八角钢常用作钢结构螺栓的坯材，热轧扁钢一般用于屋架构件、扶梯、桥梁和栅栏等，圆钢可用于轻型钢结构的一般杆件和连接杆。

8.4.2 钢筋、焊接件及连接件的取样

1. 热轧钢筋

（1）组批规则

以同一牌号、同一炉罐号、同一规格、同一交货状态，不超过60t为一批。

（2）取样方法

拉伸检验：任选两根钢筋切取。两个试样，试样长500mm。

冷弯检验：任选两根钢筋切取两个试样，试样长度按式（8-11）计算：

$$L=1.55\times(a+d)+140\text{mm} \tag{8-11}$$

式中 L——试样长度；

a——钢筋公称直径；

d——弯曲试验的弯心直径；按表8-25取用。

钢筋弯曲试验的弯心直径表　　表 8-25

钢筋牌号（强度等级）	HPB235（Ⅰ级）	HRB335	HRB400	HRB500
公称直径（mm）	8～20	6～25 28～50	6～25 28～50	6～25 28～50
弯心直径 d	$1a$	$3a$　$4a$	$4a$　$5a$	$6a$　$7a$

在切取试样时，应将钢筋端头的 500mm 去掉后再切取。

2. 低碳钢热轧圆盘条

（1）组批规则

以同一牌号、同一炉罐号、同一品种、同一尺寸、同一交货状态，不超过 60t 为一批。

（2）取样方法

拉伸检验：任选一盘，从该盘的任一端切取一个试样，试样长 500mm。

弯曲检验：任选两盘，从每盘的任一端各切取一个试样，试样长 200mm。

在切取试样时，应将端头的 500mm 去掉后再切取。

（3）冷拔低碳钢丝

1）组批规则

甲级钢丝逐盘检验。乙级钢丝以同直径 5t 为一批任选三盘检验。

2）取样方法

从每盘上任一端截去不少于 500mm 后，再取两个试样一个拉伸，一个反复弯曲，拉伸试样长 500mm，反复弯曲试样长 200mm。

3. 冷轧带肋钢筋

（1）冷轧带肋钢筋的力学性能和工艺性能应逐盘检验，从每盘任一端截去 500mm 以后，取两个试样，拉伸试样长 500mm，冷弯试样长 200mm。

（2）对成捆供应的 550 级冷轧带肋钢筋应逐捆检验。从每捆中同一根钢筋上截取两个试样，其中，拉伸试样长 500mm，冷弯试样长 250mm。如果，检验结果有一项达不到标准规定，应从该捆钢筋中取双倍试样进行复验。

4. 钢筋焊接接头的取样

（1）钢筋闪光对焊接头取样规定

1）在同一台班内，由同一焊工完成的 300 个同牌号、同直径钢筋焊接接头应作为一批。当同一台班内焊接的接头数量较少，可在一周之内累计计算；累计仍不足 300 个接头，应按一批计算。

2）力学性能检验时，应从每批接头中随机切取 6 个试件，其中 3 个做拉伸试验，3 个做弯曲试验。

3）焊接等长的预应力钢筋（包括螺丝端杆与钢筋）时，可按生产时同等条件制作模拟试件。

4）螺丝端杆接头可只做拉伸试验。

5）封闭环式箍筋闪光对焊接头，以 600 个同牌号、同规格的接头为一批，只做拉伸试验。

6）当模拟试件试验结果不符合要求时，应进行复验。复验应从现场焊接接头中切取，其数量和要求与初始试验相同。

（2）钢筋电弧焊接头取样规定

1）在现浇混凝土结构中，应以300个同牌号、同型式接头作为一批；在房屋结构中，应在不超过二楼层中300个同牌号、同型式接头作为一批。每批随机切取3个接头，做拉伸试验。

2）在装配式结构中，可按生产条件制作模拟试件，每批3个，做拉伸试验。

3）钢筋与钢板电弧搭接焊接头可只进行外观检查。

4）模拟试件的数量和要求应与从成品中切取时相同。当模拟试件试验结果不符合要求时，复验应再从成品中切取，其数量和要求与初始试验时相同。

注：在同一批中若有几种不同直径的钢筋焊接接头，应在最大直径接头中切取3个试件。

（3）钢筋电渣压力焊接头取样规定

在现浇混凝土结构中，应以300个同牌号钢筋接头作为一批；在房屋结构中，应在不超过二楼层中300个同牌号钢筋接头作为一批；当不足300个接头时，仍应作为一批。每批接头中随机切取3个试件做拉伸试验。

注：在同一批中若有几种不同直径的钢筋焊接接头，应在最大直径接头中切取3个试件。

（4）钢筋气压焊接头取样规定

1）在现浇混凝土结构中，应以300个同牌号钢筋接头作为一批；在房屋结构中，应在不超过二楼层中300个同牌号钢筋接头作为一批；当不足300个接头时，仍应作为一批。

2）在柱、墙的竖向钢筋连接中，应从每批接头中随机切取3个接头做拉伸试验；在梁、板的水平钢筋连接中，应另切取3个接头做弯曲试验。

注：在同一批中若有几种不同直径的钢筋焊接接头，应在最大直径接头中切取3个试件。

（5）钢筋焊接接头的取样

1）拉伸试件的最小长度见表8-26。

拉伸试件的最小长度表　　表8-26

接头型式	试件最小长度（mm）
电弧焊 双面搭接、双面帮条	$8d+L_h+240$
单面搭接、单面帮条	$5d+L_h+240$
闪光对焊、电渣压力焊、气压焊	$8d+240$

注：L_h——帮条长度或搭接长度，钢筋帮条或搭接长度应符合相关要求。

d——钢筋直径（mm）。

2）弯曲试件的最小长度

弯曲试件的最小长度计算公式为：$L=D+2.5d+150\text{mm}$　　(8-12)

式中　L——试件长度；

D——弯心直径（mm），按表8-27规定；

d——钢筋直径（mm）。

切取试件时，焊缝应处于试件长度的中央。

钢筋焊接接头弯曲试验弯心直径表　　表 8-27

钢筋直径	≤25mm	>25mm
钢筋级别	弯心直径 D（mm）	
Ⅰ级	$2d$	$3d$
Ⅱ级	$4d$	$5d$
Ⅲ级	$5d$	$6d$
Ⅳ级	$7d$	$8d$

（6）机械连接接头

1）钢筋连接工程开始前及施工过程中，应对每批进场钢筋进行接头工艺检验，取样按以下进行：

a. 每种规格钢筋的接头试件不应少于 3 根；

b. 钢筋母材抗拉强度试件不应少于 3 根，且应取接头试件的同一根钢筋。

2）接头的现场检验按验收批进行。同一施工条件下采用同一批材料的同等级、同型式、同规格接头，以 500 个为一个验收批进行检验与验收，不足 500 个也作为一个验收批。对接头的每一验收批，必须在工程结构中随机截取 3 个试件作单向拉伸试验。

3）接头试件尺寸

构件长度计算公式为：$L_1=L+8d+2h$

式中　L——接头试件连件长度；

d——钢筋直径；

h——试验机夹具长度，当 $d<20$mm 时，h 取 70mm，当 $d\geqslant 20$mm 时，h 取 100mm；

L_1——试件长度。

在取用于工艺检验的接头试件时，每个试件尚应取一根与其母材处于同一根钢筋的原材料试件做力学性能试验。

8.5　墙体材料的进场验收与复验

8.5.1　对墙体材料的进场进行验收及记录

1. 砌墙砖

常用的砌墙砖品种有烧结普通砖、烧结多孔砖和空心砖、蒸压（养）砖等。

按使用的原料不同，烧结普通砖可分为：烧结普通黏土砖（N）、烧结粉煤灰砖（F）、烧结煤矸石砖（M）和烧结页岩砖（Y），蒸压（养）砖又称免烧砖。根据所用原料不同有灰砂砖、粉煤灰砖等。

烧结普通砖

1）规格

根据《烧结普通砖》GB 5101—2003 规定，烧结普通砖的外形为直角六面体，公称尺寸为：240mm×115mm×53mm。按技术指标分为优等品（A）、一等品（B）及合格品（C）三个质量等级。

2）技术要求

烧结普通砖的外观质量应符合有关规定。

烧结普通砖按抗压强度分为MU30、MU25、MU20、MU15、MU10五个强度等级。各强度等级砖的强度值应符合表8-28的要求。

烧结普通砖的强度等级（GB 5101—2003）（MPa） **表8-28**

强度等级	抗压强度平均值 f	变异系数 $\delta \leqslant 0.21$	$\delta > 0.21$
		强度标准值 $f_k \geqslant$	单块最小抗压强度值 $f_{min} \geqslant$
MU30	30.0	22.0	25.0
MU25	25.0	18.0	22.0
MU20	20.0	14.0	16.0
MU15	15.0	10.0	12.0
MU10	10.0	6.5	7.5

泛霜也称起霜，是砖在使用过程中的盐析现象。标准规定：优等品无泛霜，一等品不允许出现中等泛霜，合格品不允许出现严重泛霜。

石灰爆裂是指砖坯中夹杂有石灰石，砖吸水后，由于石灰逐渐熟化而膨胀产生的爆裂现象。这种现象影响砖的质量，并降低砌体强度。标准规定：优等品不允许出现最大破坏尺寸大于2mm的爆裂区域；一等品不允许出现最大破坏尺寸大于10mm的爆裂区域，在2～10mm间爆裂区域，每组砖样不得多于15处；合格品不允许出现最大破坏大于15mm的爆裂区域，在2～15mm的爆裂区域，每组砖样不得多于15处，其中大于10mm的不得多于7处。

（1）烧结多孔砖、空心砖

烧结多孔砖的规格和技术要求

烧结多孔砖即竖孔空心砖，其孔洞率在20%左右，根据国家标准《烧结多孔砖和多孔砌砖》GB 13544—2011的规定，多孔砖其长度、宽度、高度尺寸应符合下列要求：290，240，190，180（175），140，115，90（mm）。其他规格尺寸由供需双方协商确定。

烧结多孔砖根据抗压强度分为MU30、MU25、MU20、MU15、MU10五个强度等级。根据尺寸偏差，外观质量、强度等级和物理性能分为优等品（A）、一等品（B）和合格品（C）三个质量等级。各强度等级的强度应符合表8-29中的规定。

烧结多孔砖的强度等级（GB 13544—2011）（MPa） **表8-29**

强度等级	抗压强度平均值 f	变异系数 $\delta \leqslant 0.21$	$\delta > 0.21$
		强度标准值 $f_k \geqslant$	单块最小抗压强度值 $f_{min} \geqslant$
MU30	30.0	22.0	25.0
MU25	25.0	18.0	22.0

续表

强度等级	抗压强度平均值 f	变异系数 $\delta \leqslant 0.21$	$\delta > 0.21$
		强度标准值 $f_k \geqslant$	单块最小抗压强度值 $f_{min} \geqslant$
MU20	20.0	14.0	16.0
MU15	15.0	10.0	12.0
MU10	10.0	6.5	7.5

（2）烧结空心砖和空心砌块的规格和技术要求

根据国家标准《烧结空心砖和空心砌块》GB 13545—2014 的规定，空心砖和砌块其长度、宽度、高度尺寸应符合下列要求：

——长度规格尺寸（mm）：390，290，240，190，180（175），140；

——宽度规格尺寸（mm）：190，180（175），140；

——高度规格尺寸（mm）：180（175），140，150，90。

烧结空心砖和砌块的抗压强度分为 MU10.0、MU7.5、MU3.5 四个强度等级；按体积密度分为 800、900、1000、1100 四个密度级别。强度等级指标要求见表 8-30 所列，密度等级指标要求见表 8-31 所列。

烧结空心砖和砌块的强度等级（GB 13545—2014）　　**表 8-30**

强度等级	抗压强度（MPa）		
	抗压强度平均值 ≥	变异系数 $\delta \leqslant 0.21$	$\delta > 0.21$
		强度标准值 $f_k \geqslant$	单块最小抗压强度值 $f_{min} \geqslant$
MU10.0	10.0	7.0	8.0
MU7.5	7.5	5.0	5.8
MU5.0	5.0	3.5	4.0
MU3.5	3.5	2.5	2.8

烧结空心砖和砌块的密度等级（GB 13545—2014）（kg/m^3）　　**表 8-31**

密度等级	5 块砖密度平均值	密度等级	5 块砖密度平均值
800	≤800	1000	901～1000
900	801～900	1100	1001～1100

（3）蒸压（养）砖

蒸压（养）砖又称免烧砖。这类砖的强度不是通过烧结获得，而是制砖时渗入一定量的胶凝材料或在生产过程中形成一定的胶凝物质使砖具有一定强度。根据所用原料不同有灰砂砖、粉煤灰砖等。

1）蒸压灰砂砖（LSB）

灰砂砖规格尺寸为 240mm×115mm×53mm。根据尺寸偏差和外观质量分为优等品（A）、一等品（B）和合格品（C）三个质量等级。根据抗压强度、抗折强度及抗冻性分为 MU25、MU20、MU15、MU10 四个强度等级，见表 8-32 所列。

灰砂砖的强度等级（GB 11945—1999） **表 8-32**

强度等级	抗压强度（MPa）		抗折强度（MPa）		抗冻性	
	平均值不小于	单块值不小于	平均值不小于	单块值不小于	五块抗冻性压强度（MPa）平均值不小于	单块干质量损失（%）不大于
MU25	25.0	20.0	5.0	4.0	20.0	2.0
MU20	20.0	16.0	4.0	3.2	16.0	
MU15	15.0	12.0	3.3	2.6	12.0	
MU10	10.0	8.0	2.5	2.0	8.0	

2）粉煤灰砖

粉煤灰砖是以粉煤灰、石灰或水泥为主要原料，可掺加适量的石膏、外加剂和其他集料等，经胚料制备、压制成型、高压蒸汽养护而制成的实心砖。规格尺寸为 240mm×115mm×53mm。根据抗压强度及抗折强度分为 MU30、MU25、MU20、MU15、MU10 五个强度等级，见表 8-33 所列。

粉煤灰砖强度等级（JC/T 239—2014）（MPa） **表 8-33**

强度等级	抗压强度		抗折强度≥	
	平均值≥	单块最小值≥	平均值≥	单块最小值≥
MU30	30.0	24.0	4.8	3.8
MU25	25.0	20.0	4.5	3.6
MU20	20.0	15.0	4.0	3.2
MU15	15.0	12.0	3.7	3.0
MU10	10.0	8.0	2.5	2.0

2. 墙用砌块

建筑砌块可分为实心和空心两种；按大小分为中型砌块（高度为 400mm、800mm）和小型砌块（高度为 200mm），前者用小型起重机械施工，后者可用手工直接砌筑；按原材料不同分为硅酸盐砌块和混凝土砌块，前者用炉渣、粉煤灰、煤矸石等材料加石灰和石膏配合而成，后者用混凝土制作。

（1）蒸压加气混凝土砌块（ACB）

蒸压加气混凝土砌块（简称加气混凝土砌块）是以钙质材料（水泥、石灰等）和硅质材料（砂、粉煤灰、矿渣等）为原料，经过细磨，并以铝粉为加气剂，按一定比例配合、经过料浆浇注，再经过发气成型、坯胎切割、蒸压养护等工艺制成的一种轻质、多孔的硅酸盐建筑墙体材料。

根据《蒸汽加压混凝土砌块》GB 11968—2006 规定，其主要技术指标如下：

1）规格

砌块的规格尺寸有以下两个系列（单位为 mm）：

系列 1：长度：600；

高度：700、250、300；

宽度：75 为起点，100、125、150、175、200…（以 25 递增）。

系列 2：长度：600；

高度：240、300；

宽度：60 为起点，120、180、240、300、360…（以 60 递增）。

2）强度等级与密度等级

加气混凝土砌块按抗压强度分为 A1.0、A2.0、A2.5、A3.5、A5.0、A7.5、A10.0 七个强度等级，见表 8-34 所列。按干体积密度分为 B03、B04、B05、B06、B07、B08 六个级别，见表 8-35 所列。按外观质量、尺寸偏差、体积密度、抗压强度分为优等品（A）和合格品（C）。

蒸压加气混凝土砌块的强度等级（GB 11968—2006）（MPa） **表 8-34**

强度级别		A1.0	A2.0	A2.5	A3.5	A2.0	A7.5	A10.0
立方体抗压强度	平均值≥	1.0	2.0	2.5	3.5	5.0	7.5	10.0
	最小值≥	0.8	1.6	2.0	2.8	4.0	6.0	8.0

蒸压加气混凝土砌块的干体积密度（GB 11968—2006）（kg/m^3） **表 8-35**

体积密度级别		B03	B04	B05	B06	B07	B081
干密度	优等品≤	300	400	500	600	700	800
	合格品≤	325	425	525	625	725	825

（2）混凝土小型空心砌块

混凝土小型空心砌块（简称混凝土小砌块）是以水泥、矿物掺合料、砂、石、水等为原材料，经搅拌、振动成型、养护等工艺制成的小型砌块，包括空心砌块和实心砌块。混凝土小砌块空心率应为不小于 25%。根据《普通混凝土小型空心砌块》GB/T 8239—2014 规定，其主要技术指标如下：

1）规格

混凝土小型空心砌块主规格尺寸为 390mm×190mm×190mm，其他规格尺寸可由供需双方协商。

2）强度等级与质量等级

强度等级：抗压强度分为 MU5.0、MU7.5、MU10、MU15、MU20、MU25、MU30、MU35、MU40 九个强度等级，见表 8-36 所列。

普通混凝土小型空心砌块强度等级（GB/T 8239—2014）（MPa） **表 8-36**

强度等级	砌块抗压强度		强度等级	砌块抗压强度	
	平均值≥	单块最小值≥		平均值≥	单块最小值≥
MU5.0	5.0	4.0	MU20	20.0	16.0
MU7.5	7.5	6.0	MU25	25.0	20.1
MU10	10.0	8.0	MU30	30.0	24.0
MU15	15.0	12.0	MU35	35.0	28.0
			MU40	40.0	32.0

（3）轻骨料混凝土小型空心砌块

轻骨料混凝土小型空心砌块是以陶粒、膨胀珍珠岩、浮石、火山渣、煤渣、炉渣等各种轻粗骨料和水泥按一定比例混合，经搅拌成型、养护而成的空心率大于25%、体积密度不大于1400kg/m³ 的轻质混凝土小砌块。根据《轻集料混凝土小型空心砌块》GB/T 15229—2011 规定，其技术要求如下：

1）规格：主规格尺寸为390mm×190mm×190mm。其他规格尺寸可由供需双方商定。

2）强度等级与密度等级：按干体积密度为：500、600、700、800、900、1000、1200、1400 八个密度等级。按抗压强度分阶段为 MU1.5、MU2.5、MU3.5、MU5.0、MU7.5、MU10.0 六个强度等级，见表 8-37 所列。按尺寸允许偏差、外观质量分为优等品（A）、一等品（B）和合格品（C）三个等级。

轻骨料混凝凝土小型空心砌块强度等级（GB/T 15229—2011）（MPa）　　**表 8-37**

强度等级	砌块抗压强度		密度等级范围
	平均值	最小值	
MU1.5 MU2.5	≥1.5 ≥2.5	1.2 2.0	≤800
MU3.5 MU5.0	≥3.5 ≥5.0	2.8 4.0	≤1200
MU7.5 MU10.0	≥7.5 ≥10.0	6.0 8.0	≤1400

8.5.2 墙体材料的取样

1. 烧结普通砖

检验批按3.5万～15万块为一批，不足3.5万块亦按一批计。用随机抽样法从外观质量和尺寸偏差检验合格的样品中抽取15块，其中10块做抗压强度检验，5块备用。

2. 普通混凝土小型空心砌块

以用同一种原材料配成同强度等级的混凝土，用同一种工艺制成的同等级的1万块为一批，砌块数量不足1万块时亦为一批。由外观合格的样品中随机抽取5块作抗压强度检验。

3. 烧结空心砖和空心砌块

检验批按3.5万～15万块为一批，不足3.5万块亦按一批计。用随机抽样法从外观质量检验合格的样品中抽取15块，其中10块做抗压强度检验，5块做密度检验。

4. 轻集料混凝土小型空心砌块

（1）组批规则

砌块按密度等级和强度等级分批验收。它以用同一品种轻集料配制成的相同密度等级、相同强度等级、相同质量等级和同一生产工艺制成的10000块为一批；每月生产的砌块数不足10000块者亦为一批。

（2）抽样规则

每批随机抽取32块做尺寸偏差和外观质量检验，而后再从外观合格砌块中随机抽取如下数量进行其他项目的检验：

1）抗压强度：5块；

2）表观密度、吸水率和相对含水率：3块。

5. 蒸压加气混凝土砌块

（1）取样方法

同品种、同规格、同等级的砌块以1万块为一批，不足1万块亦为一批。随机抽取50块砌块进行尺寸偏差、外观检验。砌块外观验收在交货地点进行，从尺寸偏差与外观检验合格的砌块中，随机抽取砌块，制作3组试件进行立方体抗压强度检验，制作3组试件做干体积密度检验。

（2）试件制作方法

1）试件的制备采用机锯或刀锯，锯时不得将试作弄湿。

2）体积密度、抗压强度试件，沿制品膨胀方向中心部分上、中、下顺序锯取一组，“上”块上表面距离制品顶面30mm，“中”块在制品正中处，“下”块下表面离制品底面30mm，制品的高度不同，试件间隔略有不同。

8.6 防水、保温材料的进场验收与复验

8.6.1 防水材料

1. 石油沥青和改性石油沥青

（1）石油沥青

根据我国现有石油沥青标准，石油沥青主要分为三大类：建筑石油沥青、道路石油沥青和普通石油沥青，品种按技术性质划分为多种牌号。

（2）改性石油沥青

建筑上使用的沥青必须具有一定的物理性质和黏附性。即在低温条件下应有弹性和塑性；在高温条件下要有足够的强度和稳定性；在加工和使用条件下具有抗“老化”能力；还应与各种矿物料与结构表面有较强的粘附力；对构件变形的适应性和耐疲劳性等。通常，石油加工厂制备的沥青不一定能全面满足这些要求，如只控制了耐热性（软化点），其他方面就很难达到要求，致使目前沥青防水屋面渗漏现象严重，使用寿命短。为此，常用橡胶、树脂和矿物填料等对沥青改性。橡胶、树脂和矿物填料等统称为石油沥青改性材料。

2. 防水卷材

防水卷材是建筑工程防水材料的重要品种之一。防水卷材的品种较多，性能各异。建筑工程中常用的有石油沥青防水卷材（有石油沥青纸胎油毡、石油沥青玻璃布油毡、石油沥青玻纤胎油毡、石油沥青麻布胎油毡等）、高聚物改性沥青防水卷材、合成高分子防水卷材等。各类防水卷材的特点、适用范围及技术要求见表8-38～表8-47。

石油沥青防水卷材的特点及适用范围　　表 8-38

卷材名称	特　点	适用范围	施工工艺
石油沥青纸胎油毡	是我国传统的防水材料，目前在屋面工程中仍占主导地位。其低温柔性差，防水层耐用年限较短，但价格较低	三毡四油、二毡三油叠层铺设的屋面工程	热玛琋脂、冷玛琋脂粘贴施工
石油沥青玻璃布油毡	抗拉强度高，胎体不易腐烂，材料柔韧性好，耐久性比纸胎油毡提高一倍以上	多用做纸胎油毡的增强附加层和突出部位的防水层	热玛琋脂、冷玛琋脂粘贴施工
石油沥青玻纤胎油毡	有良好的耐水性、耐腐蚀性和耐久性，柔韧性也优于纸胎油毡	常用作屋面或地下防水工程	热玛琋脂、冷玛琋脂粘贴施工
石油沥青麻布胎油毡	抗拉强度高，耐水性好，但胎体材料易腐烂	常用做屋面增强附加层	热玛琋脂、冷玛琋脂粘贴施工
石油沥青铝箔胎油毡	有很高的阻隔蒸气的渗透能力，防水功能好，且具有一定的抗拉强度	与带孔玻纤毡配合或单独使用，宜用于隔气层	热玛琋脂粘贴施工

沥青防水卷材外观质量（GB 50207—2012）　　表 8-39

项　目	质　量　要　求
孔洞、硌伤	不允许
露胎、涂盖不均	不允许
折纹、皱折	距卷芯 1000mm 以外，长度不大于 100mm
裂纹	距卷芯 1000mm 以外，长度不大于 10mm
裂口、缺边	边缘裂口小于 20mm；缺边长度小于 50mm，深度小于 20mm
每卷卷材的接头	不超过 1 处，较短的一段不应小于 2500mm，接头处应加长 150mm

沥青防水卷材物理性能（GB 50207—2012）　　表 8-40

项　目		性能要求	
		350 号	500 号
纵向拉力（25±2℃）（N）		≥340	≥440
耐热度（85±2℃，2h）		不流淌，无集中性气泡	
柔性（18±2℃）		绕 ϕ20 圆棒无裂纹	绕 ϕ25 圆棒无裂纹
不透水性	压力（MPa）	≥0.10	≥0.15
	保持时间（min）	≥30	≥30

常见高聚物改性沥青防水卷材的特点和适用范围　　表 8-41

卷材名称	特　点	适用范围	施工工艺
SBS 改性沥青防水卷材	耐高、低温性能有明显提高，卷材的弹性和耐疲劳性明显改善	单层铺设的屋面防水工程或复合使用，适合于寒冷地区和结构变形频繁的建筑	冷施工铺贴或热熔铺贴
APP 改性沥青防水卷材	具有良好的强度、延伸性、耐热性、耐紫外线照射及耐老化性能	单层铺设，适合于紫外线辐射强烈及炎热地区屋面使用	热熔法或冷粘法铺设
PVC 改性焦油沥青防水卷材	有良好的耐热及耐低温性能，最低开卷温度为－18℃	有利于在冬季负温度下施工	可热作业亦可冷施工
再生胶改性沥青防水卷材	有一定的延伸性，且低温柔性较好，有一定的防腐蚀能力，价格低廉属低档防水卷材	变性较大或档次较低的防水工程	热沥青粘贴
废橡胶粉改性沥青防水卷材	比普通石油沥青纸胎油毡的抗拉强度、低温柔性均有明显改善	叠层使用于一般屋面防水工程，宜在寒冷地区使用	热沥青粘贴

高聚物改性沥青防水卷材外观质量（GB 50207—2012）　　**表 8-42**

项　目	质 量 要 求
孔洞、缺边、裂口	不允许
边缘不整齐	不超过 10mm
胎体露白、未浸透	不允许
撒布材料粒度、颜色	均匀
每卷卷材的接头	不超过 1 处，较短的一段不应小于 1000mm，接头处应加长 150mm

高聚物改性沥青防水卷材物理性能（GB 50207—2012）　　**表 8-43**

项　目		性 能 要 求		
		聚酯毡胎体	玻纤胎体	聚乙烯胎体
拉力（N/50mm）		≥450	纵向≥350 横向≥250	≥100
延伸率（%）		最大拉力时，≥30	—	断裂时，≥200
耐热度（℃，2h）		SBS 卷材 90，APP 卷材 110，无滑动、流淌、滴落		PEE 卷材 90，无流淌、起泡
低温柔度（℃）		SBS 卷材－18，APP 卷材－5，PEE 卷材－10， 3mm 厚 r=15mm；4mm 厚 r=25mm；3s 弯 180°，无裂纹		
不透水性	压力（MPa）	≥0.3	≥0.2	≥0.3
	保持时间（min）	≥30		

注：SBS—弹性体改性沥青防水卷材；APP—塑性体改性沥青防水卷材；PEE—改性沥青聚乙烯防水卷材。

卷材厚度选用表（GB 50207—2012）　　表 8-44

屋面防水等级	设防道教	合成高分子防水卷材	高聚物改性沥青防水卷材	沥青防水卷材
Ⅰ级	三道或三道以上设防	不应小于 1.5mm	不应小于 3mm	—
Ⅱ级	二道设防	不应小于 1.2mm	不应小于 3mm	—
Ⅲ级	一道设防	不应小于 1.2mm	不应小于 4mm	三毡四油
Ⅳ级	一道设防	—	—	二毡三油

常见合成高分子防水卷材的特点和适用范围　　表 8-45

卷材名称	特　点	适用范围	施工工艺
三元乙丙橡胶防水卷材	防水性能优异，耐候性好，耐臭氧性、耐化学腐蚀性、弹性和抗拉强度，对基层变形开裂的适应性强，重量轻，使用温度范围广，寿命长，但价格高，粘结材料尚需配套完善	防水要求较高、防水层耐用年限要求长的工业与民用建筑，单层或复合使用	冷粘或自粘法
丁基橡胶防水卷材	有较好的耐候性、耐油性、抗拉强度和延伸率，耐低温性能稍低于三元乙丙橡胶防水卷材	单层或复合使用于要求较高的防水工程	冷粘法施工
氯化聚乙烯防水卷材	具有良好的耐候、耐臭氧、耐热老化、耐油、耐化学腐蚀及抗撕裂的性能	单层或复合作用，宜用于紫外线强的炎热地区	冷粘法施工
氯磺化聚乙烯防水卷材	延伸率较大、弹性较好，对基层变形开裂的适应性较强，耐高、低温性能好，耐腐蚀性能优良，有良好的难燃性	适用于有腐蚀介质影响及在寒冷地区的防水工程	冷粘法施工
聚氯乙烯防水卷材	具有较高的拉伸和撕裂强度，延伸率较大，耐老化性能好，原材料丰富，价格便宜，容易粘结	单层或复合使用于外露或有保护层的防水工程	冷粘法或热风焊接法施工
氯化聚乙烯—橡胶共混防水卷材	不但具有氯化聚乙烯特有的高强度和优异的耐臭氧、耐老化性能，而且具有橡胶所特有的高弹性、高延伸性以及良好的低温柔性	单层或复合使用，尤宜用于寒冷地区或变形较大的防水工程	冷粘法施工
三元乙丙橡胶—聚乙烯共混防水卷材	是热塑性弹性材料，有良好的耐臭氧和耐老化性能，使用寿命长，低温柔性好，可在负温条件下施工	单层或复合外露防水屋面，宜在寒冷地区使用	冷粘法施工

合成高分子防水卷材外观质量（GB 50207—2012）　　表 8-46

项　目	质 量 要 求
折痕	每卷不超过 2 处，总长度不超过 20mm
杂质	大于 0.5mm 颗粒不允许，每 1m^2 不超过 9mm
胶块	每卷不超过 6 处，每处面积不大于 4mm^2
凹痕	每卷不超过 6 处，深度不超过本身厚度的 30%；树脂类深度不超过 15%
每卷卷材的接头	橡胶类每 20m 不超过 1 处，较短的一段不应小于 3000mm，接头处应加长 150mm；树脂类 20m 长度内不允许有接头

合成高分子防水卷材物理性能（GB 50207—2012）　　**表 8-47**

项　　目		性能要求			
		硫化橡胶类	非硫化橡胶类	树脂类	纤维增强类
断裂拉伸强度（MPa）		≥6	≥3	≥10	≥9
扯断伸长率（%）		≥400	≥200	≥200	≥10
低温弯折（℃）		−30	−20	−20	−20
不透水性	压力（MPa）	≥0.3	≥0.2	≥0.3	≥0.3
	保持时间（min）	≥30			
加热收缩率（%）		<1.2	<2.0	<2.0	<1.0
热老化保持率（%）	断裂拉伸强度	≥80%			
	扯断伸长率	≥70%			

3. 防水卷材、防水油膏、防水粉

（1）防水涂料

防水涂料是一种流态或半流态的物质，涂布在基层表面，经溶剂或水分发挥或各组分间的化学反应，形成有一定弹性和一定厚度的连续薄膜，使基层表面与水隔绝，起到防水、防潮作用。防水涂料广泛适用于工业与民用建筑的屋面防水工程、地下室防水工程和地面防潮、防渗等。防水涂料按液状类型可分为溶剂型、水乳性和反应性三种。按成膜物质的主要成分可分为沥青类、高聚物改性沥青类和合成高分子类。

防水涂料的品种很多，各品种之间的性能差异很大，但无论何种防水涂料，要满足防水工程的要求，必须具备以下性能包括固体含量、耐热度、柔性、不透水、延伸性。防水涂料的技术要求应符合表 8-48～表 8-50 的规定。

高聚物改性沥青防水涂料物理性能（GB 50207—2012）　　**表 8-48**

项　目		性　能　要　求
固体含量（%）		≥43
耐热度（80℃，5h）		无流淌、起泡和滑动
柔性（−10℃）		3mm 厚，绕 ϕ20 圆棒无裂纹、断裂
不透水性	压力（MPa）	≥0.1
	保持时间（min）	≥30
延伸（20±2℃拉伸）（mm）		≥4.5

涂膜厚度选用表（GB 50207—2012）　　**表 8-49**

屋面防水等级	设防道数	高聚物改性沥青防水涂料	合成高分子防水涂料
Ⅰ级	三道或三道以上设防	—	不应小于 1.5mm
Ⅱ级	二道设防	不应小于 3mm	不应小于 1.5mm
Ⅲ级	一道设防	不应小于 3mm	不应小于 2mm
Ⅳ级	一道设防	不应小于 2mm	—

合成高分子防水涂料物理性能（GB 50207—2012） **表 8-50**

项目		性能要求		
		反应固化型	挥发固化型	聚合物水泥涂料
固体含量（%）		≥94	≥65	≥65
拉伸强度（MPa）		≥1.65	≥1.5	≥1.2
扯断伸长率（%）		≥350	≥300	≥200
柔性（℃）		−30，弯折无裂纹	−20，弯折无裂纹	−10，绕 ϕ10 棒无裂纹
不透水性	压力（MPa）	≥0.3		
	保持时间（min）	≥30		

（2）防水油膏

防水油膏是一种非定型的建筑密封材料，也称密封膏、密封胶、密封剂，是溶剂型、乳液型、化学反应等黏稠状的材料。

防水油膏的选用，应考虑它的粘结性能和使用部位。沥青嵌缝油膏主要用做屋面、墙面、沟和槽的防水嵌缝材料。

PVC 接缝膏和塑料油膏有良好的粘结性、防水性、弹塑性，耐热、耐寒、耐腐蚀斗抗老化性能也较好。这种油膏适用于各种屋面嵌缝或表面涂布作为防水层，也可用于水渠、管道等接缝用于工业厂房向防水屋面嵌缝、大型墙板嵌缝等的效果也很好。

丙烯酸类密封膏是丙烯酸树脂掺入增塑剂、分散剂、碳酸钙、增量剂等配制而成，分为溶剂型和水乳型两种，通常为水乳型。丙烯酸类密封膏主要用于屋面、墙板、门、窗嵌缝，但它的耐水性能不算太好，所且不宜用于经常泡在水中的工程。

聚氨酯密封膏一般是双组分配制，甲组分是含有异氨酸基的预聚体，乙组分含有多羟基的固化剂与增塑剂、填充料、稀释剂等。使用时，将甲乙两组分按比例混合，经固化后应成弹性体。聚氨酯密封材料可以作屋面、墙面的水平或垂直接缝，尤其适用于游泳池工程。它还是公路及机场跑道的补缝、接缝的好材料，也可用于玻璃、金属材料的嵌缝。

硅酮密封膏是以聚硅氧烷为主要成分的单组分和双组分室温固化的建筑密封材料。根据《硅酮建筑密封胶》GB/T 14683—2003 的规定，硅酮建筑密封膏分为 F 类和 G 类两种类别。其中，F 类为建筑接缝用密封膏，适用于预制混凝土墙板、水泥板、大理石板的外墙接缝，混凝土和金属框架的粘结，卫生间和公路接缝的防水密封等；G 类为镶装玻璃用密封膏，主要用于镶嵌玻璃和建筑门、窗的密封。

（3）防水粉

防水粉是一种粉状的防水材料。防水粉主要有两种类型。一种以轻质碳酸钙为基料，通过与脂肪酸盐作用形成长链憎水膜包裹在粉料表面；另一种是以工业废渣（炉渣、矿渣、粉煤灰等）为基料，利用其中有效成分与添加剂发生反应，生成网状结构拒水膜，包裹其表面。这两种粉末即为防水粉。

防水粉具有松散、应力分散、透气不透水、不燃、抗老化、性能稳定等特点，适用于屋面防水、地面防潮，地铁工程的防潮、抗渗等。它的缺点是：露天风力过大时施工困难，建筑节点处理稍难，立面防水不好解决。

8.6.2 防水材料的取样及复验

1. 防水卷材

（1）凡进入施工现场的防水卷材应附有出厂检验报告单及出厂合格证，并注明生产日期、批号、规格、名称。

（2）同一品种、牌号、规格的卷材，抽样数量为大于1000卷抽取5卷；500～1000卷抽取4卷；100～499卷抽取3卷；小于100卷抽取2卷，进行规格和外观质量检验。

（3）对于弹性体改性沥青防水卷材和塑性体改性沥青防水卷材，在外观质量达到合格的卷材中，将取样卷材切除距外层卷头2500mm后，顺纵向切取长度为800mm的全幅卷材试样2块进行封扎，送检物理性能测定；对于氯化聚乙烯防水卷材和聚氯乙烯防水卷材，在外观质量达到合格的卷材中，在距端部300mm处裁取约3m长的卷材进行封扎，送检物理性能测定。

（4）胶结材料是防水卷材中不可缺少的配套材料，因此必须和卷材一并抽检。抽样方法按卷材配比取样。同一批出厂，同一规格标号的沥青以20t为一个取样单位，不足20t按一个取样单位。从每个取样单位的不同部位取五处洁净试样，每处所取数量大致相等共1kg左右，作为平均试样。

2. 防水涂料

（1）同一规格、品种、牌号的防水涂料，每10t为一批，不足10t者按一批进行抽检。取2kg样品，密封编号后送检。

（2）双组分聚氨酯中甲组份5t为一批，不足5t也按一批计；乙组份按产品重量配比相应增加批量。甲、乙组份样品总量为2kg，封样编号后送检。

3. 建筑密封

（1）单组分产品以同一等级、同一类型的3000支为一批，不足3000支也作为一批。

（2）双组分产品以同一等级、同一类型的1t为一批，不足1t按一批进行检验；乙组份按产品重量比相应增加批量，样品密封编号后送检。

4. 进口密封材料

（1）凡进入现场的进口防水材料应有该国国家标准、出厂标准、技术指标、产品说明书以及我国有关部门的复检报告。

（2）现场抽检人员应分别按照上述对卷材、涂料、密封膏等规定的方法进行抽检。抽检合格后方可使用。

（3）现场抽检必检项目应按我国国家标准或有关其他标准，在无标准参照的情况下，可按该国国家标准或其他标准执行。

（4）建筑幕墙用的建筑结构胶、建筑密封胶绝大部分是采用进口密封材料，应按照《玻璃幕墙工程技术规范》JGJ 102—2003检验。

8.6.3 保温材料及进场验收

1. 保温材料的类型

常用的保温绝热材料按其成分可分为有机、无机两大类。按其形态又可分为纤维状、多孔状微孔、气泡、粒状、层状等多种，下面就一些比较常见的材料做简单介绍。

（1）矿物棉及制品

矿物棉及制品是一种优质的保温材料，已有100余年生产和应用的历史。其质轻、保温、隔热、吸声、化学稳定性好、不燃烧、耐腐蚀，并且原料来源丰富，成本较低。

矿物棉制品主要用于建筑物的墙壁、屋顶、天花板等处的保温绝热和吸声，还可制成防水毡和管道的套管。

（2）玻璃棉及制品

玻璃棉是用玻璃原料或碎玻璃熔融后制成的一种纤维状材料，它包括短棉和超细棉两种。短棉主要制成玻璃棉毡、卷毡，用于建筑物的隔热和隔声，通风、空调设备的保温、隔声等。

（3）硅酸铝棉及制品

硅酸铝棉又称耐火纤维，具有质轻、耐高温、低热容量，导热系数低、优良的热稳定性、优良的抗拉强度和优良的化学稳定性。主要用于电力、石油、冶金、建材、机械、化工、陶瓷等工业部门工业窑炉的高温绝热封闭以及用作于过滤、吸声材料。

（4）石棉及其制品

石棉又称“石绵”，具有高度耐火性、电绝缘性和绝热性，是重要的防火、绝缘和保温材料。主要用于机械传动、制动以及保温、防火、隔热、防腐、隔声、绝缘等方面，其中较为重要的是汽车、化工、电器设备、建筑业等制造部门。

（5）无机微孔材料

硅藻土工业上常用来作为保温材料、过滤材料、填料、研磨材料、水玻璃原料、脱色剂及催化剂载体等。硅酸钙及其制品广泛用于冶金、电力、化工等工业的热力管道、设备、窑炉的保温隔热材料，房屋建筑的内外墙、平顶的防火覆盖材料，各类舰船的舱室墙壁及过道的防火隔热材料。

（6）无机气泡状保温材料

膨胀珍珠岩及其制品，建筑工程中膨胀珍珠岩散料主要用作填充材料、现浇水泥珍珠岩保温、隔热层，粉刷材料以及耐火混凝土方面，其制品广泛用于较低温度的热管道、热设备及其他工业管道设备和工业建筑的保温绝热，以及工业与民用建筑维护结构的保温、隔热、吸声。

加气混凝土主要用于建筑工程中的轻质砖、轻质墙、隔声砖、隔热砖和节能砖。

（7）有机气泡状保温材料

模塑聚苯乙烯泡沫塑料（EPS）主要用在日常生活、农业、交通运输业、军事工业、航天工业等许多领域都得到了广泛的应用。特别是大型泡沫板材的市场需求量很大，作为彩钢夹芯板、钢丝（板）网架轻质复合板、墙体外贴板、屋面保温板以及地热用板等，它更广泛地被应用在房屋建筑领域，用作保温、隔热、防水和地面的防潮材料等。

挤塑聚苯乙烯泡沫塑料（XPS）广泛用于墙体保温、平面混凝土屋顶及钢结构屋顶的保温；用于低温储藏地面、泊车平台、机场跑道、高速公路等领域的防潮保温。

聚氨酯硬质泡沫塑料用于食品等行业冷冻冷藏设备的绝热材料，工业设备保温，如储罐、管道等；建筑保温材料；灌封材料等。

2. 保温材料进场验收标准

（1）岩棉制品检验标准

本工程采用的岩棉类保温材料多为岩棉板、岩棉管，岩棉管规格由 25～377（内径）×1000×设计厚度，岩棉板 1000×630×50、1000×630×100。岩棉成品的容重为 50～200kg/m^3。

1）岩棉管

① 目测：岩棉管色泽均匀，无烧焦、结疤现象，管身无破损，管壁厚无内眼可见的偏差。

② 强度检测：57 以下的管壳，手持一端平举，管子应平直、无折断，57～325 的管壳，平举 1.5m 处，自由落下，管壳应无明显的变形，更不应破裂；325 及以上的管壳到厂后，管壳应无明显的变形、破裂现象。

③ 工具检测：用直尺检测管壳的内径、壁厚、长度。其中长度的允许偏差－3～＋5mm，管厚 50 以下的允许偏差不大于－2～＋4mm，50 及以上的允许偏差－3～＋5mm；内径 100 以下的允许偏差－1～＋3mm，内径 100 以上的允许偏差－1～＋4mm。

④ 可燃性检测：用火机点一块撕下的岩棉管，当火机熄灭时，岩棉管应随即熄灭。

2）岩棉板

① 目测：岩棉板色泽均匀，无烧焦、结疤现象，板内无掺杂，板厚无内眼可见的偏差。

② 强度检测：取一包置于地面，双手置于包上向下压，应无明显的凹陷现象，取出一块岩棉板置于地上，一只脚下踩，应无明显的凹陷感觉，放下脚后，岩棉板能恢复原状。

③ 工具检测：用直尺检测岩棉板的长度、宽度、厚度，其中长度的偏差－3～＋15mm，宽度、厚度度的偏差－3～＋5mm。

④ 可燃性检测：用火机点一块撕下的岩棉板，当火机熄灭时，岩棉板应随即熄灭。

（2）离心玻璃丝棉的检验标准

本工程采用的玻璃丝相制品有玻璃丝棉管壳、玻璃丝棉板以及玻璃丝棉毡，其主要用于碱厂、化工厂的绝热保温工程。

玻璃丝棉板、毡的密度 24～120kg/m^3，玻璃棉管壳的密度 45～90kg/m^3。

1）玻璃丝棉管壳

① 目测：岩棉管色泽均匀，表面平整、纤维分布均匀，没有妨碍使用的伤痕、污迹、破损，轴向无翘曲且端面垂直。

② 强度检测：平举 1.5m 处，自由落下，管壳应无明显的变形，更不应破裂。

③ 工具检测：用直尺检测管壳的内径、壁厚、长度。其中长度的允许偏差－3～＋5mm，管厚 30 以下的允许偏差不大于－2～＋3mm，30 及以上的允许偏差－2～＋5mm；内径 108 以下的允许偏差－1～＋3mm，内径 108～219 的允许偏差－1～＋4mm，内径 219 及其以上的允许偏差－1～＋5mm。

④ 可燃性检测：用火机点一块撕下的玻璃丝棉管壳，当火机熄灭时，玻璃丝棉管壳应随即熄灭。

2）玻璃丝棉板

① 目测：表面应平整，不得有妨碍使用的伤痕、污迹、破损，树脂分布基本均匀。

② 强度检测：取一包置于地面，双手置于包上向下压，有轻微的凹陷现象，松力后立即恢复。

③ 工具检测：用直尺检测玻璃丝棉板的长度、宽度、厚度。

④ 可燃性检测：用火机点燃一块撕下的玻璃丝棉板，当火机熄灭时，玻璃丝棉板应随即熄灭 。

3）玻璃丝棉毡

① 目测：表面应平整，边缘整齐，不得有妨碍使用的伤痕、污迹、破损。

② 强度检测：将一卷玻璃丝棉毡摊开，掀起一端抖动，毡子应保持完整，然后掀起另一端重复上次动作 。

③ 工具检测：用直尺检测玻璃丝棉毡的长度、宽度、厚度。

④ 可燃性检测：用火机点燃一块撕下的玻璃丝棉毡，当火机熄灭时，玻璃毡应随即熄灭。

8.7 公路沥青、混合料和土工合成材料的进场验收与复验

8.7.1 公路沥青的验收与复验

1. 沥青材料的要求

（1）沥青材料应附有炼油厂的沥青质量检验单。运至现场的各种材料必须按要求进行试验，经评定合格方可使用。

道路石油沥青是沥青路面建设最主要的材料，在选购沥青时应查明其原油种类及炼油工艺，并征得主管部门的同意，这是因为沥青质量基本上受制于原油品种，且与炼油工艺关系很大。为防止因沥青质量发生纠纷，沥青出厂均附有质量检验单，应请有关质检或质量监督部门仲裁，以明确责任。

（2）沥青路面骨料的粒径选择和筛选应以方孔筛为准。当受条件限制时，可按表 8-51 的规定采用与方孔筛相对应的圆孔筛。

方孔筛与圆孔筛的对应关系　　表 8-51

方孔筛孔径（mm）	对应的圆孔筛孔径（mm）	方孔筛孔径（mm）	对应的圆孔筛孔径（mm）
106	130	13.2	15
75	90	9.5	10
63	75	4.75	5
53	65	2.36	2.5
37.5	45	1.18	1.2
31.5	40（或 35）	0.6	0.6
26.5	30	0.3	0.3
19.0	25	0.15	0.15
16.0	20	0.075	0.075

(3) 沥青路面的沥青材料可采用道路石油沥青、煤沥青、乳化石油沥青、液体石油沥青等。沥青材料的选择应根据交通量、气候条件、施工方法、沥青面层类型、材料来源等情况确定。当采用改性沥青时应进行试验并应进行技术论证。

(4) 路面材料进入施工场地时，应登记，并签发材料验收单。验收单应包括材料来源、品种、规格、数量、使用画面、购置日期、存放地点及其他应予注明的事项。

2. 道路石油沥青的验收与复验

(1) 适用范围

道路石油沥青各个等级的适用范围见表 8-52 的规定。

道路石油沥青的适用范围　　表 8-52

沥青等级	适用范围
A 级沥青	各个等级的公路，适用于任何场合和层次
B 级沥青	(1) 高速公路、一级公路面层及以下的层次，二级及二级以下公路的各个层次； (2) 用做改性沥青、乳化沥青、改性乳化沥青、稀释沥青的基质沥青
C 级沥青	三级及三级以下公路的各个层次

(2) 技术要求

道路石油沥青的质量应符合规定的技术要求。对高速公路、一级公路，夏季温度高、高温持续时间长、重载交通，山区及丘陵上坡路段、服务区、停车场等行车速度慢的路段，尤其是汽车荷载剪应力大的层次，宜采用稠度大、黏度大的沥青，也可通过高温气候分区的温度水平选用沥青等级；对冬季寒冷的地区或交通量小的公路、旅游公路宜选用稠度小、低温延度大的沥青；对温度日温差、年温差大的地区宜注意选用针入度指数大的沥青。当高温要求与低温要求发生矛盾而优先考虑满足高温性能的要求。当缺乏所需强度等级的沥青时，可采用不同强度等级掺配的调合沥青，其掺配比例由试验决定，掺配后的沥青质量要求。

3. 乳化沥青

(1) 适用范围

乳化沥青适用于沥青表面处治路面、沥青贯入式路面、冷拌沥青混合料路面，修补裂缝、喷洒透层、粘层与封层等。乳化沥青的品种和适用范围宜符合表 8-53 的规定。

乳化沥青品种和适用范围　　表 8-53

分类	品种及代号	适用范围
阳离子乳化沥青	PC-1	表处、贯入式路面及以下封层用
	PC-2	透层油及基层养生用
	PC-3	粘层油用
	BC-1	稀浆封层或冷拌沥青混合料用
阴离子乳化沥青	PA-1	表处、贯入式路面及以下封层用
	PA-1	透层油及基层养生用
	PA-1	粘层油用
	BA-1	稀浆封层或冷拌沥青混合料用
非离子乳化沥青	PN-2	透层油用
	BN-1	与水泥稳定骨料同时使用（基层路拌或再生）

（2）技术要求

乳化沥青的质量应符合表 8-54 的规定。在高温条件下宜采用黏度较大的乳化沥青，寒冷条件下宜使用黏度较小的乳化沥青。

道路乳化沥青技术要求 **表 8-54**

<table>
<tr><td colspan="2" rowspan="4">试验项目</td><td colspan="10">品种及代号</td></tr>
<tr><td colspan="4">阳离子</td><td colspan="4">阴离子</td><td colspan="2">非离子</td></tr>
<tr><td colspan="3">喷洒用</td><td>拌合用</td><td colspan="3">喷洒用</td><td>拌合用</td><td>喷洒用</td><td>拌合用</td></tr>
<tr><td>PC-1</td><td>PC-1</td><td>PC-1</td><td>PC-1</td><td>PC-1</td><td>PC-1</td><td>PC-1</td><td>BA-1</td><td>PN-1</td><td>BN-1</td></tr>
<tr><td colspan="2">破乳速度</td><td>快裂</td><td>慢裂</td><td>快裂或中裂</td><td>慢裂或中裂</td><td>快裂</td><td>慢裂</td><td>快裂或中裂</td><td>慢裂或中裂</td><td>慢裂</td><td>慢裂</td></tr>
<tr><td colspan="2">粒子电荷</td><td colspan="4">阳离子（+）</td><td colspan="4">阴离子（—）</td><td colspan="2">非离子</td></tr>
<tr><td colspan="2">筛上残留物（1.18筛）（%），不大于</td><td colspan="4">0.1</td><td colspan="4">0.1</td><td colspan="2">0.1</td></tr>
<tr><td rowspan="6">黏度</td><td>恩格拉黏度计 E_{25}</td><td>2～10</td><td>1～6</td><td>1～6</td><td>2～30</td><td>2～10</td><td>1～6</td><td>1～6</td><td>2～30</td><td>1～6</td><td>2～30</td></tr>
<tr><td>道路标准黏度计 $C_{25.3}$（s）</td><td>10～25</td><td>8～20</td><td>8～20</td><td>10～60</td><td>10～25</td><td>8～20</td><td>8～20</td><td>10～60</td><td>8～20</td><td>10～60</td></tr>
<tr><td>残留物含量（%），不小于</td><td>50</td><td>50</td><td>50</td><td>55</td><td>50</td><td>50</td><td>50</td><td>55</td><td>50</td><td>55</td></tr>
<tr><td>溶解度（%），不小于</td><td colspan="4">97.5</td><td colspan="4">97.5</td><td colspan="2">97.5</td></tr>
<tr><td>针入度（25℃）（0.1mm）</td><td>50～200</td><td>50～300</td><td colspan="2">45～160</td><td>50～200</td><td>50～300</td><td colspan="2">45～160</td><td>50～300</td><td>60～300</td></tr>
<tr><td>延度（15℃）（cm），不小于</td><td colspan="4">40</td><td colspan="4">40</td><td colspan="2">40</td></tr>
<tr><td colspan="2">与粗骨料的黏附性、裹覆面积，不小于</td><td colspan="3">2/3</td><td>—</td><td colspan="3">2/3</td><td>—</td><td>2/3</td><td>—</td></tr>
<tr><td colspan="2">与粗、细粒式骨料拌合试验</td><td colspan="3">—</td><td>均匀</td><td colspan="3">—</td><td>均匀</td><td colspan="2">—</td></tr>
<tr><td colspan="2">水泥拌合试验的筛上剩余（%），不大于</td><td colspan="4">—</td><td colspan="4">—</td><td>—</td><td>3</td></tr>
<tr><td colspan="2">常温储存稳定性（%）
1d，不大于
5d，不大于</td><td colspan="4">1
5</td><td colspan="4">1
5</td><td colspan="2">1
5</td></tr>
</table>

表中黏度可选用恩格拉黏度计或沥青标准黏度计测定，表中的破乳速度与骨料的黏附性、拌合试验的要求、所使用的石料品种有关，质量检验时应采用工程上实际的石料进行试验，仅进行乳化沥青产品质量评定时可不要求此三项指标。

储存稳定性根据施工实际情况选用试验时间，通常采用5d，乳液生产后能在当天使用时也可用1d的稳定性。

当乳化沥青需要在低温冰冻条件下储存或使用时，尚需进行5℃低温储存稳定性试验，要求没有粗颗粒、不结块。

4. 液体石油沥青

（1）适用范围

液体石油沥青适用于透层、教层及拌制常温沥青混合料。根据使用目的场所，可分别选用快凝、中凝、慢凝的液体石油沥青。

（2）技术要求

液体石油沥青使用前应由试验确定掺配比例，其质量应符合表8-55的规定。

道路用液体石油沥青技术要求 **表8-55**

试验项目		快凝		中凝						慢凝					
		AL(R)-1	AL(R)-2	AL(M)-1	AL(M)-2	AL(M)-3	AL(M)-4	AL(M)-5	AL(M)-6	AL(S)-1	AL(S)-2	AL(S)-3	AL(S)-4	AL(S)-5	AL(S)-6
黏度	$C_{25.5}$ (s)	<20	—	<20	—	—	—	—	—	<20	—	—	—	—	—
	$C_{60.5}$ (s)	—	5～15	5～15	5～15	16～25	26～40	41～100	101～200	—	5～15	16～25	26～40	41～100	101～200
蒸馏体积	225℃前（%）	>20	>15	<10	<7	<3	<2	0	0	—	—	—	—	—	—
	315℃前（%）	>35	>30	<35	<25	<17	<14	<8	<5	—	—	—	—	—	—
	360℃前（%）	>45	>35	<50	<35	<30	<25	<20	<15	<40	<35	<25	<20	<15	<5
蒸馏后残留物	针入度(25℃)（0.1mm）	60～200	60～200	100～300	100～300	100～300	100～300	100～300	100～300	—	—	—	—	—	—
	延度(25℃)（cm）	>60	>60	>60	>60	>60	>60	>60	>60	—	—	—	—	—	—
	浮漂度(5℃)（s）	—	—	—	—	—	—	—	—	<20	>20	>30	>40	>45	>50
闪点(TOC法)(℃)		>30	>30	>65	>65	>65	>65	>65	>65	>70	>70	>100	>100	>120	>120
含水量(%)，不大于		0.2	0.2	0.2	0.2	0.2	0.2	0.2	0.2	2.0	2.0	2.0	2.0	2.0	2.0

用针入度较大的石油沥青，使用前按先加热沥青后加稀释剂的顺序，掺配煤油或轻柴油，经适当的搅拌、稀释制成。掺配比例根据使用要求由试验确定。在制作、储存、使用的过程中液体石油沥青宜通风良好，并有专人负责，确保安全。基质沥青的加热温度严禁超过140℃，液体沥青的储存温度不应高于50℃。

5. 煤沥青

（1）煤沥青技术特性中温度稳定性差，煤沥青受热易软化，因此加热温度和时间都要严格控制，更不宜反复加热，否则易引起性质急剧恶化。黏附性好但气候稳定性较差，而且还有一定毒性，煤沥青含对人体有害的成分较多，臭味较重。

（2）技术要求

道路用煤沥青的强度等级根据气候条件、施工温度、使用目的选用，其质量应符合表8-56的规定。

(3) 适用及储存

1) 各种等级公路的各种基层上的透层，宜采用 T-1 或 T-2 级，其他等级不合喷洒要求时可适当稀释使用。

2) 三级及三级以下的公路铺筑表面处治或贯入式沥青路面，宜采用 T-5，T-6 或 T-7 级。

3) 与道路石油沥青、乳化沥青混合使用，以改善渗透性。

4) 道路用煤沥青严禁用于热拌热铺的沥青混合料，作其他用途时的储存温度宜为 70～90℃，且不得长时间储存。

道路用煤沥青技术要求 **表 8-56**

试验项目		T-1	T-2	T-3	T-4	T-5	T-6	T-7	T-8	T-9
黏度 (S)	$C_{30.5}$ $C_{30.10}$ $C_{50.10}$ $C_{60.10}$	5～25	26～70	5～25	26～50	51～120	121～200	10～75	76～200	35～65
蒸馏试验，馏出量 (%)	170℃前，不大于	3	3	3	2	1.5	1.5	1.0	1.0	1.0
	270℃，不大于	20	20	20	15	15	15	10	10	10
	300℃，不大于	15～35	15～35	30	25	25	25	20	20	15
300℃蒸馏残留物软化点(环球法)(℃)		30～45	15～35	30～65	35～65	35～65	35～65	40～70	40～70	40～70
水分(%)，不大于		1.0	1.0	1.0	1.0	1.0	0.5	0.5	0.5	0.5
甲苯不溶物(%)，不大于		20	20	20	20	20	20	20	20	20
萘含量(%)，不大于		5	5	5	4	4	3.5	3	2	2
焦油酸含量(%)，不大于		4	4	3	3	2.2	2.5	1.5	1.5	1.5

6. 改性沥青

(1) 制作与存储

改性沥青可单独或复合采用高分子聚合物、天然沥青及其他改性材料制作。用做改性剂的 SBR 胶乳中的固体物含量不宜少于 45%，使用中严禁长时间暴晒或遭冰冻。

改性沥青的剂量以改性剂占改性沥青总量的百分数计算，胶乳改性沥青的剂量应以扣除水以后的固体物含量计算。改性沥青应在固定式工厂或在现场设厂集中制作，也可在拌合现场边制造边使用，改性沥青的加工温度不宜超过 180℃。胶乳类改性剂和制成颗粒的改性剂可直接投入拌合缸中生产改性沥青混合料。

用溶剂法生产改性沥青母体时，挥发性溶剂回收后的残留量不得超过 5%。

现场制造的改性沥青宜随配随用，需做短时间保存，或运送到附近的工地时，使用前也必须搅拌均匀，在不发生离析的状态下使用。改性沥青制作设备必须设有随机采集样品的取样口，采集的试样应立即在现场灌模。

工厂制作的成品改性沥青到达施工现场后存贮在改性沥青罐中，改性沥青罐中必须加设搅拌设备并进行搅拌，使用前改性沥青必须搅拌均匀。在施工过程中应定期取样检验产品质量，发现离析等质量不符合要求的改性沥青不得使用。

（2）技术要求

各类聚合物改性沥青的质量应符合表8-57的技术要求，当使用表列以外的聚合物及复合改性沥青时，可通过试验研究制定相应的技术要求。

聚合物改性沥青技术要求 **表8-57**

指　标	SBS类（Ⅰ类）				SBS类（Ⅱ类）			SBS类（Ⅲ类）			
	Ⅰ-A	Ⅰ-B	Ⅰ-C	Ⅰ-D	Ⅱ-A	Ⅱ-B	Ⅱ-C	Ⅲ-A	Ⅲ-B	Ⅲ-C	Ⅲ-D
针入度（25℃，100g，5S）（0.1mm）	>100	80～100	60～80	40～60	>100	80～100	60～80	>80	60～80	40～60	30～40
针入度指数P_I，不小于	−1.2	−0.8	−0.4	—	−1.0	−0.8	−0.6	−1.0	−0.8	−0.6	−0.4
延度（5℃，5cm）（min/cm），不小于	50	40	30	20	60	50	40	—			
软化点$T_{R\&B}$（℃）	45	50	55	60	45	48	50	48	52	56	60
运动黏度135℃（Pa・S），不大于	3										
闪点（℃），不小于	230				230			230			
溶解度（%），不大于	99	99	—					—			
弹性恢复25℃（%），不小于	55	60	65	75	—			—			
黏韧性（N・m），不小于	—				5			—			
韧性（N・m），不小于	—				2.5			—			
储存稳定性离析，48h软化点差（℃），不大于	2.5				—			无改性剂明显析出、凝聚			
TFOT（或RTFOT）后残留物											
质量变化（%），不大于	±1.0										
针入度比25℃（%），不小于	50	55	60	65	50	55	60	50	55	58	60
延度5℃（cm），不小于	30	25	20	15	30	20	10	—			

表中135℃运动黏度可采用《公路工程沥青及沥青混合料试验规程》（JTG E20—2011）中的“沥青布氏旋转黏度试验方法（布洛克菲尔德黏度计法）”进行测定。若在不改变改性沥青物理力学性质并符合安全条件的温度下易于泵送和拌合，或经证明适当提高泵送和拌合温度能保证改性沥青的质量，容易施工，可不要求测定。

储存稳定性指标适用于在工厂生产成品改性沥青，现场制作的改性对储存稳定性指标可不做要求，但必须在制作后，保持不间断的搅拌或泵送循环，保证使用前没有明显的离析。

7. 改性乳化沥青

（1）品种和适用范围

改性乳化沥青的品种和适用范围一般应符合表8-58的规定。

改性乳化沥青的品种和适用范围　　　　　　表 8-58

品　种		代号	适用范围
改性乳化沥青	喷洒型改性乳化沥青	PCR	粘层、封层、桥面防水粘结层用
	拌合用乳化沥青	BCR	改性稀浆封层和微表处用

（2）技术要求

改性乳化沥青技术要求应符合表 8-59 的规定。表中破乳速度与骨料黏附性、拌合试验、所适用的石料品种有关。工程上施工质量检验时应采用实际的石料试验，仅进行产品质量评定时可以不对这些指标提出要求。当用于填补车辙时，BCR 蒸发残留物的软化点宜提高至不低于 55℃。

改性乳化沥青技术要求　　　　　　表 8-59

试验项目		品种及代号	
		PCR	BCR
破乳速度		快裂或中裂	慢裂
粒子电荷		阳离子(+)	阴离子(−)
筛上剩余量(1.18mm)(%)，不大于		0.1	0.1
黏度	恩格拉黏度计 E_{25}	1～10	3～30
	沥青标准黏度 $C_{25.63}$(S)	8～25	12～60
蒸发残留物	含量(%)，不小于	50	60
	针入度(100g，25℃，5s)(0.1mm)	40～120	40～100
	软化点(℃)，不小于	50	53
	延度(5℃)(cm)	20	20
	溶解度(三氯 6 乙烯)(%)，不小于	97.5	97.5
与矿料的黏附性，裹覆面积，不小于		2/3	—
储存稳定性	1d(%)，不大于	1	1
	5d(%)，不大于	5	5

储存稳定性根据施工实际情况选择试验天数，通常采用 5d，乳液生产后能在第二天使用完时也可以选用 1d。个别情况下改性乳化沥青 5d 的储存稳定性难以满足要求，如果经搅拌能够达到均匀一致并不影响正常使用，此时要求改性乳化沥青至工地后存放在附有搅拌装置的储存罐内，并不断地进行搅拌，否则不准使用。

当改性乳化沥青或者特种改性乳化沥青需要在低温冰冻条件下储存或使用时，尚需进行−5℃低温储存稳定性试验，要求没有粗颗粒、不结块。

8.7.2　公路沥青混合料及验收

沥青混合料是沥青混凝土混合料和沥青碎石温合料的总称。沥青混凝土混合料是由沥青和适当比例的粗骨料、细骨料及填料在严格控制条件下拌合均匀所组成的高级筑路材料，压实后剩余空隙率小于 10%的沥青混合料称为沥青混凝土；沥青碎石混合料是由沥青和适当比例的粗骨料、细骨料及少量填料（或不加填料）在严格控制条件下拌合而成，压实后剩余空隙率在10%以上的半开式沥青混合料称为沥青碎石。

1. 沥青混合料

沥青混合料按结合料分类，可分为石油沥青混合料和煤沥青混合料。

沥青混合料按施工温度分类，可分为热拌热铺沥青混合料、常温沥青混合料。

沥青混合料按混合料密实度分类，可分为密级配沥青混合料、开级配沥青混合料、半开级配沥青混合料（沥青碎石混合料）。

沥青混合料按矿质骨料级配类型分类，可分为连续级配沥青混合料和间断级配沥青混合料。

2. 粗骨料

用于沥青面层的粗骨料包括碎石，破碎砾石、筛选砾石、钢渣、矿渣等，但高速公路不得使用筛选砾石和矿渣。粗骨料必须由具有生产许可证的采石场生产或施工单位自行加工。

（1）质量技术要求

粗骨料应该洁净、干燥、表面粗糙，质量应符合表8-60的规定。当单一规格骨料质量指标达不到表8-60中的要求，而按照骨料配合比计算的质量指标符合要求时，工程上允许使用。对受热易变质的骨料，宜采用经拌合机烘干后的骨料进行检验。

沥青混合料用粗骨料质量技术要求（JTG F 40—2004）　　**表8-60**

指　标	高速公路及一级公路		其他等级公路
	表面层	其他层次	
石料压碎值(%)，不大于	26	28	30
洛杉矶磨耗损失(%)，不大于	28	30	35
表观相对密度(%)，不小于	2.60	2.50	2.45
吸水率(%)，不大于	2.0	3.0	3.0
坚固性(%)，不大于	12	12	—
针片状颗粒含量(混合量)(%)，不大于 其中粒径大于9.5mm(%)，不大于 其中粒径小于9.5mm(%)，不大于	15 12 18	18 15 20	20 — —
水洗法<0.0075mm颗粒含量(%)，不大于	1	1	1
软石含量(%)，不大于	3	5	5

注：1. 坚固性试验可根据需要进行。

2. 用于高速公路、一级公路时，多空玄武岩的视密度可放宽至2.45t/m³，吸水率可放宽至3%，但必须得到建设单位的批准，且不得用于SMA路面。

3. 对S14即3-5规格的粗骨料，针片状颗粒含量不予要求。<0.075mm含量可放宽到3%。

(2)粒径规格

粗骨料的粒径规格应按照表8-61的规定选用。当生产的粗骨料不符合规格要求，但与其他材料配合后的级配符合各沥青面层的矿料使用要求时，亦可使用。

沥青面层用粗骨料规格(方孔筛)(JTG F 40—2004)　　表 8-61

规格	公称粒径(mm)	通过下列筛孔(方孔筛，mm)的质量百分率(%)												
		106	75	63	53	37.5	31.5	26.5	19.0	13.2	9.5	4.75	2.36	0.6
S1	40～75	100	90～100	—	—	0～15	—	0～5						
S2	40～60		100	90～100	—	0～15	—	0～5						
S3	30～60		100	90～100	—	—	0～15	—	0～5					
S4	25～50			100	90～100	—	—	0～15	—	0～5				
S5	20～40				100	90～100	—	—	0～15	—	0～5			
S6	15～30					100	90～100	—	—	0～15	—	0～5		
S7	10～30					100	90～100	—	—	—	0～15	0～5		
S8	15～25						100	95～100	—	0～15	—	0～5		
S9	10～20							100	95～100	—	0～15	0～5		
S10	10～15								100	95～100	0～15	0～5		
S11	5～15								100	95～100	40～70	0～15	0～5	
S12	5～10									100	95～100	0～10	0～5	
S13	3～10									100	95～100	40～70	0～15	0～5
S14	3～5										100	85～100	0～25	0～5

(3) 面层用粗骨料的技术要求

粗骨料应洁净、干燥、无风化、无杂质，并具有足够的强度和耐磨耗性，其质量应符合表 8-62 的规定。

沥青面层用粗骨料质量要求（JTG F 40—2004）　　表 8-62

指　　标	高速公路、一级公路和城市快速路、主干路	其他等级公路与城市道路
石料压碎值(%)，不大于	28	30
洛杉矶磨耗损失(%)，不大于	30	40
视密度(t/m^3)，不小于	2.50	2.45
吸水率(%)，不大于	2.0	3.0
对沥青的黏附性，不小于	4 级	3 级
坚固性(%)，不大于	12	—
细长扁平颗粒含量(%)，不大于	15	20
水洗法<0.075mm 颗粒含量(%)，不大于	1	1
软石含量(%)，不大于	5	5
石料磨光值(BPN)，不小于	42	实测
石料冲击值(%)，不大于	28	实测
破碎砾石的破碎面积(%)不小于		
拌合的沥青混合料路面表面层	90	40
中小面层	50	40
贯入式路面	—	40

其中坚固性试验可根据需要进行。当粗骨料用于高速公路、一级公路和城市快速路、主干路时，多孔玄武岩的视密度可放宽至2.45t/m^3，吸水率可放宽至3%，并应得到主管部门的批准。

石料磨光值是为高速公路、一级公路和城市快速路、主干路的表层抗滑需要而试验的指标，石料冲击值可根据需要进行。其他公路与城市道路如需要时，可提出相应的指标值。钢渣的游离氧化钙的含量不应大于3%，浸水后的膨胀率不应大于2%。

（4）杂质和杂物

采石场在生产过程中必须彻底清除覆盖层及泥土夹层。生产碎石用的原石不得含有土块、杂物，骨料成品不得堆放在泥土地上。

（5）黏附性、磨光值

高速公路、一级公路沥青路面的表面层（或磨耗层）的粗骨料的磨光值应符合表8-63的要求。除SMA、OGFC路面外，允许在硬质粗骨料中掺加部分较小粒径的磨光值达不到要求的粗骨料，其最大掺加比例由磨光值试验确定。

粗骨料与沥青的黏附性应符合表8-63的要求，当使用不符要求的粗骨料时，宜掺加消石灰、水泥或用饱和石灰水处理后使用，必要时可同时在沥青中掺加耐热、耐水、长期性能好的抗剥落剂，也可采用改性沥青的措施，使沥青混合料的水稳定性检验达到要求。掺加掺合料的剂量由沥青混合料的水稳定性检验确定。

粗骨料与沥青的黏附性、磨光值的技术要求（JTG F 40—2004） **表8-63**

雨量气候区	1（潮湿区）	2（湿润区）	3（半干区）	4（干旱区）
年降雨量（mm）	>1000	1000～500	500～250	<250
粗骨料的磨光值PSV，不小于 高速公路、一级公路表面层	42	40	38	36
粗骨料与沥青的黏附性，不小于 高速公路、一级公路表面层	5	4	4	3
高速公路、一级公路的其他层次 及其他等级公路的各个层次	4	4	3	3

（6）破碎面

破碎砾石应采用粒径大于50mm、含泥量大于1%的砾石轧制，破碎砾石的破碎面应符合表6-64的要求。

粗骨料对破碎面的要求（JTG F 40—2004） **表8-64**

路面部位或混合料类型	具有一定数量破碎面颗粒的含量	
	1个破碎面	2个或2个以上破碎面
沥青路面表层面高速公路、一级公路，不小于	100	90
其他等级公路，不小于	80	60
沥青路面中小面层、基层高速公路、一级公路，不小于	90	80
其他等级公路，不小于	70	50
SMA混合料	100	90
贯入式路面，不小于	80	60

（7）其他要求

筛选砾石仅适用于三级及三级以下公路的沥青表面处治路面。经过破碎且存放期超过6个月以上的钢渣在使用前应进行活性试验。除吸水率允许适当放宽外，各项质量指标应符合表8-65的要求。钢渣在使用前应进行活性检验，要求钢渣中的游离氧化钙含量不大于3%，浸水膨胀率不大于2%。

沥青混合料用细骨料质量要求（JTG F 40—2004）　　**表8-65**

项　　目	高速公路	其他等级公路
表观相对密度，不小于	2.50	2.45
坚固性(>0.3mm部分)(%)，不大于	12	—
含泥量(小于0.075mm的含量)(%)，不大于	3	5
砂当量(%)，不小于	60	50
亚甲蓝值(g/kg)，不大于	25	—
棱角性(流动时间)(s)，不小于	30	—

注：坚固性试验可根据需要进行。

3. 细骨料

沥青路面的细骨料包括天然砂、机制砂、石屑。细骨料必须有具有生产许可证的采石场、采砂场生产。

（1）质量要求

细骨料应洁净、干燥、无风化、无杂质，并有适当的颗粒级配。细骨料的洁净程度，天然砂以小于0.075mm含量的百分数表示，石屑和机制砂，以砂当量（适用于0～4.75mm）或亚甲蓝值（适用于0～2.36mm或0～0.15mm）表示。

（2）天然砂规格

天然砂可采用河砂或海砂，通常宜采用粗、中砂，其规格应符合表8-66的规定。砂的含泥量超过规定时应水洗后使用，海砂中的贝壳类材料必须筛除。开采天然砂必须取得当地政府主管部门的许可，并符合水利及环境保护的要求。热拌密级配沥青混合料中天然砂的用量通常不宜超过骨料总量的20%，SMA和OGFC混合料不宜使用天然砂。

沥青混合料用天然砂规格（JTG F 40—2004）　　**表8-66**

筛孔尺寸(mm)	通过各筛孔的质量百分率(%)		
	粗砂	中砂	细砂
9.5	1000	100	100
4.75	90～100	90～10	90～100
2.36	65～95	75～90	85～100
1.18	35～65	50～90	75～100
0.6	15～30	30～60	60～84
0.3	5～20	8～30	15～45
0.15	0～10	0～10	0～10
0.075	0～5	0～5	0～5

（3）机制砂和石屑规格

石屑是采石场在碎石料时通过4.75mm或2.36mm的筛下部分，其规格应符合表8-67的要求。采石场在生产石屑的过程中应具备抽吸设备，高速公路和一级公路的沥青混合料，宜将S14与S16组合使用，S15可在沥青稳定碎石基层或其他等级公路中使用。

沥青混合料用机制砂或石屑规格（JTG F 40—2004）　　**表8-67**

规格	公称粒径（mm）	水洗法通过各筛孔（mm）的质量百分率（%）							
		9.5	4.75	2.36	1.18	0.6	0.3	0.15	0.075
S15	0～5	100	90～100	60～90	40～75	20～55	7～40	2～20	0～10
S16	0～3	—	100	80～100	50～80	25～60	8～45	0～25	0～15

4. 填料

沥青混合料的填料可采用矿粉，拌合机粉尘或粉煤灰，其应符合以下技术性能要求。

（1）矿粉

沥青混合料的矿粉必须采用石灰岩或岩浆岩中的强基性岩石等憎水性石料经磨细得到的矿粉，原石料中的泥土杂质应除净。矿粉应干燥、洁净，能自由地从矿粉仓流出，其质量应符合表8-68的要求。

沥青混合料用矿粉质量要求（JTGF 40—2004）　　**表8-68**

项　目		高速公路、一级公路	其他等级公路
表观密度（t/m^3），不小于		2.50	2.45
含水量（%），不大于		1	1
粒度范围	<0.6mm（%）	100	100
	<0.15mm（%）	90～100	90～100
	<0.075mm（%）	75～100	70～100
外观		无团粒结块	—
亲水系数		<1	T0353
塑性指数		<4	T0354
加热安定性		实测记录	T0355

（2）拌合机粉尘

拌合机的粉尘可作为矿粉的一部分回收使用。但每盘用量不得超过填料总量的25%，掺有粉尘填料的塑性指数不得大于4%。

（3）粉煤灰

粉煤灰作为填料使用时，不得超过填料总量的50%，粉煤灰的烧失量应小于12%，与矿粉混合后的塑性指数应小于4%，其余质量要求与矿粉相同。高速公路、一级公路的沥青面层不宜采用粉煤灰作填料。

5. 热拌沥青混合料

热拌沥青混合料适用于各种等级道路的沥青面层。高速公路、一级公路和城市快速路、主干路的沥青面层的上面层、中面层及下面层应采用沥青混凝土混合料铺筑，沥青碎石混合料仅适用于过渡层及整平层。其他等级道路的沥青面层上面层宜采用沥青混凝土混合料铺筑。

（1）一般规定

1）热拌沥青混合料按其骨料最大粒径可分为粗粒式、中粒式、细粒式等类型，见表8-69所列。其规格应以方孔筛为准，骨料最大粒径不宜超过 31.5mm。当采用圆孔筛作为过渡时，骨料最大粒径不宜超过 40mm。

热拌沥青混合料种类及最大骨料粒径（JTG F 40—2004）　　**表 8-69**

混合料类别	方孔筛系列			对应的圆孔筛系列		
	沥青混凝土	沥青碎石	最大骨料粒径（mm）	沥青混凝土	沥青碎石	最大骨料粒径（mm）
特粗式	—	AM-40	37.5	—	LS-50	50
粗粒式	AC-30	AM-30	31.5	LH-40 或 LH-35	LS-40 LS-50	40 35
	AC-25	AM-25	26.5	LH-30	LS-30	30
中粒式	AC-20	AM-20	19.0	LH-25	LS-25	25
	AC-16	AM-16	16.0	LH-20	LS-20	20
细粒式	AC-13	AM-13	13.2	LH-15	LS-15	15
	AC-10	AM-10	9.5	LH-10	LS-10	10
砂粒式	AC-5	AM-5	4.75	LH-5	LS-5	5
抗滑表层	AK-13	—	13.2	LK-15	—	15
	AK-16	—	16.0	LK-20	—	20

粗粒式沥青混合料适用于下面层；中粒式沥青混合料适用于单层式面层或下面层；砂粒式沥青混合料（沥青砂）适用于面层及人行道面层。沥青混合料面层（含磨耗层）中的骨料最大粒径不宜超过层厚的 0.6 倍，下面层中骨料最大粒径不宜超过层厚的 0.7 倍。

2）沥青路面各层的混合料类型

沥青路面各层的混合料类型应根据道路等级及所处的层次，按表 8-70 确定，并应符合以下要求。

沥青路面各层的沥青混合料类型（JTGF 40—2004）　　**表 8-70**

筛孔系列	结构层次	高速公路、一级公路和城市快速路、主干路		其他等级公路		一般城市道路及其他道路工程	
		三层式沥青混凝土路面	两层式沥青混凝土路面	沥青混凝土路面	沥青碎石路面	沥青混凝土路面	沥青碎石路面
方孔筛系列	上面层	AC-13	AC-13	AC-13	AC-13	AC-5	AC-5
		AC-16	AC-16	AC-16		AC-10	AC-10
		AC-20				AC-13	
	中间层	AC-20					
		AC-25					
	下面层	AC-25	AC-20	AC-20	AM-25	AC-20	AM-25
		AC-30	AC-25	AC-25	AM-30	AC-25	AM-30
			AC-30	AC-30		AM-25	AM-40
				AM-25		AM-30	
				AM-30			

续表

筛孔系列	结构层次	高速公路、一级公路和城市快速路、主干路		其他等级公路		一般城市道路及其他道路工程	
		三层式沥青混凝土路面	两层式沥青混凝土路面	沥青混凝土路面	沥青碎石路面	沥青混凝土路面	沥青碎石路面
圆孔筛系列	上面层	LH-15	LH-15	LH-15	LS-15	LH-5	LS-5
		LH-20	LH-20	LH-20		LH-10	LS-10
		LH-25				LH-15	
	中间层	LH-25					
		LH-30					
	下面层	LH-30	LH-30	LH-25	LS-30	LH-25	LS-30
		LH-35	LH-35	LH-30	LS-35	LH-30	LS-35
		LH-40	LH-40	LH-35	LS-40	LS-30	LS-40
				AM-30		LS-35	LS-50
				AM-35		LS-40	

注：当铺筑抗滑表层时，可采用 AC-13 或 AC-16 型热拌沥青混合料，也可在 AC-10（LH-15）型细粒式沥青混凝土上嵌压沥青预拌单粒径碎石 510 铺筑而成。

① 应满足耐久性、抗车辙，抗裂，抗水损害能力，抗滑性能等多方面要求，并应根据施工机械，工程造价等实际情况选择沥青混合料的种类。

② 沥青混凝土混合料面层宜采用双层或三层式结构，其中应有一层及一层以上是Ⅰ型。当各层均采用沥青碎石混合料时，沥青面层下必须作下封层。

③ 多雨潮湿地区的高速公路、一级公路和城市快速路、主干路的上面层宜采用抗滑表层混合料，一般道路及少雨干燥地区的高速公路、一级公路和城市快速路、主干路宜采用Ⅰ型沥青混凝土混合料作表层。

④ 沥青面层骨料的最大粒径宜从上至下逐渐增大。上层宜使用中粒式及细粒式，不应使用粗粒式混合料。砂粒式仅适用于城市一般道路、市镇街道及非机动车道、行人道路等工程。

⑤ 上面层沥青混合料骨料的最大粒径不宜超过层厚的 1/2，中、下面层及连接层骨料最大粒径不宜超过层厚的 2/3。

⑥ 高速公路的硬路肩沥青面层宜采用Ⅰ型沥青混凝土混合料作表层。

3）原材料质量要求

沥青材料可采用道路石油沥青、乳化石油沥青、液体石油沥青和煤沥青等。使用沥青应根据交通量、气候条件、施工方法、面层类型及材料来源等情况来确定。当采用改性沥青时，可通过试验进行选用。

① 沥青材料

施工期间，沥青质量日常检测应严格按《公路沥青路面施工技术规范》JTG F 40—2004）要求的检测项目和检测频率进行。施工过程不同改性沥青质量的检测要求见表 8-71 所列。

施工过程中对不同改性沥青的检测要求（JTGF 40—2004） **表 8-71**

检查项目	检查频度	试验规程规定的平行试验次数或一次试验的试样数
针入度	每天 1 次	3
软化点	每天 1 次	2
离析试验(对成品改性沥青)	每周 1 次	2
低温延度	必要时	3
弹性恢复	必要时	3
显微镜观察(对现场改性沥青)	随时	—

② 骨料

骨料用于沥青面层的粗骨料包括碎石、破碎砾石、矿渣等，对粗骨料的要求是洁净、无风化、无杂质，具有足够的强度和耐磨性。用于 SMA 的粗骨料必须符合抗滑表层混合料的技术要求，同时，SMA 对粗骨料的抗压碎要求高，粗骨料必须使用坚韧的、粗糙的、有棱角的优质石料，必须严格限制骨料的扁平颗粒含量；所使用的碎石不能用颚板式轧石机破碎，要用锤击式或者锥式碎石机破碎。SMA 的粗骨料质量技术要求见表 8-72 所列。

SMA 表面层用粗骨料质量技术要求（JTGD 50—2006） **表 8-72**

指　标	技术要求	试验方法
石料压碎值(%)，不大于	25	T0316
洛杉矶磨耗损失(%)，不大于	30	T0317
视密度(每 m^3)，不小于	2.6	T0304
吸水率(%)，不大于	2.0	T0304
与沥青的黏附性(s)，不小于	4	T0616
坚固性(%)，不大于	12	T0314
针片状颗粒含量(%)，不大于	15*	T0312
水洗法<0.075mm 颗粒含量(%)，不大于	1	T0310
软石含量(%)，不大于	1	T0320
石料磨光值(BPN)，不小于	42	T0321
具有一定破碎面积的破碎砾石的含量(%)，不小于	一个面：100 两个面：90	T0327

注：* 针片颗粒含量最好小于 10%，绝对不得超过 15%。

③ 细骨料

用于沥青面层用的细骨料可采用短砂、机制砂及石屑。细骨料表面应洁净、无风化、无杂质、质地坚硬，符合级配要求的粗砂、中砂，其最大粒径应小于或等于 5mm，含泥量小于或等于 5%（快速路、主干路小于或等于 3%），砂应与沥青有良好的黏附性。黏附性小于 4 级的天然砂及花岗石、石英石等机制破碎砂不可用于城市快速路、主干路。当选用石屑作为细骨料时，可根据沥青面层按石屑规定选用，要求石屑应质地坚硬清洁、有棱角，最大粒径小于或等于 95mm，小于 0.075mm 的颗粒含量小于或等于 5%。

细骨料在SAM中占有很少的比例，一般要求用人造砂，即机制砂。也可以采用机制砂和天然砂混合使用，但机制砂与天然砂的比例必须大于1∶1，即机制砂多于天然砂。SAM路面用细骨料质量技术要求见表8-73所列。

SMA路面用细骨料质量技术要求（JTGD 50—2006） **表8-73**

指　标	技术要求	指　标	技术要求
视密度(t/m^3)，不小于	2.50	砂当量不小于(%)	60
坚固性(＞0.3mm)，不大于	12	棱角性不小于(%)	45

④ 填料

沥青混合料的填料宜采用石灰石石料磨细而成的矿粉，矿粉要求干燥、洁净，空隙比率应小于或等于45%，颗粒全部通过0.6mm筛，小于0.075mm的颗粒含量应占总量的75%以上，亲水系数小于或等于1，沥青面层用矿粉质量应符合其规定的技术要求。

当用水泥、石灰、粉煤灰作填料时，其用量不超过矿料总量的2%。

SAM的填料一定要尽量采用磨细的石灰石粉。矿粉必须存放在室内干燥的地方，在使用时必须干燥、不成团。SAM路面对矿粉质量的技术要求见表8-74所列。

SMA路面对矿粉质量的技术要求(JTGD 50—2006) **表8-74**

指　标		质量要求
视密度(t/m^3)，不大于		2.50
含水量(%)，不大于		1
粒度范围	＜0.6mm(%)	100
	＜0.15mm(%)	90～100
	＜0.075mm(%)	75～100
外观		无团块，不结块
亲水系数，不大于		1
回收粉尘的用量，不大于		填料总质量的50%
掺加回收粉以后填料的塑性指数(%)，不大于		4

⑤ 改性剂

沥青改性剂分三类，即热塑型橡胶类（如SBS)、橡胶类（如SBR)、热塑性树脂类(如EVA及PE)。目前，SAM采用的沥青改性剂主要为聚乙烯（PE）和苯乙烯—丁二烯(SBS）两种。

4）SAM施工原材料抽样检查内容及频率

施工原材料抽样检查内容及频率见表8-75所列。

施工原材料抽样检查内容及频率（JTGD 50—2006） **表8-75**

材料名称	检查项目	频　率
粗骨料	外观(包括针片状、含泥量)	应随时检查
	颗粒组成	1次/$200m^3$

续表

材料名称	检查项目	频　率
细骨料	碳当量检查	1次/m^3
	颗粒组成	1次/m^3
矿粉	≤0.075mm含量	1次/m^3

8.7.3　土工合成材料及验收

土工合成材料是土木工程应用的合成材料的总称。它是一种以人工合成聚合物（如塑料、化纤、合成橡胶等）为原材料制成的，置于土体内部、表面及土体之间，发挥加强或保护土体的作用的土木工程材料。

1. 分类

（1）土工织物

土工织物是用于岩土和土木工程的机织、针织或非织造的可渗透的聚合物材料，主要分为纺织和无纺两类。纺织土工织物通常具有较高的强制和刚度，但过滤、排水性较差；无纺土工织物过滤、排水性能较好且断裂延伸率较高，但强度相对较低。

（2）土工膜

土工膜是由聚合物或沥青制成的一种相对不透水的薄膜，主要由聚氯乙烯（PVC）氯磺化聚乙烯（ESPE）、高密度聚乙烯（HDPE）、低密度聚乙烯（VLDPE）制成。其渗透性低，常用做流体或蒸汽的阻拦层。

（3）土工格栅

土工格栅是由有规则的网状抗拉条带制成的用于加筋的土工合成材料，主要有聚酯纤维和玻璃纤维两大类。其质量轻且具有一定柔性，常用做加筋材料，对土起加固作用。

1）聚酯纤维类土工格栅

聚酯纤维类土工格栅是经拉伸形成的具有方形或矩形的聚合物网材，主要分为单向格栅和双向格栅两类。前者是沿板材长度方向拉伸制成，后者是继续将单向格栅沿其垂直方向拉伸制成。通常在塑料类土工格栅中掺入炭黑等抗老化材料，以提高材料的耐酸、耐碱、耐腐蚀和抗老化性能。

2）玻璃纤维类土工格栅

玻璃纤维类土工格栅是以高强度玻璃纤维为材质制成的土工合成材料，多对其进行自粘感压胶和表面沥青浸渍处理，以加强格栅和沥青路面的结合作用。

（4）特种土工材料

1）土工膜袋

土工膜袋是一种由双层聚合化纤织物制成的连续（或单独）袋状材料，根据材质和加工工艺不同，分为机制膜袋和简易膜袋两类，常用于护坡或其他地基处理工程。

2）土工网

土工网是由平行肋条经以不同角度与其上相同肋条粘结为一体的土工合成材料，常用于软基加固垫层、坡面防护、植草以及用做制造组合土工材料的基材。

3）土工网垫和土工格栅

土工网垫多为长丝结合而成的三维透水聚合物网垫。土工格栅是由土工织物、土工格栅或土工膜、条带聚合物构成的蜂窝状或网格状三维结构聚合物。两者常用于防冲蚀和保土工程。

4）聚苯乙烯泡沫塑料

聚苯乙烯泡沫塑料是在聚苯乙烯中添加发泡剂至规定密度，进行预先发泡，将发泡颗粒放在筒仓中干燥，并填充到模具内加热而成。它质轻、耐热、抗压性能好，常用做路基填料。

（5）土工复合材料

由土工织物、土工膜、土工格栅和某些特种土工合成材料中的两种或两种以上互相组合起来就成为土工复合材料。土工复合材料可将不同材料的性质结合起来，更好地供给工程需要。例如，复合土工膜就是将土工膜和土工织物按一定要求制成的一种土工织物组合物，同时起到防渗和加筋作用；土工复合排水材料是以无纺土工织物和土工网、土工膜或不同形状的土工合成材料芯材组成的排水材料，常用于软基排水固结处理、路基纵横排水、建筑地下排水管道、集水井、支挡建筑物的墙后排水、隧道排水、堤坝排水设施等。

2. 土工合成材料的技术性质

（1）物理性能

土工合成材料的物理性能主要包括单位面积质量、厚度、幅度和当量孔径等。

1）单位面积质量

单位面积质量是指单位面积的土工合成材料在标准大气条件下的单位面积的质量。它是反映材料用量、生产均匀性以及质量稳定性的重要物理指标。

2）厚度

厚度是指土工合成材料在承受规定的压力下正反两面之间的距离。它反映了材料的力学性能和水力性能，采用千分尺直接测量。

3）幅度

幅度是指整幅土工合成材料经调湿，除去张力后，与长度方向垂直的整幅宽度。它反映了材料的有效使用面积，采用钢尺直接测量。

4）当量孔径

土工格栅、土工网等大孔径的土工合成材料，其网孔尺寸是通过换算折合成与其面积相当的圆形孔的孔径来表示的，称为当量孔径。它是检验材料尺寸规格的主要物理指标，采用游标卡尺测量。

（2）力学性能

土工合成材料的力学性能包括拉伸性能，撕破性能，顶破强力，刺破强力，穿透强力和摩擦性能等。

1）拉伸性能

拉伸性能是指材料抵抗拉伸断裂的能力。它是评价土工合成材料使用性能及工程设计计算时的最基本技术性能，只要包括宽条拉伸试验，接头/接缝宽条拉伸试验和条带拉伸试验。

① 宽条拉伸试验

宽条拉伸试验是检测土工织物及复合材料拉伸性能的主要方法。它是将标准试样两端用夹具夹住，采用拉伸试验仪按规定施加荷载直至试件拉伸破坏，以拉伸强度和最大负载下伸长率表征。拉伸性能是指材料被拉伸直至断裂时单位宽度的最大抗拉力，单位为(kN/m)。

② 接头/接缝宽条拉伸实验

接头和接缝处为整个土工结构中的薄弱点。接头/接缝的强度也就是整个结构物的强度，其直接影响整个工程的寿命和质量。接头/接缝宽条拉伸试验时用于测定土工合成材料接头/接缝强度和效率，是将标准试件两端用夹件夹住，按规定施加荷载直至接头/接缝处或材料本身断裂，以接头/接缝强度和接头/接缝效率表示，其中接头/接缝强度和无接头/接缝材料平均拉伸强度的单位为 kN/m，接头/接缝效率用百分率表示。

③ 条带拉伸试验

条带拉伸试验用于测定土工格栅、土工加筋带及其复合材料的拉伸强度和最大负荷下伸长率。试验原理与宽条拉伸试验相似，只是试件规格、施加荷载略有不同。试验以拉伸强度和最大负荷下伸长率表示，单位分别为 kN/m 和百分率。

2）水力性能

土工合成材料的水力性能包括垂直渗透性能、防渗性能和有效孔径等。

垂直渗透性能试验主要用于土工合成材料的反滤设计，以确定其渗透性能，采用垂直渗透系数和透水率表示。垂直渗透性能采用恒水头法测定，将浸泡后除去气泡的标准试件装入渗透仪，按规定向渗透仪通水，然后根据达到规定的最大水头差时的渗透水量和渗透时间确定垂直渗透系数和透水率。垂直渗透系数是指在单位水力梯度下垂直于土工织物平面流动水的流速（单位 mm/s）；透水率是指垂直于土工织物平面流动的水，在水位差等于1时的渗透流速（单位 mm/s）。

防渗性能是指土工膜及其复合材料抵抗水流渗入的能力，是其重要的水力性能指标。它对材料使用寿命和工程质量有重要影响，常采用耐静水压试验测定。试验是将试样置于规定的测试装置内，对其两侧施加一定水压差并保持一定时间，逐级增加水力压差，直至样品出现渗水现象，其能承受的最大水头压差即为材料的耐静水压值也可通过测定要求水力压差下试样是否有渗水现象来判断是否满足要求。

有效孔径的孔径反映了土工织物的过滤性能和透水性能，是评价材料阻止土颗粒通过能力的重要水力学指标，以有效孔径表征。有效孔径是指能有效通过土工织物的近似最大颗粒直径，采用干筛法测定。试验是用土工织物试样作为筛布，将已知粒径的标准颗粒材料置于其上加以振筛，称量通过质量并计算过筛率，根据不同粒径标准颗粒试验，绘出有效孔径分布曲线，以此确定有效孔径，其过筛率即为有效孔径的指标。

3）耐久性能

耐久性能是指土工合成材料抵抗自然因素长期作用而其技术性能不发生大幅度衰退的能力，主要包括抗氧化性能、抗酸碱性能和抗紫外线性能等。

① 氧化性能

土工合成材料在工程应用中长时间与氧气接触，因此抗氧化性能是土工合成材料耐久性能的最重要指标之一，适用于以聚丙烯和聚乙烯为原料的各类土工合成材料（除土工膜外），采用抗氧化性试验测定。试验是将标准试件按要求进行老化处理，然后采用拉伸试验机按规定施加荷载直至试件拉伸破坏，以断裂强力保持率和断裂伸长保持率表示，单位为百分率。

② 抗酸碱性能

抗酸碱性能是指土工合成材料抵抗酸、碱溶液侵蚀的能力，采用无机酸（碱）浸泡试验测定。试验时将标准试件按规定在标准无机酸（碱）溶液中浸泡，观察浸泡后的表面性状，测定浸泡后质量与表面尺寸，并对浸泡后试件进行横、纵双向拉伸试验，以质量变化率、尺寸变化强力保持率和断裂伸长保持率表示，单位为百分率。

③ 紫外线性能

抗紫外线性能是指土工合成材料抵抗自然光照等老化因素作用而其性能不发生大幅度衰退的能力，常用“炭黑含量”来评价和控制材料的该项性能。炭黑是聚烯烃塑料制土工合成材料中的重要添加物，有助于屏蔽紫外线，对防止材料老化起着关键性作用。因此，检验炭黑含量可以间接反映材料的抗紫外线老化性能。炭黑试验是将试样研磨粉碎并称量，按规定对试样进行裂解和煅烧，冷却后称取残留物质量，以炭黑含量和灰分含量表示，单位分别为百分率。

4）土工合成材料的应用

土工合成材料种类繁多，在道路工程中有着广泛的应用。在选用时必须明确材料使用的目的，充分考虑工程特性，比较材料的特点，统筹分析工程、材料、环境、造价之间的关系，最终确定最佳的材料选择。土工合成材料主要有过滤、排水、反滤、加筋、防护、路面裂缝的防治等作用。

过滤作用，又称反滤或倒滤，宜采用的土工合成材料有无纺织物。土工织物逐渐取代常规的砂石料反滤层，成为反滤层设置的主要材料。采用的土工合成材料有无纺织物、塑料排水板、带有钢圈和滤布及加强合成纤维组成的加筋软式透水管排水等。

为了提高土体及有关构筑物的稳定性，宜采用的土工合成材料有土工织物、土工格栅、土工网等。裸露式防护应采用强度较高的土工格栅，埋藏式防护可采用土工网或土工格栅。采用的土工合成材料有玻纤网、土工织物可减少或延缓旧路面对沥青加铺层的反射裂缝，或半刚性基层对沥青面层的反射裂缝。

3. 土工合成材料

（1）土工网

土工网的代号为 N，按结构形式可分为塑料平面土工网（NSP）、塑料三维土工网（NSS）、经编平面土工网（NJP）和经编三维土工网（NJS）四类。各材料的名称代号见表 8-76 所列。

原材料名称代号 **表 8-76**

名　称	代　号	名　称	代　号
聚乙烯	PE	聚丙烯	PP
高密度聚乙烯	HDPE	聚酯	PES
无碱玻璃纤维	GE	聚酰胺	PA

（2）产品规格和尺寸偏差

产品规格见表 8-77 所列，土工网尺寸偏差应符合表 8-78 的规定。

土木网产品规格（JT/T 513—2004）　　**表 8-77**

土工网类型	型号规格						
塑料平面工程网	NSP2	NSP3	NSP5	NSP6	NSP8	NSP10	NSP15
塑料三维土工网	NSS0.8	NSS1.5	NSS2	NSS3	NSS4	NSS5	NSS6
精编平面土工网	NJP2	NJP3	NJP5	NJP6	NJP8	NJP10	NJP15
精编三维土工网	NJS0.8	NJS1.5	NJS2	NJS3	NJS3	NJS5	NJS6

土木网单位面积质量、尺寸偏差（JT/T 513—2004）　　**表 8-78**

土工网单位面积质量相对偏差（%）	平面土工网	±8
	三维土工网	±10
土工网网孔中心最小净空尺寸（mm）	平面土工网	≥4
	三维土工网	≥4
土工网厚度(mm)	塑料三维土工网	≥10
	经编三维土工网	≥8
土工网宽度(mm)		≥1
土工网宽度偏差(mm)		+60

1）技术要求

土工网的部分物理机械性能参数应符合表 8-79 和表 8-80 的规定。塑料土工网抗光老化等级应符合表 8-81 的规定。

N 层平面网组成的塑料平面土工网物理性能参数（JT/T 513—2004）　　**表 8-79**

项　　目	型　　号						
	NSP2(*n*)	NSP3(*n*)	NSP5(*n*)	NSP6(*n*)	NSP8(*n*)	NSP10(*n*)	NSP15(*n*)
纵、横向拉伸强度(kN/m)	≥2	≥3	≥5	≥6	≥8	≥10	≥15
纵、横向 10%伸长率下的拉伸率(kN/m)	≥1.2	≥2	≥4	≥5	≥7	≥9	≥13
多层平网之间焊点抗拉力(N)	≥0.8	≥1.4	≥2	≥3	≥4	≥5	≥8

***n* 层平面网组成的经编平网土木网物理性能参数**（JT/T 513—2004）　　**表 8-80**

项　　目	型　　号						
纵、横向拉伸强度(kN/m)	NSP2(*n*)	NSP3(*n*)	NSP5(*n*)	NSP6(*n*)	NSP8(*n*)	NSP10(*n*)	NSP15(*n*)
经编无碱玻璃纤维平面土工网断裂伸长率(%)	≤4						

塑料土工网抗光老化等级(JT/T 513—2004)　　**表 8-81**

光老化等级	Ⅰ	Ⅱ	Ⅲ	Ⅳ
辐射强度为 550W/m^3 照射 150h 标称拉伸强度保持率(%)	<50	50～80	80～95	>95
炭黑含量(%)	—	2±0.5		
炭黑在土工网材料中的分布要求	均匀、无明显巨块或条状物			

注：对采光非炭黑做抗光老化助剂的土工网，按光老化等级参照执行。

2）外观质量和成品尺寸

产品颜色应色泽均匀，无明显油污，产品无损伤、无破裂，土工网每卷的纵向基本长度应不小于 30m，卷中不得有拼段。

(3）有纺土工织物

有纺土工织物按编织类型可分为机织有纺土工织物和针织有纺土工织物两类。

产品型号表示方式示例：

拉伸强度为 35kN 的聚丙烯机织有纺土工织物，型号表示为：WJ35/PP。

拉伸强度为 50kN 的聚乙烯针织有纺土工织物，型号表示为：WZ50/PE。

规格和尺寸偏差：

1）规格

有纺土工织物规格系列符合表 8-82 的规定。

有纺土工织物产品规格系列（JT/T 514—2004）　　**表 8-82**

有纺土工织物类型	型号规格								
机织有纺土工织物	WJ20	WJ35	WJ50	WJ65	WJ80	WJ100	WJ120	WJ150	WJ180
针织有纺土工织物	WZ20	WZ35	WZ50	WZ65	WZ80	WZ100	WZ120	WZ150	WZ180
标称纵、横向拉伸强度(kN/m)	≥20	≥35	≥50	≥65	≥80	≥100	≥120	≥150	≥180

2）尺寸偏差

有纺土工织物尺寸偏差应符合表 8-83 的规定。

有纺土工织物尺寸偏差（JT/T 514—2004）　　**表 8-83**

单位面积质量相对偏差(%)	±7
幅宽(m)	≥2
幅宽偏差(%)	+3

3）技术要求

技术要求包括物理机械性能参数应符合表 8-84 的规定，抗光老化等级应符合表 8-85 的规定。

有纺土工织物物理性能参数（JT/T 514—2004）　　**表 8-84**

项　目	型号规格								
	WJ20	WJ35	WJ50	WJ65	WJ80	WJ100	WJ120	WJ150	WJ180
	WZ20	WZ35	WZ50	WZ65	WZ80	WZ100	WZ120	WZ150	WZ180
标称纵、横向拉伸强度(kN/m)	≥20	≥35	≥50	≥65	≥80	≥100	≥120	≥150	≥180

续表

项目	型号规格								
	WJ20	WJ35	WJ50	WJ65	WJ80	WJ100	WJ120	WJ150	WJ180
	WZ20	WZ35	WZ50	WZ65	WZ80	WZ100	WZ120	WZ150	WZ180
纵、横向伸长率下的拉伸率(kN/m)	≥30								
CBR 顶破强度(kN)	≥1.6	≥2	≥4	≥6	≥8	≥11	≥13	≥17	≥21
纵、横向梯形撕破强度(kN)	≥0.3	≥0.5	≥0.8	≥1.1	≥1.3	≥1.5	≥1.7	≥2.0	≥2.3
垂直渗透系数(cm/s)	$5\times10^{-1}\sim5\times10^{-4}$								
等效孔径 O_{95}(mm)	0.07～0.5								

有纺土工织物抗光老化等级(JT/T 514—2004) **表 8-85**

抗老化等级	Ⅰ	Ⅱ	Ⅲ	Ⅳ
光照辐射强度为 550W/m² 照射 150h，拉伸强度保持率(%)	<50	50～80	80～95	>95
炭黑含量(%)	—	2±0.5		
炭黑在有纺土工织物材料中的分布要求均匀，无明显聚块或条状物				

注：对不含炭黑或不采用炭黑抗光老化助剂的土工有纺布，其抗老化等级的确定参照执行。

4）外观质量和成品尺寸

产品颜色应色泽均匀，无明显油污。产品无损伤、无破裂。外观质量还应符合表 8-86 的规定，有纺土工织物每卷的纵向基本长度不允许小于 30m，卷中不得有拼段。

有纺土工织物抗光老化等级（JT/T 514—2004） **表 8-86**

项目	要求
经、纬密度偏差	在 100mm 内与公称直径密度相比不允许两根以上
断丝	在同一处不允许有两根以上的断丝。同一断丝两根以内（包括两根），100m² 内不超过六处
蛛丝	不允许有大于 50mm² 的蛛网，100mm² 内不超过三个
布边不良	整卷不允许连续出现长度大于 2000mm 的毛边、散边

4. 运输与储存

（1）运输

产品在装卸运输过程中，不得抛摔，避免与尖锐物品混装运输，避免剧烈冲击。运输应有遮篷等防雨、防日晒措施。

（2）储存

产品不得露天存放，应避免日光长期照射，并远离热源，距离应大于 15m。产品自生产日期起，保存期为 12 个月。玻纤有纺土工织物应储存在无腐蚀气体、无粉尘和通风良好干燥的室内。

第9章　组织保管、发放施工材料和设备

9.1　材　料　储　备

建筑材料的储备，是指建筑材料在社会再生产过程中，暂时离开直接生产过程而处于停滞状态的那部分材料。在社会再生产过程中，按材料储备停留的领域可分为生产储备和流通储备。生产储备是为保证施工生产过程的正常进行而建立的供应储备，通常由施工企业控制调度和保管；流通储备是为保证流通过程的正常进行和及时补充生产储备而建立的储备，通常由建材生产企业、流通企业和国家分别控制调度和保管。

建筑企业的材料储备属于生产储备，它处于生产领域内，是为保证生产正常进行，材料不间断供应而建立的储备，一般由经常储备、保险储备和季节储备三部分所组成。处于运输途中的在途材料，有些已经付款，占用着企业的流动资金，但没有到货，不能调度使用，因此不属于现实的储备，只是一笔潜在的资源。已经出库处于施工准备阶段的材料，是定向待消耗的材料，也失去储备的作用，不能再视为储备。

9.1.1　材料储备定额概述

建筑企业保持一定规模的材料储备，是解决材料生产和材料消耗在空间和时间上分离的客观要求，是解决材料批量生产和配套消费之间矛盾的客观要求，是在社会化大生产条件下保证施工生产连续和正常进行的必要条件。但是，储备材料的数量也并非越多越好，因为：储备材料没有投入消耗不能发挥效能，只保存了其使用价值。与此同时，储备的材料要占用一定量资金，要交付各种保管费用，要发生各种损耗，储备的材料越多，储存的时间越长，为其支付的利息和保管费用也越多，损耗也越大，会引起企业经济效益的下降。因此，材料储备既要满足施工生产正常进行的需要，又要有一个合理的数量界限，这个界限就是材料储备定额。

1. 概念和作用

（1）概念

所谓定额，就是"量"的标准和界限。建筑企业的材料储备定额，亦称材料库存周转定额，是指在一定条件下，为保证施工生产正常进行而规定的合理储存材料的数量标准。

（2）作用

建筑企业材料储备定额的主要作用，是确定和指导进行合理的材料储备，以保证施工生产的正常进行。具体表现在以下几点：

1）它是企业编制材料供应计划、安排订购批量和进料时间的依据之一。

2）它是掌握和监督库存动态，使库存经常保持在合理水平的标准。

3）它是核定企业流动资金或贷款额度的依据之一。

4）它是确定仓库面积、保管设备及保管人员的依据。

总之，材料储备定额是加强企业材料计划管理、正确组织材料供应、提高管理水平的重要因素。

2. 分类

（1）按定额的计算单位分类

按定额的计算单位分，将材料储备定额分为相对储备定额和绝对储备定额等。

相对储备定额以储备天数为计算单位，它表明应保有可供多少天使用的物资。利用相对储备定额，可比较不同物资、不同单位的储备水平。

绝对储备定额是按实物计量单位如吨、套、台、个、件、立方米等作为定额单位的。它用于物资计划编制、库存量控制和仓库保管面积的计算等。

相对储备定额和绝对储备定额可以互相换算，用平均一日需要量乘以储备天数就得出绝对储备定额。

【例题 9-1】企业某种物资全年需用 14400 件，相对储备定额为 40 天，求绝对储备定额。

【解】绝对储备定额＝平均日需要量×储备天数＝14400 件÷360 天×40 天＝1600(件)

注：平均每日需要量是根据某一物资全年需用量除以 360 天得出。

（2）按材料的储备形态构成分类

按材料的储备形态构成分类，将材料储备定额分为经常储备定额、保险储备定额、季节储备定额等。

经常储备是企业用于经常性周转的材料储备，其目的是在正常供应情况下，保证生产不间断地进行，它的大小决定于原材料供应周期的长短和平均每日原材料消费量的大小，因此，原材料经常储备的最高限度应该是在前后两次供货之间的时间内所需要入库的原材料数量。经常储备定额即为保证日常生产的正常需要而确定的材料储备定额。

保险储备是在材料不能按期到货或到的材料不符合合同以及施工速度加快等情况下，为使施工继续进行而建立的储备，其储备量应该是经常储备用尽后，在紧急催促下一期原材料运来之前企业所需要的数量，其最高限度应该是季节性供应中断期间企业所需要的原材料总量；最低量应接近于零。保险储备定额即为预防意外需要而确定的材料储备定额。

季节储备是适应材料生产上的季节性，在材料生产停产期间为保证施工需要而建立的储备。季节储备定额即为保证季节性供应或使用而确定的材料储备定额。

（3）按定额综合程度的不同分类

按定额综合程度的不同分，将材料储备定额分为个别储备定额和类别储备定额。

个别储备定额是按物资的具体规格型号制定的，用以编制明细规格的物资计划，进行具体物资的库存量管理。个别储备定额的制定，一般按其构成分别制定经常储备定额和保险储备定额，个别储备定额是这二者之和：

$$\text{个别物资储备定额} = \text{经常储备定额} + \text{保险储备定额} \quad (9\text{-}1)$$

类别储备定额是按物资大类品种制定的，由于物资类别的划分是相对的，因而类别储备定额也有综合程度大小的区别。类别储备定额用以编制类别物资计划，确定仓库保管面积和仓库设施，以及类别物资的库存量控制。类别物资包括若干个具体规格物资，类别储备定额是从总体上反映各种具体规格物资的储备状态，反映整个类别物资的平均储备水平。其计算公式为：

类别物资储备定额 =（平均供应期天数 × 调整系数 + 保险储备天数）× 平均一日需要量 (9-2)

式中的“平均一日需要量”为该类别各个别物资平均一日需要量之和；“平均供应期天数”和“保险储备天数”是根据各个别储备定额的相应天数，通过加权平均方法求得。

3. 影响材料储备定额的因素

材料储备定额是合理储存的数量标准，但是这个标准的高低，要受到企业内部和外部多种因素的影响。这些因素主要是：

（1）材料本身的特点。对于那些贵重价高的材料、储存寿命短的材料、体积大的材料、可以代用的和在施工中重要程度较低的材料，可降低其储备定额的水平。

（2）材料的生产和运输条件。材料生产企业越是大批量均衡生产，产成品储存能力越大，发货限额越低，供货越均匀，施工企业的储备定额越可以降低；材料生产和消费企业双方的距离越近，交通越方便，运力越充足，运货限额越低，施工企业的储备定额越可以降低。

（3）材料的供应方式。不同的材料供应方式，给施工生产提供了不同的可选择方案。直达供料流通费用省，但批量大，间隔期长；由本地区材料供销机构中转供应，流通费用较高，但批量小，间隔时间短，灵活性强。建筑企业应根据不同的具体情况，设置相应的材料储备。

（4）施工生产的材料消费特点。施工生产材料消费的突出特点是不均衡性和不确定性。工程量在一年中的不均衡、单位工程在不同施工阶段用料品种的差异、项目中标后准备期紧迫以及施工中的设计变更等，都会造成材料消费的不均衡和不确定。这些客观因素，要求提高储备定额水平，以适应经常变化的需要。

（5）施工企业的材料储存能力和资金条件。施工企业现有仓库、场地的储存能力，可使用的储备资金的数量，是确定储备定额时不可忽视的因素。

（6）市场条件。市场货源充裕、信息通畅、供需关系协调、供方信誉较好时，施工企业可适当降低材料储备定额水平。

上述因素是影响材料储备定额水平的一般因素，对于不同的企业和具体的工程项目和市场状况，还存在很多影响储备定额的其他特殊因素。为了制订合理的储备定额，企业必须综合权衡上述诸因素，以期达到降低储备费用、提高企业效益的目的。为此，采用科学方法制定材料储备定额、实行库存量控制，是企业材料管理工作的重要环节。

9.1.2 材料储备定额的制定

制定材料储备定额的方法，目前国内主要采用供应期法和经济采购批量法。

1. 经济采购批量法

（1）概念

材料部门按照生产进度和需要材料数量分批采购材料供应生产，每批采购材料的数量称为批量，采购批数和每批采购的数量直接影响着材料的采购费用、保管费用和资金占用。经济采购批量，也称最佳进货批量，它是指在一定时期内进货总量不变的条件下，使采购费用和保管费用总费用最低的采购数量。

1）采购费用。是随采购次数变动而变动的费用，包括差旅费、业务费等。该费用与采购批量成反比关系，即采购批量越大，采购次数越少，从而使采购费用下降。

2）保管费用。是随储存量变动而变动的费用，包括仓储费、占用资金利息费用、商品损耗费用等。该费用与采购批量成正比关系，因为采购批量越大，平均储存量越大，保管费用越高。

(2) 经济采购批量的限制条件

经济采购批量运用必须符合一定的条件要求，主要包括：

1）商品的采购需要量应当均衡稳定，计划期（如一年）的采购总量是一定的，并且是已知的；

2）货源充足，库存量不允许发生短缺；

3）商品单价和运费率固定，不受采购批量大小的影响；

4）每次的采购费用和每单位商品的储存费用均为常数；

5）仓储和资金条件等不受限制。

(3) 经济批量原理图

在采购过程中，既不能不考虑采购费用的节约，也不能不考虑储存费用的节约，应当力求使采购费用与保管费用之和最小。经济批量原理图如图 9-1 所示。

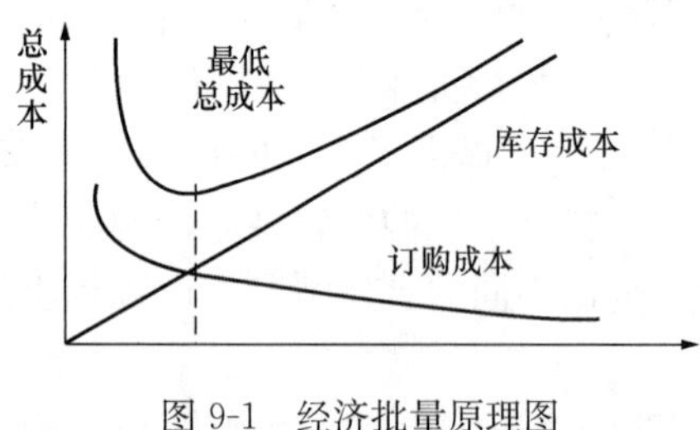

图 9-1　经济批量原理图

(4) 经济批量计算

1）总年持有成本

最优订货批量反映了持有成本与订货成本之间的平衡，年持有成本等于库存平均持有量与单位年持有成本的乘积，平均库存是每次订货批量 Q 的一半，用字母 H 代表每单位的年持有成本，则：

$$年持有成本 = H \cdot Q/2 \tag{9-3}$$

2）年订货成本

另一方面，一旦订货批量增大，年订货成本就会下降，一般情况下，年订货次数等于 R/Q，这里 R 为年总需求。订货成本不像持有成本对订货批量反应比较迟钝；无论订货批量是多少，特定活动都得照样进行，如确定需求量，定期评价供应源，准备发货单等。因而订货成本一般是固定的，年订货成本是年订货次数与每批订货成本（用 C_1 表示）的函数。有：

$$年订货成本 = C_1 \cdot D/Q$$

3）年总成本

年总成本由库存的持有成本和订货成本两部分组成，若每次订货 Q 单位，则：

$$年总成本 = 年持有成本 + 年订货成本 \quad 即\ T_c = H \cdot Q/2 + C_1 \cdot D/Q \tag{9-4}$$

这里 R 与 H 必须单位相同，总成本曲线呈 U 形，并在持有成本与订货成本相等的订货批量处达到最小值，即 $H \cdot Q/2 = C_1 \cdot D/Q$ 时算得的订货批量。

4）经济采购批量

原理：经济采购批量(又称经济库存量)：指某种材料订购费用和仓库保管费用之和为最低时的订购批量。当材料库存量内最高库存(经济库存量+安全库存量)消耗到最低库存(安全库存量)之前的某个预定的库存量水平即订购点时，就按一定批量(即经济采购批量)

订购补充控制库存。

$$经济采购批量=\sqrt{\frac{2\times 年需要量\times 每次采购费用}{单位商品储存费用}}$$

用计算公式表示见式（9-5）。

$$EOQ=\sqrt{\frac{2C_1D}{H}} \tag{9-5}$$

式中：EOQ——经济采购批量；

D——一定时期内采购总量；

C_1——每次采购费用；

H——单位商品储存费用/储存成本。

（注：采购费用主要包括采购人员工资、差旅费、采购手续费、检验费等。仓库保管费主要包括占用流动资金的利息、占用仓库的费用（折旧、修理费等）、库存期间的损耗以及防护费和保险费等。）

① 若已知年保管费率为 N，材料单价为 C_0，则经济采购批量的计算公式见式（9-6）。

$$EOQ=\sqrt{\frac{2C_1D}{C_0N}} \tag{9-6}$$

② 若已经每平方米仓库面积年保管费为 M，单位材料占用仓库有效面积为 G，则经济采购批量的计算公式见式（9-7）。

$$EOQ=\sqrt{\frac{2C_1D}{MG}} \tag{9-7}$$

5）安全库存量

安全库存量是为了防止缺货的风险而建立的库存。安全库存量的大小，主要由订货满足水平（或订货满足率）决定。订货满足水平越高，说明缺货、送货误期发生的情况越少，需要的安全库存量就越小。

安全库存量＝平均日消耗量×平均误期天数

用计算公式表示见式（9-8）

$$SS=d\cdot L_W \tag{9-8}$$

（平均误期天数一般根据历史统计资料加权计算后，再结合计划期到货误期的可能性确定。）

6）订购量

订购量＝平均日消耗量×最大订购时间＋安全库存量

（订购时间指从开始订购到验收入库为止的时间，有的材料还包括加工准备时间。）

其用计算公式表示见式（9-9）。

$$R_L=d\cdot L_T+SS=d\cdot L \tag{9-9}$$

式中：d——需求率，即单位时间内的需求量；

L——订货提前期。

7）年最小总成本

给定年总需求、每批订货成本和每单位年持有成本求出经济订货批量，进一步得到年最小总成本。年最小总成本计算公式见式（9-10）。

$$T_{c,\min}=p\cdot D+(D/EOQ)\cdot S+(EOQ/2)\cdot H \tag{9-10}$$

式中：p——单位商品成本；

S——单位订货费，每次订货的费用。

【例题 9-2】

已知：某公司每年采购 500t 水泥，平均采购提前期是 19 个工作日，最长的提前期是 25 个工作日。每年按 300 个有效施工天数计算。

问：

① 该公司水泥的安全库存量为多少？

② 当库存量达到多少时，公司应该再订购水泥？

【解】

① 计算安全库存量：

$$SS = d \cdot L_W = (500/300) \cdot (25 - 19) = 10\text{t}$$

② 计算订购点：

$$RL = d \cdot L = (500/300) \cdot 25 = 41.67\text{t}$$

2. 供应期法

所谓供应期法就是利用材料供应间隔周期的长短来制定材料储备定额的方法。采用这种方法制定储备定额，一般按个别材料和类别材料分别进行。

（1）个别材料储备定额的制定

个别材料储备定额，可分别按经常储备定额、保险储备定额和季节储备定额制定。这三种储备定额均根据下述公式计算：

材料储备定额＝平均每日材料需要量×合理储备天数

从上列公式来看，计算比较简单。但物资储备天数与每日需求量的合理确定较为复杂。

平均每日需要量：它是根据某一物资全年需用量除以 360 天得出。

合理储备天数：包括供应间隔天数、验收入库天数、使用前准备天数三个方面。

供应间隔天数：是前后两批物资运转的间隔天数。由于每次购入的数量，必须满足下批物资运达前的消耗需要，所以在物资的平均日需要量一定的情况下，供应间隔天数是决定经常储备的主要因素。如某一物资的供应间隔期为 10 天，平均日需求量为 5t，则每批购入数量应为 10×5＝50t，才能不使供应脱节。

验收入库天数：指物资抵达后的搬运、整理、检验和入库等所需要的时间。

使用前准备天数：指需要经过一定的加工或技术处理所需的时间。如原木被加工成板材，加工板材后的干燥处理等。但它不是每一物资都必须具有的因素。

如上所述，经常储备定额的计算公式应为：

经常储备定额＝平均每日材料需要量×（供应间隔天数＋验收入库天数＋使用前准备天数）

1）经常储备定额 C_j

经常储备定额在进料后达到最大值，接着随陆续投入消耗而逐渐减少，在下一批到料前达到最小值，然后再补充进料，即进货——消耗——进货，如此循环。

经常储备中，每次进货后的储备量叫最高储备量，每次进货前夕的储备量叫最低储备量，二者的算术平均值叫平均储备量，在两次到料之间的时间间隔称为供应间隔期，以天数计数，每批到货量称为到货批量。

在均衡消耗、等间隔、等批量到货的条件下，材料库存曲线如图 9-2 所示。

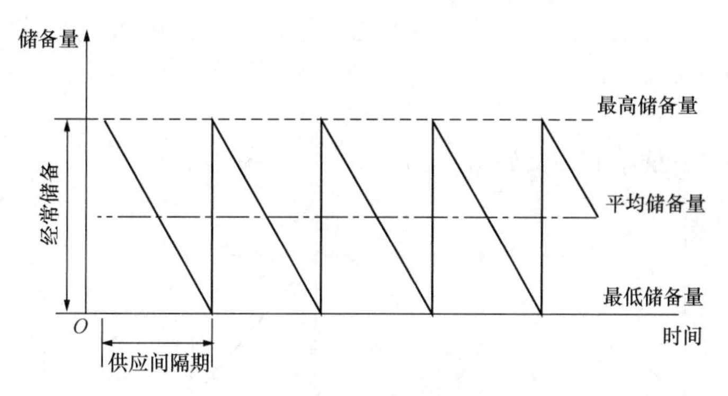

图 9-2　材料经常储备库存曲线图

经常储备定额的计算公式为：

经常储备定额 =平均供应间隔期 × 平均日消耗量

即：经常储备定额 =（平均供应间隔天数 + 验收入库天数 + 使用前准备天数）

×（计划期材料需要量 / 计划期天数）

式中：平均供应间隔天数，指平均前后两材料到货的间隔天数，包括采购、交货周期、途中运输天数。按下式计算：

$$平均供应间隔天数 = \frac{\Sigma(每次供应数量 \times 每次供应间隔天数)}{\Sigma(每次供应数量)}$$

验收入库天数，指材料到达用户单位仓库后的搬运、整理、质量检验、数量清点及办理入库手续所需的天数，可结合实际情况而定。

使用前的准备天数，指某些材料在投入使用前有一定的加工处理，如木材的干燥、砾石的清洗、石灰的水化等，就根据不同材料的具体情况而定。

计划期材料需用量，根据产品生产量和原材料消耗定额计算确定。

计划期天数，指计划期的日历天数或周期数，一般年度取 360 天，季度取 90 天，月度取 30 天，一年按 52 周计。

【例题 9-3】

某型号钢材由三个供货单位供应，有关资料见表 9-1，求该型号钢材的平均供应间隔天数。

供应单位调查汇总表　　　**表 9-1**

供应单位	计划季度内供应次数	供应间隔日期	每次供应量(kg)	全季供应量(kg)
甲	3	30	2000	6000
乙	6	15	500	3000
丙	2	45	500	1000

【解】 此种钢材的平均供应间隔天数$=\frac{300 \times 6000 + 15 \times 3000 + 45 \times 1000}{6000 + 3000 + 1000}=27$ 天

2）保险储备定额 C_b

保险储备的数量标准就是保险储备定额。保险储备定额一般确定为一个常量，无周期性变化，在库存曲线图上是一条平行于时间坐标轴的直线如图 9-3 所示。保险储备正常情况下不动用，只有在发生意外使经常储备不能满足需要才动用，动用后要立即补充。保险储备不是每种材料都需要建立的。保险储备定额有三种计算方法：统计分析法、安全系数法、临时采购法。

保险储备与经常储备的关系如图 9-3 所示。

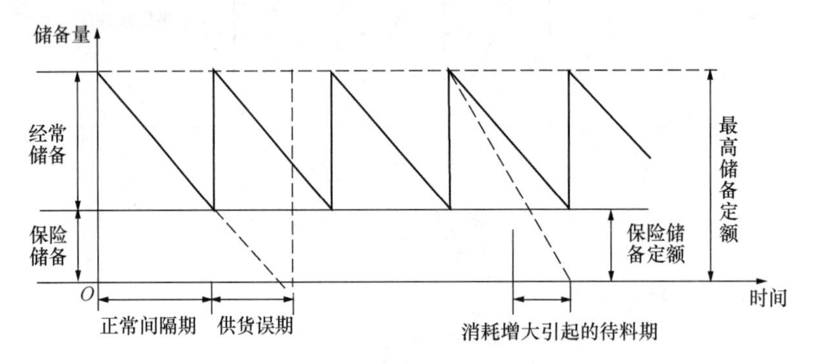

图 9-3　材料保险储备与经常储备关系图

3）季节储备定额 C_z

对某些材料来说，其生产供应或运输具有季节性中断，受季节影响而不能保证连续供应，如北方冬季的砖瓦生产、洪水期的河砂与河卵石采挖、封山期的原木运输等。因此，应将材料生产中断期间的全部需用量在中断前一次或分批购进存储，以备不能进料期间的消耗，直到材料恢复生产或运输后再转为经常储备。

季节储备一般在供应中断之前逐步积累，在供应中断前夕达到最高供应量，供应中断后逐步消耗，直到供应恢复。季节性储备，在材料使用期内同时起了经常储备的作用，无须另建立经常储备。

季节性储备的库存曲线如图 9-4 所示。

季节储备定额通常根据季节中断间隔期和平均日需要量计算，计算公式见式（9-11）。

$$\text{保险储备定额 } C_z = \text{季节中断间隔期 } T_z \times \text{平均日需要量 } H_r \tag{9-11}$$

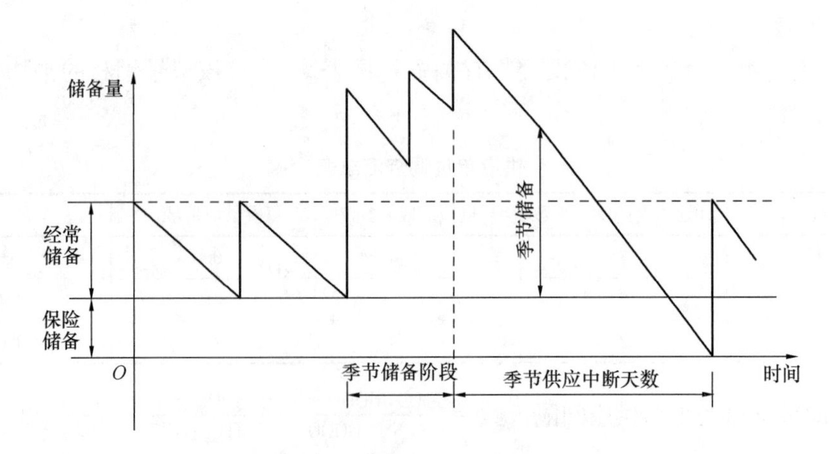

图 9-4　材料季节储备库存曲线图

式中，季节中断间隔期 T_z 必须在深入实地调查了解并掌握实际资料后确定。

季节储备应在中断前一次或分批购进存储，分别如图 9-5（a）、（b）所示。

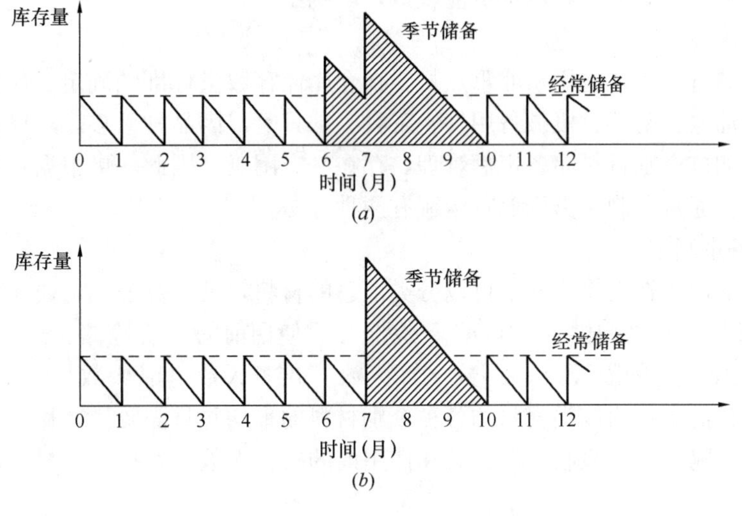

图 9-5　材料季节储备进料图

（a）分批进料的季节储备；（b）一次性进料的季节储备

（2）材料的最高和最低储备量

在确定了经常储备定额和保险储备定额后，可求出某种材料的最高储备量、最低储备量和平均储备量，即：

$$最高储备量 = 经常储备定额 + 保险储备定额 \tag{9-12}$$

$$最低储备量 = 保险储备定额 \tag{9-13}$$

$$平均储备量 = \frac{经常储备定额}{2} + 保险储备定额 \tag{9-14}$$

最高储备量与最低储备量的关系如图 9-6 所示。

对于季节性材料，供应中断期的最高储备量还包括季节储备定额，即：

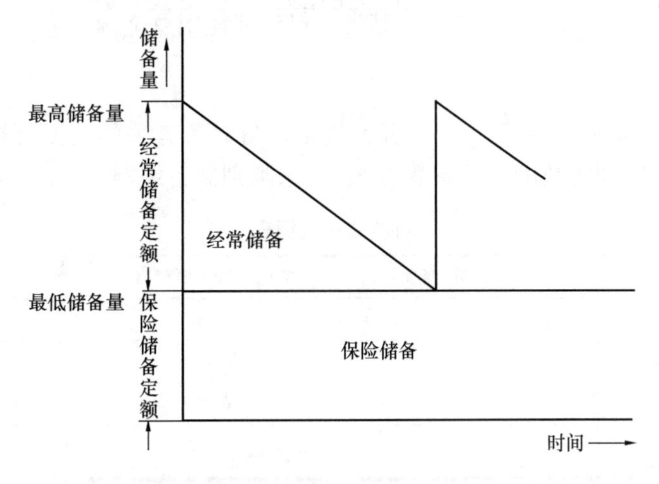

图 9-6　材料的最高和最低储备量图

$$\text{某种季节性材料的最高储备量} = \text{季节储备定额} + \text{保险储备定额} \tag{9-15}$$

当材料达到最高储备量时，应立即停止订货，以免材料积压，增加成本。当材料降到最低储备量时，应及时催货，以免供应脱节，影响生产。

（3）材料储备定额的制定

类别材料储备定额，适用于非重点材料在仓库储存数量标准的确定。如企业经常使用的辅助材料、油漆、配件、机械备用件、工具、护具等，因品种繁多，规格复杂且单个品种数量不大，如按个别材料储备定额管理，存在一定困难。因此，可根据具体条件分类别确定储备定额。通常，制定类别储备定额有两种方法：

1）按储备量制定

这种方法适用于在实物形式上可以分类汇总的材料，其计算公式见式（9-16）。

$$\begin{matrix}\text{类别材料}\\\text{储备定额}\end{matrix} = \left(\begin{matrix}\text{平均供应}\\\text{间隔天数}\end{matrix} \times \begin{matrix}\text{调整}\\\text{系数}\end{matrix} + \begin{matrix}\text{验收入}\\\text{库天数}\end{matrix} + \begin{matrix}\text{使用前的}\\\text{准备天数}\end{matrix} + \begin{matrix}\text{保险储}\\\text{备天数}\end{matrix}\right) \times \begin{matrix}\text{平均每日}\\\text{需要量}\end{matrix} \tag{9-16}$$

式中：平均每日需要量为该类材料的各种个别材料的平均每日需要量之和。

平均供应间隔天数、验收入库天数和使用前的准备天数，均按个别材料的相应天数进行加权平均而得。

调整系数根据该类材料中的各种材料储备状态综合考虑确定，其值一般在50%～80%之间。

2）按储备金额制定

这种方法适用于在实物形式上难以分类汇总的材料，计算公式见式（9-17）。

$$\begin{matrix}\text{类别材料储}\\\text{备资金定额}\end{matrix} = \text{平均每日消耗金额} \times \text{核定储备天数} \tag{9-17}$$

式中：平均每日消耗金额为该类材料的各种个别材料的平均每日需要量乘以单价后的总和。

核定储备天数可根据上期实际储备天数推算，再根据计划期供应条件，对所得结果加以修正，确定计划期天数。某类材料实际储备天数计算公式见式（9-18）。

$$\begin{matrix}\text{某类材料实}\\\text{际储备天数}\end{matrix} = \frac{\text{平均库存金额} \times \text{报告期天数}}{\text{某类材料年度耗用总金额}} \tag{9-18}$$

【例题 9-4】

某类别材料包括 A、B、C、D、E 五种规格，与储备有关的数据资料如表 9-2，假设该类别材料平均供应期天数的调整系数为 0.7，求类别储备定额（t）。

材料储备数据表 **表 9-2**

规格物资	供应期天数	平均一日需要量(t/天)	保险天数
A	30	40	8
B	60	20	10
C	90	30	15
D	20	50	—
E	10	60	5

【解】

类别物资的平均一日需要量为：

$$40 + 20 + 30 + 50 + 60 = 200(\text{t/天})$$

类别物资的平均供应期天数为：

$$(30 \times 40 + 60 \times 20 + 90 \times 30 + 20 \times 50 + 10 \times 60) \div 200 = 33.5(\text{天})$$

类别物资的平均保险储备天数为：

$$(8 \times 40 + 10 \times 20 + 115 \times 30 + 0 \times 50 + 5 \times 60) \div 200 = 6.35(\text{天})$$

则，该类别物资储备定额为：

$$(33.5 \times 0.7 + 6.35) \times 200 = 5960(\text{t})$$

9.1.3 材料储备的管理

材料储备管理是建筑企业材料管理的重要环节，主要应解决两方面的问题：

第一，在一定时间内合理的储备量应为多少？

第二，什么时间补充储备？

以下介绍材料储备的几个管理要点。

1. 定量控制法和资金控制法

（1）定量控制法

定量控制法是根据仓库管理人员提供的物资库存情况，组织采购。当库存量接近或等于保险储备量时，仓库管理人员就发出信号要求组织进货。采用此法应注意以下问题：

第一，根据物资收、耗、存的统计资料，预测资源和需用趋势，主动与供货单位协调，争取恰当的供货周期和批量。

第二，订购物资的计划要与生产经营计划衔接，进行物资储备量控制的决策。

第三，供应部门应把物资储备定额作为计划、订购、保管工作的依据之一。

（2）资金控制法

资金控制法是根据物资储备资金定额，控制储备量。按物资的订购任务把储备资金按月或按季分给计划和采购人员，按经济责任制进行奖罚，具有明显经济效果。

2. 定期订货和定量订货方式

（1）定期订货方式

定期订货方式又称定期盘点法订货方式，订货时间事先确定，订货数量的计算公式见式（9-19）。

$$\begin{aligned}\text{订货数量} =& \text{平均每日需用量} \times (\text{采购或订货日数} + \text{供应间隔日数}) \\ &- \text{期货数量} + \text{保险储备量}\end{aligned} \tag{9-19}$$

采购或订货日期包括从发出订货单到物资验收入库为止所需要的时间。期货数量是指已经订货尚未交货而在供应间隔数日内可以到货的数量。

（2）定量订货方式

定量订货方式即库存量降到一定水平（订货点）时，便以已经算好的固定数量去订货。订货点的关键在于计算出订货点的储备量。

所谓“订货点”就是物资库存量下降到必须再次订货的数量界限。提出订货时的库存数量称为“订货点量”。它是根据保险储备量，订货日数以及平均每日需用量等因素确定的。计算公式见式（9-20）。

$$订货点量 = 平均每日需用量 \times 订货日数 + 保险储备量 \tag{9-20}$$

合理地确定订货点，是保持合理物资储备的重要措施。在一定条件下，如果订货点定得过高，物资储备就会过多，从而增加保管费用；订货点定得过低，物资储备就会过少，从而影响生产的正常进行。

9.2 材料出入库管理

9.2.1 材料出入库管理原则和任务

仓库业务主要由验收入库、保管维护保养、材料出库和材料资料管理等阶段组成。材料仓库管理的具体任务是：

及时、准确、迅速地验收材料；妥善保管，科学维护；加强储备定额管理；发料管理；确保仓库安全；建立和健全科学的仓库管理制度。

9.2.2 材料验收入库

材料入库由接料、验收、入库三个环节组成。材料接料时必须认真检查验收，合格后再入库，材料验收入库，是储存活动的开始，是划清企业内部与外部材料购销经济责任的界线。

1. 材料验收入库工作程序

验收是对到货材料入库前的质量、数量检验，核对单据、合同，如发现问题，要划清买方、卖方、运方责任，填好相应记录，签好相应凭证，为今后的材料保管和发放提供条件。材料验收入库工作的基本要求是：准确、及时、严肃，其工作顺序如下：

（1）验收准备

搜集并熟悉验收凭证及有关资料，准备相应的检验工具，计划堆放位置及苫垫材料准备，安排搬运人员和工具，特殊材料防护设施准备，有要求时要通知相关部门或单位共同验收。

（2）核对凭证

认真核对每批进库材料的发票、运单、质量证明是否符合进货计划和合同的要求，无误后按照具体凭证逐个加以检验。

（3）检验实物

根据材料各种证件和凭证进行数量检验的质量检验。数量检验是按合同规定的方法或称重计量、量长计量、清点数量计量。质量检验是按各项材料检验标准进行外观质量检验，凡涉及材质的物理、化学试验，由具有检验资质的检验部门进行并作出报告。进口材料及设备还要会同商检局共同验收。

所有数量、质量检验中发现的问题，均应作出详细记录，以备复验和索赔。

（4）问题处理

在材料验收中，若检查出数量不足、规格型号不符、质量不合格等问题，仓库应实事求是地办理材料验收记录，及时报送业务主管部门处理。

（5）办理入库手续

验收合格的材料，必须及时入库，并分别按材料的品名、规格、数量进行建卡登记和记账，从实物和价值两个方面反映入库材料的收、发、存动态，做到账、卡、实相符。

2. 验收中发现问题的处理

（1）再验收。危险品或贵重材料则按规定保管、进行代保管或先暂验收，待证件齐全后补办手续。

（2）供方提供的质量证明书或技术标准与订货合同规定不符，应及时反映业务主管部门处理；按规定应附质量证明而到货无质量证明者，在托收承付期内有权拒付款，并将产品妥善保存，立即向供方索要，供方应即时补送，超过合同交货期补交的，即作逾期交货处理。

（3）凡规格、质量部分产品不符要求，可先将合格部分验收，不合格的单独存放，妥善保存，并部分拒付货款，作出材料验收记录，交业务部门处理。

（4）产品错发到货地点，供方应负责转运到合同所定地点外，还应承担逾期交货的违约金和需方因此多支付的一切实际费用，需方在收到错发货物时，应妥善保存，通知对方处理；由于需方错填到货地点，所造成的损失，由需方承担。

（5）数量不符，大于合同规定的数量，其超过部分可以拒收并拒付超过部分的货款，拒收的部分实物，应妥善保存。

（6）材料运输损耗，在规定损耗率以内的，仓库按数验收入库，不足数另填报运输损耗单冲销，达到账账相符。

（7）运输中发生损坏、变质、短少等情况，应在接运中办理运输部门的“普通记录”或“货运记录”。

所有重大验收问题，都要让供方复查确认。应保存好合同条款、验收凭证、供方或运方签认的记录作为索赔依据，在索赔期内向责任方提出索赔。验收单一式四联：A库房存（作收入依据）；B财务（随发票报销）；C材料部门（计划分配）；D采购员（存查）。

9.2.3 材料盘点

材料盘点通常采用定期盘点和永续盘点两类方法。

1. 定期盘点

指季末或年末对库房和料场保存的材料进行全面、彻底盘点。达到有物有账，账物相符和账账相符。

盘点步骤：按盘点规定的截止日期及划区分块范围、盘点范围，逐一认真盘点，数据要真实可靠；以实际库存量与账面结存量逐项核对，编报盘点表；结出盘盈或盘亏差异。

盘点中出现的盈亏等问题，按照“盘点中问题的处理原则”进行处理。

2. 永续盘点

对库房每日有变动的材料，当日复查一次，即当天对库房收入或发出的材料，核对账、卡、物是否对口；每月查库存材料的一半；年末全面盘点。

9.2.4 材料出库

材料出库，是按照需用单位的要求，根据合法的凭证，将仓库储存的材料如质如量地发给需用单位或部门，从而满足和保证生产建设的需要。

1. 材料发放的要求

材料出库应本着先进先出、专料专用、准确及时的原则，要及时、准确、面向生产、为生产服务，保证生产正常进行。

2. 材料出库程序

（1）发放准备。一般内容是按出库计划，做好计量工具、装卸、倒运设备、人力以及随货发出的有关证件的准备。

（2）核对出库凭证。出库的材料，必须具有符合规定的出库凭证。保管员应检查出库凭证上的材料名称、规格、数量及印件是否齐全、正确、无误后方可备料。非正式凭证一律不予发放。

（3）备料。按凭证所列内容，分库房、货位进行备料。同批到达分批发出材料的技术证件，技术资料应予复制，原件由仓库保存。

（4）复核与点交。保管员对单据和实物进行复核，与领料员当面点交，防止差错。复核的内容一般包括：所备材料的品种、规格、质量、数量是否与出库单相符，应随材料出库的有关证件是否正确，实物卡是否已经注销，实物卡的结存是否和实物相符。

（5）清理善后工作。材料出库后要及时销账，清理场地、货位，集中整理苫垫材料，做好封垛、并垛等善后工作。

3. 工程限额发料管理制度

（1）项目执行限额发料制度：

限额发料的依据有三个：一是施工材料消耗定额，二是用料者所承担的工程量或工作量，三是施工中必须采用的技术方案措施。采取分层分段限额用料的方式，即按工程施工段或施工层综合限定材料消耗数量，按段或层进行考核。具体计算由技术部门完成。

（2）材料计划和限额发料单是材料室发料的依据，应严格履行领发料手续。限额发料单必须签字齐全，不能代签或补签。

（3）材料室现场保管员应监督各施工班组人员合理使用材料，应做到长料不得短用，大料不得小用，好料不得滥用，优材不得劣用。

（4）材料室应尽量使现场材料达到合理、经济的使用，做到不浪费或少浪费，并要求各班组工完场清料净，以免产生太多的垃圾，并应注重材料的回收和再利用。回收时应注意回收材料工作的质量以备再利用，必须达到有效控制的目的。

材料进场时必须根据进料计划、送料凭证、产品合格证进行数量和质量验收，材料领用要办理材料出库手续，出库单一式三份，现场技术工程师和材料员各一份，留底一份。

9.3 现场常见材料保管

9.3.1 进场水泥保管

（1）水泥进场后，承包人应向监理工程师提供每批水泥的清单，说明厂商名称、水泥种类及数量，以及厂商的试验说明，证实该批水泥已经试验分析，在各方面符合标准规范要求。

(2) 承包人应对进场的每批水泥按试验规程取样检验，并将结果上报监理工程师批准。不合格水泥不得使用。

(3) 应在适当地点建立完全干燥、通风良好、防风雨、防潮湿的足够容量的库房放置水泥，底部应垫起离地约 300mm，以防止受潮。现场仓库应尽量密闭。

(4) 入库的水泥应按品种、强度等级、出厂日期分别堆放，并树立标志。做到先到先用，并防止混掺使用。

(5) 袋装水泥堆垛应至少离开四周墙壁 300mm，各垛之间应留置宽度不小于 700mm 的通道，堆垛高度以不超过 10 袋为宜。

(6) 散装水泥在库内贮放时，水泥库的地面和外墙内侧应进行防潮处理。散装水泥宜在专用的仓罐中贮放。

(7) 临时露天暂存水泥应用防雨篷布盖严，底板要垫高，并采取防潮措施。

(8) 水泥运到工地后应尽快使用，水泥由于受潮或其他原因，监理认为变质或不能使用时，应从工地运走。

(9) 水泥储存时间不宜过长，以免结块降低强度。当在使用中对水泥质量有怀疑或水泥出厂超过三个月（快硬硅酸盐水泥超过一个月）时，应进行复验，并按复验结果使用。

(10) 水泥不得和石灰石、石膏、白垩等粉状物料混放在一起。

9.3.2 进场钢材保管

1. 选择适宜的场地和库房

(1) 保管钢材的场地或仓库，应选择在清洁干净、排水通畅的地方，远离产生有害气体或粉尘的厂矿。在场地上要清除杂草及一切杂物，保持钢材干净。

(2) 在仓库里不得与酸、碱、盐、水泥等对钢材有侵蚀性的材料堆放在一起。不同品种的钢材应分别堆放，防止混淆，防止接触腐蚀。

(3) 大型型钢、钢轨、辱钢板、大口径钢管、锻件等可以露天堆放。

(4) 中小型型钢、盘条、钢筋、中口径钢管、钢丝及钢丝绳等，可在通风良好的料棚内存放，但必须上苫下垫。

(5) 一些小型钢材、薄钢板、钢带、硅钢片、小口径或薄壁钢管、各种冷轧、冷拔钢材以及价格高、易腐蚀的金属制品，可存放入库。

(6) 库房应根据地理条件选定，一般采用普通封闭式库房，即有房顶有围墙、门窗严密，设有通风装置的库房。

(7) 库房要求晴天注意通风，雨天注意关闭防潮，经常保持适宜的储存环境。

(8) 钢材在入库前要注意防雨淋或混粘杂质，已经淋雨或弄污的钢材要将杂质清理干净。

2. 合理堆码

(1) 堆码的原则要求是在码垛稳固、确保安全的条件下，做到按品种、规格码垛，不同品种的材料要分别码垛，防止混淆和相互腐蚀。

(2) 禁止在垛位附近存放对钢材有腐蚀作用的物品。

(3) 垛底应垫高、坚固、平整，防止材料受潮或变形。

(4) 同种材料按入库先后分别堆码，便于执行先进先发的原则。

(5) 露天堆放的型钢，下面必须有木垫或条石，垛面略有倾斜，以利排水，并注意材料安放平直，防止造成弯曲变形。

(6) 堆垛高度，人工作业的不超过 1.2m，机械作业的不超过 1.5m，垛宽不超过 2.5m。

(7) 垛与垛之间应留有一定的通道，检查道一般为 0.5m，出入通道视材料大小和运输机械而定，一般为 1.5～2.0m。

(8) 垛底垫高，若仓库为朝阳的水泥地面，垫高 0.1m 即可；若为泥地，须垫高 0.2～0.5m。若为露天场地，水泥地面垫高 0.3～0.5m，沙泥面垫高 0.5～0.7m。

(9) 露天堆放角钢和槽钢应俯放，即口朝下，工字钢应立放，钢材的Ⅰ形槽面不能朝上，以免积水生锈。

3. 保护材料的包装和保护层

钢材出厂前涂的防腐剂或其他镀覆及包装是防止材料锈蚀的重要措施，在运输装卸过程中须注意保护，不能损坏，可延长材料的保管期限。

4. 保持仓库清洁、加强材料养护

(1) 材料在入库前要注意防止雨淋或混入杂质，对已经淋雨或弄污的材料要按其性质采用不同的方法擦净；如硬度高的可用钢丝刷；硬度低的用布、棉等物。

(2) 材料入库后要经常检查；如有锈蚀，应清除锈蚀层。

(3) 一般钢材表面清除干净后，不必涂油，但对优质钢、合金薄钢板、薄壁管、合金钢管等，除锈后其内外表面均需涂防锈油后再存放。

(4) 对锈蚀较严重的钢材，除锈后不宜长期保管，应尽快使用。

9.3.3 各类易损、易燃、易变质材料保管

1. 易损材料保管

易损物品是指那些在搬运、存放、装卸过程中容易发生损坏的物品，如玻璃和陶瓷制品、精密仪表等。对易损物品管理时，应减少单次装卸量、减少搬运次数的搬运强度，并尽量保持原包装状态，通常按如下的方法实施管理：

(1) 严格执行小心轻放、文明作业。

(2) 尽可能在原包装状态下实施搬运和装卸作业。

(3) 不使用带有滚轮的储物架。

(4) 不与其他物品混放。

(5) 利用平板车搬运时要对码层做适当捆绑后进行。

(6) 一般情况下不允许使用吊车作业。

(7) 严格限制摆放的高度。

(8) 使用明显标识标明其易损的特性。

(9) 严禁滑动方式搬运。

2. 易燃材料保管

易燃材料是指具有易燃性质，在运输、装卸、生产、使用、储存、保管过程中，于一定条件下能引起燃烧，导致人身伤亡和财产损失的材料，如竹、木模板，油漆，氧气，乙炔，电石，装修中的木制品和布艺制品等。建筑施工常用易燃材料管理要点如下：

(1) 木材类材料。木材进场及加工后的成品、半成品要在干燥、平坦、坚实的场地按规格、长度分别存放。木材堆放在木工棚内，应设专人管理，分规格堆放整齐，离木工棚10m内不得有明火，并设置灭火器。现场明火作业远离木材存放现场，现场严禁吸烟。木材堆放场地附近要设置消防器材和消火栓，一旦出现火灾可及时进行扑救。

(2) 油漆类材料。建筑工程施工使用的油漆稀释剂，都是挥发性强、闪点低的一级易燃易爆化学流体材料，诸如汽油、松香水、信那水等易燃材料。现场要单独设置油漆、化工材料库房，按品种、规格存放在干燥、通风、阴凉的库房内，严格与火源、电源隔离，储存温度保持在5～30℃之间。存放时要保持包装完整及密封，码放位置要平稳、牢固，防止倾斜与碰撞。油漆工在休息室内不得存放油漆和稀释剂，必须设库存放，容器必须加盖。库房悬挂防火标志，配备防火器材。

(3) 氧气、乙炔类。氧气瓶存放场所必须符合防火要求，远离明火，防阳光曝晒，并且悬挂防火标志，在附近设置消防器材。存放场所不得堆放其他物品，不设电器装置，要有安全管理制度，存放要固定牢固，防止倾倒；要有“严禁烟火”标志。存放场所采用钢材等不燃材料制成封闭的门、有锁、通风良好，有防雨措施。氧气、乙炔存放时要保证安全距离，不得混放。搬运氧气瓶要轻起轻放，严禁碰撞、抛掷、滚滑，瓶阀不得对准人。气瓶尽量避免沾染油污。不得用沾有油污的车辆运输气瓶，不得穿沾有油污的衣服、手套装卸气瓶。

(4) 电石类。电石本身不会燃烧，但遇水或受潮会迅速分解出乙炔气体。在装箱搬运、开箱使用时要严格遵守以下要求：严禁雨天运输电石，途中遇雨或必须在雨中运输应采取可靠的防雨措施。搬运电石时，要轻搬轻放，严禁用滑板或在地上滚动、碰撞或敲打电石桶。电石桶不要放在潮湿的地方，库房必须是耐火建筑。有良好的通风条件，库房周围10m内严禁明火。库内不准设气、水管道，以防室内潮湿。库内照明设备应用防爆灯，开关采用封闭式并安装在库房外。禁止穿带钉子的鞋进入库内，以防摩擦产生火花。

(5) 防腐材料。环氧树脂、呋喃、酚醛树脂、乙二胺等都是建筑工程常用的树脂类防腐材料，都是易燃液体材料。它们都具有燃点和闪点低、易挥发的共同特性。它们遇火种、高温、氧化剂都有引起燃烧爆炸的危险。与氨水、盐酸、氟化氢、硝酸、硫酸等反应强烈，有爆炸的危险。因此，在储存、使用、运输时，都要注意远离火种，严禁吸烟，温度不能过高，最好不超过280℃。防止阳光直射。应与氧化剂、酸类分库存放，库内要保持阴凉通风。搬运时要轻拿轻放，防止包装破坏外流。

(6) 石灰。生石灰能与水发生化学反应，并产生大量热，足以引燃燃点较低的材料，如：木材、席子等。因此，储存石灰的房间不宜用可燃材料搭设，最好用砖石砌筑。石灰表面不得存放易燃材料，且有良好的通风条件。

3. 易变质材料保管

易变质在本质上体现的是材料的耐久性。材料的耐久性是指用于建筑物的材料，在环境的多种因素作用下不变质、不破坏，长久地保持其使用性能的能力。耐久性是材料的一种综合性质，诸如抗冻性、抗风化性、抗老化性、耐化学腐蚀性等均属耐久性的范围。此外，材料的强度、抗渗性、耐磨性等也与材料的耐久性有密切关系。

建筑材料在使用中逐步变质失效，有其内部因素和外部因素，且外部因素往往和内部因素结合而起作用，各外部因素之间也可能互相影响。这些内外因素，最后都归结为机械的、物理的、化学的以及生物的作用，单独或复合地作用于材料，抵消了它在使用中可能同时存在的有利因素的作用，使之逐步变质而导致丧失其使用性能。

在建筑材料中，金属材料主要易被电化学腐蚀（见金属材料的耐久性）；水泥砂浆、混凝土、砖瓦等无机非金属材料，主要是通过干湿循环、冻融循环、温度变化等物理作用，以及溶解、溶出、氧化等化学作用；高分子材料主要由于紫外线、臭氧等所起的化学作用（见高分子材料的耐久性），使材料变质失效；木材主要是由于腐烂菌引起腐朽和昆虫引起蛀蚀而使其失去使用性能，但环境的温度、湿度和空气又为菌类、虫类提供生存与繁殖的条件。

为提高材料耐久性，可根据实际情况和材料的特点采取相应的措施，以防为主，如合理选用材料，减轻环境破坏的作用，提高材料的密实度，采用表面覆盖层等。同时要做好材料的保管保养，如做好堆码及防潮防损工作，控制温度、湿度和光照，经常检查、及时发现变质情况并采取补救措施，严格控制材料储存期限等。

（1）提高金属材料耐久性

钢材和铸铁材料储存时与空气、雨水接触，水汽和雨水会在金属表面形成溶膜并溶入 O_2 和 CO_2 而形成电解质液，导致电化学腐蚀。大气中含有的各种工业气体和微粒也能加剧腐蚀。近海地区的海盐微粒，可在金属表面形成氯盐液膜而具有很强的腐蚀性。铁锈的质地疏松，不能阻止腐蚀的发展。因此，提高金属材料耐久性，可以采用有机涂层作防护层，在钢材中加入少量磷、铜等合金元素等方法，有效地增强抗大气腐蚀性能。

（2）提高高分子材料耐久性

在建筑材料中，高分子材料由于受气候、热、光、紫外线、臭氧等作用，可能引起变色、变脆、强度降低等。这种使材料的外观和性能随时间而变坏的现象称老化。高分子材料最常见、破坏性最强的老化类型有热氧老化、臭氧老化、光氧老化、疲劳老化等，在建筑施工过程中不常见的老化类型有金属离子催化老化、生物老化、水解老化等。

高分子材料防老化的防护措施主要有：

1）选用添加抗氧剂、抗疲劳剂、抗臭氧剂、金属离子钝化剂等的材料。

2）选用聚合或成型加工工艺，或改用橡塑共混、改性材料。

3）选用有抗老化表面涂层的材料，或者使用防护蜡、防护油。

4）作好防潮、防雨措施，避免受潮、浸水。

5）室内储存或密封储存，避免直接暴露于大气中或日光的照射下。

6）避免经常搬运、折叠存放，减少疲劳老化。

（3）提高木材耐久性

木材易遭到虫害或微生物的侵蚀，也属于易燃材料，提高木材耐久性，要从防腐、防虫、防火三个方面采取措施：

1）不要直接将木料放在阳光能直射到的地方或是阴暗潮湿的地方。

2）将木料尽量放置在通风干燥的环境中。

3）装饰板平放放置，避免竖着或斜靠墙面摆放。

4）木材表面涂层采用防水性好的涂料。

5）木料存储场地和施工现场尽量远离有明火以及电源插头的地方。

6）潮湿条件下的木材易滋生真菌寄生和繁殖，需要在刷涂层前刷好底漆。

(4) 提高混凝土耐久性

要提高混凝土的耐久性，必须降低混凝土的孔隙率，特别是毛细管孔隙率，最主要的方法是降低混凝土的拌和用水量。但如果纯粹的降低用水量，混凝土的工作性将随之降低，又会导致捣实成型困难，同样造成混凝土结构不致密，甚至出现蜂窝等宏观缺陷，不但混凝土强度降低，而且混凝土的耐久性也同时降低。

提高混凝土耐久性基本有以下几种方法：

掺入高效减水剂，以降低用水量，减少水灰比，使混凝土的总孔隙，特别是毛细管孔隙率大幅度降低；

掺高效活性矿物掺料，达到改善水化胶凝物质的组成，消除游离石灰的目的；

通过养护、覆盖等方法消除混凝土干缩裂缝和温度裂缝、抑制碱骨料反应；

使用低盐原材料，限制或消除从原材料引入的碱、SO_3、Cl^-等可以引起破坏结构和侵蚀钢筋物质的含量；

采用高性能混凝土，在大幅度提高混凝土强度的同时，也大幅度地提高了混凝土的耐久性。

9.3.4 常用施工设备保管

(1) 建立施工设备技术档案，包括设备规格、性能、附件、参数、操作记录、修理记录以及使用时应特别注意的事项。

(2) 进行设备编号和记录。记录发放使用日期，使用者记录，调用和归还信息等。

(3) 对所使用、保管的设备做好经常性保养、维修，使设备处于完好状态，充分发挥作业能力，延长使用寿命。

(4) 设备的借用、转借、调拨与报废等，应符合一定的审批程序。

(5) 机械设备一般均应入库保管；只能存放在露天的机械设备要做到上盖、下垫，对附属配件及随机工具应妥善保管，防止丢失。

(6) 机械设备库房和停放场应保证安全，防盗、防火；要有消防设施和用品，库房内不能存放易燃、易爆物品。

(7) 机械设备入库前应做好清洁、润滑，排净存水，并将通往体内的管口封闭，防止水或杂物进入机内。

(8) 入库机械设备要垫放稳妥，有轮胎的机械设备应把轮胎架空，所有机上挂体应一律放下。

(9) 精密零件、电气仪表和怕受潮的机械设备应在室内罩盖保护防止受潮和进入尘土。

(10) 内燃机械应定期发动运转，如不能发动，也应该设法注油并转动主轴使其内部润滑。

(11) 机械设备说明书上有特殊规定时，应按说明书规定保管。

9.4 材料、设备储备与保管综合分析

【例题 9-5】

施工企业 A 以单价 10 元每年购入某种产品 8000 件。每次订货费用为 30 元，资金年

利息率为12%，单位维持库存费按所库存货物价值的18%计算。若每次订货的提前期为2周，试求经济生产批量、最低年总成本、年订购次数和订货点。

【解】 已知单件 $p=10$ 元/件，年订货量 D 为8000件/年，单位订货费即调整准备费 S 为30元/次，单位维持库存费 H 由两部分组成，一是资金利息，二是仓储费用，即 $H=10\times12\%+10\times18\%=3$ 元/(件·年)，订货提前期 L_T 为2周，求经济生产批量 EOQ 和订货点 R_L。

经济批量

$$EOQ=\sqrt{\frac{2C_1D}{H}}=\sqrt{\frac{2\times8000\times30}{3}}=400(\text{件})$$

最低年总费用

$$T_{c,\min}=p\cdot D+(D/EOQ)\cdot S+(EOQ/2)\cdot H=8000\times10+(8000/400)\times30+(400/2)\times3=81200(\text{元})$$

年订货次数 $n=D/EOQ=8000/400=20$

订货点 $R_L=(D/52)\times L_T=8000/52\times2=307.7$(件)

【例题9-6】

某施工企业对某产品的需求 $D=600$ 件/月，订购成本 $S=30$ 元/次，订货提前期3天，单位货物存储成本为每月按货物价格的10%计算，单价 $C=12$ 元/件，求经济订货批量、每月订货次数、订货点(注：每月按30天计算)。

$C_1=12$ 元/件，$S=30$ 元/次，$D=600$ 件/月，$H=12\times0.1=1.2$ 元/(件·月)，$L_T=$ 3天

经济订货批量：$EOQ=\sqrt{\frac{2C_1D}{H}}=173$ 件/次

月订货次数：$n=D/EOQ=600/173=3.47\approx4$ 次/月

订货点：$R_L=(D/30)\cdot3=60$ 件

【例题9-7】

根据对市场和生产厂家××公司情况调查，预测市场每年对××公司生产的产品的需求量为20000t，该公司一年的生产时间按250个工作日计算。生产率为每天100t，生产提前期为4天。单位产品的生产成本为50元，单位产品的年维持库存费为10元，每次生产的生产准备费用为20元。试求经济生产批量 EPL、年生产次数、订货点和最低年总费用。

分析：已知：$d=20000/250=80$；$D=100\times250=25000$；$p=100$；$L_T=4$；$C=50$；$H=10$；$S=20$；$D=20000$。求：$EPL=?$ $n=?$ $R_L=?$ $T_{c,\min}=?$

【解】

需求率：$d=20000/250=80$

经济生产批量：$EPL=\sqrt{\frac{2CD}{H}}=632\text{t}$

年生产次数：$n=20000/632=31.6=32$

订货点：$R_L=4\times 80=320$

最低年库存费用：

$$\begin{aligned}T_{c,\min}&=C\cdot D+(D/EPL)\cdot S+[EPL(p-d)/(2p)]\cdot H\\&=50\times 20000+20\times 32+632\times(20/200)\times 10=1001272\end{aligned}$$

第10章　对危险物品进行安全管理

10.1　现场材料管理安全职责

10.1.1　材料员安全管理岗位职责

（1）认真学习贯彻执行国家有关安全生产方针，劳动保护政策、法规，以及上级有关安全生产方面的批示。

（2）积极深入现场，掌握生产动态，及时提出材料管理月度或阶段性考核指标，对指标的可靠性和准确性负责。

（3）根据生产需要，定期编制、补充、修改、完善材料定额，做好定额的实用性和有效性。

（4）建立重要生产消耗指标的统计台账，定期分析，并将分析结果及时反映给主管领导。

（5）积极完成各项安全考核指标，保障安全生产工作的正常进行。

（6）做好各类施工现场料具管理，保证安全：

1）安全网、安全带、安全绳必须进行张拉、冲击试验，合格后方可入库验收使用。

2）钢材、水泥、商品混凝土等重要物资，一定要送交有关部门验收合格后方可购进。

3）对重要物资一定要从质量信誉比较好的厂商购进，并要有厂家的质保书，产品合格书。

4）供应给现场使用的一切扣具和附件等，购入时必须有出厂合格证明，发放时必须保持符合安全要求，回收后必须检修。

5）对负责购买的劳保用品，如安全帽、安全带、安全网等必须符合国家标准的要求。

6）对已批准的安全设施所用材料，应纳入供应计划，及时采供。

10.1.2　设备管理员安全管理岗位职责

（1）严格执行企业机械安全设备管理制度，负责处理机械设备、脚手架的调度、维修、保养，以确保机械设备在运转过程中不发生因机械不正常运转造成的意外伤害事故。

（2）建立机械设备安全管理台账、记录，做到内容准确，记录认真。

（3）制定、组织设备的安全管理制度，定期组织设备的维修、保养工作，保证设备的正常运转，防止意外事故的发生。

（4）做好设备的安全技术工作，组织和参加设备事故的调查分析，并提出处理意见。

（5）认真贯彻安全操作规程和维护保养规则，使设备保持清洁、整齐、润滑，保证设备处于良好的技术状态。

（6）组织机械操作人员的安全技术培训，坚持持证上岗，机械操作人员必须按规定戴好防护用品。

（7）经常深入工地了解设备的维修、保养、使用情况，协助部门负责人做好各项材料设备的安全管理工作。

10.1.3 材料采购安全职责

（1）服从材料部门负责人的领导，根据材料供应计划，努力做好采购工作，做到“三比一看”。

（2）优先采购合格分承包方的产品及符合国家质量标准，并具有产品合格证书和有关资料的产品。

（3）主要料具采购前，应掌握质量等级要求和相应预算价格，认真询价，详细比对，并及时向材料部门负责人汇报，为领导决策提供依据。

（4）掌握主要料具的指标参数，对于有指标异动的产品，要及时分析，并向料具负责人和项目经理汇报请示。

（5）负责对主要料具提货合同的起草和审查，做好签订合同的准备工作。

（6）对采购的料具要做到，质好价低，严禁假冒伪劣产品及质劣价高产品进入施工现场。

（7）对进入施工现场的料具做好交验工作，凡是不合格的料具要坚决退场，不准使用。

10.1.4 材料保管安全职责

（1）材料保管人员负责对入库料具进行验收和签认。

（2）入库的料具应分类码放整齐，并按标准进行储存、保管、标识。

（3）随时掌握仓库内料具的品种和数量，掌握工程需要料具的品种和数量。

（4）根据库容大小、工程需要情况，合理安排库存，做到既保证生产、生活需要，又不造成积压。

（5）做好库内料具的防火、防盗、防爆、防雨、防混放、防损坏等工作，做好成品、半成品保护工作。

（6）及时向提供材料验收单和领料单，按月核对耗料表和实物量。

（7）建立并认真填写上级规定的统计报表。

（8）建立并认真填写料具明细账，做到账账相符、账物相符，妥善保存账目和原始凭证，不损坏、不遗失。

10.2 现场危险源辨识与评价

10.2.1 危险与危险源

1. 危险的定义和分类

危险与安全是一对相互对立的概念。导致人员伤害、疾病或死亡，设备或财产损失和破坏，以及环境危害的非计划性事件称为意外事件。危险性就是可能导致意外事件的一种已存在的或潜在的状态，当危险受到某种“激发”时，它将会从潜在的状态转化为引起系统损害的事故。

根据危险可能会对人员、设备及环境造成的伤害，一般将其严重程度划分为四个等级：

（1）Ⅰ类，灾难性的。由于人为失误、设计误差或设备缺陷等，导致严重降低系统性能，进而造成系统损失，或者造成人员伤亡或严重伤害。

（2）Ⅱ类，危险的。由于人为失误、设计缺陷或设备故障，造成人员伤害或严重的设备破坏，需要立即采取措施来控制。

（3）Ⅲ类，临界的。由于人为失误、设计缺陷或设备故障使系统性能降低，或设备出现故障，但能控制住严重危险的产生，或者说还没有产生有效的破坏。

（4）Ⅳ类，安全的。由于人为失误、设备缺陷、设备故障，不会导致人员伤害和设备损坏。

2. 危险源的定义和分类

（1）定义。危险源是指可能导致伤害或疾病、财产损失、工作环境破坏或这些情况组合的根源或状态。包括：人的不安全行为、物的不安全状态、管理缺陷和环境缺陷。

（2）按危险源在事故发生过程中的作用分类。安全科学理论根据危险源在事故发生、发展过程中的作用，把危险源划分为以下两大类：

1）第一类危险源：根据能量意外释放理论，能量或危险物质的意外释放是伤亡事故发生的物理本质。于是，把生产过程中存在的，可能发生意外释放的能量（能源或能量载体）或危险物质称作第一类危险源。例如：带电的导体。为了防止第一类危险源导致事故，必须采取措施约束、限制能量或危险物质，控制危险源。

2）第二类危险源：正常情况下，生产过程中的能量或危险物质受到约束或限制，不会发生意外释放，即不会发生事故。但是，一旦这些约束或限制能量或危险物质的措施受到破坏或失效（故障），则将发生事故。导致能量或危险物质约束或限制措施破坏或失效的各种因素称作第二类危险源。

第二类危险源主要包括物的故障、人的失误、环境因素三种。物的故障是指机械设备、装置、元部件等由于性能低下而不能实现预定的功能的现象。从安全功能的角度，物的不安全状态也是物的故障。物的故障可能是固有的，由于设计、制造缺陷造成的；也可能由于维修、使用不当，或磨损、腐蚀、老化等原因造成的。

一起伤亡事故的发生往往是两类危险源共同作用的结果。第一类危险源是伤亡事故发生的能量主体，决定事故后果的严重程度。第二类危险源是第一类危险源造成事故的必要条件，决定事故发生的可能性。两类危险源相互关联、相互依存。第一类危险源的存在是第二类危险源出现的前提，第二类危险源的出现是第一类危险源导致事故的必要条件。因此，危险源辨识的首要任务是辨识第一类危险源，在此基础上再辨识第二类危险源。

（3）按《生产过程危险和有害因素分类代码》要求，将危险源所涉及的危险和有害因素分为以下大类：

1）人的因素：生理、心理性危险和有害因素、行为性危险和有害因素。

2）物的因素：物理性危险和有害因素、化学性危险和有害因素、生物性危险和有害因素。

3）环境因素：室内作业场所环境不良、室外作业场地环境不良、地下（含水下）作业环境不良。

4）管理因素：安全管理组织机构不健全、安全责任制未落实、安全管理规章制度不完善、安全投入不足、安全管理不完善。

在材料、设备危险源辨识时，重点是物的因素和管理因素两个方面。

10.2.2　危险源评价程序

危险源评价程序如图 10-1 所示。

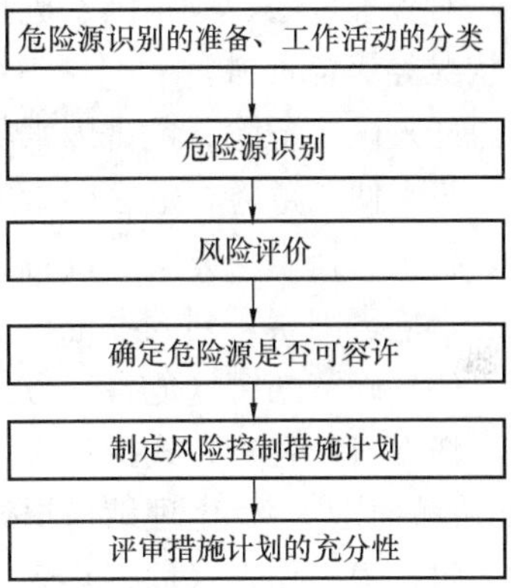

危险源识别的准备、工作活动的分类
↓
危险源识别
↓
风险评价
↓
确定危险源是否可容许
↓
制定风险控制措施计划
↓
评审措施计划的充分性

图 10-1　危险源辨识、风险评价和控制基本步骤图

10.2.3　辨识现场危险源

危险源辨识就是识别危险源并确定其特性的过程，主要是通过对危险源的识别，对其性质加以判断，对可能造成的危害、影响提前进行预防，以确保生产的安全、稳定。

1. 危险源辨识的范围

危险源辨识应全面、系统、多角度、无漏项，应充分考虑正常、异常、紧急三种状态以及过去、现在、将来三种时态，重点放在能量主体、危险物资及其控制和影响因素上，应考虑以下范围：

（1）常规活动，如正常的生产活动和非常规的活动（如临时的抢修）；

（2）所有进入作业场所的人员，包括正式员工、合同方人员、来访者；

（3）所有的生产设施，如建筑物、设备、设施（含自有、租赁或分包商自带）；

（4）具有易燃易爆特性的作业活动和情况；

（5）具有职业性健康伤害的作业活动和情况；

（6）曾经发生和行业内经常发生事故的作业和情况；

（7）认为有单独进行评估需要的活动和情况。

2. 危险源辨识的方法

（1）实地调查法：实地调查法是应用客观的态度和科学的方法，在确定的范围内进行实地考察，并搜集大量资料以统计分析，从而得出结果的一种方法。实地调查法包括现场观察法和询问、交谈法两种。

现场观察法是到施工现场观察各类设施、场地、材料使用，分析操作行为、材料和设备安全使用、安全管理状况等，获取危险源资料。

询问、交谈法是与生产现场的管理、施工人员和技术人员交流讨论，获取危险源资料。

（2）安全检查表法：安全检查表法是依据相关的标准、规范，对工程、系统中已知的危险类别、设计缺陷以及与一般工艺设备、操作、管理有关的潜在危险性和有害性进行判别检查。适用于工程的各个阶段，是系统安全工程的一种最基础、最简便、广泛应用的系统危险性评价方法。

（3）事故树分析法：可针对各类使用和管理实例、安全事故等进行分析，并按事故树分析要求展开和绘制图形，获取危险源资料。

（4）专家调查法：专家调查法或称专家评估法，是以专家作为索取信息的对象，依靠专家的知识和经验，由专家通过调查研究对问题作出判断、评估和预测的一种方法。专家调查法分为德尔菲法和头脑风暴法。

3. 危险源识别的步骤

进行危险源辨识时，应注意以下步骤：

（1）确定危险、危害因素的分布

对各种危险、危害因素进行归纳总结，确定施工现场中有哪些危险、危害因素及其分布状况等综合资料。

（2）确定危险、危害因素的内容

为了便于危险、危害因素的分析，防止遗漏，宜按外部环境、平面布局、建（构）筑物、物质、技术与方案、设备、辅助生产设施、作业环境危险几部分，分别分析其存在的危险、危害因素，列表登记。

（3）确定伤害（危害）方式

伤害（危害）方式指对人体造成伤害、对人体健康造成损坏的方式。例如，机械伤害（如机械撞击等），生理结构损伤形式（如窒息等），粉尘伤害（如尘肺等）。

（4）确定伤害（危害）途径和范围

大部分危险、危害因素是通过人体直接接触造成伤害。如，爆炸是通过冲击波、火焰、飞溅物体在一定空间范围内造成伤害；毒物是通过直接接触（呼吸道、食道、皮肤黏膜等）或一定区域内通过呼吸带的空气作用于人体；噪声是通过一定距离的空气损伤听觉的。

（5）确定主要危险、危害因素

对导致事故发生的直接原因、诱导原因进行重点分析，从而为确定评价目标、评价重点、划分评价单元、选择评价方法和采取控制措施计划提供基础。

（6）确定重大危险、危害因素

分析时要防止遗漏，特别是对可能导致重大事故的危险、危害因素要给予特别的关注，不得忽略。不仅要分析正常生产运转、操作时的危险、危害因素，更重要的是要分析设备、装置破坏及操作失误可能产生严重后果的危险、危害因素。

4. 危险源风险评价

（1）风险分级评价

根据后果的严重程度和发生事故的可能性来进行评价，危险源的风险评价结果从高至低分为1级、2级、3级、4级、5级。分级标准见表10-1。

风险分级表 **表10-1**

风险级别	风险名称	风险说明
1	不可容许风险	事故潜在的危险性很大，并难以控制，发生事故的可能性极大，一旦发生事故将会造成多人伤亡

续表

风险级别	风险名称	风险说明
2	重大风险	事故潜在的危险性较大，较难控制，发生事故的频率较高或可能性较大，容易发生重伤或多人伤害，或会造成多人伤亡 粉尘、噪声、毒物作业危害程度分级达Ⅲ、Ⅳ级别者
3	中度风险	虽然导致重大事故的可能性小，但经常发生事故或未遂过失，潜伏有伤亡事故发生的风险 粉尘、噪声、毒物作业危害程度分级达Ⅰ、Ⅱ级别者，高温作业危害程度达Ⅲ、Ⅳ级
4	可容许风险	具有一定的危险性，虽然重伤的可能性较小，但有可能发生一般伤害事故的风险 高温作业危害程度达Ⅰ、Ⅱ级者；粉尘、噪声、毒物作业危害程度分级为安全作业，但对职工休息和健康有影响者
5	可忽视风险	危险性小，不会伤人的风险

(2) 风险伤害评价

根据事故的后果与可能性的综合评价结果判断伤害程度，得到表 10-2。

风险伤害评价表 **表 10-2**

后　果	可能性		
	极不可能	可能	不可能
轻微伤害	5	4	3
一般伤害	4	3	2
严重伤害	3	2	1

(3) 风险多因素变量评价

一般指 LEC 法，该方法的具体表述是，对于一个具有潜在危险性的作业条件，影响危险性的主要因素有 3 个：L——发生事故或危险事件的可能性；E——暴露于这种危险环境的频率；C——事故一旦发生可能产生的后果。用式 (10-1) 来表示，则为

$$D = LEC \tag{10-1}$$

式中　D——作业条件的危险性。

确定了上述 3 个具有潜在危险性的作业条件的分值 (L，E，C 的取值分别见表 10-3、表 10-4、表 10-5)，并按公式进行计算，即可得危险性 D 的分值。据此，要确定其危险性程度时，则按表 10-6 所表示的分值进行危险等级的划分或评定。

发生事故可能性 (L) **表 10-3**

分　值	事故发生可能性	分　值	事故发生可能性
10	完全可能预料	0.5	很不可能，可以设想
6	相当可能	0.2	极不可能
3	可能，但不经常	0.1	实际不可能
1	可能性小，完全意外		

暴露于危险环境的频繁程度（E） **表 10-4**

分　　值	暴露于危险环境的频繁程度（E）	分　　值	暴露于危险环境的频繁程度（E）
10	连续暴露	2	每月一次暴露
6	每天工作时间暴露	1	每年几次暴露
3	每周一次暴露	0.5	非常罕见地暴露

发生事故产生的后果（C） **表 10-5**

分　　值	发生事故产生的后果	分　　值	发生事故产生的后果
100	大灾难，许多人死亡	7	严重，重伤
40	灾难，数人死亡	3	重大，致残
15	非常严重，一人死亡	1	引人注目，需要救护

危险等级划分（D） **表 10-6**

分值	危害程度	风险级别	分值	危害程度	风险级别
＞320	极其危险，不能继续作业	1	20～70	一般危险，需要注意	4
160～320	高度危险，要立即整改	2	＜20	稍有危险，可以接受	5
70～160	显著危险，需要整改	3			

注：$D=LED$

5. 辨识工程中可能涉及的危险物品

危险物品是对具有杀伤、燃烧、爆炸、腐蚀、毒害以及放射性等物理、化学特性，容易造成财物损毁、人员伤亡等社会危害的物品的通称。

经过危险源辨识环节，工程中可能涉及的危险物品分类如下：

（1）爆炸品，这类物质具有猛烈的爆炸性。当受到高热摩擦，撞击，震动等外来因素的作用或其他性能相抵触的物质接触，就会发生剧烈的化学反应，产生大量的气体和高热，引起爆炸。爆炸性物质如储存量大，爆炸时威力更大。

（2）氧化剂，氧化剂具有强烈的氧化性，按其不同的性质遇酸、碱、受潮、强热或与易燃物、有机物、还原剂等性质有抵触的物质混存能发生分解，引起燃烧和爆炸。对这类物质可以分为：①一级无机氧化剂；性质不稳定，容易引起燃烧爆炸。如碱金属和碱土金属的氯酸盐、硝酸盐、过氧化物、高氯酸及其盐、高锰酸盐等。②一级有机氧化剂；既具有强烈的氧化性，又具有易燃性。如过氧化二苯甲酰。③二级无机氧化剂；性质较一级氧化剂稳定。如重铬酸盐，亚硝酸盐等。④二级有机氧化剂；如过乙酸。

（3）压缩气体和液化气体，气体压缩后贮于耐压钢瓶内，使其具有危险性。钢瓶如果在太阳下曝晒或受热，当瓶内压力升高至大于容器耐压限度时，即能引起爆炸。钢瓶内气体按性质分为四类：剧毒气体，如液氯、液氨等。易燃气体，如乙炔、氢气等。助燃气体，如氧气等。不燃气体，如氮、氩、氦等。

（4）自燃物品，此类物质暴露在空气中，依靠自身的分解、氧化产生热量，使其温度升高到自燃点即能发生燃烧。如白磷等。

（5）遇水燃烧物品，此类物质遇水或在潮湿空气中能迅速分解，产生高热，并放出易燃易爆气体，引起燃烧爆炸。如金属钾、钠、电石等。

（6）易燃液体，这类液体极易挥发成气体，遇明火即燃烧。可燃液体以闪点作为评定液体火灾危险性的主要根据，闪点越低，危险性越大。闪点在45℃以下的称为易燃液体，45℃以上的称为可燃液体（可燃液体不纳入危险品管理）。易燃液体根据其危险程度分为两级：①一级易燃液体闪点在28℃以下（包括28℃）。如乙醚、汽油、甲醇、苯、甲苯等。② 二级易燃液体闪点在29～45℃（包括45℃）。如煤油等。

（7）易燃固体，此类物品着火点低，如受热，遇火星，受撞击，摩擦或氧化剂作用等能引起急剧的燃烧或爆炸，同时放出大量毒害气体。如硫磺，硝化纤维素等。

（8）毒害品，这类物品具有强烈的毒害性，少量进入人体或接触皮肤即能造成中毒甚至死亡。毒品分为剧毒品和有毒品。剧毒品如氰化物、硫酸二甲酯等。有毒品如氟化钠、一氧化铅、四氯化碳、三氯甲烷等。

（9）腐蚀物品，这类物品具有强腐蚀性，与其他物质如木材、铁等接触使其因受腐蚀作用引起破坏，与人体接触引起化学烧伤。有的腐蚀物品有双重性和多重性。如苯酚既有腐蚀性还有毒性和燃烧性。腐蚀物品有硫酸、盐酸、硝酸、氢氧化钠、氢氧化钾、氨水、甲醛等。

（10）放射性物品，此类物品具有反射性。人体受到过量照射或吸入放射性粉尘能引起放射病。如放射性矿物等。

10.2.4 危险源评价方法

危险源评价是评估危险源所带来的风险大小及确定风险是否可容许的全过程。根据评价结果对风险进行分级，按不同级别的风险有针对性地采取风险控制措施。常用危险源的评价方法如下：

（1）专家评估法：由评价小组（一般5～7人）对本单位、本项目已辨识出的危险源进行逐个打分，根据分值大小确定一般危险源和重大危险源。在评价时要考虑：A伤害程度；B风险发生的可能性；C法律法规符合性；D影响程度；E资源消耗等因素。其分值大小见“危险源评价专家打分法分值表”。评价时，对应“危险源评价专家打分法分值表”，几人同时对某一危险源进行打分，然后由主持人将各位专家的分值相加，再除以人数，所得分数即为危险源和级别分数。综合得分在12分以下为一般危险源，12分以上为重大危险源；当$A=5$和$B=5$时，也应定为重大危险源。评价情况填入“危险源（专家打分法）评价表”内。

（2）定量风险评价法：定量评价方法是通过数学计算得出评价结论的方法，是指按照数量分析方法，从客观量化角度对科学数据资源进行的优选与评价。运用这类方法可以找出系统中存在的危险、有害因素，进一步根据这些因素从技术上、管理上、教育上提出对策措施，加以控制，达到系统安全的目的。

（3）作业条件危险性评价法（*LEC*法）

作业条件危险性评价法用与系统风险有关的三种因素之积来评价操作人员伤亡风险大小，这三种因素是：L（事故发生的可能性）、E（人员暴露于危险环境中的频繁程度）和C（一旦发生事故可能造成的后果）。

（4）安全检查表法。在危险源评价阶段，也可以采用安全检查表法。

10.3 现场危险物品管理

10.3.1 危险物品安全管理方案

（1）建立监管、联动、协作机制。明确各岗位监管职责，落实危险物品安全管理责任制。

（2）组织危险物品从业单位负责人和管理人员进行统一培训。培训从危险物品的使用、储存、管理等方面进行耐心细致的讲解，有效增强了从业人员的业务素质和安全意识。

（3）应建立严格的登记备案制度。对全镇危险物品从购买、储存、使用直到废弃的全过程都进行登记备案，确保全镇危险物品备案资料底数清、情况明。并对全镇危险物品从业单位的硬件设施进行网式检查，对基础设施达不到要求的当场下达整改通知书，限期整改。通过整改，全镇所有危险物品从事单位的硬件设施全部达标。

（4）具有易燃、易爆、腐蚀、有毒等性质。在生产、贮运使用中能引起人身伤亡、财产损毁的物品，均属危险物品。

（5）危险品必须按其性质和贮运要求，严格执行危险品的配装规定，对不能配装的危险品，必须严格隔离。

（6）危险物品的装卸和运输，必须指派责任心强熟知危险物品性质和安全防护知识的人员承担。

（7）装运人员应按危险品性质，佩戴相应的防护用品，搬运时轻拿轻放，严禁撞击和拖拉、倾倒，所用扳手等工具应为铜、铝合金。

（8）液体危险品材料装卸时，要严格执行防静电的有关规定。往储罐内输送物料前，必须认真检查输料管路，输送泵和电器是否处于正常状态，并按要求启闭阀门，并随时检查液位，防止溢料，往铁桶内灌装物料前，要认真检查桶是否完好，灌装时要认真负责，灌装完，桶盖应拧紧，防止跑、冒、滴、漏、洒落地面的材料要及时处理，清理干净，不得留有残液。

（9）危险品仓库、货场，必须严格执行出入库发放制度。

（10）危险物品包装容器应当牢固、密封，发现破损、残缺、变形和物品变质等情况，应当立即进行安全处理。

（11）装运易燃、易爆危险物品机动车，应悬挂“危险品”信号，罐车要挂接静电导链。

（12）储存易燃、易爆物料的库房、货场区的附近，不准进行封焊、维修、动用明火等可能引起火灾的作业。如因特殊需要进行这些作业，必须经批准，采取安全措施，派人员进行现场监护，备好足够的灭火器材。作业结束后，应当对现场认真进行检查，切实查明未留火种后，方可离开现场。

（13）库区、场区要经常保持整洁，对散落的易燃、易爆物品和杂务应当及时清除。用过的棉纱、抹布、手套等用品，必须放在库外的安全地点，妥善保管和及时处理。

（14）装卸易燃、易爆物品，必须轻拿轻放，严防震动、撞击、重压、倒置和摩擦，不准使用易产生火花的工具，不准穿带钉子的鞋，并应当在可能产生静电的设备上，安装可靠的接地装置。

（15）进入库区、场区的汽车、拖拉机必须带火罩，并不准进入库房。

（16）库房、货场区装卸作业结束后，应当彻底进行安全检查。

（17）库房、货场根据灭火工作的需要，备有适当种类和数量的消防器材设备，并布置在明显和便于取用的地点。消防器材附近，严禁堆放其他物品。

（18）两性质相互抵触的危险物品，不得同时装运和同库存放。

（19）易燃、易爆液化气体（液氨等），使用时瓶内物质不得用净，要留有余压，防止物料窜入。

（20）受阳光照射容易燃烧、爆炸的化学易燃物品，不得露天存放。

（21）在危险品仓库、货场的防火间距内，不准堆放可燃物品。

（22）对散落、渗漏在车辆上的易燃、易爆、腐蚀性物品，必须及时清除干净。

（23）危险物品装卸前，应检查仓库、货区、车体应干燥，车内不得留有残渣。

（24）装卸危险物品严禁使用明火灯具照明。

（25）机械作业时机具应能防止产生火花，随时检查齿轮泵的运行情况，发现异常及时处理。

10.3.2 危险物品常规管理

（1）材料采购、验收、检验、储存、发放、加工等的管理按相关制度执行。

（2）材料库房布置建设应按项目现场布置标准化的有关标准进行，满足安全距离、防洪、防火等要求。

1）各类材料库房之间、库房与办公生活区之间的距离应满足安全要求和消防要求。

2）库房应设置、配备与物品性质相适应的消防设施和消防器材。消防器材应放置在明显、便于取用的位置，周围不得堆放物品和杂物。仓库的消防设施应当由专人管理，负责检查、保养、维护、更换和添置，保证完好有效，严禁挪用、埋压、圈占。库区的消防车道和仓库的安全出口、疏散楼梯等消防通道，严禁堆放物品。

3）仓库应当设置醒目的防火标志，进入库区人员不得携带火种。库房内严禁使用明火，库房周围使用明火应按规定办理动火证。

4）仓库内不准使用移动式照明灯具，照明灯具垂直下方与物品距离应在0.5m以上。库房内敷设配电线路需穿金属管或用非燃硬塑料管保护。库房应在库房外设置开关箱，保管人员离开时应切断库房内电源。严禁使用不合格保险装置。库房内严禁使用电炉、电烙铁、电熨斗等电热器具和电视机、电冰箱等家用电器。仓库内的电器设备须持证电工进行安装、检查、维修保养，电工应当严格遵守各项电器操作规程。

5）危险品仓库内不准设办公室、休息室、不准住人。

（3）仓库应设置入库验收制度，核对检验入库物资的规格型号、质量、数量，无厂地、标牌、检验合格证的物品不得入库。材料的发放应严格履行领用管理制度，做到发放准确。

（4）材料应分类、分堆、分组、分垛存放，并留出必要的防护间距。

（5）管库员应熟悉保管物品的分类、性质、保管业务知识和防火安全管理规定，掌握消防器材的操作使用和维护保养方法，做好本岗位的防火工作。

（6）进入库区的机动车辆必须安装防火罩。各种机动车辆装卸完货物不得在库区、库房、货场内停放、修理。起重装卸货物车辆应经检验，起重工应持证上岗。装卸工作结束后，应对库房、库区检查，确认安全后方可离开。

（7）对于长大重材料、料具的搬运、装卸，应事先编制安全操作规程，操作人员应专门的安全培训并考核合格；搬运、装卸现场应安排专人指挥、监控。

（8）管库员、材料员应做好日常检查工作，检查内容包括库房门、窗、锁有无损坏和异常，开启是否灵活，防止坏人破坏；库房内有无老鼠等小动物活动痕迹、通风口铁丝网是否损坏；消防、避雷设施是否完好；检查电源和照明是否安全可靠等。

10.3.3 易燃易爆材料安全管理

（1）从事爆破作业人员应持有公安机关颁发的爆破作业人员许可证。

（2）易燃易爆材料的采购，应向当地公安部门提出购买申请，获批后凭证到指定的供应单位购买。

（3）易燃易爆材料入库验收时管库员应在现场指挥，根据送料单据逐一查对品种、规格、数量是否相符。外包装应无破损。全部入库后，管库员应立即对刚入库的易燃易爆材料的品种、数量复核一遍，以保证入库无误。

（4）易燃易爆材料按不同厂家、品种、入库时间、有效期限分类堆码。下部应垫高200～300mm，距库墙不少于0.3m，垛间应有通道，堆垛一般不超过1.8m，垛长不大于5m，堆码应平稳整齐，不得倒放。

（5）易燃易爆材料不准超量储存。库房内应有防静电措施，应备干湿温度计，每天应检查温、湿度情况。库内温度一般在10～30℃之间，相对湿度在40%～80%之间。

（6）对库存易燃易爆材料，管库员每天不少于一次自点，确保账物相符。自点可安排在交接班时二人一起清点。

（7）易燃易爆材料发放时，管库员先核查是否有项目部指定人员开具领用单；其次核对指定开单人员签字的笔迹；再检查领料人员是否是项目部指定的专职涉爆人员。核对领料人员的肖像和爆破作业人员许可证是否吻合。

（8）发料时只允许一名领料人员进入库区领料。清点一种提取一种，按品种逐一发放领取完毕。禁止一个管库员同时向两个及以上领料人单位发料，对同时来领料的单位或人员必须逐一办理。

（9）发料完毕，管库员要及时登记发料台账，记录发放的品种、数量。重大危险源材料还要记录清楚所发的全部编号。

（10）库内废弃的易燃易爆材料包装物应及时清理出仓库。清理时要确保不夹带易燃易爆材料。

（11）施工现场未使用完的易燃易爆材料，值班领工员要监督领料人及时退还易燃易爆材料库房，管库员要及时验收入库并登记。

（12）爆破材料出现丢失或被盗要立即上报，不得拖延或隐瞒不报。

（13）对退库易燃易爆材料，管库人员应核对编号、规格型号、厂牌商标，确认是本库所发出才准许接收入库。

（14）工程竣工时未使用完的爆破材料要向当地公安部门申报，按其批复的处理意见处理。

10.3.4 化学品类材料安全管理

（1）危险化学品管理人员应掌握其性能、保管方法、应急措施等相关知识。

（2）危险化学品的运输应选择具有相应资质的供方，并保存其资质或准运证的复印件。

（3）碰撞、相互接触容易引起燃烧、爆炸或造成其他危险的物品，以及化学性质或防护、灭火方法互相抵触的物品，不得混合装运；遇热、遇潮容易引起燃烧、爆炸或产生有毒有害气体的物品，在装运时应当采取隔热、防潮措施。

（4）危险化学品应储存在通风良好的专用仓库，定期检查，采取有效的防火措施和防泄露、防挥发措施，并配置防毒、防腐用具。保管区域应严格管理火种及火源，在明显的地方设立醒目的“严禁烟火”标志。应按规定配足消防器材和设施。严格控制进入特殊库房油库、炸药库等的人员，入库口应设明显警示标牌，标明入库须知和作业注意事项。

（5）危险化学品应分类存放，堆垛之间的主要通道应有安全距离，不得超量储存；化学性质或防护、灭火方法相抵触的，不得储存在一起。受阳光照射容易燃烧、爆炸或产生有毒有害气体的物品和桶装、罐装等易燃液体、气体应在阴凉通风地点存放。各种气瓶的存放，要距离明火 10m 以上。氧气瓶、乙炔瓶必须套有垫圈、盖有瓶盖，并分库直立存放，两库间距不小于 5m，设灭火器和严禁烟火标识牌，保持通风和有防砸、防晒措施。氧气瓶、乙炔瓶要定期进行压力检验，不合格气瓶严禁使用。

（6）使用人员应按照操作规程或产品使用说明严格执行。在使用过程中应使用必要的安全防护措施和用具；场地狭窄时，要注意通风。

（7）各种气瓶在使用时，应距离明火 10m 以上，搬动时不得碰撞；氧气瓶、乙炔瓶必须套有垫圈和瓶盖，氧气的减压器上应有安全阀，严禁沾染油脂，不得曝晒、倒放，与乙炔瓶工作间距不小于 5m。

（8）各种储存和使用设施，要做好日常检查、维护、保养，定期对设施进行检修。

（9）危险化学品的废弃物及包装物，应及时按有关规定进行处置。

（10）针对可能发生的紧急情况，制定并落实相应的应急方案。

10.4 危险物品安全管理综合分析

【例题 10-1】

已知：某施工项目经过调查和汇总，得到表 10-7 危险源清单表。

危险源清单表 **表 10-7**

序号	作业活动/场所	危险源	危害	可能性			后果			备注
				可能性小	可能但不经常	可能	轻微伤害	伤害	严重伤害	
1	进场阶段	进场途中交通安全	交通事故	√					√	
		现场临时饮用水	中毒	√			√			
		有害生物攻击	人身伤害	√				√		

续表

序号	作业活动/场所	危险源	危害	可能性			后果			备注
				可能性小	可能但不经常	可能	轻微伤害	伤害	严重伤害	
2	临时设施施工阶段	临时用电线路架设不符要求	触电		√			√		
		电器设备未做接地保护	触电	√				√		
		配电箱未安装漏电开关或漏电开关失灵	触电	√				√		
		临时建筑不符合防火要求	火灾		√				√	
		施工时破坏了原有地下管线	人身伤害	√				√		
		大风造成房屋坍塌	人身伤害		√				√	
3	基础施工阶段	土方开挖无防护措施	人身伤害	√				√		
		基坑支护不当，边坡坍塌	人身伤害	√				√		
		挖孔桩、土石方爆破	人身伤害		√				√	
4	结构施工阶段	出入道口未采取防护措施和安全警示标志	人身伤害		√			√		
		特种作业人员无证上岗，违规操作	人身伤害		√			√		
		机械设备漏电	触电	√				√		
		电焊弧光	眼睛受损			√	√			
		现场氧气、乙炔瓶摆放的防火间距不够	火灾、爆破	√					√	
		施工机械噪声	听力受损			√	√			

问：

（1）根据危险可能会对人员、设备及环境造成的伤害，一般将其危险严重程度划分为哪几个等级？

（2）什么是危险源？

（3）如何进行实地调查？

（4）表 10-7 中结构施工阶段中哪些危险源属于物的不安全状态？

【分析】

（1）根据危险可能会对人员、设备及环境造成的伤害，一般将其严重程度划分为四个等级：Ⅰ类，灾难性的。Ⅱ类，危险的。Ⅲ类，临界的。Ⅳ类，安全的。

（2）危险源是指可能导致伤害或疾病、财产损失、工作环境破坏或这些情况组合的根源或状态。包括：人的不安全行为、物的不安全状态、管理缺陷和环境缺陷。

（3）实地调查包括现场观察法和询问、交谈法两种。现场观察法是到施工现场观察各类设施、场地、材料使用，分析操作行为、材料和设备安全使用、安全管理状况等，获取危险源资料。询问、交谈法是与生产现场的管理、施工人员和技术人员交流讨论，获取危险源资料。

（4）机械设备漏电。物的故障是指机械设备、装置、元部件等由于性能低下而不能实现预定的功能的现象。从安全功能的角度，物的不安全状态也是物的故障。物的故障可能是固有的，由于设计、制造缺陷造成的；也可能由于维修、使用不当，或磨损、腐蚀、老化等原因造成的。

【例题 10-2】

某住宅项目由甲建筑公司承建，2015 年 7 月 28 日时晚上，加班的工人调配聚氨配底层防水涂料时未佩戴防护用品，并使用汽油代替二甲苯作稀释剂。调配过程中发生爆燃，引燃室内堆放着的易燃防水材料，造成火灾并产生有毒烟雾，造成 6 人中毒窒息死亡，1 人受伤。试分析事故原因。

【分析】

主要从两个方面分析事故原因：

（1）技术方面

调制油漆、防水涂料等作业应准备专门的作业房间或作业场所，保持通风良好，作业人员佩戴防护用品，房间内备有防火器材，预先清除各种易燃物品，并制定相应的操作规程。

而该项目施工时，作业人员在易燃材料堆放地附近使用易挥发的汽油，且未采取任何必要安全防护措施，违章作业，导致火灾发生，是本次火灾事故的直接原因。

（2）管理方面

该施工单位对工程进入装修阶段和使用易燃材料施工，没有制定相关的安全管理措施，也未配专业人员对作业环境进行检查和配备必要的消防器材，以致火险发生后不能及时援救，酿成火灾。

作业人员没有相关安全知识，反映出作业人员未经安全交底或安全交底不完全，在施工时违章作业，也无人监管及时制止，导致发生火灾。

第 11 章　参与对施工余料、废弃物进行处置或再利用

11.1　施工余料的管理

施工余料是指已进入现场，由于种种原因而不再使用的材料。这些材料有新有旧，有的完好无损，有的已经损坏。由于不再使用，往往导致管理上容易忽略，造成材料的丢失、损坏、变质。

11.1.1　施工余料产生的原因及对策

1. 因设计变更，造成材料的剩余积压

在设计阶段，应加强设计变更管理。设计图纸不完善和频繁的设计变更是大量施工余料产生的原因。因此，项目业主在选择设计单位时应经过充分的市场调查，选择合适的设计单位，确保施工图纸质量，尽量避免施工过程中的设计变更。

2. 由于施工单位技术原因，导致材料用量变化

（1）谨慎编制施工组织设计

在施工组织设计的编制中应做到合理的施工进度安排、科学合理的施工方案、建筑垃圾处置计划以及处置设备。施工进度安排是否合理是施工过程能否有条不紊的进行的前提，合理的施工进度有利于有效利用建筑资源，减少材料损耗；可以同时考虑施工方案的选择和建筑垃圾处置计划的制定，即在作施工方案选择时，分析考虑各种材料的消耗情况，在自身条件的允许下，因地制宜，优先选择无污染、少污染的施工设计方案并制定合适的材料使用方案。如通过选择填挖平衡的施工设计方案，来减少建筑垃圾的外运量等。

（2）应该重视施工图纸会审工作

在建筑工程领域，经常因为设计图纸与实际施工的脱节，而产生不必要的材料剩余。施工企业的技术人员应加强施工图纸会审工作，就图纸中与施工脱节和易导致材料用量变更的部位和做法向建设单位和设计单位提出建议和解决方案，避免产生不必要的材料剩余。例如，在设计当中有时对门窗洞口留设位置安排不合理，稍作调整后，可以明显减少砌墙时的砍砖数量。在会审时就提出这些问题可以避免这部分建筑材料的剩余；另外，在图纸会审时，加强各专业分包和总承包商之间的交流沟通工作，可以使各专业分包明确各自的施工范围，前后的专业施工衔接流畅，预埋件和预留空洞的位置布置合理，达到有效避免返工重做的情况。

（3）应加强技术交底工作

技术交底对保证工程质量至关重要，它是一项技术性很强的工作。工程中经常因为工程质量低劣和不合格而导致不必要的返工或补救，从而导致材料用量出现较大变动。要做好技术交底工作，施工图设计单位应使参与施工的相关技术人员对设计的意图、技术要

求、施工工艺等有一定的了解，从而避免因质量不合格导致不必要的返工和补救。

（4）做好施工的预检工作

预检是防止质量事故发生的技术工作之一，做好这项工作可以避免因发生质量事故而产生的建筑材料的结余或超支。工程预检主要是要控制轴线位置尺寸、标高、模板尺寸及墙体洞口留设等方面，从而防止因施工偏差而返工。另外，做好隐蔽工程的检查和验收及制订相关技术措施，也是控制材料用量变动的技术手段和措施。应重点检查对建筑质量影响重大的结构部位的施工，杜绝施工过程中偷工减料、以次充好，降低工程质量的现象，避免因质量问题而修补处理时产生不必要的用量变动。

（5）提高施工水平和改善施工工艺

通过提高施工水平和改善施工工艺来达到减少建筑施工垃圾目的的事例较多。比如使用可循环利用的钢模代替木模，可减少废木料的产生。采用装配式替代传统的现场制作，也可以控制剩余材料的数量。又如，提高建筑业机械化施工程度，可以避免人为的建材浪费，提高建材的利用率。

由于施工单位备料计划或现场发料控制的原因，造成材料余料的多余。在材料的采购管理中，要按照合同和图纸规定的要求进行材料采购，并通过严格的计量和验收，确保材料采购的渠道正规，严把建材质量关，加强对建材运输和装卸过程中的监管工作。认真核算材料消耗水平，严格执行限额领料制度。施工材料限额领料制度是对施工材料进行控制的有效手段，是降低物资消耗减少建筑施工材料浪费的重要措施。施工单位应根据编制的材料消耗计划和施工进度计划中确定的材料量，严格执行限额领料制度。

11.1.2 施工余料的管理与处置

施工现场余料的处置，直接影响项目的成本核算，所以必须加强施工余料的管理。

1. 施工余料管理的内容

施工过程中，应加强现场巡视，现场巡视监督有利于及时发现现场存在的剩余材料，便于及时更正和处理，并做好现场材料的退料工作。几种退料单见表 11-1～表 11-3。

退 料 单 **表 11-1**

编号：×××

退料部门	××项目部	原领料批号	××××	退料日期	××年×月×日
序号	退料名称	料号	退料量	实收量	退料原因
1	水泥	×××	2t	5t	工程量变更
2					
3					

主管：××× 点收人：××× 登账人：××× 退料人：×××

领 退 料 单 表 11-2

领退部门			×××项目部		领退时间		××年×月×日	
序号	领料	退料	品名	规格	料号	领退数量	收发数量	备注
1	×××	×××	硅酸盐水泥			0.55t	32.12t	
2								
3								

用途及退料原因：

基础砌筑，设计变更

审核人：××× 制表人：×××

材料退料单 表 11-3

编号：×××

品名	规格	材料编号	退回数量	单价	金额	原领料价格	该批实际材料价格

退料原因说明

审核人：××× 制表人：××× 日期：××年×月×日

各项目部材料人员、在工程接近收尾阶段，要经常掌握现场余料情况，预测未完工程所需材料数量，严格控制现场进料，避免工程结束材料积压。

现场余料能否内部调拨利用，往往取决于企业的管理。企业或工程项目部应建立统一的管理方法，合理确定材料调拨价格及费用核算方法，促进剩余材料的流通及合理应用。

施工余料应由项目材料部门负责，做好回收、退库和处理。

2. 施工余料的处置措施

因建设单位设计变更，造成材料的剩余，应由监理工程师审核签字，由项目物资部会同合同部与业主商谈，余料退回建设单位，收回料款或向建设单位提出相应索赔。

施工现场的余料如有后续工程尽可能用到新开的工程项目上，由公司物资部负责调剂，冲减原项目工程成本。

为鼓励新开项目在保证工程质量的前提下，积极使用其他项目的剩余物资和加工设备，将所使用其他工程的剩余、废旧物资作为积压、账外物资核算，给予所使用项目奖励。

项目经理部在本项目竣工期内，或竣工后承接新的工程，剩余材料需列出清单，经稽核后，办理转库手续后方可进入新的工程使用，此费用冲减原项目成本。

当项目竣工，又无后续工程，剩余物资由公司物资部与项目协商处理，当不具备调拨使用条件，可以按以下方法处理：

（1）与供货商协商，由供货商进行回收；

（2）变卖处理。

处理后的费用冲减原项目工程成本。

工程竣工后的废旧物资，由公司物资部负责处理。公司物资部有关人员严格按照国家和地方的有关规定进行办理。办理过程中，须会同项目经理部有关人员进行定价、定量。处理后，所得费用，冲减项目材料成本。

3. 常见剩余材料处理方式

（1）施工过程中产生的钢筋、模板、木方、混凝土、砂浆、砌块等余料分为有可利用价值和无可利用价值两种，对于有可利用价值的余料应按规格、型号分类堆放。

（2）对于有可利用价值的余料应进行回收利用，对于无可利用价值的余料应按规定进行变卖、清理。

（3）余料的处理应满足职业健康安全、环境保护等方面要求。

（4）施工方案编制和优化过程中应充分考虑余料的回收利用。

（5）钢筋余料可用作楼板钢筋的马凳筋、墙体模板支顶钢筋、安全防护预埋钢筋、各类预埋件锚固筋、各类工艺品等。

（6）模板、木方余料加工后可用作预留洞口模板、小型材料存放箱、简易木桌木凳等。模板、木方余料应及时进行回收或清理，避免造成火灾。

（7）混凝土浇筑过程中应严格控制混凝土量，尽量减少混凝土余料的产生，对产生的混凝土余料，严禁随意倾倒，混凝土余料可用于制作混凝土垫块、混凝土预制梁或用于施工现场部分区域的硬化等。

（8）砂浆应随拌随用，砂浆余料应及时清理。

（9）在进行砌筑前应进行试摆，避免因砌块排布不合理造成砌块的浪费，砌块余料应堆放到指定位置。

（10）建筑余料的变卖应向项目部提出书面申请，项目经理批准后才可进行，变卖应在商务部、财务部有关人员共同监督下进行，所得收入应按财务流程入账。

（11）施工过程中应加强材料管控，尽量减少建筑余料的产生。

11.2 施工废弃物的管理

11.2.1 施工废弃物的界定

根据中华人民共和国住房和城乡建设部2012年5月颁布《工程施工废弃物再生利用技术规范》GB/T 50743—2012的规定，工程施工废弃物是指工程施工中，因开挖、旧建筑物拆除、建筑施工和建材生产而产生的直接利用价值不高的混凝土、废竹木、废模板、废砂浆、砖瓦碎块、渣土、碎石块、沥青块、废塑料、废金属、废防水材料、废保温材料和各类玻璃碎块等。

在建筑施工中，不同结构类型建筑物所产生的建筑施工废弃物各种成分的含量有所不同，但其主要成分一致（表11-4），主要有散落的砂浆和混凝土、剔凿产生的砖石和混凝土碎块、打桩截下的钢筋混凝土桩头、废金属料、竹木材、各种包装材料，约占此类建筑废弃物总量的80%，其他废弃物成分约占20%。

我国 20 世纪 90 年代施工废弃物的组成 **表 11-4**

组成成分	砖混结构(%)	框架结构(%)	框剪结构(%)
碎砖	30～50	15～30	10～20
砂浆	8.5～16	11～24	10～20
混凝土	8～15	15～30	15～35
桩头		8～15	8～20
包装材料	5～15	5～20	10～20
屋面材料	2～5	2～5	2～5
钢材	1～5	2～8	2～8
木材	1～5	1～5	1～5
其他(陶瓷、玻璃、石膏等)	1～20	1～20	10～20
废弃物产生量(kg/m^2)	50～200	45～150	40～150

旧建筑拆除废弃物相对建筑施工单位面积产生废弃物量更大，旧建筑物拆除废弃物的组成与建筑物的结构有关。旧砖混结构建筑中，砖块、瓦砾约占 80%，其余为木料、碎玻璃、石灰、渣土等，现阶段拆除的旧建筑多属砖混结构的民居；废弃框架、剪力墙结构的建筑，混凝土块约占 50%～60%，其余为金属、砖块、砌块、塑料制品等，旧工业厂房、楼宇建筑是此类建筑的代表。随着时间的推移，建筑水平的越来越高，旧建筑拆除废弃物的组成会发生变化，主要成分由砖块、瓦砾向混凝土块转变。

在建材生产过程中也会产生少量建筑废弃物，主要是指为生产各种建筑材料所产生的废料、废渣，也包括建材成品在加工和搬运过程中所产生的碎块、碎片等。如在生产混凝土过程中难免产生的多余混凝土以及因质量问题不能使用的废弃混凝土。

施工废弃物的分类

按照来源分类，施工废弃物可分为土地开挖、道路开挖、旧建筑物拆除、建筑施工和建材生产五类。

按照可再生和可利用价值，施工废弃物分成三类：可直接利用的材料，可作为材料再生或可以用于回收的材料以及没有利用价值的废料。

还有其他一些分类方法，如将建筑废弃物按成分分为金属类和非金属类；按能否燃烧分为可燃物和不可燃物。

11.2.2 施工废弃物的危害

施工废弃物主要由以下几方面的危害：一是占用土地存放；二是对水体、大气和土壤造成污染；三是严重影响了市容和环境卫生等。

1. 建筑垃圾的管理水平比较落后

大部分建筑垃圾不做任何处理直接运往郊外堆放。这种方式不仅占用了大量的土地资源，而且加剧了我国人多地少的矛盾。据统计我国建筑施工场所排放的建筑废弃物每年达 1 亿吨以上，旧建筑拆除每年产生超过 5 亿吨建筑废弃物，我国建筑垃圾的数量已占到城市垃圾总量的 30%～40%。据对砖混结构、全现浇结构和框架结构等建筑的施工材料损耗的粗略统计，在每万平方米建筑的施工过程中，将产生 500～600t 的建筑垃圾；每万平方米旧建筑的拆除过程中，将产生 7000～12000t 建筑垃圾。随着我国城市化进程的加快，建筑垃圾产量的增加，土地资源紧缺的矛盾会更加严重。另外，建筑垃圾的堆放也会对土壤造成污染，垃圾及其渗滤水中包含了大量有害物质，它会改变土壤的物理结构和化学性质，影响植物生长和微生物活动。

2. 污染水体和空气

建筑垃圾在堆放场放置的过程中，经受雨水淋湿和渗透，会渗滤出大量的污水，严重污染周边的地表水和地下水，如不采取任何措施任其流入江河或渗入地下，受污染的区域就扩散到其他地方。水体受到污染后会对水生生物的生存和水资源的利用造成不利影响和危害。

建筑垃圾在堆放过程亦会对空气造成污染，一方面，建筑垃圾长期在温度、水分等作用下，其中的有机物质会发生分解而产生某些有害气体；另一方面，建筑垃圾在运输和堆放过程中，其中的细菌和粉尘等随风吹散，也会对空气造成污染，另外，少量建筑垃圾中的可燃性物质经过焚烧会产生有毒的致癌物质，对空气造成二次污染。

3. 影响市容

建筑垃圾的露天堆放或简易填埋处理也严重影响了城市的市容市貌和环境卫生，大多数建筑垃圾采用非封闭式运输车，所以在运送的过程中容易引起垃圾撒落、尘土飞扬等问题，从而破坏城市的容貌和卫生。

11.2.3 施工废弃物产生过程

建筑材料运到工地后最终有三种可能结果：转化为结构组成部分、剩余材料或是成为建筑废料。施工废弃物主要产生于施工操作过程和剩余材料。

剩余材料可有四种结果：再利用于施工项目、退货、储存、废料。重新利用于项目的剩余材料毕竟是少量的，而退货一般是要保证材料的完整性并无损坏，由于一般建筑施工为期很长，建材很难保存完整，所以退货和储存一般不易实现也不方便，因此剩余材料大多数成为废弃料。

施工废弃物主要由混凝土、碎砖块、包装材料、砂浆、其他等组成，各类废料的产生原因主要归纳如下：

1. 混凝土

混凝土是重要的建筑材料，主要用于基础、主体等现浇结构部位。施工过程中混凝土废料的产生原因主要是浇筑时的散落和溢出、运输时的散落（泵送爆管）及订货过多等。

2. 碎砖块

砖（砌块）主要用于建筑物承重及围护结构。碎砖块的产生原因主要为：组砌不当、砖（砌块）尺寸及形状不准、设计不符合建筑模数或砖（砌块）规格选择不当等原因引起的在砌筑过程中不得不进行的砍砖；设计选用的砖（砌块）强度等级过低或砖（砌块）本身的质量差；运输过程的破损；承包商的管理不当；订货太多等。

3. 包装材料

各类建筑材料的包装材料随意散落是其成为废料的主要原因。

4. 砂浆

砂浆主要用于砌筑和抹灰。砂浆废料的产生原因主要是施工过程中不可避免的散落，其他如拌和过多、运输散落等也是产生砂浆废料的原因。

5. 其他

装饰装修的破损材料、边角材料、返工形成的废料；储存保管不当不能用的材料或剩余材料，如水泥、砂、石等。

11.2.4 施工废弃物的处理

1. 施工废弃物处理原则

工程施工单位在施工组织管理中对废弃物处理应遵循减量化、资源化和再生利用原则。在保证工程安全与质量的前提下，应制定节材措施，进行施工方案的节材优化、工程施工废弃物减量化，尽量利用可循环处理等。

工程施工废弃物应按分类回收，根据废弃物类型、使用环境以及老化程度等进行分选。工程施工废弃物回收可划分为混凝土及其制品、模板、砂浆、砖瓦等分项工程，各分项工程应遵守与施工方式一致且便于控制废弃物回收质量的原则。

工程施工废弃物循环利用主要有三大原则，即“减量化、循环利用、再生利用”原则，即“3R 原则”（Reduce，Reuse，Recycle）。减量化是废弃物处置和管理的基本原则，按照循环经济理论中废弃物管理的 3R 原则，减量化排在最优先位置。我国建设部颁布的《城市建筑垃圾管理规定》也提出，建筑废弃物处置实行减量化、资源化、无害化和谁产生谁承担处置责任的原则。

减量化原则（Reduce），要求用较少的原料和能源投入来达到既定的生产目的或消费目的，进而达到从经济活动的源头就注意节约资源和减少污染。它是一种以预防为主的方法，旨在减少资源的投入量，从源头上开始节约资源，减少废弃物的产生。针对产业链的输入端——资源，尽可能地以可再生资源作为生产活动的投入主体，从而达到减少对不可再生资源的开采与利用的目的。在生产过程中，通过减少产品原料的使用和改造制造工艺来实现清洁生产。

循环利用原则（Reuse），即回收利用，要求延长产品的使用周期，属于过程性方法，以最大限度地延长产品的使用寿命为目的。它通过多次或以多种方式来使用产品来避免产品过早地成为垃圾。在生产过程中，制造商可以采用标准尺寸进行设计，以便拆除、修理和再利用使用过的产品，从而提高资源的利用率；在消费过程中，人们可以持久利用产品以延长产品的使用寿命来减缓资源的流动速度，或者将可维修的物品返回市场体系来降低资源消耗和废物产生。施工废弃物回收利用过程包含下列四个连续阶段组成：

（1）现场废弃物的收集、运输及储存；

（2）不同类别的建筑废弃物分类拣选；

（3）把拣选后的建筑废弃物运输到工地外的回收处理厂；

（4）建筑废弃物重量计算和回收处理厂的准入许可。

再生利用原则（Recycle），要求生产出来的产品在完成其使用功能后能重新成为可以利用的资源，而不是不可恢复的废弃物。属于输出端方法，旨在尽可能多地减少最终的污染排放量。它通过对废弃物的回收和综合利用，把废弃物再次变成资源，重新投入到生产环节，以减少最终的处理量。在生产过程中，厂商应提升资源化技术水平，在经济和技术可行的条件下对废弃物进行回收再造，实现废弃物的最少排放；在消费过程中，应提倡和鼓励购买再生产品，来促进整个循环经济的实现。按照循环经济思想，再循环有两种情况，一种是原级再循环，即废品被循环用来生产同类型的新产品；另一种是次级再循环，即将废弃物资源转化成其他产品的原料以施工废弃物再生利用所产生的成本主要包含以下几个阶段：

（1）现场废弃物的收集、运输及储存；

（2）不同类别的建筑废弃物分类拣选；

（3）把拣选后的建筑废弃物运输到工地场外或放置现场根据需要近一步加工（现场资源化）；

（4）加工材料的再生利用。

从图 11-1 看出，“源头削减”处在废弃物管理策略的最顶层，其优先级别最高，对施工废弃物的减量化成效最为显著；“回收再用”则是对提高建筑材料利用率的补充，能有效节约能源和资源，因此它也具有较高的优先级；“废物回收处理”可以通过加工为其他产品提供原料以变废为宝。但是在这过程中需要消耗较多的能量；“废物弃置”处于管理策略的最底层，往往针对那些极少量不能回收的废弃物，通过焚烧等处理手段，对其残渣进行有效处理后再填埋，确保其对环境影响达到最小。

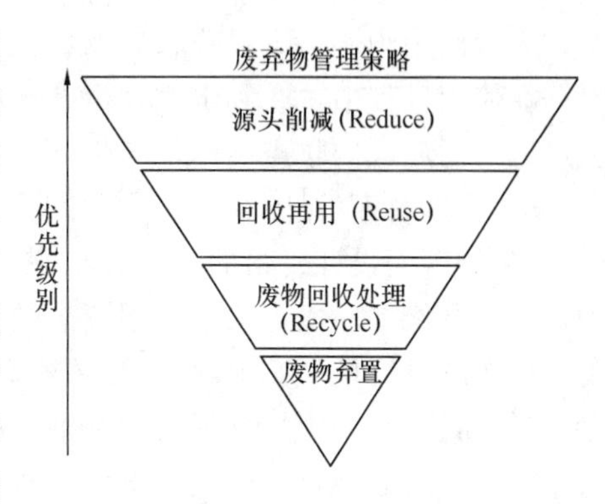

图 11-1　施工废弃物管理策略优先级别图

2. 施工废弃物的减量化

施工废弃物的减量化指的是减少建筑废弃物的产生量和排放量，是对建筑垃圾的数量、体积、种类、有害物质的全面管理。它要求不仅从数量和体积上减少建筑废弃物，而且要尽可能地减少其种类，降低其有害物质的成分，并消除或减弱其对环境的危害性。在我国，长期以来施行的是末端治理政策，就是先污染，后治理。这种事后处理的方式不仅对环境的污染大，并且会花费更多的处理成本。相比而言，源头减量控制这种方式更为有效，它可以减少对资源开采、节约制造成本、减少运输和对环境的破坏。施工废弃物的减量化管理实际上是对建筑业整个生产领域实现全过程管理，即从建筑设计、施工到拆除的各个阶段进行减量化控制管理。

（1）建筑设计阶段的建筑垃圾减量化管理

施工废弃物的产生贯穿于建筑施工、建筑维修、设施更新、建筑解体和建筑垃圾再生利用等各个环节。所以对施工废弃物的减量化管理应从建筑设计、施工管理和建筑拆除等各个环节做起。施工废弃物减量化设计指的是通过建筑设计本身，运用减量化设计理念和方法，尽可能减少垃圾在建造过程中的产生量，并且对已产生的垃圾进行再利用。目前，在实践过程中施工废弃物减量化设计策略主要有：

1）推广预制装配式结构体系设计

装配式建筑结构设计采用工厂生产的预制标准、通用的建筑构配件或预制组件，它有利于节省建材资源，减小建材损耗，消除建材和构件因尺寸不符二次切割而产生的废料，减少施工废弃物量。其次，在施工过程中摒除了传统的湿作业和现浇混凝土浇捣方式，更多地使用机械化作业和干作业。抑制了湿作业过程中产生的大量废水和废浆污染以及避免了垃圾源的产生，同时各类构配件按施工顺序设计安放，有利于施工废弃物现场回收利用，且符合清洁生产的要求。最后，在设计阶段可预先考虑建筑未来拆除，为未来的建筑物选择性拆除或解构拆除做好准备，可以有效避免传统施工旧建筑物的破坏性拆除，减少拆除过程中产生的垃圾量。

2）优先使用绿色建材

绿色建材也可称为生态建材、健康建材和环保建材。绿色建材指的是在生产过程中采用清洁生产技术，大量使用废弃物，使用的天然资源和能源较少，生产的无毒害、无污染、有益人体健康的建筑材料。绿色建材与传统建材相比，在生产原料上，节约天然资源，大量使用废渣、废料等废弃物；在生产过程中，采用低能耗制造工艺和无污染生产技术；在使用过程中，有利于改善生态环境、不损害人体健康；同时在建筑拆除时绿色建材也可以再循环或回收再利用，对生态环境的污染较小。

3）为拆解而设计

“为拆解而设计”指的是设计出来的产品可以拆卸、分解，零部件可以翻新和重复使用，这样既保护环境，又减少了资源的浪费。“拆解”是实现有效回收策略的重要手段，要实现产品最终的高效回收，就必须在产品设计的初始阶段就考虑报废后的拆解问题。“为拆解而设计”着眼于产品的再利用、再制造和再循环，旨在以尽可能少的代价获取可再循环利用的原材料。建筑拆解设计可以使建筑材料的再循环率从20%左右提高到70%以上。

4）其他建筑垃圾减量化的设计要求

① 加强设计变更管理，确保设计质量。

② 杜绝“三边”工程。

目前，我国建筑施工中存在着许多边设计、边施工、边修改的“三边”工程，此类工程不仅存在着严重的质量隐患，影响建筑物的耐久性，而且必然会造成人力、物力资源的浪费和建筑垃圾的大量产生。

③ 保证建筑物的质量和耐久性。

保证建筑物的质量和耐久性，可以减少本来不该有的维修和重建工作，也就是减少建筑垃圾的产生的可能性。同时，建筑物的质量越好，在拆除时产生的建筑废料资源化质量越高。

（2）建筑施工阶段的建筑垃圾减量化管理

建筑施工过程是产生施工废弃物的直接过程。在施工阶段影响施工垃圾产量的因素很多，比如在实际操作中往往会由于工程承包商管理不当或者缺乏节约意识，没有准确核算所需材料数量，造成边角料增多；或者由于工人施工方法不当、操作不合理，导致施工中建筑垃圾增多；或者由于承包商对材料采购缺乏精细化管理，采购的建材不符合设计要求，超量订购或少订以及材料在进场后管理不到位而造成的材料浪费等都是产生施工废弃物的原因。施工阶段的各个方面都会对施工废弃物的产量造成直接影响，因此加强施工阶段建筑施工废弃物减量化管理尤为重要。

1）从技术管理方面控制施工废弃物

① 在施工组织设计的编制中体现建筑垃圾减量化的思想。

② 重视施工图纸会审工作。

③ 加强技术交底工作。

④ 做好施工的预检工作。

⑤ 提高施工水平和改善施工工艺。

2）从成本管理方面来控制施工废弃物

① 严把采购关。

② 正确核算材料消耗水平，坚持余料回收。

③ 加强材料现场管理。

④ 施行班组承包制度。

3）从制度管理方面控制施工废弃物

① 建立限额领料制度。

② 加强现场巡视制度。

③ 实行严格的奖惩制度。

④ 开展不定期的教育培训制度。

（3）建筑拆除阶段的建筑垃圾减量化管理

“大拆大建”、“短命建筑”是促使建筑垃圾产量增加的影响因素之一，尤其是在近几年来，此类问题不断出现。它不仅造成了社会财富的极大浪费，并引起了生态环境、社会、资源浪费等方面诸多问题。目前，在我国为了加快拆除速度，很多大型、高层建筑都采用了破坏性的建筑拆除技术，比如：爆破拆除、推土机或重锤锤击的机械拆除等。这种破坏性的拆除方式会严重降低旧建筑的再生利用率。相比之下，采用优化的拆除方法，如选择性拆除等方法能够有效提高建材拆除再生利用率。

（4）工程废弃物减量措施

1）工程施工废弃物减量化应采取的措施

① 制定工程使用废弃物减量化计划；

② 加强工程施工废弃物的回收再利用，工程施工废弃物的再生利用率应达到30%，建筑物拆除产生的废弃物的再生利用率应大于40%。对于碎石类、土石方类工程施工废弃物，可采用地基处理、铺路等方式提高再利用率，其再生利用率应大于50%；

③ 施工现场应设密闭式废弃物中转站，施工废弃物应进行分类存放，集中运出；

④ 危险性废弃物必须设置统一的标识进行分类存放，收集到一定量后统一处理。

2）工程施工废弃物减量化宜采取的措施

① 避免图纸变更引起返工；

② 减少砌筑用砖在运输、砌筑过程的报废；

③ 减少砌筑过程中砂浆落地灰；

④ 避免施工过程中因混凝土质量问题引起返工；

⑤ 避免抹灰工程因质量问题引起砂浆浪费；

⑥ 泵送混凝土量计算准确。

3. 常见施工废弃物的再生利用

工程施工废弃物的再生利用应符合国家现行有关安全和环境保护方面的标准和规定。工程施工废弃物处理应满足资源节约和环境保护的要求。施工单位宜在施工现场回收利用工程施工废弃物。施工之前，施工单位应编制施工废弃物再生利用方案，并经监理单位审查批准。建设单位、施工单位、监理单位依据设计文件中的环境保护要求，在招投标文件和施工合同中明确各方在工程施工废弃物再生利用的职责。设计单位应优化设计，减少建筑材料的消耗和工程施工废弃物的产生。优选选用工程施工废弃物再生产品以及可以循环利用的建筑材料。工程施工废弃物回收应有相应的废弃物处理技术预案、健全的施工废弃物回收管理体系、回收质量控制和质量检验制度。

(1) 废混凝土再生利用

废混凝土按回收方式可分为现场分类回收和场外分类回收。废混凝土经过破碎加工，成为再生骨料。

1) 再生骨料根据国家标准分为Ⅰ类、Ⅱ类和Ⅲ类。Ⅰ类再生粗骨料可用于配制各强度等级的混凝土；Ⅱ类再生粗骨料宜用于C40及以下强度等级的混凝土；Ⅲ类再生粗骨料可用于C25及以下强度等级的混凝土，但不得用于有抗冻性要求的混凝土。

2) Ⅰ类再生细骨料可用于C40及以下强度等级的混凝土；Ⅱ类再生细骨料宜用于C25及以下强度等级的混凝土；Ⅲ类再生细骨料不宜用于配制混凝土。

3) 对不满足国家现行标准规定要求的再生骨料，经试验试配合格后，可用于垫层混凝土等非承重结构以及道路基层三渣料中。

4) 再生骨料可用于生产相应强度等级的混凝土、砂浆或制备砌块、墙板、地砖等混凝土制品。再生骨料混凝土构件包括再生骨料混凝土梁、板、柱、剪力墙等。

5) 再生骨料添加固化类材料后，也可用于公路路面基层。

6) 再生细骨料可配制成砌筑砂浆、抹灰砂浆和地面砂浆。再生骨料地面砂浆宜用于找平层，不宜用于面层。

7) 根据规范，下列情况下混凝土不宜回收利用：

① 废混凝土来自于轻骨料混凝土；

② 废混凝土来自于沿海港口工程、核电站、医院放射间等具有特殊使用要求的混凝土；

③ 废混凝土受硫酸盐腐蚀严重；

④ 废混凝土已被重金属污染；

⑤ 废混凝土存在碱一骨料反应；

⑥ 废混凝土中含有大量不易分离的木屑、污泥、沥青等杂质；

⑦ 废混凝土受氯盐腐蚀严重；

⑧ 废混凝土已受有机物污染；

⑨ 废混凝土碳化严重，质地酥松。

(2) 废模板再生利用

废模板按材料不同，可分为废木模板、废塑料模板、废钢模板、废铝合金模板、废复合模板。

1) 大型钢模板生产过程中产生的边角料，可直接回收利用；对无法直接回收利用的，可回炉重新冶炼。

2) 工程施工中发生变形扭曲的钢模板，经过修复、整形后可重复使用。

3) 塑料模板施工使用报废后可全部回收，经处理后可制成再生塑料模板或其他产品。

4) 废木模板、废竹模板、废塑料模板等可加工成木塑复合材料、水泥人造板、石膏人造板的原料。

5) 废木竹模板经过修复、加工处理后可生成再生模板。废木楞、废木方经过接长修复后可循环使用。

(3) 废砖瓦再生利用

废砖瓦破碎后应进行筛分，按所需土石方级配要求混合均匀。废砖瓦可用作工程回填材料。

1）废砖瓦可用作桩基填料，加固软土地基，碎砖瓦粒径不应大于120mm。

2）废砖瓦可用于生产再生骨料砖。再生骨料砖包括多孔砖和实心砖。

3）废砖瓦可用于生产再生骨料砌块。

4）废砖瓦可作为泥结碎砖路面的骨料，粒径控制在40～60mm。

(4) 工程渣土再生利用

工程渣土按工作性能分为工程产出土和工程垃圾土两类。

工程渣土应分类堆放。工程产出土可堆放于采土场、采沙场的开采坑；可作为天然沟谷的填埋；可作为农地及住宅地的填高工程等。当具备条件时，工程产出土可直接作为土工材料使用。

工程垃圾土宜在垃圾填埋场或抛泥区进行废弃处理，工程垃圾土作为填方材料进行使用，必须改良其高含水量、低强度的性质。

(5) 废塑料、废金属再生利用

废塑料、废金属应按材质分类、储运。

作为原料再生利用的废塑料、废金属，其有害物质的含量不得超过国家现行有关标准的规定。

废塑料可用于生产墙、天花板和防水卷材的原材料。

(6) 其他废木质材料再生利用

工程建设过程中产生的废木质材应分类回收。

工程建设过程产生的废木质包装物、废木脚手架和废竹脚手架宜再生利用。

废木质再生利用过程中产生的加工剩余物，可作为生产木陶瓷的原材料。

废木质材料中尺寸较大的原木、方木、板材等，回收后作为生产细木工板的原料。

在利用废木材料时，应采取节约材料和综合利用的方式，优先选择对环境更有利的途径和方法。废木质材料的利用应按照复用、素材利用、原料利用、能源利用、特殊利用的顺序进行。对尚未明显破坏的木材可直接再利用；对破损严重的木质构件可作为木质再生板材的原材料或造纸等。

(7) 其他工程施工废弃物再生利用

工程施工过程中产生的废瓷砖、废面砖宜再生利用。废瓷砖、废面砖颗粒可作为瓷质地砖的耐磨防滑原料。

工程施工过程中产生的废保温材料宜再生利用。废保温材料可作为复合隔热保温产品的原料。

再生骨料可用于再生沥青混凝土，为了保证再生沥青混凝土的稳定性，再生骨料用量宜小于骨料的20%，废路面沥青混合料可按适当比例直接用于再生沥青混凝土。

4. 固体废物的主要处理方法

(1) 回收利用

回收利用是对固体废物进行资源化的重要手段之一。粉煤灰在建设工程领域的广泛应用就是对固体废弃物进行资源化利用的典型范例。又如发达国家炼钢原料中有70%是利用回收的废钢铁。

（2）减量化处理

减量化是对已经产生的固体废物进行分选、破碎、压实浓缩、脱水等减少其最终处置量，减低处理成本，减少对环境的污染。在减量化处理的过程中，也包括和其他处理技术相关的工艺方法，如焚烧、热解、堆肥等。

（3）焚烧

焚烧用于不适合再利用且不宜直接予以填埋处置的废物，除有符合规定的装置外，不得在施工现场熔化沥青和焚烧油毡、油漆，亦不得焚烧其他可产生有毒有害和恶臭气体的废弃物。垃圾焚烧处理应使用符合环境要求的处理装置，避免对大气的二次污染。

（4）稳定和固化

稳定和固化处理是利用水泥、沥青等胶结材料，将松散的废物胶结包裹起来，减少有害物质从废物中向外迁移、扩散，使得废物对环境的污染减少。

（5）填埋

填埋是固体废物经过无害化、减量化处理的废物残渣集中到填埋场进行处置。禁止将有毒有害废弃物现场填埋，填埋场应利用天然或人工屏障。尽量使需处置的废物与环境隔离，并注意废物的稳定性和长期安全性。

第 12 章　建立材料、设备的统计台账

12.1　材料、设备的收、发、存管理

12.1.1　材料入库

1. 入库前准备

仓库的交通应方便，便于材料的运输和装卸，仓库应尽量靠近路边，同时不得影响总体规划。

仓库的地势应较高且地形平坦，便于排水、防洪、通风和防潮。

油库、氧气、乙炔气等危险品仓库与一般仓库要保持一定距离，与民房或临时工棚也要有一定的安全距离。

合理布局水电供应设施，合理确定仓库的面积及相应设施。

2. 验收及入库

首先由申请人填写入库申请单，见表 12-1。

入库申请单　　　　**表 12-1**

入库申请单			申请日期		
产品品种	货位号	件数	重量	金额	备注
材料员		库房主管		申请人	

工地所需的材料入库前，应进行材料的验收。

材料保管员兼做材料验收员，材料验收时应以收到的材料清单所列材料名称、数量对照合同、规定、协议、技术要求、质量证明、产品技术资料、质量标准、样品等进行验收入库，验收数量超过申请数量者以退回多余数量为原则。必要时经领导核定审核批准后可以先办理入库手续，再追加相应手续。

材料的验收入库应当在材料进场时当场进行，并开具“入库单”，在材料的入库单上应详细地填写入库材料的名称、数量、型号、规格、品牌、入库时间、经手人等信息，且应在入库单上注明采购单号码，以便复核。如有因数量、品质、规格等有不符之处应采用暂时入库形式，开具材料暂时入库白条，待完全符合或补齐时再开具材料入库单，同时收回入库白条，不得先开具材料入库单后补货。

所有材料入库必须严格验收，在保证其质量合格的基础上实测数量，根据不同材料物件的特性，采取点数、丈量、过磅、量方等方法进行量的验收，禁止估约。

对大宗材料、高档材料、特殊材料等要及时索要有效的“三证”（产品合格证、质量保证书、出厂检测报告），产品质量检验报告必须加盖红章。对不合格材料的退货也应在

入库单中用红笔进行标注，并详细地填写退货的数目、日期及原因。

入库单应一式三联。一联交于财务，以便于核查材料入库时数量和购买时数量是否一致。一联交于采购人员，并与材料的发票一起作为材料款的报销凭证。最后一联应由仓库保管人员留档备查。

因材料数量较大或因包装关系，一时无法将应验收的材料验收的，可以先将包装的个数、重量或数量及包装情形等作预备验收，待认真清理后再行正式验收，必要时在出库时进行验收。

材料入库后，公司有关部门认为有必要时，可对入库材料进行复验。

对大宗材料，高档材料、特殊材料等的进场验收必须由含保管员在内的两人及以上人员共同参与点验，并在送货单或相关票据上签字。对于不能入库的材料，如周转材料、钢材、木材、砂、石、砌块等物资进场验收时，应由仓管员和使用该材料的施工班组指定人员共同参与点验并在送货单上签字，每批供货完成后据此验收依据一次性直接由工长开出限额领料单拨料给施工班组。

验收入库的材料按先后顺序，分品种、规格、型号、材质、用途分别在仓库堆放，并进行详细的标识。材料入库验收单见表 12-2。

玻璃、陶瓷及易碎材料在入库时要轻拿轻放。

材料入库验收单 **表 12-2**

供应单位＿＿＿＿＿＿ 收料仓库＿＿＿＿＿＿

发票号数＿＿＿＿＿＿ 材料类别＿＿＿＿＿＿

发货日期＿＿＿＿＿＿ 编　号＿＿＿＿＿＿

材料编号	统一名称	规格	发票数				实收数				短缺		备注
			单价	数量	单价	金额	单价	数量	单价	金额	数量	金额	
	实际价款合计			万	千	百	十	元	角	分			小写
附计	运输单位		车种				运单号			距离（km）		起止地点	
	运费		装卸费				包装费			费用小计			

主管：　　　审核：　　　验收：　　　采购员：

材料入库的“六不入”原则：

（1）有送货单而没有实物的，不能办入库手续；

（2）有实物而没有送货单或发票原件的，不能办入库手续；

（3）来料与送货单数量、规格、型号不同的，不能办入库手续；

（4）质监部门不通过的，且没有领导签字同意使用的，不能办入库手续；

（5）没办入库而先领用的，不能办入库手续；

（6）送货单或发票不是原件的，不能办入库手续。

12.1.2 材料发放

向需用单位发放材料，保证生产建设的需要，是仓储管理的一项重要工作和最终目的。任何材料的使用都必须进行材料的领用手续，材料管理员不得在无领料手续情况下发放材料。

1. 材料发放工作的意义

材料发放工作是仓储工作直接与生产建设单位发生业务联系的环节。能否准确、及时、完好地把材料发放出去，是衡量仓储工作为生产建设服务质量的一个重要标志，也是加速流通领域资金周转的关键。

材料发放工作的好坏，不仅直接影响生产建设者的速度和质量，而且还直接影响交通运输的生产。材料出库后，一般都要经过运输，方能达到需用单位投入使用。如果由于材料出库时的疏忽，造成错发事故，将会带来一定的经济损失。

合理安排和组织材料发放过程中的人员、设备等，不仅能保证材料迅速、准确地出库，而且对节约劳动力、充分发挥设备效能等方面，具有一定的意义。

因此，仓库必须根据材料出库计划和有关制度、严格按照材料出库程序，有计划地进行材料发放工作。

2. 材料出库方式

材料出库一般有三种方式：领货、送货和代运。

领货：用料单位凭已经批准的用料计划或材料调拨单，经过一定手续（办理料款结算手续）自行到仓库提货。企业仓库一般采用这种方式，但这种方式存在一定的缺点，如领料手续复杂，不能及时满足需要，因此现在逐渐被送货形式所代替。

送货：仓库根据出库凭证备货后，将材料直接送到使用单位（或收货单位）。这种出库方式较前一种更能体现为生产服务的要求。

代运：由仓库备完货后，通过运输部门代办托运，包括铁路、水运、航空及邮寄等方式，将材料发到需用单位所住的车站、码头或邮局，然后由需用单位提取。

3. 材料出库制度

材料的发放应遵循先进先出的原则。

相应工程所需的材料由现场施工员、班组长负责领取。材料领取执行限额领料制度，施工员应按工程进度配合材料管理员做好分部分项工程材料使用统计。分项工程实际使用数量超过预算量应及时向项目经理及总公司汇报。

领料人与保管员办理领料手续程序为：领料人根据当日工程所需要的材料向保管员申请领料，保管员开具相应材料出库单，双方在出库单上签字。

出库单一式三联：存根、财务、领料人各一联。

保管员需做好材料台账，日清月结，做到账物相符，时刻掌握库存情况；认真核对各项工程之材料用量，并就当前库存情况及时提供各种材料数量的补给信息，以便迅速采购补充，不影响工程进度。如因材料的突然缺乏影响工程进度，材料保管员和施工员应受相应的处罚。

材料出库“五不发”原则：

（1）没有提料单，或提料单是无效的，不能发放物料；

（2）手续不符合要求的，不能发放物料；

（3）质量不合格的物料，除非有领导批示同意使用，否则不能发放物料；

（4）规格不对、配件不齐的物料，不能发放；

（5）未办理入库手续的物料，不能发放。

4. 材料归还与退库制度

工程完工到70%左右时，应严格控制材料的购进与发放，并及时统计出仓库库存材料的状况以及还须购进材料的名单和数目，上交公司有关人员。以避免过多的剩余材料，进而节约公司资金的投入且避免浪费。

在公司工程项目结束时应及时对施工现场的材料进行盘点，并督促施工队伍及时地办理推举手续。避免个别施工人员在施工结束时浑水摸鱼，从而防止材料在工程结束时的流失。

材料在办理退库时应填写材料退库单，详细列出所剩余材料的名称及数目。清点完毕后同材料人员办理材料的交接手续，存入公司仓库，从而使公司仓库的材料一目了然，以便于库存材料在工程保修期和下次施工中做到充分合理的利用。

5. 材料使用限额领料制度

由负责施工的工长或施工员，根据施工预算和材料消耗定额或技术部门提供的配合比、翻样单，签发施工任务单和限额领料单。限额领料单上应详细注明使用部位、数量。并于开始用料 24h 前将两单送项目材料组，项目材料组凭单发料。

无限额领料单材料员有权停止发料，外场材料下次将不予进货，直到手续补全。由此影响施工生产应由负责施工的工长或施工员负责。

班组用料超过限额数时，材料员有权停止发料，并通知负责施工的工长或施工员核查原因。属于工程量增加的，增补工程量及限额领料单；属操作浪费的，按市场价从施工队的工程款中扣除，赔偿手续办好后再补发材料。

限额领料单随同施工任务单当月同时结算，在结算的同时应与班组办理余料退库手续。

班组使用材料的节约，具体实施办法可按公司与劳务分包单位签订的相关协议执行。

周转料具的管理使用，有条件的项目尽量按工作量承包给施工队，防止周转料具的丢失、掩埋、乱割、乱锯。应本着长料长用、短料短用的原则，不得随意将整料锯短锯小。

6. 材料管理措施

（1）编制材料供应计划。包括单位工程材料总计划、材料季度计划、材料月度计划和材料周计划。

（2）对构成工程实体的主要和部分主要辅助材料以及凡有定额依据的各种材料都必须实行限额领料。

（3）对于超用和非直接用于工程的以及质量返修的部分，应在限额领料单上分别加盖“超耗专用章”、“非工程用料专用章”、“质量返修专用章”。

（4）大宗材料由于用量大，对材料核算的影响大，所以加强验收和“月盘存制”、防止“以进代耗”、“以领代耗”的现象发生。每月按实际调整，达到“账实”、“账账相符”。

（5）周转设备材料在工程项目施工中用量较大，占工程成本和流动资金的比例较高，因此，项目材料员应按施工计划合理化组织周转设备材料分期分批进场。

(6) 现场材料进场时，把好四道验收关（品种、规格、数量、质量），凡不符合要求者都进行退货和追索赔偿。有质保书的材料，须收取材料质保书或产品合格证书、产品说明书。必须送样检验的或验收时有疑问的材料应及时送样试验，在取得试验报告前，不能动用材料。

(7) 为保证项目有一套完整、及时、准确的原始数据和资料，故在项目设置如下的材料台账的报表：①大宗材料收、耗（拨）、存台账；②仓库材料收、耗（拨）、存台账；③周转设备收、发、存台账；④项目材料资金总账；⑤材料收发存月报表；⑥单位工程设备材料租费摊销月报。

(8) 签订专业承包人合同时，在专业承包人合同中对专业承包人领用、借用、租用的各种原材料、劳防用品、施工用具、周转材料、临时设施等的供应方式、结算依据等予以明确。

12.1.3 材料仓储管理

1. 仓储管理

(1) 仓库保管员必须合理设置各类货物和产品的明细账簿和台账。

(2) 仓库必须根据实际情况和各类原货物的性质、用途、类型分明别类建立相应的明细账、卡片；半成品、产成品应按照类型及规格型号设立明细账、卡片；

(3) 财务部门与仓库所建账簿及顺序编号必须互相统一，相互一致。合格品、料废、返修品等应分别建账反映。

(4) 必须严格仓库管理流程进行日常操作，仓库保管员对当日发生的业务必须及时登记入账，做到日清日结，确保货物进出及结存数据的正确无误。

(5) 做好各类货物和产品的日常核查工作，仓库保管员必须对各类库存货物定期进行检查盘点，并做到账、卡、物一致。如有变动及时向主管领导及相关职能部门反映，以便及时调整。

(6) 仓库通道出入口要保持畅通，仓库内要及时清理，保持整洁。

(7) 各种货物码放、搬运入库时应先内后外、先下后上；出库时应先外后内、先上后下，先进先出，防止坍塌伤人及损坏机械设施。各种货物不得抛掷。

(8) 根据不同类别、形状、特点、用途分库分区；保管要做到“三清”，“二齐”，“四定位”摆放。三清：材料清、数量清、规格清；二齐：摆放整齐、库容整齐；四定位：按区、按排、按架、按位定位。

(9) 保管货品应做到“十不”，即不锈、不潮、不冻、不霉、不腐、不变质、不挥发、不漏、不爆、不混，按货品保管技术要求，适当进行加垫、通风、清洗、干燥、定期涂油或重新包装，存放不当应及时改进。

(10) 仓管员在月末结账前要与相关部门做好货物进出的衔接工作，各相关部门的计算口径应保持一致，以保障成本核算的正确性。

(11) 必须正确及时报送规定的各类报表，并确保其正确无误。

(12) 库存货物清查盘点中发现问题和差错，应及时查明原因，并进行相应处理。如属短缺及需报废处理的，必须按审批程序经领导审核批准后才可进行处理，否则一律不准自行调整。发现货物失少或质量上的问题（如超期、受潮、生锈、老化、变质或损坏等），应及时的用书面的形式向有关部门汇报。

2. 盘点及账务处理

保管员应坚持实地盘点法，每季进行一次抽查盘点，每年进行一次全面盘点，盘点应做到：

（1）盘点时发现盘盈或盘亏应重复一次，重新核实，并分析原因，提出改进意见或措施，做好记录。

（2）检查安全防火设施和措施器材等，发现问题及时向部门负责人汇报并采取防范措施。

（3）清仓盘点中发生的盘盈、盘亏应由保管员查明真实原因，及时报告领导。

（4）盘点清查出的盘盈、盘亏物品，由保管员查明原因并报领导批准后，及时进行账务处理。

（5）保管员应建立账册，并按规定“会计制度”的要求做好账务处理工作。

（6）仓库存货要确保账、卡、物三相符，货品收支与结存要保持平衡。

（7）每月填报收、发、存月报表，报有关部门负责人。

12.2 材料、设备的收、发、存台账

台账就是明细记录表，台账不属于会计核算中的账簿系统，不是会计核算时所记的账簿，它是企业为加强某方面的管理、更加详细的了解某方面的信息而设置的一种辅助账簿，没有固定的格式，没有固定的账页，企业根据实际需要自行设计，尽量详细，以全面反映某方面的信息，不必按凭证号记账，但能反映出记账号更好。具体在仓库管理中，台账详细记录了什么时间，什么仓库，什么货架，由谁入库了什么货物，共多少数量。台账本质就是流水账。

12.2.1 台账的建立

（1）先建立库房台账，台账的表头一般包含序号、物料代码、物料名称、物料规格型号、期初库存数量、入库数量、出库数量、经办人、领用人及备注，见表12-3；

收发存台账 **表 12-3**

日期	产品名称	规格型号	入库信息			出库信息			结存		备注
			批号	入库时间	入库数量	批号	出库时间	出库数量	批号	数量	

领用人： 经办人：

（2）台账记账依据，见表 12-4。

记账依据 **表 12-4**

依据	内容
材料入库凭证	验收入库单、加工单等
材料出库凭证	调拨单、借用单、限额领料单、新旧转账单等
盘点、报废、调整凭证	盘点盈亏调整单、数量规格调整单、报损报废单等

（3）每天办理入库的物料，供应商需提供送货清单，相关部门下达入库通知（表 12-5），如需检验入库，还要通知检验部门进行来料检验，合格后办理入库手续，填写入库单（表 12-6），每天如有办理物料出库，需领用人拿有相关领导审批过的出库单（表 12-7），按照领用明细，办理物料出库，相应的在台账上登记；

（4）为管理库房的物料，最好对物料进行分类，按不同的物料类别建立台账，这样方便台账的管理；

（5）物料分类有很多方式，有按材质分的，如金属、非金属；有按用途分类的，如原材料、半成品、产品；

（6）物料在仓库摆放要整齐、物料还要分类摆放，这样便于取用，物料上最好挂页签，检查物料数量及物料名称方便。

（7）不合格物料交由采购部门办理退、换料，入库物料在台账上登记；

入库通知 **表 12-5**

项目名称： No.：

序号	名称	规格型号	数量	随机资料	厂家	单价	总价	签收人	签收时间	收货地点	备注

入　库　单 **表 12-6**

年　　月　　日　　　　供应商：　　　　No.：

编码		品名		品牌、型号、规格		单位	数量	单价	金额	附注
采购员		验货员		负责人		仓管员		合计		

第一联存根联

注：第一联存根，第二联财务，第三联仓库

出　库　单 **表 12-7**

年　　月　　日　　　　供应商：　　　　No.：

编码		品名		品牌、型号、规格		单位	数量	单价	金额	附注
采购员		验货员		负责人		仓管员		合计		

第一联存根联

注：第一联存根，第二联财务，第三联仓库

12.2.2 台账的管理要求

（1）管理仓库要建立账、卡，卡是手工账，账可以用电脑做；

（2）每次收货、发货都要点数，按数签单据，按单据记卡、记账，内容包括日期，摘要，收、发、存的数量；

（3）每次收、发货记账后要进行盘点，点物品与卡、账是否一致，不一致可能是点数错，或者记账记错等，要分析，要查找原因，纠正错误；

（4）做仓管员的基本职能是保证账、卡、物三者相符，包括名称、规格、数量都相同；

（5）将记过账的单据按日期分类归档保存；

（6）每周/每月都要对物品进行盘点，以确保账、物、卡一致。

12.2.3 台账管理相关的表格

1. 材料入库情况报表

（1）收货单，见表12-8。

收　货　单　　　　**表12-8**

编号：×××

类别		申请号码		厂商名称		约交日期		收货日期		统一发票号码	
项次	订单号码品名	规格	材料编号	申请数量	单位	实收		单价	金额	备注	
						数量	件数				
说明				检验结果				收货部门	部门		
									经办		

（2）收料单，见表12-9。

收　料　单　　　　**表12-9**

收料日期		工程编号	本单编号		请购部门		定制单编号
××年×月×日		××	××		××项目部		××
项次	材料名称	规格型号	材料编号	单位	数量	单价	金额
备注				点收	检验	经办部门	
						主管	经办
				××	××	××	××

（3）物料入库验收单，见表12-10。

物料入库验收单 **表 12-10**

编号：×××

来货单位						提货单号		×××	
序号	品名	规格	单位	数量	单价	总金额	核拨价	合同号	验收及处理意见

审核人：××× 制表人：××× 日期：××年×月×日

2. 材料发放情况报表

（1）领料单，详见表 12-11。

领　料　单 **表 12-11**

领料部门：××项目部

物料名称	规格	数量	单位	用途说明
光圆钢筋	HPB300/Φ8	0.88	t	主体结构

审核人：××× 领料人：××× 日期：××年×月×日

（2）成批领料单，详见表 12-12。

成批领料单 **表 12-12**

工程名称	××工程	批量	280t	制表	××	日期	××年×月×日			
序号	材料名称	规格	单位	用量	应领	实发	补退记录	合计	单价元	总额元
1	普通硅酸盐水泥	P.O 42.5	t	20	20	20	20	300.00		6000.00
2										
3										
4										

主管：××× 领料人：××× 日期：××年×月×日

（3）材料领用记录表，详见表 12-13。

						材料领用记录表					表 12-13

工程名称：××工程　　　　编号：×××

序号	材料名称	规格	单位用量	标准用量	领用单位	领用记录					超用率
						日期	数量	日期	数量	合计	

审核人：×××　　制表人：×××　　日期：××年×月×日

（4）材料发放记录，见表 12-14。

材料发放记录　　**表 12-14**

编号：×××

材料编号	材料名称	型号规格	数量	材质号	批号	领用人

（5）限额领料登记表，见表 12-15

限额领料登记表　　**表 12-15**

工程名称：××工程　　　　编号：×××

日期	材料名称	规格	单位	数量		结超记录		使用班组	领料人
				定额	领用	结余	超支		

材料员：×××　　保管员：×××　　日期：××年×月×日

3. 材料库存情况报表

（1）材料仓库日报表，见表 12-16。

材料仓库日报表 **表 12-16**

编号：×××

材料编号	材料名称	规格	单位	供应厂商	昨日结存	本日进仓	本日出仓	本月结存	备注

审核人：××× 制表人：××× 日期：××年×月×日

（2）材料库存月报表，见表 12-17。

材料库存月报表 **表 12-17**

序号	材料名称	规格	单位	单价	上月结存		本月进库		本月发出		本月结存		备注
					数量	金额	数量	金额	数量	金额	数量	金额	

审核人：××× 制表人：××× 日期：××年×月×日

（3）物料盘存表，见表 12-18。

物料盘存表 **表 12-18**

序号	物料名称	规格型号	单位	账面数			实际点交数		盘盈		盘亏		备注
				单价	数量	金额	数量	金额	数量	金额	数量	金额	

审核人：××× 制表人：××× 日期：××年×月×日

（4）月度物料盘存表，见表 12-19。

月度物料盘存表 **表 12-19**

序号	物料名称	规格型号	单位	单价	前月结存		本月入库		本月出库		理论结存		实际结存		盘点差异	
					数量	金额	数量	金额	数量	金额	数量	金额	数量	金额	数量	金额

审核人：××× 制表人：××× 日期：××年×月×日

（5）材料库存记录，见表 12-20。

材料库存记录 **表 12-20**

编号	材料名称	规格型号	单位	存放仓库	最低存量	凭证号码	订单号码	本期收料	本期发出	结存量	说明

审核人：××× 制表人：××× 日期：××年×月×日

12.3 仓库计算机管理系统

仓库计算机管理系统，主要由库管员使用，帮助材料现场管理人员清晰掌握材料往来明细账，快速统计收发存，准确高效进行材料汇总，为其他岗位提供材料基础数据，实现数据共享。实现公司、项目部材料部材料往来，分类汇总省时省力。

仓库管理系统支持货品的入库、出库、调拨、盘点业务，以及库存结转功能。

1. 入库单

入库单主要提供企业收货入库登记，存货数量及金额增加，包括反方向收货退库，存货减少。入库单如图 12-1 所示。

常见业务类型有：

采购收货入库：此种类型一般需要填写对方供货单位、收货仓库、经手人及部门；

成品生产入库：此种类型一般需要填写生产部门、收入仓库、批号及经手人等信息；

对于收货退库业务，方向应选择为“退货”。

（1）新建入库单

单击“新建”按钮，界面处理编制状态，如图 12-1 所示，根据业务情况输入：

1）日期：系统自动生成当天日期；

2）仓库：选择收货仓库；

3）类型：选择业务类型；

4）方向：收货还是退货；

5）经手人：选择职员；

6）单位：选择供货的厂商；

7）单号：根据情况填写或空置；

8）批号：根据情况填写或空置；

9）备注：填写需要备注的事项；

10）添加明细：在已有的货品资料中，双击选择；输入添加货品的数量、单价及金额，或者根据“系统设置”中的配置进行自动计算；

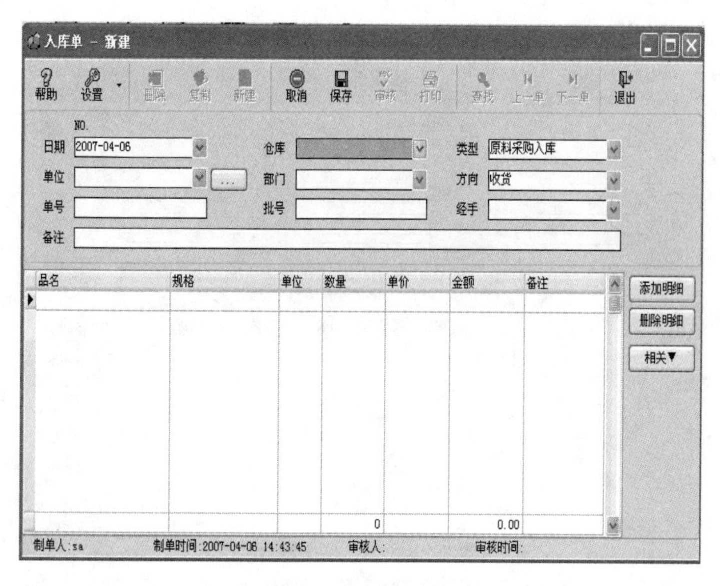

图 12-1　入库单

11）逐一添加所有明细后，点击“保存”按钮完成新建操作，系统自动生成入库单编号。

（2）审核入库单

打开某单据，单击“审核”按钮，界面处于审核状态，此时单据不能修改，除非审核人再次单击“弃审”取消审核。

（3）打印入库单

当单据处于非编辑状态时，可以单击“打印”按钮，弹出打印对话框，选择打印的样式，单击“预览”弹出打印窗口，单击“设计”弹出设计窗口，有关报表设计请参照相关说明。

（4）查找入库单

当单据处于非编辑状态时，可以单击“查找”按钮，弹出查找对话框，输入查找条件，单击“查询”按钮，选择需要打开的记录，单击“确定”按钮打开；也可以单击“上一单”及“下一单”按钮来浏览最近输入的单据。

（5）删除入库单

打开您要操作的入库单，单击“删除”按钮，弹出提示框，“确定”删除即可；只有相应制单人才能进行此操作。

（6）修改入库单

打开您要操作的入库单，直接修改相应项目，单据处理编辑状态，单击“保存”完成修改；只有相应制单人才能进行此操作。

（7）退出入库单

单击“退出”按钮关闭入库单界面，如果单据处于编制状态，则提示保存或取消操作。

2. 出库单

出库单主要提供企业发货出库登记，存货数量及金额减少，包括反方向发货退库，存货增加，如图 12-2 所示。

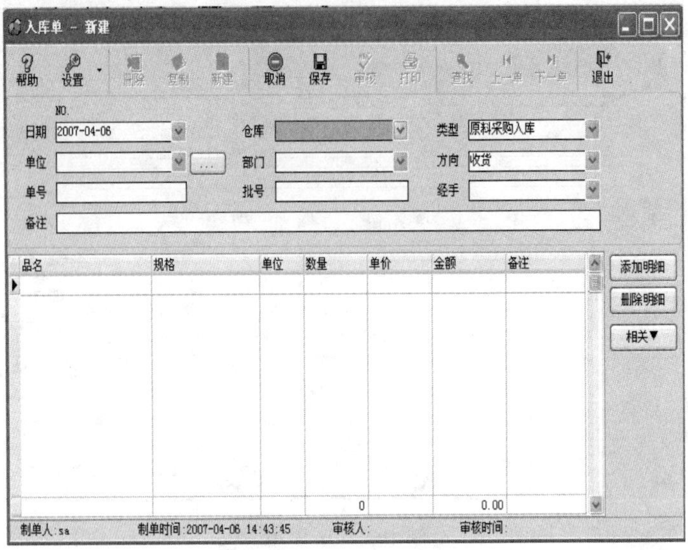

图 12-2　出库单

常见业务类型有：

销售出库：此种类型一般需要填写收货方单位、发货仓库、经手人及部门；

领用出库：此种类型一般需要填写领用部门、领出仓库及经手人等信息；

对于发货退库业务，方向应选择为“退货”。

3. 调拨单

拥有多个仓库且需要独立核算的企业，在仓库之间进行货品调拨时，应使用此功能。如图 12-3 所示。

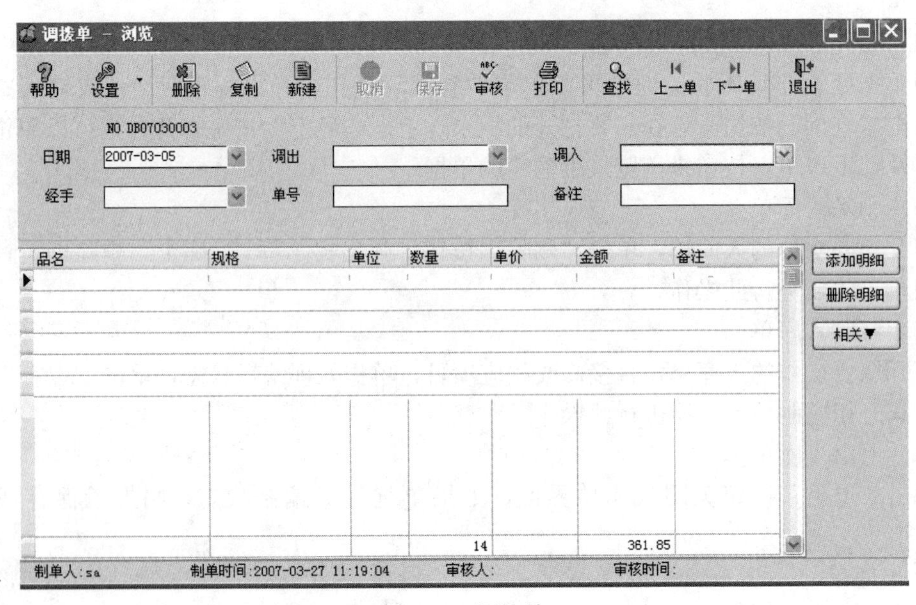

图 12-3　调拨单

4. 盘点单

由于存货数量较多、管理不善、自然损耗等原因，致使库存数量与账面数量不符。需要进行存货清查，调整账面数量，开制盘点单。如图 12-4 所示。

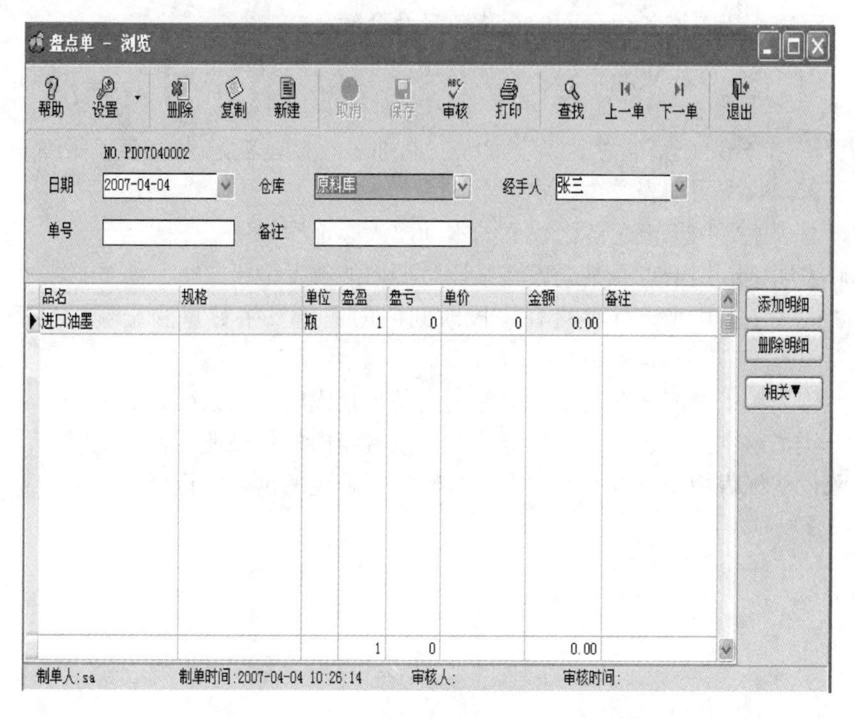

图 12-4　盘点单

5. 库存结转

由于企业持续经营，输入大量的业务数据，需要进行清除结账，如图 12-5 所示。

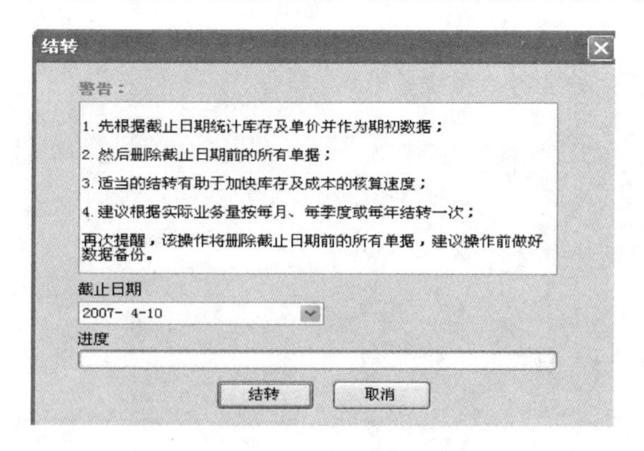

图 12-5　库存结转

6. 查询

“查询”菜单主要包括的功能有：入库汇总表、入库明细表、出库汇总表、出库明细表、分仓库存、库存一览表，用于查询统计各个仓库业务的数据和收发情况。

入库汇总表用于查询汇总入库业务中各单据的货品数量以及金额。

入库明细表用于查询每一笔货品的入库记录。

出库汇总表用于查询汇总出库登记中各货品的出库数量及金额。

出库明细表查询货品的每一笔出库记录。

分仓库存表用于查询各个仓库的存货数量及金额。

库存一览表支持在一张表格内显示存货在各个仓库的数量及金额。

7. 报表

“报表”菜单分为仓库汇总表、仓库收发明细表、存货汇总表、存货明细表、存货分类汇总表、部门收发明细表。

仓库汇总表主要用于汇总各个仓库的本期出入库金额。

仓库收发明细表用于查看某仓库在某段时期内的收发记录。

存货汇总表主要用于统计存货在一段时间内的业务发生数量和金额，包括入库、出库、调拨及盘点。

存货明细表用于查询某存货在一段时期内某个仓库的收发情况。

存货分类汇总主要统计所有存货分类在一段时期内的各种业务发生金额。

部门收发明细表用于查询某部门在一段时期内发生的出入库记录。

第13章　进行材料、设备的成本核算

13.1　成本基本知识

13.1.1　成本的概念

1. 理论成本

消耗的生产资料的价值和劳动者为自身必要劳动创造的价值，构成建筑产品的理论成本。

建筑产品的理论成本，又有社会成本和个别成本之分。

建筑产品的社会成本，是指社会生产一定量的建筑产品的平均消耗量。

建筑产品的个别成本，是指建筑产品的供给者生产一定量的建筑产品的实际消耗量。

2. 应用成本

建筑产品的应用成本，是指按照国家现行制度和有关成本开支范围的规定，计算的建筑产品成本。

(1) 按制造成本法表示的建筑产品成本。它是指生产过程中发生的各种耗费。还可称为生产成本或工程成本。

(2) 按完全成本法表示的建筑产品成本。它是指企业未生产、销售建筑产品所发生的各种费用的总和，亦称为完全成本。

13.1.2　成本的类型

1. 合同成本

合同成本是指为履行某项合同而发生的相关费用，包括从合同签订开始至合同完成止所发生、与执行合同有关的直接费用和间接费用。这里所说的“直接费用”是指为完成合同所发生的、可以直接计入合同成本核算对象的各项费用支出。“间接费用”是指为完成合同所发生、不宜直接归属于合同成本核算对象而应分配计入有关合同成本核算对象的各项费用支出。建筑工程承包合同成本，是指业主和承包方在订立工程合同时确定的工程成本。

2. 预算成本

预算成本是企业按照预算期的特定生产、工作和经营情况所编制的预定成本。预算成本属于一种预计或未来成本。确定预算成本应以企业预算期内的销售和生产预算为基础，编制产品生产和经营的直接材料预算、直接人工预算和制造费用预算和期间费用预算等。如企业采用变动成本法的，则只要将变动的制造费用按预计分配率测定各成本项目数额，固定费用作为期间费用，按总额测定，并直接在当期边际贡献中扣除，然后再加以汇总，预算成本可以用来预测成本的发生额和作为考核成本工作成绩的标准。

3. 计划成本

所谓计划成本，是指建筑产品的生产者为了控制成本支出而编制的预期成本。计划成本是指根据计划期内的各种消耗定额和费用预算以及有关资料预先计算的成本。它反映计划期产品成本应达到的标准，是计划期在成本方面的努力目标。计划成本与定额成本是不同的，计划成本是按计划期内平均定额水平计算的，而定额成本是按现行定额计算的；计划成本反映平均水平，定额成本反映当时应达到的水平。

4. 实际成本

所谓实际成本，是指建筑产品的生产者在生产过程中实际发生的成本。合同成本反映工程成本的收入，计划成本反映工程成本的预计支出，实际成本反映工程成本的实际支出。实际成本是我国企业成本核算的基本原则。

13.1.3 成本的分析

1. 固定成本

固定成本又称固定费用，是相对于变动成本而言的，指在一定时期和一定的生产规模条件下，建筑产品成本中不受产量增减变化影响而能保持不变的成本。

固定成本具有如下特征：

（1）总额不随产量/工作量变化，表现为一个固定金额；

（2）单位产量/工作量分摊的固定成本（即单位固定成本）随产量/工作量的增减变动成反比例变动。

2. 变动成本

变动成本，指建筑产品成本中随产量变化的成本，又称可变成本。

变动成本又可分为线性变动成本和非线性变动成本。

线性变动成本表明变动成本和产量之间存在按相同比例变化的关系，产量变化多少，变动成本等比例变化多少。

非线性变动成本，是指不随产量变化而等比例变化的变动成本。

3. 总成本

在一定生产规模条件下的固定成本和变动成本之和，就是总成本。如果把总成本、总产量和总收入联系起来分析，就称为量、本、利分析。量、本、利分析的主要目的，是寻求总收入等于总成本时的产量，即盈亏平衡点，也称为保本点。

4. 边际成本

所谓边际成本，是指在一定产量的基础上每增加一单位产量所引起总成本的增加值，还可以理解为在一定量的基础上每减少一单位产量所引起总成本的减少值。

假设 M_c 为边际成本，ΔQ 为产量的增加值，ΔT_c 为总成本的增加值，则有式（13-1）。

$$M_c = \Delta T_c / \Delta Q \tag{13-1}$$

13.1.4 建筑材料、设备成本分析

材料费是指施工过程中耗费的原材料、辅助材料、构配件、零件、半成品或成品、工

程设备的费用。内容包括：

（1）材料原价：是指材料、工程设备的出厂价格或商家供应价格。

（2）运杂费：是指材料、工程设备自来源地运至工地仓库或指定堆放地点所发生的全部费用。

（3）运输损耗费：是指材料在运输装卸过程中不可避免的损耗。

（4）采购及保管费：是指为组织采购、供应和保管材料、工程设备的过程中所需要的各项费用。包括采购费、仓储费、工地保管费、仓储损耗。

工程设备是指构成或计划构成永久工程一部分的机电设备、金属结构设备、仪器装置及其他类似的设备和装置。

13.2 材料、设备核算

13.2.1 材料、设备核算概述

1. 核算的概念

材料、设备核算是企业经济核算的重要组成部分。

材料、设备核算是以货币或实物数量的形式，对建筑企业材料管理工作中的采购、供应、储备、消耗等项业务活动进行记录、计算、比较和分析，总结管理经验，找出存在问题，从而提高材料供应管理水平的活动。

进行材料、设备核算，应做好以下基础工作：

（1）建立和健全材料、设备核算的管理体制，使用材料、设备核算的原则贯穿于材料、设备供应和使用的全过程，做到干什么、算什么，人人讲求经济效果，积极参加材料、设备核算和分析活动。

（2）建立健全核算管理制度。

（3）扎实的经营管理基础工作。

2. 成本分析

在建筑企业材料物资流转过程中，普遍存在着数量、数量关系和数量界限。某个相关因素的变化，都会引起材料管理过程中的成本变化。要搞好材料的管理与核算，需要掌握和处理各种数量关系和数量界限，包括做好材料的成本分析。

（1）成本分析的概念

成本分析就是利用成本数据按期间与目标成本进行比较，找出成本升降的原因，总结经营管理的经验，制定切实可行的措施，加以改进，不断地提高企业经营管理水平和经济效益。

成本分析可能在经济活动的事前、事中或事后进行。在经济活动开展之前，通过成本预测分析，可以选择达到最佳经济效益的成本水平，确定目标成本，为编制成本计划提供可靠依据。

（2）成本分析方法

成本分析方法很多。如技术经济分析法、比重分析法、因素分析法、成本分析会议等。材料成本分析通常采用的具体方法有：

1）指标对比法

这是一种以数字资料为依据进行对比的方法。通过指标对比，确定存在差异，然后分析成本差异的原因。

2）因素分析法

成本指标往往由很多因素构成，因素分析法是通过分析材料成本各构成因素的变动对材料成本影响程度，找出材料成本节约或超支的原因的一种方法。

3）趋势分析法

趋势分析法是将一定时期内连续各期有关数据列表反映并借以观察其增减变动基本趋势的一种方法。

3. 消耗数量计算方法

消耗数量计算方法主要有两种：

（1）永续盘存制

永续盘存制也叫账面盘存制或连续记录法，它是指每次收入、发出材料时，都根据有关收发材料的原始凭证将材料收入和发出的数量逐笔记入材料明细账，随时计算材料消耗数量和结存数量。

材料消耗的原始记录主要有：企业记录生产过程中材料消耗的原始记录主要有“领料单”、“限额领料单”和“领料登记表”等发料凭证。生产所剩余料，应该填制退料单。

对于已领未用、下月需要继续耗用的材料，一般可以采用“假退料”办法，材料实物不动，只是填制一份本月的退料单，同时填制一份下月的领料单。

期末，企业应当根据全部领退料凭证汇总编制“发出（耗用）材料汇总表”，确定材料消耗量。发出（耗用）材料汇总表应按照领料用途和材料类别分别汇总。凡能分清某一成本计算对象的材料消耗，应当单独列示，以便直接计入该成本计算对象；凡属于几个成本计算对象共同耗用的材料，应当选择适当的分配方法，分别计入有关成本计算对象的材料费用项目。

（2）实地盘存制

实地盘存制也叫定期盘存制或盘存计算法，它是指每次发出材料时不作记录，材料发出（消耗）数量是根据期末实地盘点结存数量，倒挤出来的。采用实地盘存法计算材料消耗量相对粗略，不能获得准确数据。

计算公式见式（13-2）。

$$本期消耗材料数量=期初结存材料数量+本期收入材料数量-期末结存材料数量 \tag{13-2}$$

4. 消耗材料成本核算方法

（1）实际成本法

实际成本法是将材料的收、发、结存等均按实际成本计算的一种核算方法。由于实际成本有据可查，具有一定的客观性，故该方法简单可行，但会在一定程度上使提供产品或劳务的部门的成绩或不足全部转移给使用部门，不利于责任中心的考核。

企业按实际成本计价法核算材料收发时，对于发出材料的成本应采用先进先出法、加权平均法、个别计价法等方法计算确定。

（2）计划成本法

计划成本法是指材料的收、发、结存等均按预先制定的计划成本计价，另设“材料成本差异”核算实际成本与计划成本之间的差额，按期结转材料成本差异，将计划成本调整为实际成本的一种核算方法。这种方法适用于存货品种繁多、收发频繁的情况。

实际成本法和计划成本法的区别主要有以下两点：

① 账户使用的不同：实际成本法下，购买的尚未验收入库材料的实际成本记入“在途物资”科目，计划成本法下，购买的尚未验收入库材料的实际成本记入“材料采购”科目，同时实际成本和计划成本之间的差额计入“材料成本差异”科目。

② 计入成本费用时，实际成本可以直接转入，但是计划成本法首先要将计划成本转入，然后将“材料成本差异”转入到相关的成本费用中去。

13.2.2 材料、设备核算的内容

1. 材料设备采购的核算

采购核算，是以采购预算成本为基础，与实际采购成本相比较，核算其成本降低或超耗的程度。

（1）采购实际成本

材料采购实际成本是材料在采购和保管过程中发生的各项费用的总和。它由材料原价、供销部门手续费用、包装费、运杂费、采购保管费五方面因素构成。

材料价格通常按实际成本计算，具体方法有“先进先出法”和“加权平均法”二种。

1）先进先出法：是指同一种材料每批进货的实际成本中各有相同时，按各批不同的数量分别记入账册。在发生领用时，以先购入的材料数量及价格先计价核算工程成本，按先后程序依此类推。

2）加权平均法：是指同一种材料在发生不同实际成本时，按加权平均法求得平均单价，当下一批进货时，又以余额（数量及价格）与新购入的数量、价格作新的加权平均计算，得出平均价格。

（2）采购成本的考核

采购成本可以从实物量和价值两方面进行考核。单项品种的材料在考核材料采购成本时，可以从实物量形态考核其数量上的差异。企业实际进行采购成本考核，往往是分类或按品种综合考核价值上的“节”与“超”。

2. 材料、设备供应的核算

供应计划是组织材料、设备供应的依据。它是根据施工生产进度计划、材料消耗定额、机械定额等编制的。施工生产进度计划确定了一定时间内应完成的工程量，而材料供应量是根据工程按量、按时配套供应各种材料，是保证施工生产正常进行的基本条件之一。检查考核材料供应计划的执行情况，主要是检查材料的收入执行情况，它反映了材料对生产的保证程度。

检查材料、设备收入的执行情况，就是将一定时期（旬、月、季、年）内的材料实际收入量与计划收入量作对比，以反映计划完成情况。

3. 材料储备的核算

为了防止材料积压或储备不足，保证生产需要，加速资金周转，企业必须经常检查材料储备定额的执行情况，分析材料库存情况。

检查材料储备定额的执行情况，是将实际储备材料数量（金额）与储备定额数量（金额）相对比，当实际储备数量超过最高储备定额时，说明材料有超储积压；当实际储备数量低于最低储备定额时，说明企业材料储备不足，需要动用保险储备。

4. 材料消耗量核算

现场材料使用过程的管理，主要是按单位工程定额供应和班组耗用材料的限额领料进行管理。

5. 周转材料的核算

由于周转材料可多次反复使用于施工过程，因此其价值的转移方式不同于材料的一次性转移，而是分多次转移，通常称为摊销。周转材料的核算以价值量核算为主要内容，核算周转材料的费用收入与支出的差异和摊销。

周转材料摊销，按其数量的多少和金额的大小，可采用一次摊销法和五五摊销法。

（1）一次摊销法

一次转销法又称一次摊销法或一次计入法，是指在领用周转材料时，将其价值一次全部计入有关的成本、费用的摊销方法。

（2）五五摊销法

五五转销法又称五五摊销法或五成摊销法，是指周转材料在领用时摊销其一半价值，在报废时摊销其另一半价值的摊销方法。在该法下，应在“周转材料”总账科目下，按周转材料的种类，分别“在库”、“在用”和“摊销”进行明细核算。

6. 工具的核算

（1）费用收入与支出

工具费的支出包括购置费、租赁费、摊销费、维修费以及个人工具的补贴费等项目。

（2）工具的账务

施工企业的工具财务管理和实物管理相对应，工具账分为由财务部门建立的财务账和由料具部门建立的业务账二类。

7. 费用的分配

材料费用在几种产品（成本计算对象）之间进行分配的分配标准既可以按重量（体积、产量、面积）比例分配，也可以定额消耗量（定额费用）比例分配。

（1）重量（体积、产量、面积）比例分配法

是以各种产品的重量（体积、产量、面积）为标准来分配原材料费用的方法。计算公式如下：

原材料费用分配率＝待分配的原材料费用总额÷各种产品的总重量之和某产品应分配原材料费用＝该产品总重量×原材料费用分配率

（2）定额消耗量（定额费用或成本）比例分配法

定额消耗量（定额费用或成本）比例分配法是以各种产品的定额消耗量（定额费用或成本）为标准来分配原材料费用的方法。

分配程序：

1）计算各种产品原材料定额消耗量；

2）计算单位原材料定额消耗量应分配原材料实际消耗量；

3）计算出各种产品应分配的原材料实际消耗量；

4）计算出各种产品应分配的原材料实际费用。

计算公式见式（13-3）～式（13-6）。

某种产品原材料定额消耗量＝该种产品实际产量×单位产品原材料定额消耗量　（13-3）

原材料消耗量分配率＝原材料实际消耗总量÷各种产品定额消耗量之和　（13-4）

某种产品应分配的原材料实际消耗量＝该种产品的原材料定额消耗量×原材料消耗量分配率　（13-5）

某种产品应分配的原材料实际费用＝该种产品应分配的原材料实际消耗量×材料价格　（13-6）

也可按式（13-7）～式（13-9）计算。

某种产品原材料定额消耗量＝该种产品实际产量×单位产品原材料定额消耗量　（13-7）

原材料费用分配率＝原材料实际消耗总额÷各种产品定额消耗量之和　（13-8）

某种产品应分配的原材料实际费用＝该种产品应分配的原材料定额消耗量×原材料费用分配率　（13-9）

13.2.3　材料、设备核算的分析与计算

1. 按实际成本计价的核算

（1）外购材料的核算

1）钱货两清：

【例题 13-1】某企业购入主要材料钢材 10t，单价 2800 元/t，买价 28000 元，运杂费 2000 元。款项以银行存款支付。试作会计分录。

【分析】

借：原材料——主要材料　　30000

贷：银行存款　　30000

2）先付款后收料：

① 预付款业务

【例题 13-2】

a. 某企业按合同规定，先预付购买预制板价款的 30％款项共计 15000 元给预制板厂，试作会计分录。

b. 对方发票到达，价款为 50000 元，另我方应负担对方垫付的运杂费 3000 元，款项均以银行存款支付，同时材料验收入库，试作会计分录。

【分析】

a. 借：预付账款——某预制板厂　　15000

　贷：银行存款　　15000

b. 借：原材料——结构件　　53000

　贷：预付账款——某预制板厂　　15000

　　　银行存款　　38000

② 正常结算引起的先付款后收料业务

【例题 13-3】某企业购入水泥 10t，每吨 200 元，另支付运杂费 500 元，对方发票已到，企业开出现金支票付款。材料尚未到达。试作付款时的会计分录和以后材料到达验收入库会计分录。

【分析】

借：在途物资——某单位（水泥）　　2500

贷：银行存款　　2500

以后材料到达验收入库则作会计分录：

借：原材料——主要材料　　2500

贷：在途物资　　2500

3）先收料后付款

① 赊购业务：

【例题 13-4】某企业赊购黄沙 10 车，每车 200 元，共计 2000 元。黄沙已入场验收，对方发票已到，但单位未支付货款。作会计分录。

【分析】

借：原材料——主要材料　　2000

贷：应付账款　　2000

以后付款，则作会计分录：

借：应付账款　　2000

贷：银行存款　　2000

② 暂估料款入账：

【例题 13-5】某企业采购黄沙 10 车，已入场验收，对方发票未到，在月中，会计部门只需将验收单单独存放，不用作账，但对方发票账单如果月末仍未到达，则按现行企业会计制度的规定，于月末对该批黄沙应暂估料款入账，暂估单价一般以预算价确定即可，假定预算价格为 190 元/车，求作会计分录。

【分析】

借：原材料——主要材料　　1900

贷：应付账款　　1900

下月初即用红字将该笔账用红字冲销：

借：原材料——主要材料　　−1900

贷：应付账款　　−1900

以后对方发票到达并付款后，按实际付款金额入账，借记“原材料”，贷记“银行存款”。

（2）自制材料的核算

自制材料的核算要使用的账户主要有“生产成本——辅助生产”和“原材料”账户。

【例题 13-6】某企业一专门生产预制板的辅助生产部门，本月领用钢筋、水泥、石子等主要材料，价值共 100000 元，用于生产预制板，在生产过程中，支付生产人员工资 10000 元，按此工资计提职工福利费 1400 元，另发生管理人员工资、办公费、折旧等制造费用共计 8000 元，则根据有关凭证作会计分录。假设本月完工验收入库预制板 2000m^2，每平方米的实际成本为 50 元，则会计分录为?

【分析】

借：生产成本——辅助生产成本　　119400

贷：原材料——主要材料　　100000

　　应付职工薪酬——应付工资　　10000

　　　　　　　　——应付福利费　　1400

　　制造费用　　8000

假设本月完工验收入库预制板 $2000m^2$，每平方米的实际成本为 50 元，则应作会计分录：

借：原材料——结构件（预制板）　　100000

贷：生产成本——辅助生产成本　　100000

(3) 委托加工物资的核算

委托加工物资业务是指由企业提供材料，由加工单位加工成企业所需的另一种材料，企业只支付加工费给受托单位的一种业务。

【例 13-7】 某企业委托铝合金加工厂加工铝合金窗户，领用铝材和玻璃价值共 60000 元，由本企业负担的往返运杂费 2000 元，加工费 3000 元，以银行存款支付。加工完毕，验收入库。作会计分录。

【分析】

借：委托加工物资——材料费　　60000

　　　　　　　　——运杂费　　2000

　　　　　　　　——加工费　　3000

贷：原材料——主要材料　　60000

　　银行存款　　5000

验收入库时：

借：原材料——结构件（铝合金窗户）　　65000

贷：委托加工物资　　65000

(4) 材料发出单位成本的确定

1) 先进先出法

先进先出法是假定先入库的材料先发出，并按该假定的材料实物流转顺序确定发出材料成本和计算结存材料成本的方法。材料明细分类账见表 13-1。

材料明细分类账（按先进先出法计价）　　　　**表 13-1**

材料编号：×××　　　　最低存量：5

材料类别：钢筋　　　　最高存量：50

材料名称规格：×××　　计量单位：t

2012 年		凭证号数	摘要	收入			发出			结存		
月	日			数量	单价	金额	数量	单价	金额	数量	单价	金额
6	1		期初结存							20	2500	50000
	5		领用				10	2500	25000	10	2500	25000

续表

2012年		凭证号数	摘要	收入			发出			结存		
月	日			数量	单价	金额	数量	单价	金额	数量	单价	金额
	10		收入	30	2800	84000				1030	2500 2800	25000 84000
	15		领用				1025	2500 2800	25000 70000	5	2800	14000
	20		收入	20	3000	60000				5 20	2800 3000	14000 60000
	23		领用				5 10	2800 3000	14000 30000	10	3000	30000
	30		收入	10	2900	29000				10 10	3000 2900	30000 29000
		本月合计		60		173000	60		164000	10 10	3000 2900	30000 29000

从所示材料明细分类账可知：在采用“先进先出法”计算出的发出材料成本为164000元，结存20t钢筋应负担的材料成本为59000元。

2）加权平均法

加权平均法是假定发出材料和结存材料的成本均以一个相同的价格计算的方法。这个相同的价格即是加权平均单价，是以数量为权数求得的某种材料的平均单价。

材料明细分类账（按加权平均法计价） **表13-2**

材料编号：××× 最低存量：5

材料类别：钢筋 最高存量：50

材料名称规格：××× 计量单位：t

2012年			凭证号数	摘要	收入			发出			结存		
月	日	数量	号数		单价	金额	数量	单价	金额	数量		单价	金额
6	1			期初结存						20		2500	50000
	5			领用				10			10		
	10	30		收入	2800	84000				40			
	15			领用			35			5			
	20	30		收入	3000	60000				25			
	23			领用			15			10			
	30	10		收入	2900	29000				20			
		本月合计		60		173000	60	2787.5	167250	20		2787.5	55750

如表13-2所示，钢筋6月份内的加权平均单价为：（50000＋173000）÷（20＋60）＝2787.5元/t。发出材料厂成本为167250元，结存材料成本为55750元。

3）个别计价法

也叫直接认定法，即是假定能够分清发出材料是哪一次购进的，就直接用该批材料的购进单价作为发出材料的单价，并以此计算发出材料的成本。

该种方法只适合单价大，进出批次少的材料使用。如施工企业要使用的电梯一般不会很多，每一台电梯的购进地点和单价都容易分清，就可以采用这种方法计算发出材料成本和结存材料成本。

(5) 发出材料的总分类核算

1) 成本费用分配的原则

成本费用分配的原则是"谁领用、谁受益、谁承担"。

2) 发出材料汇总表的编制及发出材料的总分类核算

为了简化核算手续，减少核算工作量，平时根据发料凭证只登记材料明细账，不直接根据每一张领料凭证编制记账凭证，发出材料的核算集中在月末进行。月末，财会部门对已标价的领料凭证，按材料类别和用途，编制发出材料汇总表，作为发出材料总分类核算的依据。

月末根据发出材料的核算原则及编制的发出材料汇总表即可作会计分录：

借：生产成本—xx 产品

　　制造费用

　　管理费用

　　销售费用

　　在建工程

贷：原材料—xx 材料

2. 材料按计划成本计价的核算

计划成本计价法下的账户设置

1)"材料采购"；

2)"原材料"；

3)"材料成本差异"。

(1) 计划成本计价法下材料收入的核算

【例题 13-8】某企业购入主要材料钢材 10t，单价 2800 元/t，买价 28000 元，运杂费 2000 元。该类钢材的计划单价为 3100 元/t。款项以银行存款支付。作会计分录。

【分析】

借：材料采购——主要材料　　　30000

贷：银行存款　　　30000

同时：

借：原材料　　　31000

贷：材料采购　　　31000

材料成本差异并不需要每笔都进行结转。至月末，将外购材料按材料核算的要求，分品种、类别或全部材料将其应负担的材料成本差异一次性结转。

【例题 13-9】某企业本月外购入库材料的实际成本为 200000 元，入库材料的计划成本为 210000 元，则其材料成本差异为节约差异 10000 元，月末一次性结转分录为?

【分析】

借：材料成本差异　　10000（红字）

贷：材料采购　　10000（红字）

如果是自制材料和委托加工材料，其在自制和委托加工阶段的核算与实际成本计价时的核算一样，只是在入库时，要按照计划价格入库。一般可以随时结转其材料成本差异。

【例题 13-10】假设前例中委托加工的铝合金窗户计划成本为 62000 元，则在入库时作分录？

【分析】

借：原材料——结构件　　62000

贷：委托加工物资　　62000

同时结转入库材料的超支差异：

借：材料成本差异——结构件　　3000

贷：委托加工物资　　3000

（2）计划成本计价法下材料发出的核算

领用材料实际成本的计算

$$\text{材料成本差异率}=\frac{\text{月初结存材料成本差异}+\text{本月收入材料成本差异}}{\text{月初结存材料计划成本}+\text{本月收入材料计划成本}}\times 100\%$$

$$\text{领用材料应负担的材料成本差异}=\text{领用材料的计划成本}\times\text{材料成本差异率}$$

$$\text{领用材料的实际成本}=\text{领用材料的计划成本}\pm\text{领用材料应负担的材料成本差异}$$

【例题 13-11】某企业的材料按主要材料、结构件、机械配件和其他材料进行明细核算。期初结存主要材料的计划成本为 100000 元，本期入库主要材料的计划成本为 900000 元。“材料成本差异——主要材料”账户记录，月初借方余额 11000 元，本月结转的材料成本差异为节约差异 21000 元，则主要材料的材料成本差异分摊率为？

【解】

$$\text{主要材料成本差异率}=\frac{11000+(-21000)}{100000+900000}\times 100\%=-1\%$$

3. 成本核算中的材料费用归集与分配

（1）材料费用的归集

1）凡直接用于产品生产构成产品实体的原材料，一般分产品领用，直接计入“直接材料”成本项目；

2）若是几种产品共同耗用，则用适当的方法分配后计入“直接材料”项目；

3）用于产品生产且有助于实体形成的辅助材料比照上述原则计入“直接材料”如果金额较少，也可简化核算直接计入“制造费用”；

4）燃料费用的分配程序和方法与原材料费用的分配程序与方法基本相同，计入“直接材料”成本项目，在有些企业，燃料费用占产品成本比重较大时也可设“燃料与动力”这一成本项目，单独反映其消耗情况，其他部门使用燃料，按其用途计入“直接材料”成本项目。

5）分配标准可以按产品重量、产品体积、产品产量、材料定额耗用量比例或定额成本（定额费用）比例进行分配：

通用费用分配率公式＝待分配费用总额/分配标准之和

（2）材料费用的分配

1）产量、重量、体积比例分配法

【例题 13-12】甲、乙两种材料总计耗用运输费 2000 元（按体积进行分配），甲材料总体积 $50m^3$，乙材料总体积 $15m^3$。试计算分配甲、乙产品各自应负担的运输费。

【解】

① 运输费用分配率＝2000÷(50＋15)＝30.77

② 甲材料应分配的运输费＝50×30.77＝1538.5(元)

③ 乙材料应分配的运输费＝15×30.77＝461.5（元）

【例题 13-13】某企业购甲材料 2000kg，计 20 万元，购乙材料 1000kg，计 10 万元，共发生运费 2500 元（按重量进行分配）。试计算甲、乙两种材料的实际成本。

【解】

每公斤材料应分配的采购费用：2500 元/(2000 公斤＋1000 公斤)＝0.833333kg

甲材料应分配的运费：0.833333kg×2000kg＝1666.67 元

乙材料应分配的运费：0.833333kg×1000kg＝833.33 元

甲材料的实际成本：201666.67 元

乙材料的实际成本：100833.33 元

2）定额消耗量比例分配法

【例题 13-14】某企业生产甲、乙两种构件，共同耗用某种材料 1200kg，每公斤 4 元。甲构件的实际产量为 140 件，单个构件材料消耗定额为 4kg；乙构件的实际产量为 80 件，单个产品材料消耗定额为 5.5kg。试计算分配甲、乙构件各自应负担的材料费。

【解】

① 甲构件材料定额消耗量＝140×4＝560（kg）

乙构件材料定额消耗量＝80×5.5＝440（kg）

② 材料费用分配率＝（1200×4）÷（560＋440）＝4.8

③ 甲构件应分配的材料费＝560×4.8＝2688（元）

乙构件应分配的材料费＝440×4.8＝2112（元）

合计 4800（元）

3）材料定额费用比例法

【例题 13-15】某企业生产甲、乙两种产品，共同领用 A、B 两种主要材料，共计 37620 元。本月投产甲产品 150 件，乙产品 120 件。甲产品材料消耗定额为：A 材料 6kg，B 材料 8kg；乙产品材料消耗定额为：A 材料 9kg，B 材料 5kg。A 材料单价 10 元，B 材料单价 8 元。试计算分配甲、乙产品各自应负担的材料费。

【解】

① 甲产品 A 材料定额费用＝150×6×10＝9000（元）

B 材料定额费用＝150×8×8＝9600（元）

18600（元）

乙产品 A 材料定额费用＝120×9×10＝10800（元）

B材料定额费用＝120×5×8＝4800（元）

15600（元）

② 材料费用分配率＝37620/（18600＋15600）＝1.1

③ 甲产品分配材料实际费用＝18600×1.1＝20460（元）

乙产品分配材料实际费用＝15600×1.1＝17160（元）

4. 材料成本差异的核算

“材料成本差异”用于核算企业各种材料的实际成本与计划成本的差异，借方登记实际成本大于计划成本的差异额（超支额），贷方登记实际成本小于计划成本的差异额（节约额）以及已分配的差异额。(实际登记时节约用红字，超支用蓝字)

借方　　　材料成本差异	贷方
购入： 实际＞计划（超支差异）	实际＜计划（节约差异）

由于在计划成本核算下面，原材料的收入和发出是按计划成本结转的，所以需要将发出材料的计划成本调整成实际成本，通常通过计算材料成本差异率来计算发出材料应承担的成本差异。

（1）材料成本差异率的计算

计算公式见式（13-10）～式（13-13）。

1）

$$\text{原材料的成本差异率}=\frac{\text{期初结存材料的成本差异}+\text{本期收入材料的材料成本差异}}{\text{期初结存材料的计划成本}+\text{本期收入材料的计划成本}} \tag{13-10}$$

2）　发出材料应承担的成本差异＝发出材料的计划成本×材料成本差异率　（13-11）

3）　发出材料的实际成本＝发出材料的计划成本＋发出材料的成本差异　（13-12）

4）期末结存材料的实际成本＝期初结存材料的实际成本＋本期收入材料的实际成本－本期发出材料的实际成本　（13-13）

【例题13-16】某建筑企业2010年7月月初结存B材料的计划成本为100000元，材料成本差异的月初数1500元（超支），本月收入B材料的计划成本为150000元，材料成本差异为4750元（超支），本月发出B材料的计划成本为80000元。求B材料期末结存的实际成本。

【解】

① $\text{原材料的成本差异率}=\frac{1500+4750}{100000+150000}\times100\%=2.5\%$

② 发出材料应承担的成本差异＝80000×2.5％＝2000元

③ 发出材料的实际成本＝80000＋2000＝82000元

④ 期末结存材料的实际成本＝100000＋150000＋4750－82000＝174250元

(2) 材料成本差异的计量和核算

1) 计量

材料成本差异的计量，主要反映在材料的收入入库和发出领用等环节。材料的收入入库环节发生的材料成本差异，通过“材料成本差异”科目进行归集。材料发出领用环节是对材料成本差异在库存材料和发出领用材料之间进行分配，并结转调整发出领用材料为实际成本。

① 材料收入入库的成本差异计量

材料采购时，按照新准则规定的实际成本在“材料采购”科目核算。材料入库时，按照核定的材料计划成本借记“原材料”等科目，按照材料实际成本贷记“材料采购”科目，材料计划成本与实际成本之间差额借记或贷记“材料成本差异”科目，材料的计划成本所包括的内容应与其实际成本相一致，除特殊情况外，计划成本在年度内不得随意变更。

② 材料发出领用的成本差异计量

发出领用材料应负担的成本差异应当按月分摊，不得在季末或年末一次计算。发出领用材料应负担的成本差异，除委托外部加工发出材料可按期初成本差异率计算外，应当使用当期的实际差异率。期初成本差异率与本期成本差异率相差不大的，也可以按期初成本差异率计算。计算方法一经确定，不得随意变更。

2) 核算

材料成本差异的核算，应设置“材料成本差异”科目进行总分类核算，并按照类别或品种进行明细分类核算。该科目为材料科目的调整科目。

结转发出领用材料应负担的成本差异，按如下规则：实际成本大于计划成本的超支额，借记“生产成本”、“管理费用”、“其他业务成本”等科目，贷记“材料成本差异”科目；实际成本小于计划成本的节约额做相反的会计分录。

材料成本差异的核算主要分为材料成本差异的归集、分配和结转等环节。

①材料成本差异归集的核算

指材料验收入库时发生的实际成本与计划成本之间的成本差异，应在“材料成本差异”科目下，按照原材料、辅助材料、低值易耗品等分别进行明细核算。

【例题 13-17】企业对材料采用计划成本核算。2010 年 5 月购入钢材 100t，增值税专用发票注明每吨单价 4000 元。进项税额 68000 元。双方商定采用商业承兑汇票结算方式支付贷款，付款期限三个月。以银行存款支付运费 40000 元，增值税抵扣率为 7%。该批钢材料已运到并验收入库。

已知钢材的计划成本每吨 4100 元，计算该批钢材材料成本差异，并编制相关会计分录。

【解】

钢材材料成本差异＝(100×4000＋40000－40000×7%)－100×4100

＝437200－410000＝27200 元

a. 结算贷款及支付运费时：

借：材料采购　　　437200

　　应交税费——应交增值税（进项税额）　　　70800

贷：应付票据　　468000

银行存款　　0000

b. 钢材运到验收入库时

借：原材料——钢材　　410000

材料成本差异——原材料　　27200

贷：材料采购　　437200

② 材料成本差异分配的核算

指在月末先按照规定的计算公式计算出材料成本差异率，然后将发出领用材料按照发出领用对象分别以计划成本乘以材料成本差异率得出各对象应负担的材料成本差异，再经过结转将发出领用材料调整为实际成本。

③ 材料成本差异结转的核算

【例题 13-18】某企业于 2011 年 2 月委托构件加工厂加工构配件，发出钢材 10t，计划成本为 41000 元，月初材料成本差异率为 2%。计算委托加工厂加工发出钢材应负担的材料成本差异，并编制相关会计分录。

【解】

发出钢材应负担的材料成本差异＝41000×2%＝820 元

会计分录为：

借：委托加工构配件　　820

贷：材料成本差异——原材料　　820

13.3　材料、设备采购的经济结算

13.3.1　材料、设备采购资金管理

采购过程伴随着企业材料、设备流动资金的运动过程。材料、设备流动资金运用情况决定着企业经济效益的优劣，材料、设备采购资金管理是充分发挥现有资金的作用，挖掘资金的最大潜力，获得较好的经济效益的重要途径。

材料、设备采购资金管理办法，根据企业采购分工不同、资金管理手段不同而有以下几种方法。

1. 品种采购量管理法

品种采购量管理法，适用于分工明确，采购任务量确定的企业或部门，按照每个采购员的业务分工，分别确定一个时期内其采购材料实物数量指标及相应的资金指标，用于考核其完成情况。对于实行项目自行采购资金的管理和专业材料采购资金的管理，使用这种方法可以有效地控制项目采购支出，管好用好专业用材料。

2. 采购金额管理法

采购金额管理法是确定一定时期内采购总金额和各阶段采购所需资金，采购部门根据资金情况安排采购项目及采购量。对于资金紧张的项目或部门可以合理安排采购任务，按照企业资金总体计划分期采购。综合性采购部门可以采取这种方法。

3. 费用指标管理法

费用指标管理法是确定一定时期内材料采购资金中成本费用指标，如采购成本降低额或降低率，用于考核和控制采购资金使用。鼓励采购人员负责完成采购业务的同时，应注意采购资金使用，降低采购成本，提高经济效益。

上述几种方法都可以在确定指标的基础上按一定时间期限实行经济责任制，将指标落实到部门、落实到人，充分调动部门和个人的积极性，达到提高资金使用效率的目的。

13.3.2 材料、设备采购经济结算

1. 经济结算的概念

针对建筑企业，经济结算是建筑企业对采购的材料，用货币偿付给供货单位价款的清算，采购材料的价款，称为货款；加工的费用，称为加工费，除应付货款和加工费外，还有应付委托供货和加工单位代付的运输费，装卸费，保管费和其他杂费。

2. 经济结算的原则

（1）恪守信用、履约付款原则

恪守信用，履约付款是指购销双方进行商品交易时，除实行当即交款发货的情况以外，双方事先约定的预付货款或分期支付，延期支付的货款，必须按交易合同规定，到期结清。不得随意破坏协议，拖欠货款。

（2）谁的钱进谁的账、由谁支配原则

谁的钱进谁的账，由谁支配是指必须正确处理收、付双方的经济关系，迅速、及时地办理资金清算，是谁收入的钱记入谁的账户，保证安全完整，并确保户主对本账户存款的自主支配权。

（3）银行不垫款原则

银行办理转账结算时，只负责把资金从付款单位账户转入收款单位账户，不承担垫付资金责任，不出任何信用担保人，也不允许客户套取银行信贷资金。

3. 经济结算的分类

（1）按照其是否使用现金，可以分为现金结算和转账结算。

现金结算是指利用现钞进行的货币收付行为。

转账结算是不使用现钞，而是通过银行或非银行金融机构将款项由付款人账户转到收款人帐户的货币收付行为。

（2）按其是否通过银行来办理，分为银行结算和非银行结算。

所谓银行结算是指通过银行来办理的结算业务，它包括通过银行办理的现金结算和通过银行办理的转帐结算。

非银行结算是指不通过银行来办理的结算，包括现金结算和通过非银行金融机构办理的转账结算。

（3）按照收款人和付款人是否在同一城镇或同一规定区域，分为同城结算和异地结算。

同城结算是指处于同一城镇或同一地区的收款人和付款人之间的货币收付行为。同城结算方式有：现金支票、转账支票、定额支票、定额银行本票、商业汇票和不定额银行本票等方式。同城结算方式均规定金额起点，不足起点的收付，银行不予受理，由各单位使

用现金结算。

异地结算是指处于不同城镇或不同地区的收款人和付款人之间的货币收付行为。异地结算方式主要有：银行汇票、商业汇票、托收承付结算、委托收款结算、汇兑结算。

货款和费用的结算，应按照中国人民银行的规定，在成交或签订合同时具体明确结算方式和具体要求。

13.3.3 经济结算具体要求和内容

1. 结算的具体要求

（1）明确结算方式。

（2）明确收、付款凭证；一般凭发票、收据和附件（如发货凭证、收货凭证等）。

（3）明确结算单位，如通过当地建材公司向需方结算货款。

2. 建筑企业审核付货和费用的主要内容

（1）材料名称、品种、规格和数量是否与实际收料的材料验收单相符；

（2）单价，是否符合国家或地方规定的价格，如无规定的，应按合同规定的价格结算；

（3）委托采购和加工单位的运输费用和其他费用，应按照合同规定核付，自交货地点装运到指定目的地运费，一般由委托单位负担；

（4）收、付款凭证和手续是否齐全；

（5）总金额经审核无误，才能通知财务部门付款。

如发现数量和单价不符、凭证不齐、手续不全等情况，应退回收款单位更正、补齐凭证、补办手续后，才能付款；如托收承付结算的，可以采取部分或全部拒付货款。

13.4 材料、设备成本核算综合分析

【例题 13-19】

工程使用的某种机械设备，原值为 400 万元，折旧年限为 15 年，净残值为设备原值的 5%。在机械使用过程中，平均支付操作人员工资 60000 元/年，福利费 7000 元/年，分摊的管理费用 15000/年，该设备投入施工使用时消耗燃油等支出 200/天，每月按使用 30 天计。

问：（1）不考虑利率，按平均年限法计算年折旧额。

（2）该种设备月实际使用成本是多少？

【分析】

1. 平均年限法

平均年限法是指按固定资产的使用年限平均计提折旧的一种方法，是将固定资产的折旧均衡地分摊到各期的一种方法。它是最简单、最普遍的折旧方法，又称“直线法”或“平均法”，采用这种方法计算的每期折旧额均是等额的。平均年限法适用于各个时期使用情况大致相同、各期应分摊相同的折旧费的固定资产折旧。

（1）个别折旧

项目上通常按个别折旧来计算折旧率，计算公式见式（13-14）～式（13-16）

年折旧率＝(1－预计净利残值率)/预计使用年限×100％　(13-14)

月折旧率＝年折旧率÷12　(13-15)

月折旧额＝固定资产原价×月折旧率　(13-16)

上述计算的折旧率是按个别固定资产单独计算的，称为个别折旧率，即某项固定资产在一定期间的折旧额与该固定资产原价的比率。

(2) 分类折旧

企业通常按分类折旧来计算折旧率，计算公式见式(13-17)～式(13-19)。

某类固定资产年折旧额＝(某类固定资产原值－预计残值＋清理费用)/该类固定资产的使用年限　(13-17)

某类固定资产月折旧额＝某类固定资产年折旧额/12　(13-18)

某类固定资产年折旧率＝该类固定资产年折旧额/该类固定资产原价×100％　(13-19)

采用分类折旧率计算固定资产折旧，计算方法简单，但准确性不如个别折旧率。

2. 年数总和法

年数总和法也称为合计年限法，是将固定资产的原值减去净残值后的净额和以一个逐年递减的分数计算每年的折旧额，这个分数的分子代表固定资产尚可使用的年数，分母代表使用年数的逐年数字总和。计算公式见式（13-20）～式（13-23）。

年折旧率＝尚可使用年限/预计使用年限折数总和　(13-20)

或：年折旧率＝(预计使用年限－已使用年限)/(预计使用年限×{预计使用年限＋1}÷2)×100％　(13-21)

月折旧率＝年折旧率÷12　(13-22)

月折旧额＝(固定资产原值－预计净残值)×月折旧率　(13-23)

【解】

(1) 年折旧额＝400×(1－5％)/15＝25.3 万元

(2) 月实际使用成本＝(25.3＋6＋0.7＋1.5)/12＋0.02×30＝33.5/12＋0.6＝3.4 万元

第14章　编制、收集、整理施工材料和设备的资料

14.1　材料员资料管理概述

14.1.1　材料员资料管理的意义

（1）工程质量和工作质量的重要表现。工程的建设过程，就是质量形成的过程，工程质量在形成过程中应有相应的技术资料作为见证，材料、设备的质量资料亦在其中。

（2）工程施工过程的真实记录。工程施工过程中所采用的材料、技术、方法、工期安排、成本控制、管理方法等等，不同时期的资料成为这些内容的载体，记录着整个建筑形成过程的每个细节。

（3）日后工程维修、扩建、改造、更新的重要基础资料。建筑竣工验收交付使用一段时间后，工程各种原因可能出现质量缺陷，为了保证施工质量，延长工程使用寿命，必须进行维修和补强。这就必须通过查阅该工程的技术资料档案，以便采取合适、有效的措施。

（4）合理使用、保证结构安全的重要依据。为了合理使用、保证结构安全，若建筑出现隐患时，必须进行维修和补强，技术资料可作为采用相应补强措施的原始、真实、有效的重要依据。

（5）评定工程质量等级、竣工验收的技术文件。原始的施工技术资料，反映整个工程建设过程的质量控制情况，可作为工程质量等级评定的依据。

（6）工程决算、结账的重要根据之一。建筑资料体现不同时期，投入与产出的情况，不同的建筑过程，不同的经济控制，产生不同的经济成本。工程决算、结账时可以此为依据。

（7）是申报示范工程、优质工程等必不可缺少的依据。工程资料是质量的最直观显示，除建筑实体外，建筑资料作为文字的载体，真实、有效、及时、全面地记录了质量控制的各种情况。

14.1.2　材料员资料管理应遵循的原则

（1）资料应具有真实性。真实性是资料的生命。资料是工程质量评定验收备案的依据之一，也是工程建设和管理的依据，尤其是建筑单位进行维修、管理、使用、改建和扩建的依据。虚假的资料不仅给建筑施工单位质量的评价带来错误的结论，而且也给工程的改建和扩建带来麻烦，甚至会造成验收想象的严重后果。

（2）资料应具有规范性。应认真、全面地整理、填写资料，表式统一，归档及时，保证资料的标准化和规范化。

（3）资料应符合信息化要求。它是在城市基本建设和基本设施管理的过程中形成的，是对建设单位建设过程的真实记录和实际反映，是工程建设、维护、管理、规划的可靠依据，是工程建设不可缺少的信息帮手，是具有实际社会价值和经济价值的信息源。

14.1.3 常见工程资料整理顺序

1. 土建部分资料

（1）开工前（具备开工条件的资料）：施工许可证（建设单位提供），施工组织设计（包括报审表、审批表），开工报告（开工报审），工程地质勘查报告，施工现场质量管理检查记录（报审），质量人员从业资格证书（收集报审），特殊工种上岗证（收集报审），测量放线（报审）。

（2）基础施工阶段：钢筋进场取样、送样（图纸上规定的各种规格钢筋），土方开挖（土方开挖方案、技术交底，地基验槽记录、隐蔽、检验批报验），垫层（隐蔽、混凝土施工检验批、放线记录、放线技术复核），基础（钢筋原材料、检测报告报审，钢筋、模板、混凝土施工方案、技术交底，钢筋隐蔽、钢筋、模板检验批、放线记录、技术复核，混凝土隐蔽、混凝土施工检验批，标养、同条件和拆模试块），基础砖墙（方案、技术交底，提前做砂浆配合比，隐蔽、检验批，砂浆试块），模板拆除（拆模试块报告报审，隐蔽、检验批），土方回填（方案、技术交底，隐蔽、检验批，土方密实度试验）。

（3）主体施工阶段：一层结构（方案、技术交底《材料员专业基础知识（第二版）》中已包含，钢筋原材料、检测报告报审，闪光对焊、电渣压力焊取样、送样，钢筋隐蔽、钢筋、模板检验批、模板技术复核）。

（4）装饰装修阶段：地砖、吊顶材料、门窗、涂料等装饰应提前进行复试，待检测报告出来报监理审查通过后方可施工（方案、技术交底，隐蔽、检验批）。

（5）屋面施工阶段：防水卷材等主要材料应提前复试，待复试报告出来报监理审查通过后方可进入屋面施工阶段（方案、技术交底，隐蔽、检验批）。

（6）质保资料的收集：材料进场应要求供应商提供齐全的质保资料，钢筋进场资料（全国工业生产许可证、产品质量证明书），水泥（生产许可证，水泥合格证，3d、28d出厂检验报告，备案证，交易凭现场材料使用验收证明单），砖（生产许可证、砖合格证，备案证明、出厂检验报告，交易凭证，现场材料使用验收证明单），黄沙（生产许可证，质量证明书，交易凭证现场材料使用验收证明单），石子（生产许可证，质量证明书，交易凭证现场材料使用验收证明单），门窗（生产许可证、质量证明书、四性试验报告，交易凭证现场材料使用验收证明单），防水材料（生产许可证，质量证明书、出厂检测报告），焊材（质量证明书），玻璃（玻璃质量证明书），饰面材料（质量证明书），材料进场后设计、规范要求须进行复试的材料应及时进行复试检测，其资料要与进场的材料相符并应与设计要求相符。

（7）应做复试的常见材料：钢筋（拉伸、弯曲试验，代表数量：60t/批），水泥（3d、28d复试，代表数量：200t/批），砖（复试，代表数量：15万/批），黄沙（复试，600t/批），石子（复试，代表数量：600t/批），门窗（复试），防水材料（复试），饰面材料（复试）

（8）回填土应做密实度试验，室内环境应做检测并出具报告。

(9) 混凝土试块：混凝土试块应每浇筑 100m³ 留置一组（不足 100m³ 为一组），当一次连续浇筑超过 1000m³ 时取样组数可减变。每一浇筑部位应相应留置标养、同条件和拆模试块，标养是指将试块放置在标准温度和湿度的条件下（温度 20±3℃、相对湿度不低于 90%）养护 28d 送试；同条件是指将试块放置在现场自然养护，当累计室外有效温度达到 600℃时送检；拆模试块是指在自然养护的条件下养护 7d，用于判定混凝土什么时间能达到拆模强度。标养试块和同条件试块在浇筑混凝土时都要留置，拆模试块根据构件情况留设，有时可不留，如垫层、柱等。

(10) 砂浆试块：每天、每一楼层、每个部位应分别留置一组，标养条件下 28d 送试。

(11) 检验批：建筑工程质量验收一般划分为单位（子单位）工程，分部（子分部）工程，分项工程和检验批。在首道工序报验前应进行检验批的划分（可按轴线等进行划分）。

2. 节能部分资料

(1) 根据《建筑节能工程施工质量验收规范》GB 50411—2007 要求，建筑工程节能保温资料应独立组卷，保温材料（如保温砂浆、抗裂砂浆、网格布，挤塑板等材料）除提供质保书、出厂检验报告外还应按批量进行复验，待复验报告出来报监理审查通过后再进行节能保温的施工。

(2) 保温砂浆按规范要求应留置同条件试块（检测保温浆料干密度、抗压强度、导热系数）。保温浆料的同条件养护试件亦应见证取样。

(3) 保温板与基层的粘结强度应做现场拉拔试验，厚度必须符合设计要求。

工程资料管理工作应自始至终贯穿于工程施工全过程。材料员可参考常见工程资料整理顺序，在日常工作过程中对材料、设备资料及时收集整理，对资料进行分类保管，规范有序地进行保存。

14.1.4 工程竣工资料整理

工程项目的竣工验收是施工全过程的最后一道程序，也是工程项目管理的最后一项工作。竣工验收工程竣工资料通常以组卷的方式分册整理。

【例 14-1】

表 14-1 是某工程的竣工资料目录，材料员根据该目录完成物资管理相关资料的收集、整理和归档工作。

某工程竣工验收资料目录 **表 14-1**

分册名称	分册内容
第一册 施工管理	一、开工报告 二、图纸会审记录、设计变更、洽商记录 三、施工组织设计 四、施工技术交底 五、施工日记 六、施工合同 七、企业资质证明 八、项目组织构成及上岗人员证件（包括项目管理人员操作工、特种工等） 九、进场施工机械进出场报验及调试验收记录 十、其他

续表

分册名称	分册内容
第二册 材料试验	进场材料证明文件及复试报告 1. 砂（材料进场统计表、复试报告、见证取样单） 2. 碎石、毛石（材料进场统计表、复试报告、见证取样单） 3. 水泥（材料进场统计、合格证、三天、二十八天出厂报告、复试报告、见证取样单） 4. 钢筋（材料进场统计、质量证明文件、复试报告、见证取样单） 5. 砌块（材料进场统计、质量证明文件、复试报告、见证取样单） 6. 防水材料（材料进场统计、质量证明文件、复试报告、见证取样单） 7. 钢材（材料进场统计、质量证明文件） 8. 连接、焊接材料（材料进场统计、质量证明文件、试验报告） 9. 预制构件（材料进场统计、质量证明文件、复试报告、见证取样单） 10. 隔热保温材料（材料进场统计、质量证明文件、试验报告） 11. 门、窗及其五金玻璃配件（材料进场统计、质量证明文件、复试报告、见证取样单） 12. 木材（材料进场统计、质量证明文件、试验报告） 13. 面砖、地砖、静电地板（材料进场统计、质量证明文件、试验报告） 14. 吊杆、龙骨、面层材料及其他吊顶配件（材料进场统计、质量证明文件、试验报告） 15. 油漆、涂料、防腐材料（材料进场统计、质量证明文件、试验报告） 16. 其他材料（材料进场统计、质量证明文件、试验报告）
第三册 施工试验及施工测量	一、回填土实验 1. 密实度实验（取点分布图、见证取样单） 2. 击实实验报告 二、砂浆 1. 配合比（见证取样单） 2. 基础汇总表、评定表、试块报告（包括抽样报告、见证取样单） 3. 主体汇总表、评定表、试块报告（包括抽样报告、见证取样单） 三、混凝土 1. 配合比（见证取样单） 2. 基础汇总表、评定表、试块报告（包括抽样报告、见证取样单） 3. 主体汇总表、评定表、试块报告（包括抽样报告、见证取样单） 四、钢筋连接（见证取样单） 汇总表、钢筋连接报告 五、钢构连接试验（汇总表、试验报告） 六、防水试水试验（地下、屋面、卫生间、水池等） 七、工程定位测量及复核记录 八、钎探记录（分布图、试验记录） 九、沉降观测记录（观测点安装详图、分布图、观测记录） 十、其他试验
第四册 隐蔽验收记录	一、基础隐蔽记录 二、主体隐蔽记录 三、装饰隐蔽记录 四、其他隐蔽记录

续表

分册名称	分册内容
第五册 工程质量验收记录	一、地基与基础（分部、分项、检验批）验收记录 二、主体结构（分部、分项、检验批）验收记录 三、建筑装饰装修（分部、分项、检验批）验收记录 四、建筑屋面（分部、分项、检验批）验收记录
第六册 给水、排水及采暖	一、图纸会审记录、设计变更、洽商记录等 二、施工组织设计（方案） 三、施工技术交底 四、施工日记 五、隐蔽验收记录 六、试验记录（管道、阀门、暖气片强度、密闭性试验、管道灌水、通水、吹洗、漏风、试压等试验） 七、工程质量验收记录（分部、分项、检验批验收记录） 八、材料验收记录（1. 材料汇总表 2. 质量证明文件、合格证） 九、其他
第七册 电气安装	一、图纸会审记录、设计变更、洽商记录等 二、施工组织设计（方案） 三、施工技术交底 四、施工日记 五、隐蔽验收记录 六、试验记录（接地电阻、绝缘电阻、系统调试、试运转等试验） 七、工程质量验收记录（分部、分项、检验批验收记录） 八、材料验收记录（1. 材料汇总表 2. 质量证明文件、合格证） 九、其他
第八册 智能建筑	（顺序参考水电安装）
第九册 竣工图	（必须符合《建设工程文件归档规范》GB/T 50328—2014 规定）
第十册 消防工程	（顺序参考水电安装）
其他	（其他工程组卷另行规定）
竣工验收手续	（竣工验收手续作为最后一册，单独装订）

14.2 物资管理台账

14.2.1 计划与采购

物资需用计划表　　表 14-2

编制单位：　　编号：

核算单元	物资编号	物资名称	规格材质型号	执行标准或图号	单位	数量	损耗率	使用部位	需用时间	备注

项目总工：　　技术主管：　　编报：　　接收人：　　编报日期：

各种材料计划表（以承台为例）　　表 14-3

（1）承台用混凝土计划表

墩号	承台长 m	承台宽 m	承台高 m	承台方量 m^3	加台长 m	加台宽 m	加台高 m	加台方量 m^3	合计方量 m^3	损耗率	总方量 m^3	备注

（2）承台钢筋计划表

墩位号	数量	编号	直径 mm	每根长 m	根数	总长 m	米重 kg/m	合计重 kg	损耗率	总重 kg	小计 kg	备注
合计												

物资需用总计划表 **表 14-4**

填报单位： 工程名称： 编号：

序号	物资编号	材料名称	规格型号	执行图号或标准	单位	数量	备注

单位主管： 审核： 编制： 年 月 日

物资申请计划表 **表 14-5**

申请单位： 计划月份： 供应单位：

材料编号	材料名称	规格型号	单位	申请数量	审批数量	质量标准	要求进场日期	备注

单位主管： 物资主管： 技术主管： 编制人： 日期：

物资采购计划表 **表 14-6**

计划单位： 计划月份： 编号：

材料编号	材料名称	规格型号	单位	数量	质量标准	要求进场日期	备注

单位主管： 物资主管： 技术主管： 编制人： 编制日期：

供方调查审批表 **表 14-7**

供方名称： 编号：

<table>
<tr><th>序号</th><th colspan="2">调查内容</th><th>调查结果</th><th>备注</th></tr>
<tr><td>1</td><td colspan="2">法人营业执照</td><td></td><td></td></tr>
<tr><td>2</td><td colspan="2">注册商标（待定产品认定书）</td><td></td><td></td></tr>
<tr><td>3</td><td colspan="2">产品合格证书</td><td></td><td></td></tr>
<tr><td>4</td><td colspan="2">生产能力</td><td></td><td></td></tr>
<tr><td>5</td><td colspan="2">计量等级及设备情况</td><td></td><td></td></tr>
<tr><td>6</td><td colspan="2">运输能力</td><td></td><td></td></tr>
<tr><td>7</td><td colspan="2">服务承诺</td><td></td><td></td></tr>
<tr><td>8</td><td colspan="2">企业信誉</td><td></td><td></td></tr>
<tr><td>9</td><td colspan="2">法人组织机构代码</td><td></td><td></td></tr>
<tr><td>10</td><td colspan="2">法人姓名及联系方式</td><td></td><td></td></tr>
<tr><td>11</td><td colspan="2">联系人姓名及联系方式</td><td></td><td></td></tr>
<tr><td>12</td><td colspan="2">GB/T 19001、GB/T 24001、GB/T 28001 认证号码</td><td></td><td></td></tr>
<tr><td>13</td><td colspan="2">主要客户和参建工程</td><td></td><td></td></tr>
<tr><td>14</td><td colspan="2">环境影响</td><td></td><td></td></tr>
<tr><td>15</td><td colspan="2">职业健康安全危害</td><td></td><td></td></tr>
<tr><td>16</td><td>调查人员</td><td>所在部门</td><td>调查意见</td><td>备注</td></tr>
<tr><td>17</td><td></td><td></td><td></td><td></td></tr>
<tr><td>18</td><td></td><td></td><td></td><td></td></tr>
<tr><td>19</td><td></td><td></td><td></td><td></td></tr>
<tr><td>20</td><td></td><td></td><td></td><td></td></tr>
<tr><td>21</td><td></td><td></td><td></td><td></td></tr>
<tr><td>22</td><td></td><td></td><td></td><td></td></tr>
<tr><td>23</td><td colspan="4">领导意见：

日期：</td></tr>
</table>

合格供应商名册　　表 14-8

编号	名称	类别	企业性质	省市	法人代表	联系人	联系电话	手机号码	备注
	注：按生产厂家和销售商分别造册								

供应商黑名册　　表 14-9

编号	名称	类别	企业性质	省市	法人代表	联系人	联系电话	备注（营业执照号码）
	注：按生产厂家和销售商分别造册							

供方定期复评表 **表 14-10**

供方名称 编号：

评价内容	采购批次		
	采购数量		
	产品质量情况		
	及时交货情况		
	单据齐全情况		
	服务质量		
	环保、职业安全健康情况		
初（复）评记录		主持人	
参加部门	评价意见		签名
评价结论		领导签字	

填写人 填写日期

物资采购开标记录表 **表 14-11**

地点： 日期：

时间：

物质名称	包件	递标编号	投标人名称	投标报价	投标保函 有（√） 无（×）	投标人 代表签字

评委： 监委

比价采购物资审批表　　　　表 14-12

<table>
<tr><td rowspan="2">编号</td><td rowspan="2">物资名称</td><td rowspan="2">型号规格</td><td rowspan="2">单位</td><td rowspan="2">数量</td><td colspan="9">可供选择的供货单位</td><td rowspan="2">选定的供货单位</td><td rowspan="2">备注</td></tr>
<tr><td>供货单位</td><td>单价</td><td>金额</td><td>供货单位</td><td>单价</td><td>金额</td><td>供货单位</td><td>单价</td><td>金额</td></tr>
<tr><td></td><td></td><td></td><td></td><td></td><td></td><td></td><td></td><td></td><td></td><td></td><td></td><td></td><td></td><td></td><td></td></tr>
<tr><td></td><td></td><td></td><td></td><td></td><td></td><td></td><td></td><td></td><td></td><td></td><td></td><td></td><td></td><td></td><td></td></tr>
<tr><td></td><td></td><td></td><td></td><td></td><td></td><td></td><td></td><td></td><td></td><td></td><td></td><td></td><td></td><td></td><td></td></tr>
<tr><td>物资部长</td><td></td><td>工程部长</td><td></td><td>经营人员</td><td colspan="2"></td><td>财务部长</td><td colspan="2"></td><td>其他人员</td><td colspan="2"></td><td>其他人员</td><td colspan="2"></td></tr>
<tr><td colspan="4">项目总经济师部

年　月　日</td><td colspan="6">项目部经理：

年　月　日</td><td colspan="6">项目部书记：

年　月　日</td></tr>
</table>

14.2.2 验收入库与出库

进场材料管理台账　　　　表 14-13

材料名称：　　　　　　　　　　　　　　　　　　　　　　　　编号：

<table>
<tr><td rowspan="2">内容
分类
序号</td><td rowspan="2">生产厂家</td><td rowspan="2">规格及型号</td><td rowspan="2">进场时间</td><td rowspan="2">数量（ ）</td><td rowspan="2">合格证号</td><td rowspan="2">复试报告编号</td><td rowspan="2">见证取样单编号</td><td rowspan="2">复试结论</td><td rowspan="2">使用工程及部位</td><td colspan="2">分类合计</td></tr>
<tr><td>规格及型号</td><td>数量（ ）</td></tr>
<tr><td></td><td></td><td></td><td></td><td></td><td></td><td></td><td></td><td></td><td></td><td></td><td></td></tr>
<tr><td></td><td></td><td></td><td></td><td></td><td></td><td></td><td></td><td></td><td></td><td></td><td></td></tr>
<tr><td></td><td></td><td></td><td></td><td></td><td></td><td></td><td></td><td></td><td></td><td></td><td></td></tr>
<tr><td></td><td></td><td></td><td></td><td></td><td></td><td></td><td></td><td></td><td></td><td></td><td></td></tr>
<tr><td></td><td></td><td></td><td></td><td></td><td></td><td></td><td></td><td></td><td></td><td></td><td></td></tr>
</table>

注：群体工程在使用工程及部位的栏目中只填写单位工程名称，单位工程则在该栏中填写使用部位。如：桩基、基础、主体等。

收　料　单　　　　表 14-14

________________公司　　　　　　　　　　　　　　　　　　单据编号：

供货单位：　　　　　　　　　　　　　　　　　　　　　　　发票编号：

材料编号	材料名称	规格型号	计量单位	数量	单价	总金额	材质单编号	生产批号
	合计							

经办或采购人　　　　　　　　　　　　　　收料人：　　　　　　　　　　　　　　点收日期：

工程材料（构件/设备）报审表　　表 14-15

工程名称：　　　　　　　　　　编号：

<table>
<tr><td>致：　　　　　　　　　　　　　　（监理单位）
　　我方于________年____月____日进场的工程材料/构配件/设备数量如下（见附件）。现将质量证明文件及自检结果报上，请安排复检，拟用于下述部位：
____
____
请予以审核。
附件：1. 数量清单
　　　2. 质量证明文件
　　　3. 自检结果

承包单位（章）：
项目经理：
日　　期：</td></tr>
<tr><td>审查意见：

项目监理机构：
总/专业监理工程师：
日　期：</td></tr>
</table>

物资验收统计表　　表 14-16

选料日期	供应单位	材料名称	规格型号	单位·	数量	生产厂家	数量及外观验收记录	试验委托单号	检验报告编号	是否合格	不合格品处理结果

见证取样单 **表 14-17**

编号 NO.

工程名称： 样品名称：

样品规格		样品数量	
合格证号		试验委托号	
代表批量		代表工程部位	
制（取）样日期		送样日期	
备　注			
施工单位（签章） 送样人： 年　月　日		见证单位（签章） 见证人： 年　月　日	

材料进场验收记录 **表 14-18**

工程名称			
生产厂家		进场时间	
材料名称		规格型号	
合格证编号		代表批量	
出厂检验报告号		复试报告编号	
使用部位		抽查方法及数量	

检查内容	施工单位自检情况	监理（建设）单位验收记录
材料品种		
材料规格尺寸		
材料包装、外观质量		
产品合格证书、中文说明书及性能检测报告		
进口产品商品检验证明		
物理、力学性能检验情况		
其　他		
验收意见		

施工单位：（签章） 材料员： 质检员： 年　月　日	监理单位：（签章） 监理工程师： 年　月　日

混凝土试块抗压强度汇总表 **表 14-19**

工程名称： 日期：

序号	试块代表部位	设计强度等级	试验报告编号	龄期（d）	试块抗压强度值（N/mm²）	序号	试块代表部位	设计强度等级	试验报告编号	龄期（d）	试块抗压强度值（N/mm²）

施工项目技术负责人： 审核： 计算：

14.2.3 物资使用和处置

发 料 单 **表 14-20**

__________公司 单据编号：

领料单位： 使用部位（核算单元）

材料编号	材料名称	规格型号	计量单位	请领数量	实发数量	单价	总金额	技证号
	合计							

领料人： 发料人： 发料日期：

不合格物资处理记录 表 14-21

工程名称： 编号：

<table>
<tr><td>物资名称</td><td></td><td></td><td></td><td></td></tr>
<tr><td>规格型号</td><td></td><td></td><td></td><td></td></tr>
<tr><td>数　量</td><td></td><td></td><td></td><td></td></tr>
<tr><td>来　源</td><td></td><td></td><td></td><td></td></tr>
<tr><td colspan="5">不合格原因：</td></tr>
<tr><td colspan="5">处理意见：

项目材料员：</td></tr>
<tr><td colspan="5">项目经理审批意见：

项目经理签字：</td></tr>
<tr><td colspan="5">业主处理意见（业主提供物资）：

签字（盖章）：</td></tr>
<tr><td colspan="5">处理结果：

执行人：</td></tr>
</table>

质量争议及处置记录 **表 14-22**

编号：__________ 使用号：__________

供方		接收方	
质量问题陈述			
处理意见			
处理结果			

制单人： 制单日期：

不合格物资清单 **表 14-23**

编号：

验收日期	供应单位	材料名称	规格型号	单位	数量	生产厂家	数量及外观验收记录	试验委托单号	检验报告编号	不合格品处理结果

不合格物资清单　　表 14-24

报告单位：　　字第____号

材料编号	材料名称	规格型号	单位	数量	单价	总价
损失原因						
单位意见						
料库主任签字						
领导签字						

制单人：　　制单日期：

14.2.4 材料盘点

物资收发存台账 表 14-25

材料编号		材料名称			规格型号			计量单位		账面价		
日期	凭证名称及编号	摘要	收入		发出		调拨		结存		生产厂商出厂日期	炉号/批号强度等级
			数量	金额	数量	金额	数量	金额	数量	金额		
合计												

存货盘点表 表 14-26

单位名称： 编制： 日期：

会计期间或截止日： 复核： 日期：

序号	存货名称	计量单位	截止日账面库存数量	单价	截止日账面金额	实际盘点数量	单价	实际盘点金额	盘盈或盘亏金额	调整后资产	备注
1											
2											
3											
4											
5											
6											
7											
8											
9											
10											
11											
12											
13											
14											
15											
合计											
企业参与盘点人员签名： 盘点日期：											

14.2.5 材料消耗分析

材料三量对比分析表　　表14-27

序号	材料名称	材料规格	单位	单价	班组名称				领用量	额定消耗量	现场实耗量	实耗与额定差	损耗率（定额损耗以外的损耗）	原因分析

14.3 设 备 管 理 台 账

机械设备管理台账　　表14-28

序号	机械设备名称	数量	规格型号	出厂日期	出厂编号	购入日期	企业编号	产地	功率	备注
1										
2										
3										
4										
5										
6										
7										
8										
9										
10										
11										
12										

设备保养（修理）验收表 **表 14-29**

序号	机械设备名称	规格型号	保养（修理）部位	保养（修理）时间	保养人	备注
1						
2						
3						
4						
5						
6						
7						
8						
9						
10						
11						
12						

特种设备管理台账 **表 14-30**

特种设备使用单位（盖章）：　　管理员：　　电话：　　日期：

内部序号	注册登记号	发证日期	设备名称	设备型号	制造单位	出厂编号	设备类别	安装单位	安装地点	维保单位	产权归属	安全自查情况	下次定检日期

备注：设备类别：参照特种设备目录中的类别项填写；产权归属；分为自有和租用两种；安全自查情况；分为状态良好和存在隐患两类。

14.4　材料、设备资料管理综合分析

【例题 14-2】

某项目主体施工时建立了材料管理台账（表 14-31），问：

1. 何为见证取样？

2. 钢筋复试哪些项目？表 14-30 中直径 16mm 的钢筋复试按几个检验批取样？

表 14-31

某项目某批次钢筋进场管理台账

材料名称：钢筋原材

内容/分类 序号	生产厂家	规格及型号	进场时间	数量（T）	合格证号	复式报告编号	见证取样单编号	复试结论	使用工程及部位	分类合计	
										规格及型号	数量（T）
1	浙江富钢	16	2014.11.02	45.934	YF102-13090	20141806695	001	合格	5＃楼主体	ϕ6.5	51.223
2	浙江富钢	16	2014.11.02	35.126	YF102-13091	20141806696	001	合格	5＃楼主体	ϕ8	12
3	浙江富钢	16	2014.11.02	43.232	YF102-14724	20141806697	001	合格	5＃楼主体	ϕ10	10
4	浙江富钢	16	2014.11.02	48.636	YF102-14726	20141806698	001	合格	5＃楼主体	6	152.818
5	浙江富钢	20	2014.11.02	28.008	YF101-14776	20141806699	001	合格	5＃楼主体	8	765.007
6	浙江富钢	20	2014.11.02	28.008	YF102-14368	20141806700	001	合格	5＃楼主体	10	315.158
7	浙江富钢	20	2014.11.02	28.008	YF102-14369	20141806701	001	合格	5＃楼主体	12	519.13
8	浙江富钢	20	2014.11.02	56.016	YF101-13555	20141806702	001	合格	5＃楼主体	14	353.571
9	浙江富钢	20	2014.11.02	34.232	YF101-13549	20141806703	001	合格	5＃楼主体	16	460.332
10	江苏沙钢	12	2014.11.02	18.702	L2-06653	20141806716	001	合格	5＃楼主体	18	261.396
11	江苏沙钢	12	2014.11.02	30.012	B10100162	20141806717	001	合格	5＃楼主体	20	309.693
12	江苏沙钢	12	2014.11.02	25.01	B10100163	20141806718	001	合格	5＃楼主体	22	223.531
13	江苏沙钢	12	2014.11.02	17.507	B10100167	20141806719	001	合格	5＃楼主体	25	136.502
14	江苏沙钢	14	2014.11.02	22.545	B10101047	20141806720	001	合格	5＃楼主体		
15	江苏沙钢	14	2014.11.02	15.03	B10101060	20141806721	002	合格	5＃楼主体		
16	江苏沙钢	14	2014.11.02	20.04	B10101034	20141806722	002	合格	5＃楼主体		
17	江苏沙钢	8	2014.11.02	22.66	GL0090693	20141808966	003	合格	5＃楼主体		
18	江苏沙钢	8	2014.11.02	20.70	GL0090877	20141808971	003	合格	5＃楼主体		

注：群体工程在使用工程及部位的栏目中只填写单位工程名称，单位工程则在该栏中填写使用部位，如：桩基、基础、主体等。

【分析】：

（1）见证取样和送检制度是指在建设监理单位或建设单位见证下，对进入施工现场的有关建筑材料，由施工单位专职材料试验人员在现场取样或制作试件后，送至符合资质资格管理要求的试验室进行试验的一个程序。

（2）见证取样的范围：

按规定，下列试块、试件和材料必须实施见证取样和送检：

1）用于承重结构的混凝土试块；

2）用于承重墙体的砌筑砂浆试块；

3）用于承重结构的钢筋及连接接头试件；

4）用于承重墙的砖和混凝土小型砌块；

5）用于拌制混凝土和砌筑砂浆的水泥；

6）用于承重结构的混凝土中使用的掺加剂；

7）地下、屋面、厕浴间使用的防水材料；

8）用于道路路基及面层的材料或试件；

9）市政工程中，业主或监理单位项目总监认为与质量密切相关的材料或构件；

10）国家规定必须实行见证取样和送检的其他试块、试件和材料。

（3）钢筋复试：

1）检验标准：

钢筋原材试验应以同厂别、同炉号、同规格、同一交货状态、同一进场时间每60t为一验收批，不足60t时，亦按一验收批计算。

2）取样数量：

每一验收批中取试样一组（2根拉力、2根冷弯、1根化学）。低碳钢热轧圆盘条时，拉力1根。

3）取样方法：

① 试件应从两根钢筋中截取：每一根钢筋截取一根拉力，一根冷弯，其中一根再截取化学试件一根，低碳热轧圆盘条冷弯试件应取自不同盘。

② 试件在每根钢筋距端头不小于500mm处截取。

③ 拉力试件长度：$7d_0+200$mm。

④ 冷弯试件长度：$5d_0+150$mm。

⑤ 化学试件取样采取方法：

a. 分析用试屑可采用刨取或钻取方法。采取试屑以前，应将表面氧化铁皮除掉。

b. 自轧材整个横截面上刨取或者自不小于截面的1/2对称刨取。

c. 垂直于纵轴中线钻取钢屑的，其深度应达钢材轴心处。

d. 供验证分析用钢屑必须有足够的重量。

参 考 文 献

[1] 宋春岩．建设工程招投标与合同管理．北京大学出版社 2014

[2] 方俊，胡向真．工程合同管理．北京大学出版社．2015

[3] 池巧珠．成本核算岗位实务．重庆大学出版社．2013

[4] 秦守婉．材料员专业管理实务．黄河水利出版社．2010

[5] 江苏省建设教育协会．材料员管理实务．中国建筑工业出版社．2014

[6] 贾福根，宋高嵩. 土木工程材料. 北京：清华大学出版社，2016.

[7] 姚昱晨. 道路建筑材料. 北京：中国建筑工业出版社，2014.

[8] 付巧云. 道路建筑材料. 北京：机械工业出版社，2013.

[9] 赵丽萍. 土木工程材料. 北京：人民交通出版社，2013.

[10] 姚燕等. 高性能混凝土(混凝土技术丛书). 化学工业出版社，2006.

[11] 田文玉. 道路建筑材料(高等学校教材). 北京：人民交通出版社(北京中交盛世书刊有限公司，2006.

[12] 郑木莲. 沥青路面养护与维修技术. 北京：中国建筑工业出版社，2012.

[13] 郭庆春，陈远吉. 建筑工程识图入门. 北京：化学工业出版社，2010.

[14] 黄梅. 一例一讲. 建筑工程识图入门(建筑工程识图实例详解系列). 北京：化学工业出版社，2014.

[15] 袁建新，沈华. 建筑工程识图及预算快速入门. 北京：中国建筑工业出版社，2014.

[16] 张红星. 土木建筑工程制图与识图. 南京：江苏科技出版社，2014.

[17] 田希杰，刘召国. 图学基础与土木工程制图. 北京：机械工业出版社，2011.

[18] 何培斌. 建筑制图与识图. 北京：中国电力出版社，2005.

[19] 梁玉成. 建筑识图. 北京：中国环境科学出版社，2012.

[20] 赵研. 建筑工程基础知识. 北京：中国建筑工业出版社，2005.

[21] 严玲，尹贻林. 工程计价实务. 北京：科学出版社，2010.

[22] 蔡红新等. 建筑工程计量与计价实务. 北京：北京理工大学出版社，2011.

[23] 张建平. 工程概预算. 重庆：重庆大学出版社，2012.

[24] 全国建设工程造价员资格考试命题研究组. 工程造价基础知识. 北京：北京大学出版社，2013.

[25] 陈小满. 建设工程造价基本知识. 合肥：安徽科学技术出版社，2011.

[26] 李珺. 建筑工程计量. 北京：北京理工大学出版社，2013.

[27] 宋建学. 工程概预算. 郑州：郑州大学出版社，2007.

[28] 蔡红新等. 建筑工程计量与计价实务. 北京：北京理工大学出版社，2011.

[29] 姚谨英．建筑施工技术．中国建筑工业出版社，2012.

[30] 中国建筑工业出版社．建筑施工手册(第五版). 中国建筑工业出版社，2013.